용접공학

Welding

Engineering

이철구 · 오병덕 · 원영휘 지음

교문사

머리말 Preface

산업기술의 급속한 발달로 접합 분야는 이제 어디든지 필수 불가결한 결합 방법의 하나가 되었다. 마이크로 접합에서 자동차, 조선공업, 우주선에 이르기까지 각종 재료에 따른 접합기술이 날로 발전해가는 이때에, 부존자원이 부족한 우리나라가 살아갈 수 있는 유일한 방법은 고부가 기술개발로 원자재를 수입·가공하여 수출하는 공업의 발전이 국가발전과 직결된다고 본다.

이 책에서는 현 산업사회가 필요로 하는 각종 재료에 따른 접합 기술을 감안하고 최근 개정한 한국산업규격에 따른 내용으로 편찬되었다. 아울러 지금까지 출판된 국내외 용접분야 서적을 총망라하여 현장기술자에서부터 연구에 종사하는 연구원까지 쉽게 이해하고 응용할 수 있도록 집필·정리하였다.

이 책의 구성은 일반사항으로 아크 용접, 가스 용접, 특수 용접, 절단 분야를, 그 밖에 용접설계, 용접 검사, 응력과 변형, 용접 야금, 용접 균열, 용접물의 열영향, 시공과 관리 등을 이해하기 쉽게 엮었다. 또한 부록으로 용접에 가장 많이 쓰이는 용접 규격을 소개하였으며, 실제 용접절차사양서(WPS)나 용접절차인정기록서(PQR)를 작성할 수 있도록 예시하였다. 각 장에는 연습문제와 평가문제를 수록하여 용접기사나 기술사의 수험서로서 이용할 수 있게 하였다.

이 책을 집필하는데 참고하거나 인용한 책의 저자 여러분께 감사드리며, 또한 이 조그만 결실이 맺어지기까지 출판에 힘써 준 청문각 출판 직원 여러분께 감사드린다.

아무쪼록 부족하나마 용접을 알고자 하는 모든 이에게 산업현장에서 중추적인 역할을 담당하는 우수한 기술자로 거듭날 수 있는 교재가 되길 바란다.

2015년 8월
저자 일동

차 례 Index

chapter **3**	아크 용접

chapter **4**	가스 용접

chapter 7   절단

chapter 8   납땜과 접착

chapter 9 ┃ 용접 설계

chapter 12 용접 야금

chapter 13 용접 균열

용접 일반

1.1 개요

1.1 개요

1 용접welding 의 정의

용접이란 어떤 열원을 이용해서 2개 이상의 접촉부를 용융시켜 접합하거나, 압력을 가해 접합하는 것 또는 접합시키고자 하는 물체에 매체를 이용해서 원자의 확산에 의해 접합하는 작업이라고 정의할 수 있다.

$$\begin{cases} 접합(接合) : joining, coalescence \\ 접착(接着) : bond, glue, adhesion \end{cases}$$

2 용접의 역사

용접의 역사는 오랜 옛날부터 이루어져 왔는데, 금속 주조를 시초로 고대 미술 공예품의 조립에 납땜을 이용하였으며, 열간 또는 냉간에서 금속을 해머 등으로 두드려 농기구 등을 단접하여 사용하여 왔으나, 극히 일부에 지나지 않았다. 근대 용접기술의 적용은 1800년대 아크(arc)의 발견과 아크열을 이용한 용접 방법이 개발된 이후이며, 제1차 세계대전과 제2차 세계대전 이후부터는 무기 제작에 따른 연구로 철강 및 비철 금속에 이르기까지 눈부신 발달을 하게 되었다. 특히 19세기에 들어오면서 영국의 물리학자이자 화학자인 패러데이(Michael Faraday)가 1831년 발전기의 발명으로 전기 용접이 연구되었고, 1885년 러시아의 베르나르도스(Bernardos)와 올제프스키(Olszewski)가 탄소 전극을 사용하여 전극과 모재와의 사이에 아크를 발생시키고, 이 아크열을 이용하는 탄소 아크 용접(carbon arc welding)을 고안하였다. 1888년에는 러시아의 슬라비아노프(Slavianoff)가 탄소 전극 대신에 금속 전극을 사용하여 전극과 모재 사이에 아크를 발생시키고 모재를 녹임과 동시에 전극도 녹여서 용착 금속을 형성하는 금속 아크 용접(metal arc welding)을 발명하여 마침내 오늘에 이르러서는 금속접합법의 총아로서 조선, 철도차량, 건설기계, 항공기, 각종 구조물, 압력용기, 건축, 기계, 원자로 및 가전제품 등에 이르기까지 제작이나 수리, 보수 등의 금속 산업에 널리 이용되고 있다.

3 용접법의 종류

용접법을 에너지에 따라 분류하면 전기에너지, 화학에너지, 기계적 에너지, 초음파와 빛에너지 등 여러 가지가 있지만 용접 기법으로 나누면 다음과 같다.

(1) 아크 용접 arc welding

① 피복(被覆) 금속 아크 용접(shielded metal arc welding, SMAW)

② 가스 메탈 아크 용접(gas metal arc welding, GMAW)

③ 가스 텅스텐 아크 용접(gas tungsten arc welding, GTAW)

④ 플라스마 아크 용접(plasma arc welding, PAW)

⑤ 스터드 아크 용접(stud arc welding, SW)

⑥ 서브머지드 아크 용접(submerged arc welding, SAW)

⑦ 플럭스 코어드 아크 용접(flux cored arc welding, FCAW)

⑧ 탄소 아크 용접(carbon arc welding, CAW)

⑨ 원자 수소 용접(atomic hydrogen arc welding, AHW)

(2) 전기저항 용접 electric resistance welding

① 저항 점용접(resistance spot welding, RSW)

② 저항 심용접(resistance seam welding, RSEW)

③ 플래시 용접(flash welding, FW)

④ 업셋 용접(upset welding, UW)

⑤ 방전충격 용접(percussion welding, PEW)

⑥ 고주파 용접(high frequency resistance welding, HFRW)

(3) 고상(固相) 용접 solid state welding

① 단조 용접(forged welding, FDW)

② 확산 용접(diffusion welding, DFW)

③ 냉간 용접(cold welding, CW)

④ 폭발 용접(explosion welding, EXW)

⑤ 마찰 용접(friction welding, FRW)

⑥ 초음파 용접(ultrasonic welding, USW)

(4) 특수 용접 special welding

① 전자빔 용접(electron beam welding, EBW)

② 레이저빔 용접(laser beam welding, LBW)

③ 일렉트로 슬래그 용접(electro slag welding, ESW)

④ 테르밋 용접(thermit welding, TW)

(5) 가스 용접 gas welding

① 산소－아세틸렌 용접(oxygen-acetylene welding, OAW)
② 산소－수소 용접(oxygen-hydrogen welding, OHW)
③ 압축가스 용접(pressure gas welding, PGW)

(6) 솔더링(soldering)

(7) 브레이징(brazing)

(8) 절단(cutting)

① 가스 절단(gas cutting)
② 아크 절단(arc cutting)
③ 레이저빔 절단(laser beam cutting)

또한 접합되는 상태로 분류하면 용접(fusion welding), 압접(pressure welding), 납접(soldering or brazing)으로 나누고, 표 1.1과 같이 나눌 수 있다.

☞ 참고 : http://poscoweekly.posco.co.kr
　　　　http://www.rist.re.kr

4 용접의 장점과 단점

(1) 장 점

① 이음의 효율이 높다.
② 우수한 유밀성, 기밀성, 수밀성이 있다.
③ 재료가 절약된다.
④ 공정수가 절감되고, 중량이 가벼워진다.
⑤ 구조의 간단화가 가능하다.
⑥ 재료의 두께 제한이 없다.
⑦ 작업의 자동화가 용이하다.
⑧ 수리 및 보수가 용이하며, 제작비가 적게 든다.

표 1.1 용법의 분류

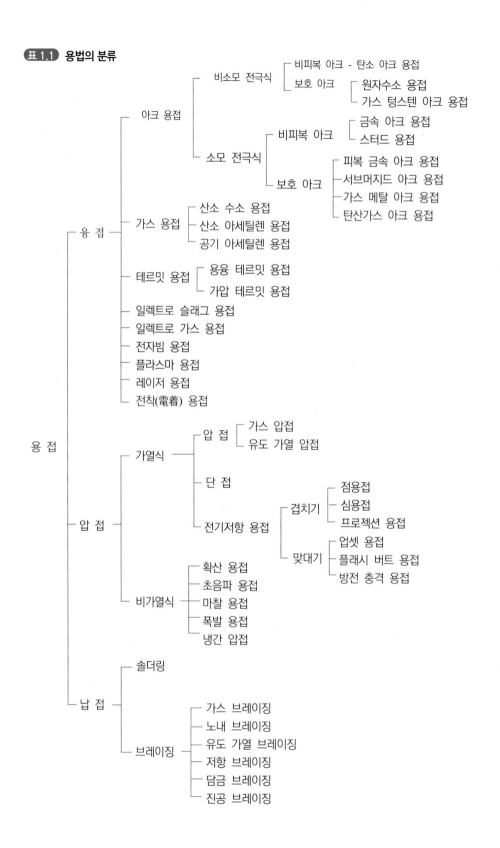

(2) 단 점

① 용융된 금속부에 재질이 변화한다.
② 취성(brittleness)이 생기기 쉽다(heat treatment로 완화).
③ 잔류응력과 변형이 생긴다(annealing으로 완화).
④ 균열(crack)이 발생하기 쉽다.
⑤ 숙련된 기술이 필요하다(용접사의 능력에 따라 품질이 좌우됨).
⑥ 검사(inspection)가 필요하다.

5 용접 자세

(1) 아래보기 자세(flat position, 기호 : F)

재료를 수평으로 놓고 용접봉을 아래로 향하여 용접하는 자세(그림 1.1(a)).

(2) 수평 자세(horizontal position, 기호 : H)

용접선이 수평인 이음에 대해 옆에서 행하는 용접 자세(그림 1.1(b)).

(3) 수직 자세(vertical position, 기호 : V)

용접선이 수직인 이음에 대해서 아래에서 위로 행하는 용접 자세(그림 1.1(c)).

(4) 위보기 자세(over head position, 기호 : O)

용접선이 수평인 이음에 대해서 아래쪽에서 위를 보며 행하는 용접 자세(그림 1.1(d)).

그러나 AWS(미국용접학회, American Welding Society) 규격에서는 그림 1.2, 1.3, 1.4와 같이 홈(groove) 용접과 필릿(fillet) 용접, 파이프 용접 등으로 나누어 자세를 나타내기도 한다.

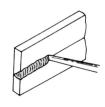
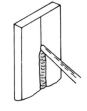

(a) 아래보기(flat)　　　(b) 수평(horizontal)　　　(c) 수직(vertical)　　　(d) 위보기(over head)

그림 1.1 용접 자세

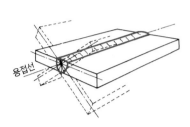

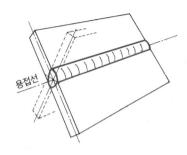

(a) 아래보기 자세(1G position)   (b) 수평 자세(2G position)

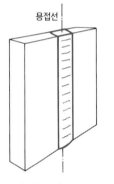

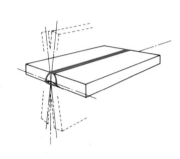

(c) 수직 자세(3G position)   (d) 위보기 자세(4G position)

그림 1.2 맞대기(판재) 용접 자세(AWS)

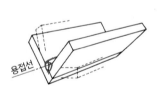

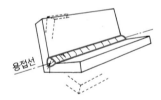

(a) 아래보기 자세(1F position)   (b) 수평 자세(2F position)

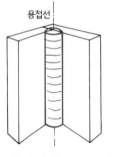

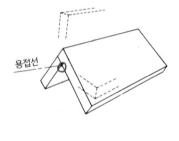

(c) 수직 자세(3F position)   (d) 위보기 자세(4F position)

그림 1.3 필릿 용접 자세(AWS)

(a) 수평회전 자세(아래 보기) (1G position)

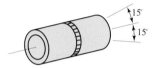

(b) 수직 자세(전 자세) (5G position)

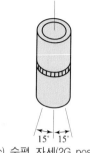

(c) 수평 자세(2G position)

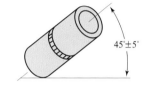

(d) 45° 경사 자세(6G position)

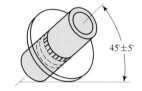

(e) 장애물 45° 경사 자세(전 자세) (6GR position)

그림 1.4 파이프 용접 자세(AWS)

6 용접 이음의 종류

(1) 맞대기 용접 butt welding

두 부재가 거의 같은 면에서 접합하는 이음(그림 1.5 ①).

(2) 겹치기 용접 lap welding

두 부재를 서로 겹쳐서 하는 용접(그림 1.5 ②, ③, ④).

(3) 필릿 용접 fillet welding

1개 판의 단면을 다른 판면에 올려놓고, T형으로 대략 직각이 되도록 모서리 부분을 접합하는 이음(그림 1.5 ⑤, ⑥).

(4) 모서리 용접 corner welding

두 부재를 대략 직각인 L형으로 유지하고 그 각에 접합하는 이음(그림 1.5 ⑦).

(5) 변두리 용접 edge welding

두 개 이상 평행하게 겹친 부재의 단면 이음(그림 1.5 ⑧).

(6) 플러그 용접 plug welding

한쪽 모재 구멍을 다른 모재 표면에 용접(그림 1.5 ⑨).

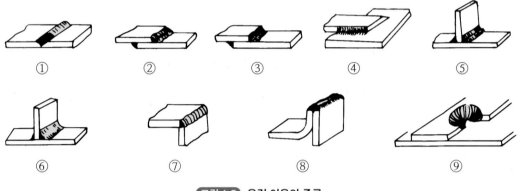

그림 1.5 용접 이음의 종류

(7) 홈 groove의 형상

I, V, J, U형 등 여러 가지가 있지만 모재가 6 mm 이하에서는 I형, 4~12 mm에서는 V형, 그 이상은 X, H, K형 등 용접 조건에 따라 형상을 달리한다.

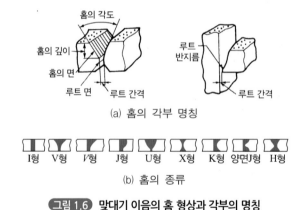

(a) 홈의 각부 명칭

I형 V형 I형 J형 U형 X형 K형 양면J형 H형

(b) 홈의 종류

그림 1.6 맞대기 이음의 홈 형상과 각부의 명칭

연습문제 & 평가문제

연습문제

1 용접법을 분류하여 설명하시오.

2 용접이란 무엇인가?

3 용접의 장단점은 무엇인가?

4 용접 자세를 나타내는 기호에 대해 설명하시오.

5 용접 이음의 홈(groove) 형상에 대하여 설명하시오.
   ☞ 참고 : http://www.kimm.re.kr

평가문제

1 다음 용접용어를 간단히 설명하시오.

   (1) 언더컷
   (2) 오버랩
   (3) 용융지

2 용접은 리벳접합에 비해 장점과 단점이 있다. 다음 중 맞는 것을 고르시오.

   (1) 용접은 리벳접합에 비해 이음효율이 낮다.
   (2) 용접은 리벳접합에 비해 수밀, 유밀, 기밀성이 훨씬 우수하다.
   (3) 판 두께에는 제한이 있다.
   (4) 용접은 리벳접합에 비해 구조물을 자유롭게 선택하는 것이 가능하고, 구조의 간단화가 가능하다.
   (5) 용접에서는 리벳접합에 비해 사용강재의 중량증가가 가능하다.
   (6) 용접에서는 리벳접합에 비해 제작비, 설비비가 고가이다.
   (7) 용접은 리벳접합에 비해 소음이 적다.
   (8) 용접에 의해 변형이 발생하지 않는다.
   (9) 용접에 의해 잔류응력이 발생한다.
   (10) 용접에 의해 재질의 변화가 생기고, 경우에 따라서는 용접금속이나 열영향부에 균열이 발생하는 일이 있다.
   (11) 용접구조는 강구조이기 때문에 응력집중에 대해 민감하고, 취화의 요인에 대해 특별한 고려를 하지 않으면 안 된다.
   (12) 용접부의 검사는 리벳접합의 경우처럼 간단하지 않고 비파괴시험이나 검사가 필요하다.

3 각종 용접법을 분류하면 압접, 융접, 납접으로 나누어진다. 연결이 바른 것을 고르시오.

   (1) 마찰 용접 --------------------------------------- (융접)
   (2) 전자빔 용접 ------------------------------------- (융접)

(3) 일렉트로 슬래그 용접 ·························· (압접)

(4) 테르밋 용접 ································ (납접)

(5) 가스 메탈 아크 용접 ························ (융접)

(6) 솔더링 ······································ (납접)

(7) 서브머지드 아크 용접 ······················ (압접)

(8) 저항 용접 ································· (융접)

(9) 가스 텅스텐 아크 용접 ····················· (융접)

(10) 초음파 용접 ······························· (납접)

4 각종 용접법은 용접에너지원의 종류에 의해 분류된다. 연결이 맞는 것을 고르시오.

(1) 서브머지드 아크 용접 --------------------------- 전기적 에너지

(2) 일렉트로 슬래그 용접 --------------------------- 화학적 에너지

(3) 폭발 용접 ------------------------------------- 화학적 에너지

(4) 플라스마 용접 --------------------------------- 기계적 에너지

(5) 피복 아크 용접 -------------------------------- 전기적 에너지

(6) 레이저 용접 ----------------------------------- 광에너지

(7) 가스 메탈 아크 용접 --------------------------- 기계적 에너지

(8) 저항 용접 ------------------------------------- 화학적 에너지

(9) 가스 용접 ------------------------------------- 화학적 에너지

(10) 마찰 용접 ------------------------------------- 기계적 에너지

Chapter **2**

용접 안전

2.1 안전의 개요

　인간은 자기의 능력을 발휘하여 그 삶을 보다 안전하고 행복하게 누리기 위해 산업 현장에서 산업 활동을 하게 된다.

　이와 같은 산업 현장은 기계의 정확한 사용 방법을 알지 못한 미숙련 상태, 호기심 등의 사고 원인으로부터 근로자의 신체와 건강을 보호하는 것을 안전이라고 한다.

2.2 재해의 정의 및 원인

1 재해의 정의

(1) 산업안전보건법 제2조

　근로자가 업무에 관계되는 건설물, 설비, 원자재, 가스, 증기, 분진 등에 의하거나 기타 작업상의 업무에 기인하여 사망 또는 부상하거나 질병에 이환되는 것을 말한다.

(2) 국제노동기구 international labor organization, ILO

　사고란 사람이 물체나 물질 또는 타인과의 접촉에 의해서 물체나 작업조건 속에 몸을 두었기 때문에, 또는 근로자의 작업 동작 때문에 사람에게 상해를 주는 사건이 일어나는 것을 말한다.

(3) 미국안전보건법 occupational safety and health act ; OSHA

　어떤 단순한 것이 아니고 직접 원인과 간접 원인의 복합적인 결합에 의하여 사고가 일어나고, 그 결과 인적 피해나 물적 피해를 가져온 결과의 상태를 말한다.

2 재해의 원인

(1) 직접원인(불안전한 행동이나 불안전한 상태)

인 적 요 인	물 적 요 인
- 안전장치의 기능 제거 - 불안전한 속도의 조작 - 불안전한 장비 사용, 장비 대신 손 사용 - 불안전한 자세·동작 - 안전복장 및 개인 보호구 미착용 - 운전 중에 주유, 수리, 청소 등의 행위	- 안전 방호장치 결함 - 불량 상태 방치 - 불안전한 설계, 구조, 건축 - 위험한 배열·정돈, 통로 미구분 - 불안전한 조명 및 환경 - 불안전한 계획, 공정, 작업 순서 등 - 안전표지 미부착, 경계 표시의 부재

(2) 부원인(안전규칙 위배)

① 부적절한 태도

② 지식 또는 기능의 결여

③ 신체적인 부적격

(3) 기초원인(간접원인)

① 조직적인 안전관리 활동의 결여, 감독자의 안전 결여 등

② 안전활동의 수행 방향과 참여의 결여

③ 가드 설치의 실패, 충분한 응급 처리, 안전한 공구, 안전 작업환경 결여

④ 작업자의 사기·의욕 저하 및 안전규칙 이행 결여

3 재해 통계

재해 통계는 산업간에 서로 비교하면서 앞으로 발생할 재해에 대하여 그 추이를 알아 예방 계획 수립에 많은 도움을 줄 수 있으며, 안전활동을 추진하는데 목표 설정이 되어 사업주와 근로자 사이에 서로 적극적인 협조로 안전에 대한 중요성 및 안전지식 수준을 높이는 데 기여 할 수 있다.

(1) 재해율 측정

① **도수율** : 재해의 건수를 연 근로시간으로 나누고 100만 시간당으로 환산

$$도수율(frequency\ rate\ of\ injury) = \frac{산업재해\ 건수(N)}{연\ 근로시간(H)} \times 10^6$$

② 강도율 : 총 손실근로일수를 연 근로시간으로 나누고 1000시간당으로 환산

$$강도율(severity\ rate\ of\ injury) = \frac{총\ 손실일수(N)}{연\ 근로시간수(H)} \times 10^3$$

2.3 아크 용접의 안전

1 전격에 의한 재해

피복 아크 용접에서는 교류 용접기를 사용하기 때문에 1차측 전압이 200~220 V, 2차측 무부하 전압은 80~90 V이므로 용접사 부주의, 설비의 미비, 작업환경의 불량, 복장 부적합, 젖은 손으로 홀더를 잡을 경우 등에 의해 전격을 받을 수 있다.

(1) 전격의 방지

① 캡타이어 케이블의 피복 상태, 용접기의 절연 상태, 접지·접속 상태 등을 용접 전에 확인하여 적정 상태를 유지할 것
② 보호구와 복장을 구비하고, 기름기가 묻었거나 젖은 것은 착용하지 말 것
③ 좁은 장소에서 작업할 때는 신체를 노출하지 않도록 할 것
④ 전격 방지기를 부착하며, 전압이 높은 교류 아크 용접기는 사용하지 말 것
⑤ 작업 중지 시에는 반드시 스위치를 차단시킬 것
⑥ 홀더는 안전한 것을 사용하고, 함부로 방치하지 말고 반드시 정해진 장소에 놓아둘 것

(2) 감전되었을 때의 처리

① 당황하지 말고 침착하게 전원을 끈다.
② 적당한 절연물을 사용하여 감전자를 구제한다.
③ 의사에게 연락하여 치료를 받도록 하고, 필요시 인공 호흡 등 응급처치를 한다.

(3) 재해 사례

① 제목 : 용접기 1차측 케이블의 손상에 의한 감전

② 사업장 : 기계 기구 제조업

③ 발생 상황

사고 당일 아침부터 비가 내리고 있었다. 재해자는 잠시 비가 그치자 교류 아크 용접기를 리어카에 싣고 공장 내 작업 위치의 철제 탱크에 플랜지를 용접하는 작업에 임했다. 용접기는 리어카의 바닥에 철판을 깔고 그 위에 실은 채 자유롭게 이동하여 용접을 할 수 있도록 하였다.

처음 우측의 원주 부분을 용접하고 다음 좌측의 부분을 용접하려고 리어카를 이동시키기 위해 손잡이를 오른손으로 붙잡는 순간 전격을 받아 사망했다.

④ 원인

조사 결과 직접 원인은 용접기 1차측 단자 케이블의 테이프 부분의 일부가 손상되어 있고, 캡타이어 케이블의 심선이 노출되어 있어 리어카의 손잡이를 들어올릴 때 노출부가 철판에 접촉하였기 때문에 리어카에 220 V의 전압이 걸려 감전된 것으로 판명됐다.

재해자는 용접용 장갑과 안전화를 착용하고 있었으나, 비로 인하여 충분히 절연 효과를 발휘할 수 없었던 것도 원인으로 들 수가 있다.

⑤ 대책
- 실외 작업에서는 우천 등 악조건을 피하도록 할 것
- 절연 피복의 손상 유무를 수시로 점검하고, 손상된 것은 즉시 교환할 것
- 케이블 커넥터 등에 의한 접속 부분은 충전부가 노출되지 않도록 확실하게 피복을 할 것
- 케이블의 용량 부족으로 인하여 과열, 절연, 노화 등의 염려가 없도록 정격 전류를 확인하고, 충분한 용량을 고려하여 선택할 것

2 아크 빛에 의한 재해

(1) 아크 빛에서 발광되는 광선의 종류

1) 가시 광선

벽이나 다른 물체에 반사되어 보호 렌즈를 쓰지 않은 주위 사람의 눈에 피로를 줄 수 있으며, 또는 일시적으로 눈이 안 보일 수도 있다.

2) 자외선

강한 자외선은 눈 및 눈 주위에 심한 염증을 생기게 할 수 있고, 매우 짧은 시간에 노출된 피부를 그을리게 하기 때문에 용접을 할 때에는 얼굴, 팔, 목 및 신체의 다른 부분들을 보호해야 한다.

3) 적외선

이 광선은 전파보다 덜 발광하는 파장을 가진 열선이다. 또한 적외선은 백내장이나 망막의 손상을 유도하는 누적 효과를 생기게 할 수 있다.

(2) 차광 보호 기구

1) 헬멧 또는 핸드 쉴드

아크 용접 시 유해 광선, 용융된 스패터, 유독 가스 등으로부터 눈, 얼굴, 머리의 피해를 막기 위하여 사용한다.

2) 차광 유리

눈의 피로함을 적게 하고 작업물의 윤곽이 선명하게 보일 수 있도록 용접 종류에 따라 렌즈의 차광도를 다르게 사용한다.

(a) 헬멧   (b) 핸드쉴드

그림 2.1 헬멧 및 핸드 쉴드의 종류

그림 2.2 보호 안경의 종류

표 2.1 용접 작업에 따른 차광도

차광도 번호	사 용 처
6~7	가스 용접 및 절단, 30 A 미만의 아크 및 절단 또는 금속 용해 작업에 사용
8~9	고도의 가스 용접, 절단 및 30 A 이상 100 A 미만의 아크 용접, 절단 등에 사용
10~12	100 A 이상 300 A 미만의 아크 용접 및 절단 등에 사용
13~14	300 A 이상의 아크 및 절단에 사용

3 중독성 가스의 재해

(1) 일산화탄소에 의한 중독

표 2.2 일산화탄소 중독 재해

중 독 내 용	체 적(%)
- 건강에 유해	0.01 이상
- 중독 작용이 생김	0.02~0.05 이상
- 몇 시간 호흡하면 위험	0.1 이상
- 30분 이상 호흡하면 사망할 위험	0.2 이상

(2) 이산화탄소에 의한 중독

표 2.3 이산화탄소 중독 재해

중 독 내 용	체 적(%)
- 건강에 유해	0.1 이상
- 두통 등의 증상에서부터 뇌빈혈을 일으킴	3~4
- 위험 상태	15 이상
- 치사량	30 이상

(3) 기타 연기에 의한 중독

납, 주석, 아연, 구리 등을 포함한 합금 및 도금한 것을 용접하는 경우에는 체액 속에 가장 잘 녹는 일산화납, 아연 연기 등이 생성되어, 중독 시 속이 메스껍고, 두통, 오한, 변비증, 구토 등이 발생한다.

염소, 불소와 같은 것을 함유하는 합성 수지나 도료 등이 가열되었을 때 분해 가스가 발생하여 장해를 일으킬 수가 있다.

(4) 유해 가스 중독 방지요령

① 용접 작업장의 통풍을 좋게 하고, 송풍기 등으로 환기하여 가스를 흡입하지 않도록 한다.
② 탱크 또는 밀폐된 공간에서 용접 시 방독 마스크를 착용한다.
③ 아연 도금 강판의 용접 시 방진 마스크를 착용하도록 한다.

2.4 가스 용접의 안전

1 용기 취급 및 집중장치 안전

(1) 산소 용기의 취급

① 산소 용기, 밸브, 조정기, 호스 등을 기름이 묻은 걸레로 문지르거나 기름 묻은 손 또는 기름 장갑으로 만지지 말 것
② 다른 가스에 사용한 조정기, 호스를 그대로 사용하지 말 것
③ 산소용기 내에 다른 가스를 혼합하지 말 것
④ 산소 용기와 아세틸렌 용기를 각각 별도의 장소에 보관할 것
⑤ 산소 용기에는 충격, 전도, 망치 등으로 타격을 가하지 말 것
⑥ 산소 용기는 직사광선, 난로, 고온의 장소에 설치하지 말 것
⑦ 운반 시에는 반드시 보호 캡을 씌워서 할 것

(2) 용해 아세틸렌 용기의 취급

① 아세틸렌 용기는 반드시 세워서 사용한다(아세톤 유출 방지).
② 압력 조정기나 도관 등의 접속부에서 가스가 누출되는지 항상 주의하며, 조사할 때는 비눗물을 사용한다.
③ 불꽃과 화염 등의 근접을 피하고, 공병은 속히 반납하고 잔여 가스가 나오지 못하게 완전히 잠근다.
④ 아세틸렌 용기는 높은 온도의 장소에 놓는 것을 피해야 한다.
⑤ 가스 출구의 고장으로 아세틸렌 가스가 분출하였을 때는 속히 옥외 통풍이 잘 되는 장소로 옮기고, 제조업자에게 연락하여 적절한 처리를 할 것
⑥ 용기의 가용 안전밸브는 $105 \pm 5℃$에서 녹게 되므로 끓는 물이나 증기를 피할 것

(3) 아세틸렌 발생기의 안전

① 아세틸렌 발생기를 사용하여 용접, 절단 작업을 할 때에는 게이지 압력이 0.13 Mpa를 넘는 압력의 아세틸렌을 발생시켜 사용해서는 안 된다.

② 아세틸렌 발생기는 전용 발생기실 속에 설치해야 한다.

③ 이동식 발생기는 사용하지 않을 때 전용의 격납실에 넣어 보관한다.

④ 토치마다 안전기를 설치해야 한다.

⑤ 발생기의 종류, 형식, 제작소명, 매시 평균 가스발생 산정량과 1회의 카바이드 송급량을 발생기실 내의 잘 보이는 곳에 게시한다.

⑥ 발생기실에서 흡연, 전력 사용 등 위험한 일을 해서는 안 되고, 담당자 외의 무단 출입을 금지하고 주의사항을 게시한다.

⑦ 발생기실에 소화 설비를 비치하고 통풍, 환기가 잘 되도록 한다.

(4) 가스 집합장치의 안전

① 가스 집합장치는 화기를 사용하는 설비에서 5 m 이상 떨어진 곳에 설치해야 한다.

② 가스 집합장치의 배관은 후랜지, 콕 등의 접합부에는 패킹을 사용하여 접합면을 서로 밀착되게 하고 안전기를 설치한다.

③ 용해 아세틸렌의 배관 및 부속 기구에는 구리나 구리를 62% 이상 함유한 합금을 사용해서는 안 된다.

④ 가스 배관에는 산소용과 아세틸렌용과의 혼동을 방지하기 위한 조치를 취한다.

⑤ 사용하는 가스의 명칭과 최대 가스 저장량을 가스 장치실의 잘 보이는 곳에 게시한다.

⑥ 가스 용기를 교환할 때에는 책임자가 입회하고, 관계자 외 무단 출입을 금지하고 주의사항을 게시해야 한다.

2 폭발 재해

(1) 아세틸렌 가스의 위험성

① 온도의 영향

공기 중에서 가열하여 406~408 ℃ 부근에 도달하면 자연 발화를 하고, 505~515℃가 되면 폭발이 일어난다.

② 압력의 영향

0.1 Mpa 이하에서는 폭발의 위험이 없으나 0.2 Mpa 이상으로 압축하면 분해 폭발한다(불순

물 포함 시 0.15 Mpa).

③ 화합물의 영향

- 구리, 은, 수은과 접촉되어 아세틸렌 구리, 아세틸렌 은, 아세틸렌 수은 등의 화합물로 생성되어 건조 상태의 120℃ 부근에서 맹렬한 폭발성을 가지므로 아세틸렌 용기 및 배관시 구리 및 동합금 사용 금지
- 폭발성 화합물은 습기, 녹, 암모니아가 있는 곳에서 생성되기가 더욱 쉽다.

(2) 연료 용기나 통의 폭발

① 폭발의 조건 (가연성 물질 + 산소 + 점화 = 폭발)

- 가연성 폭발물질
- 가연성 물질의 가스를 점화
- 연소하는데 필요한 산소나 공기

② 폭발 방지의 가연성 가스 제거법

- 증기 또는 부식성 용액으로 가연성 물질 제거
- 용접 전 용기에 불활성 가스(질소, 헬륨, 아르곤)를 주입하여 공기나 산소 제거
- 고정된 용기나 작은 용기에 있는 기체를 증기 또는 물로 제거

(3) 재해 사례

① 제목 : 아크 용접 중 기름 탱크가 폭발

② 사업장 : 식료품 제조업

③ 발생 상황

이 공장에서는 쌀겨에서 노르말 핵산을 이용하여 식용유를 추출하고 있었다. 재해 발생 당시 이 공장에서는 탈감유(중간 제품)의 탱크에 철제 사다리를 설치하는 작업을 하고 있었다. 재해자 2명이 탱크의 덮개판 위에 올라 용접 작업을 시작하자 돌연 탱크가 폭발하여 덮개는 35 m 떨어진 곳까지 날아가고, 위에서 작업하고 있던 2명은 현장에서 사망했다.

④ 원인

이 탱크는 지름 3 m, 높이 5.8 m로 사고 당시 1만 리터의 탈감유가 저장되어 있었다. 이 기름은 비점이 150℃ 이상으로 비교적 휘발성이 적은 액체이며, 재해 시 탈감유를 분석한 결과 노르말 핵산이 0.25% 함유되어 있다는 것을 알았다.

즉, 25 kg의 노르말 핵산이 공기와 탱크 내의 자유 공간에서 폭발성 혼합 기체로 형성되어 있었던 것이다. 결국 이 혼합가스가 아크 용접 불꽃에 의해 폭발한 것이다.

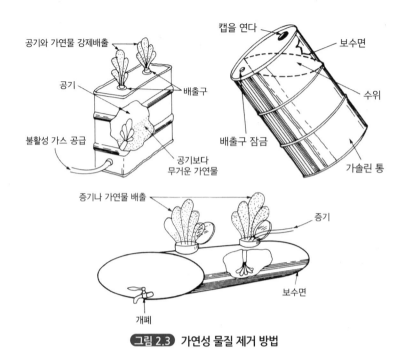

공기와 가연물 강제배출

공기

배출구

불활성 가스 공급

공기보다 무거운 가연물

캡을 연다

보수면

수위

배출구 잠금

가솔린 통

증기나 가연물 배출

증기

보수면

개폐

그림 2.3 가연성 물질 제거 방법

⑤ 대책

• 인화성 유무, 위험물 등이 혼재하는 탱크, 드럼의 용기를 용접, 절단하는 경우에는 사전에 내용물을 완전히 제거함과 동시에 작업 중에도 가스 등 발생 여부를 확인할 것

• 이와 같은 작업에 대해서는 안전작업 표준을 정하여 작업자에게 충분히 교육을 시킬 것

• 위험물을 취급하는 사업장에는 화기 사용 금지구역을 정확히 표시함과 동시에 이 구역 내에서 화기를 사용할 경우 사전에 사용 허가를 받을 수 있도록 할 것

3 화재 및 화상

(1) 용접 작업 시 화재 발생

① 용접과 절단 작업 중에 불꽃과 스패터가 튀기 때문에 작업장 부근의 가연물에 인화하여 화재를 일으키는 경우가 많다.

② 연소물로는 인화성 액체류가 가장 많이 있고, 기타 걸레, 목재 등을 들 수 있다.

③ 화재는 정돈된 용접 공장에서는 거의 일어나지 않고 현장의 수리 작업, 건설 현장 작업에서 많이 발생한다.

④ 카바이드 저장 안전시설 미비로 빗물이 침투하여 카바이드가 자연 발화하는 경우도 있다.

(2) 화재 및 소화기의 분류

① 화재의 분류
- A급 화재 : 나무, 종이, 의류 재를 남기는 일반 화재
- B급 화재 : 기름, 그리스, 페인트 등의 유류 화재
- C급 화재 : 전기 화재
- D급 화재 : 금속 화재

② 소화기의 종류
- 포말 소화기 : 내통과 외통으로 되어 있으며 내통에는 황산 알루미늄 용액, 외통에는 탄산수소나트륨(중조) 용액에 기포 안정제를 섞어서 들어있다. 이 두 용액이 혼합되면 탄산가스의 압력에 의하여 혼합액이 호스를 통해 방출된다.

  ※ 용도 : 목재, 섬유류 등의 일반 화재나 소규모 유류 화재
- 분말 소화기 : 사용 약제는 흡습성이 없고 유동성이 있으며, 탄산수소나트륨으로 구성되어 있다. 이 소화기는 건조된 분말을 배출시키기 위해 탄산가스통이 별도로 부착되어 있다.
- CO_2 소화기

③ 소화 대책
- 소화기의 배치 장소는 눈에 잘 띄고, 예상 발화 장소에서 이용하기 쉬운 곳에 위치할 것
- 실외에 설치할 때는 상자에 넣어 보관할 것
- 소화기는 정기적으로 점검, 유지할 것

(3) 화상의 원인과 응급 처치

① 용접 작업 시 화상
- 토치의 점화 작업중의 불꽃 및 스패터에 의한 손발의 화상, 아크 용접 구조물 접촉에 의한 화상, 아세틸렌 호스와 토치 접속부가 느슨해졌거나 빠져서 인화될 때 착화에 의한 화상 등이 있다.

② 화상의 종류
- 1도 화상(피부가 붉게 되고 화끈거리고 아픈 정도) : 냉 찜질이나 붕산수로 찜질한다.
- 2도 화상(피부가 빨갛게 되고 물집이 생김) : 1도 화상과 같은 조치를 취하고, 물집을 터트리지 말 것
- 3도 화상(피하 조직의 생활력 상실) : 2도 화상과 같은 조치를 취하고, 즉시 의사에게 보일 것

※ 1도 화상이라도 화상 부위가 전신의 30%에 달하면 생명이 위험하니 주의할 것

③ 응급처치 요령
- 꼭 필요할 때만 상처를 만져야 한다.
- 상처에 연고나 로션(lotion)을 써서는 안 된다.
- 화상 위의 탄 옷은 제거해야 한다.
- 물집을 터트리지 말아야 한다.
- 화상 부위는 모두 건조 붕대로 씌운다.
- 쇼크 방지 치료법을 이용한다.
- 가능한 빨리 의사의 치료를 받는다.

4 용접 분진 안전

분진(fumes)은 용접 시 만들어지는 산화물의 일종으로 아크 용접에서는 모재의 산화물과 피복제에서 발생되고, 산소-아세틸렌에서는 저용융 온도의 주석을 입힌 용제 사용 시 발생한다.
이러한 분진은 건강에 유독한 가스, 즉 연기에서 생겨나는 냄새가 나는 가스 또는 증기 등으로 존재하기 때문에 안전상 유의해야 하며, 방지책으로 작업장 통풍, 넓은 작업공간 확보 등이 필요하다.

(1) 구리 및 아연의 분진

두통, 오한(6~8시간 이상 체온이 오르내리는 현상) 및 가슴이 꽉 죄이는 증상이 나타난다.

(2) 납의 분진

일산화납은 체액 속에 잘 녹기 때문에 혈액 또는 뼈 속에 납을 축적시키고, 변비증, 구토, 메스꺼움 등이 발생한다.

(3) 카드뮴의 분진

카드뮴은 청백색인 금속 원소이며, 아연 도금한 물질과 모양이 유사하며 매우 유독하다.

(4) 분진의 방지책

① 용접 작업의 칸막이가 공기의 유동을 방해하지 않도록 설치한다.
② 분진이 발생하는 금속의 용접 시 분진 마스크를 착용해야 한다.

③ 환기 시설을 설치하여 유독 가스를 제거해야 한다.

2.5 기타 안전표시

(1) 녹십자 표시

하얀 바탕 위에 녹십자를 그린 표지가 우리나라에서 산업안전의 상징으로 쓰이게 된 것은 1964년 노동부 예규 제6호에 따른 것이다. 녹십자의 표지는 산업안전관리에 대한 기업주의 각성을 촉구하고, 근로자의 주의를 환기시키기 위하여 각 사업장의 위험한 장소나 근로자의 출입이 빈번한 장소에 게시하도록 권장하고 있다.

(2) 안전표식 색체

- 빨강 : 방화, 금지, 정지, 고도의 위험
- 노랑 : 주의(충돌, 추락 등)
- 청색 : 지시, 주의
- 희색 : 통로, 정돈
- 황적 : 위험, 항해, 항공의 보안시설
- 녹색 : 안전, 피난, 위생 및 구호
- 자주 : 방사능 위험 표시
- 검정 : 위험표지 문자, 방향표시

(3) 가스 용기의 표시 색체

가스 종류	도색 구분	가스 종류	도색 구분
산 소	녹 색	아세틸렌	황 색
수 소	주황색	아르곤	회 색
액화 탄산가스	청 색	액화 암모니아	백 색
LPG	회 색	기타 가스	회 색

2.6 가스 용접의 안전수칙

(1) 안전 작업 수칙

① 가스 용기는 열원으로부터 먼 곳에 세워서 보관하고, 전도 방지 조치를 한다.

② 용접 작업 중 불꽃 등이 튀김에 의하여 화상을 입지 않도록 방화복이나 가죽 앞치마, 가죽 장갑 등의 보호구를 착용한다.

③ 시력 보호를 위하여 규격에 따른 보안경을 착용한다.

④ 산소 밸브는 기름이 묻지 않도록 한다.

⑤ 가스 호스는 꼬이거나 손상되지 않도록 하고 용기에 감지 않는다.

⑥ 안전한 호스 연결 기구(호스 클립, 호스 밴드 등)만을 사용한다.

⑦ 검사받은 압력 조정기를 사용하고, 안전밸브 작동 시에는 화재·폭발 등의 위험이 없도록 가스 용기를 안전 장소로 즉시 이동한다.

⑧ 가스 호스의 길이는 최소 5 m 이상 되어야 한다.

⑨ 호스를 교체하고 처음 사용하는 경우에는 사용하기 전에 호스 내의 이물질을 깨끗이 불어내고 사용한다.

⑩ 조정기와 호스 연결부 사이에 역화 방지기를 반드시 설치해야 한다.

(2) 안전 작업 방법

① 환기가 불충분한 장소에서의 가스용접 및 절단 작업 시 준수사항

- 호스와 취관은 손상에 의하여 누출될 우려가 없는지 확인한다.
- 호스 등의 접속 부분은 호스 밴드, 클립 등의 조임 기구를 사용하여 확실하게 조인다.
- 절단 작업 시에는 산소의 과잉 방출로 인한 화상의 예방을 위하여 충분히 환기시킨다.
- 작업을 중단하거나 작업장을 떠날 때에는 가스용기의 밸브, 콕을 잠근다.
- 작업이 완료된 경우에는 가스용기를 안전한 장소로 이동하여 보관하고, 용기가 넘어지지 않도록 고정한다.

② 가스 용기 취급 시의 준수사항

- 위험한 장소, 통풍이 안 되는 장소에 보관, 방치하지 않는다.
- 용기의 온도를 40℃ 이하로 유지한다.
- 충격을 가하지 않도록 하고, 충격에 대비하여 방호망 등을 설치한다.
- 건설 현장이나 설비 공사 시에는 용기 고정장치 또는 운반구를 사용한다.
- 운반 시 캡을 씌워 충격에 대비한다.
- 사용 시에는 용기의 밸브 주위에 있는 유류, 먼지를 제거한다.
- 밸브는 서서히 열어 갑작스럽게 가스가 분출되지 않도록 하고, 충격에 대비한다.
- 사용 중인 용기와 빈 용기를 명확히 구별하여 보관한다.
- 용기의 부식, 마모, 변형 상태를 점검한 후 사용한다.

③ 용접 작업장의 안전조치

- 용접 작업장에는 분말 소화기와 같은 적절한 소화기를 비치한다.
- 아세틸렌 용접장치에 대하여는 그 취관마다 안전기를 설치한다.
- 가스 집합장치는 화기를 사용하는 설비로부터 5 m 이상 떨어진 장소에 설치한다.
- 도관에는 아세틸렌관과 산소관과의 혼동을 방지하기 위한 표시를 한다.

④ 용접 작업 중 안전조치

- 흄 또는 분진이 발산되는 옥내 작업장에 대하여는 국소 배기장치를 설치하는 등 필요한 조치를 한다.
- 용접 작업 시 발생하는 불꽃이나 스패터의 튀김을 고려하여 인화 물질과 충분한 거리를 확보한다.
- 탱크 내부 등 통풍이 불충분한 장소에서 용접 작업을 할 때에는 탱크 내부의 산소 농도를 측정하여 산소 농도가 18% 이상이 되도록 유지하거나, 공기 호흡기 등 호흡용 보호구를 착용한다.

그림 2.4 운반구와 밸브 캡   그림 2.5 배기장치

750 kPa
500 kPa
250 kPa
불꽃의 되튀김 거리
2~10 m
3~6 m

그림 2.6 불꽃 튀김 거리

⑤ 위험물질 보관 용기 등의 용접 작업 시 안전조치

• 위험물질을 보관하던 배관, 용기, 드럼에 대한 용접·절단 작업 시는 내부에 폭발이나 화재 위험물질이 없는 것을 확인하고 작업한다.

• 용기 내에 폭발 및 인화성 가스가 체류하고 있을 때는 다음과 같은 방법으로 가스를 완전히 배출시킨 후 용접 작업을 한다.

• 체류하고 있는 가스가 공기보다 가벼운 경우 공기보다 무거운 이산화탄소를 주입하여 배출시킨다.

• 체류하고 있는 가스가 공기보다 무거운 경우 공기보다 가벼운 질소를 주입하여 배출시킨다.

• 용기의 이동이 곤란한 경우는 용기 내에 물을 채워 가스를 배출시킨다.

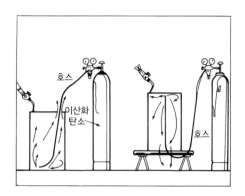

그림 2.7 가스를 이용한 체류가스 배출

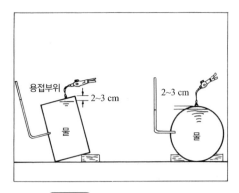

그림 2.8 물을 이용한 가스 배출

☞ 참고 : http://www.kgs.or.kr, http://www.technonet.co.kr

연습문제 & 평가문제

연습문제

1   아크 용접 시 전격 방지대책에 대하여 설명하시오.

2   아크 빛의 차광 방법에 대하여 설명하시오.

3   가연성 물질이 들어있던 탱크의 용접 시 지켜야 될 안전수칙을 설명하시오.

4   용접 분진의 해에 대하여 설명하시오.

5   안전표시 방법에 대하여 설명하시오.

평가문제

1   아크 용접에 있어서 주된 재해 및 그 원인과 대책에 대해 서술하시오.

2   GMAW 및 GTAW 용접에 있어서 안전위생상 배려해야 하는 점을 드시오.

3   피복 아크 용접 작업 시 안전상 및 위생상 사용하는 보호구, 장치 및 도구류를 5종류 이상 들고, 그 목적을
    기술하시오.

4   다음 안전위생상 문제가 있는 아연도금강판의 아크 용접, 좁은 공간에서의 현장 아크 용접, 저장조에서의 현장
    용접에 대하여 용접 안전 대책을 간단히 설명하시오.

5   옥외, 현장 용접에 있어서 특히 안전위생상 주의해야 할 것은 무엇인가?

6   높은 장소의 용접 작업 안전대책에 대해 서술하시오.

7   여름철 용접 작업자의 건강관리 대책에 대해 서술하시오.

8   다음 기술한 것 중 올바른 것을 고르시오.

    (1) 피복아크 용접봉을 이용하여 밀폐용기 안에서 장기간 용접해도 위생상 문제없다.
    (2) 탄산가스아크에서는 용접 시 아크의 고온에 의해 탄산가스의 일부가 일산화탄소가 되므로 주의해야 한다.
    (3) 탄산가스 아크 용접 시 발생하는 흄은 셀프쉴드아크 용접의 흄보다 다량의 일산화탄소를 포함하고 있다.
    (4) GMAW 용접이나 FCAW 용접의 빛은 피복 아크 용접의 빛에 비해 강력하다.
    (5) 이차 무부하 전압이 큰 용접기를 사용하여 피복아크 용접을 실시하면, 아크는 안정적이나 전격의 위험이
        있다.

9 다음의 기술 중 올바른 것을 고르시오.

(1) 반자동 용접에서는 용접 전류가 높고 복사열이 강하므로, 피복 아크 용접보다 차광도 번호가 낮은 차광유리를 사용해야 한다.

(2) 감전된 사람을 발견했을 경우 직접 감전자에게 접촉하지 않고, 우선 전원을 빠르게 차단한다.

(3) 좁은 장소나 금속에 둘러싸인 탱크 안 등에서 용접을 실시하는 경우는 전격방지장치를 사용한다.

(4) 탄산가스 아크 용접 시 가스의 방출이 나쁜 경우 탄산가스는 불이 붙을 걱정이 없으므로, 가스조정기를 적당한 방법으로 가열해도 된다.

(5) 스위치를 끌 때는 오른손으로 끄는 것이 안전하다.

10 다음은 용접 작업자가 높은 곳에서 용접 작업을 실시하는 경우 추락재해방지에 대해서 서술한 것이다. 올바른 것을 고르시오.

(1) 작업발판 위을 달리거나 뛰어내리거나 하지 않는다.

(2) 고온 환경에서 땀이 나면 위험성이 증가하므로 되도록 용접 작업을 피한다.

(3) 작업발판 위나 철골보 위에서의 작업에서는 반드시 안전대를 사용한다.

(4) 마음대로 강관비계의 크램프 및 연결철물 등을 해체 이동시켜서는 안 된다.

(5) 사다리, 작업발판, 안전난간 등의 안전성을 확인하고 나서 작업에 착수한다.

11 다음은 높은 곳에서의 용접, 절단작업에 대해 서술한 것이다. 문장 중의 괄호 안에 적당한 말을 아래 보기에서 골라 그 기호를 쓰시오.

용접 및 (1)작업에서는 불꽃, (2), (3) 등이 비산 낙하하거나, (4)의 도막, (5) 등의 낙하의 우려가 있다. 전자에 대해서는 불꽃 (6) 등의 준비가 필요하다.

(7)작업에서는 추락재해의 위험성이 크므로 보호구의 착용도 필요하나 작업발판, (8), (9) 등을 설치하고 (10)의 사용을 고려해야 한다.

보기 가. 스패터,　나. 받이,　다. 높은 장소,　라. 가스절단,　마. 안전망,
바. 절단스크랩,　사. 사다리,　아. 용접봉,　자. 안전난간,　차. 슬래그

12 좁은 탱크 안에서 아크 용접을 실시할 경우 주의해야 할 것은 다음 중 어느 것인가? 올바른 것을 고르시오.

(1) 전격방지장치를 사용한다.

(2) 환기에 주의한다.

(3) 바람막이나 비막이를 준비한다.

(4) 가연물을 치우거나 가져오지 않도록 한다.

(5) 작업발판에 난간을 부착하고 추락 방지망을 설치한다.

(6) 2인 이상이 한 조가 되어 작업한다.

(7) 고인 물을 제거한다.

13 다음 문장에서 괄호 안의 내용 중 올바른 것을 고르시오.

용접용 탄산가스는 용기에 충전된 상태에서는 a.(가. 기체+액체, 나. 기체) 상태로 충전되며, 이때 용기의 내압은 보통 b.(가. 10~12 Mpa, 나. 3~6 Mpa)이다. 용기의 밸브를 닫은 채로 용기의 온도를 상승시키면 c.(가. 용기의 내압이 상승하므로 위험하다, 나. 기체와 액체의 비율이 변화하여 압력은 변화하지 않으므로 걱정 없다).

14 다음의 A군은 충전가스의 종류를, B군은 도색의 종류를 나타내고 있다. 각각 바른 것을 선으로 이어라.

A군	B군
1. 탄산가스	a. 회색
2. 수소	b. 청색
3. 아르곤	c. 녹색
4. 산소	d. 주황색

15 차광유리는 KS P 8141에 의해 차광도 번호가 제정되어 있다. 용접전류 75~200A의 용접 작업에 적절한 차광도 번호를 나타내시오.

16 높은 차광도가 요구되는 경우에는 1매의 차광유리를 사용하기보다 낮은 차광도 번호의 것을 2매 조합해서 사용하는 것이 바람직하다. 예를 들어, 10의 차광도가 필요한 경우 어느 차광도 번호의 필터를 조합하면 좋은지 써보시오.

17 다음 문장 중 괄호 안에 적절한 말을 아래의 보기에서 골라 그 기호를 쓰시오.

아크 용접 시에 발생되는 방사선은 각막 및 결막의 염증인 전기성안염의 주원인이 되는 (1) 외에 강렬한 (2)에서 (3)까지의 광범위한 파장에까지 미치므로 이들의 방사선에서 (4)를 보호하기 위해서는 용도에 맞는 (5)의 선택이 필요하다.

보기 ┃ 가. 차광유리,　　나. 탈복(착),　　다. 눈,　　라. 안면,　　마. 가시광선,
　　　　바. 적외선　　사. 용접법,　　아. 자외선

18 다음은 전격방지장치에 대해 서술한 것이다. 올바른 것을 고르시오.

(1) 전격방지장치의 주접점이 열려 있을 경우 용접봉 홀더와 용접물 사이에 발생하는 전압은 25 V를 넘지 않도록 제한되어 있다.
(2) 전격방지장치는 2 m 이상의 높이에서 작업을 실시하는 경우에는 사용이 의무화되어 있다.
(3) 전격방지장치에 정지시간을 두는 이유 중 하나는 박판용접 등에서 연속적으로 가접작업을 실시하는 경우에 편리하기 때문이다.
(4) 전격방지장치는 어떻게 해도 작동하므로 부착방법에 주의할 필요가 없다.
(5) 전격방지장치를 부착해 두면 젖은 몸으로 용접봉 홀더의 충전부에 접촉되어도 안전하다.

19 다음 문장 중 괄호 안에 들어갈 적절한 말을 아래 보기에서 골라 그 기호를 쓰시오.

전격방지장치는 규격에서 작동시간을 (1)이라고 정하여 있다. 그 이유는 아크 용접을 실시하는 경우 아크를 끊을 때에 전격방지장치의 (2)가 즉시 열려 용접기의 (3)이 낮아지면, 가접작업 등과 같이 때때로 아크를 끊으면서 작업할 경우 다음의 가접점에서 다시 전격방지장치를 가동시켜야 하므로 작업상 불편하다. 또한 아크를 끊은 후 (4)가 닫혀있는 시간이 너무 길면 이 시간 내에 용접기의 (5)이 높게 되므로, 작업자가 홀더의 충전부 등에 접촉되면 (6)의 위험이 있다. 이 양방의 요구를 배려하여 (7)의 작동시간이 정해져 있다.

보기　가. 아크전압,　　　나. 전자개폐기,　　　다. 감전,　　　라. 전압,　　　　마. 1.0 ± 0.3초,
　　　바. 0.06초 이내,　　사. 무부하 전압,　　아. 재점호전압,　　자. 원격제어장치

20 탄산가스 아크 용접 작업을 안전하게 실시하기 위한 환기 대책을 수립 시 일반적으로 배려해야 하는 점을 드시오.

21 금속열이란 어떤 증상인가? 그 원인에 대해 서술하시오.

22 흄에 의한 장해 및 그 방지대책에 대해 서술하시오.

23 용접 작업 시 발생하는 유해한 용접흄이나 가스를 배제 또는 방지하는 데 유효한 대책을 4항목 이상 드시오.

24 용접흄이 다량으로 발생하는 용접 작업을 실내에서 실시하는 것은 바람직하지 않다. 실내 용접 작업에 있어서의 환기에 관한 기본적인 방법을 2종류 드시오.

25 다음은 분진 장해 방지 규칙에 대해 서술한 것이다. 괄호 안에 적절한 말을 쓰시오.

분진 장해 방지 규칙에서는 실내나 탱크 등의 내부에서 (1), 열절단 또는 아크를 이용해서 가우징을 하는 작업의 경우에는 원칙적으로 (2)를 설치해야 한다. 단 설치되지 않는 경우는 (3)를 착용하는 것이 의무화되어 있다.

26 다음은 분진 장해 방지 규칙에 대해 서술한 것이다. 괄호 안에 적절한 말을 아래 보기에서 골라 그 기호를 쓰시오.

사업주는 (1)에 노출된 근로자의 (2)를 방지하기 위해 설비, 작업공정 또는 (3), 작업환경의 (4) 등 필요한 조치를 강구하도록 노력해야 한다.

보기　가. 흄,　　　　나. 정비,　　　　다. 분진,　　　라. 건강관리,　　　마. 환경관리,
　　　바. 건강장해　　사. 작업방법의 개선,　　아. 가스,　　자. 방사선

27 다음은 용접흄에 대해 서술한 것이다. 올바른 것을 고르시오.

(1) 용접흄은 인체에 영향이 없으므로 아무리 마셔도 문제없다.

(2) 실내의 용접 작업에서는 환기설비가 필요하다.

(3) 용접흄은 용접봉 피복의 종류에 의해 그 성상이 다르다.

(4) 용접흄은 입자상물질로 마스크로 충분히 차단된다.

(5) 용접흄 발생원에 국소배기장치를 설치한 경우는 전체 환기장치의 설치 및 호흡용 보호구의 착용을 생략할 수 있다.

(6) 임시의 용접 작업을 실시하는 경우에 효과있는 호흡용 보호구를 사용하는 경우는 전체 환기장치의 설치를 생략할 수 있다.

(7) 전체 환기를 강력하게 실시하면 호흡용 보호구의 착용을 생략할 수 있다.

(8) 자동용접의 경우는 호흡용 보호구의 착용은 필요 없다.

28 다음은 탄산가스 아크 용접의 작업환경에 대해 서술한 것이다. 괄호 안에 적절한 말을 아래 보기에서 골라 그 기호를 쓰시오.

> 탄산가스 아크 용접에서는 작업 중에 (1)나, (2) 등의 가스농도가 아크 근방에서 높아 어떤 것도 일정량 이상에서 유해하게 된다. 이들 중 특히 (3)는 미량으로도 유해하여 다른 가스보다 (4) 때문에 아크 발생점의 (5)부에 모이기 쉽다. 또 솔리드와이어를 이용하는 탄산가스 아크 용접에서 발생하는 흄의 주성분은 (6)이며, 흄을 장기간 들이마시면 이것이 폐에 쌓여 진폐증을 유발할 수도 있다.

  보기   가. 아르곤,   나. 탄산가스,   다. 일산화탄소,   라. 가볍기,   마. 무겁게,

  바. 하   사. 상,   아. 산화마그네슘,   자. 규산화물,   차. 산화철

29 다음은 탄산가스 아크 용접에 있어서의 용접흄에 대해 서술한 것이다. 괄호 안에 적절한 말을 아래 보기에서 골라 그 기호를 쓰시오.

> 탄산가스 아크 용접에서는 흄 중에 (1)이 많이 함유되어 있어, 이것이 장기간에 걸쳐 폐에 축적되면 폐기능에 지장을 주는 (2)의 위험성이 있다. 또 아연이나 납을 포함한 도료를 도포한 강판의 용접이나 절단에서는 이들의 (3)가 흄이 되어 들이마시면 비교적 단시간에 발열하는 (4)이 되는 위험성이 있다. 이러한 작업에서는 (5)와 방진마스크를 착용하는 등의 조치를 취해 재해를 방지한다.

  보기   가. 환기,   나. 호흡,   다. 금속증기,   라. 금속열,   마. 폐결핵,

  바. 진폐증   사. 불화물,   아. 질화물,   자. 산화철

30 다음은 용접에 사용되고 있는 산소 조정기 및 용기의 사용 설명에 대해 기술한 것이다. 올바른 것을 고르시오.

(1) 산소 용기의 밸브 입구에 먼지가 묻어있어도 사용 중에 없어지므로 조정기 사용 후 먼지를 제거할 필요는 없다.

(2) 산소 조정기를 산소 용기에 연결시 연결구가 잘 맞지 않을 경우에는 기름을 발라도 된다.

(3) 산소 조정기의 내부는 간단한 구조이므로 수리는 본인이 해도 된다.

(4) 산소 조정기의 안전 변(안전판막)은 안전한 압력으로 설치되어 있기 때문에 본인이 조정하게 되면 위험하다.

(5) 산소 용기의 내압이 일정치 이상 되면 안전 변이 움직이므로, 내압이 높게 된 상태에서 산소 조정기를 사용해도 지장이 없다.

31 다음은 아세틸렌 가스의 폭발 조건이다. 틀린 것을 고르시오.

(1) 산소와 혼합: 폭발 하한계 2.3%, 상한계 95%에 특히 10% 정도가 폭발력이 최대가 된다.
(2) 압력: 0.13 Mpa(게이지압) 이상은 위험하므로 사용을 금하고 있다.
(3) 온도: 600℃ 이상은 자연폭발이 된다.
(4) 충격: 충격을 주지 않아야 한다.
(5) 화합물: 강, 은 등과의 접촉으로 화합물을 만들지 않도록 한다.

32 압력용기를 내압 시험할 경우에 필요한 주의사항 중 틀린 것을 고르시오.

(1) 주요한 용접부에 대해 미리 방사선투과시험(또는 초음파탐상시험) 및 자분탐상시험(또는 침투탐상시험)을 실시한다. 이때 지연균열을 고려하여 용접완료 후 충분한 시간을 두고 비파괴검사를 실시한다.
(2) 내압 시험 시 취성파괴를 일으키는 것이 없도록 재료, 설계, 시공방법 및 검사면에서 검토하여 내압시험온도도 체크한다.
(3) 가압 시 압력의 안정과 설비의 안전을 확인하면서 단계적으로 압력을 상승시킨다.
(4) 가압개시 후 시험에 관계없는 인원이 입회하지 않도록 하고, 압력이 높을 때는 관계자가 압력용기에 접근해서 관찰한다.

33 고압가스설비의 내압시험 및 기밀시험 때 용접부의 누수 검사는 어떻게 행하는가?

(1) 내압시험은 원칙적으로 물을 이용하여 실시하며, 시험압력(상용압력의 1.5배)을 5~20분 유지하여 현저한 형상변화나 누수가 없는가를 확인한다.
(2) 용접부의 미세한 누수는 검사할 수 없으므로, 검사 시 용접부에는 가까이 가지 않는다.
(3) 기밀시험은 내압시험 후에 공기 등의 유체를 이용하여 실시한다.
(4) 시험압력은 상용압력으로 압력을 10분간 유지한 후 비눗물 등을 용접부에 도포하여 누수 유무를 조사한다.

Chapter 3

아크 용접

3.1 아크의 물리적 성질

(1) 아크 arc

양극(anode)과 음극(cathode) 사이의 고온에서 해리(解離), 이온화된 기체에 의하여 전류가 흐르는 상태.

① 전자 방출

금속 표면에 열에너지가 흡수되어 열전자가 방출(thermionic emission)되고, 금속 간 접촉 저항에너지로 스파크(spark)를 수반하고 아크를 형성한다.

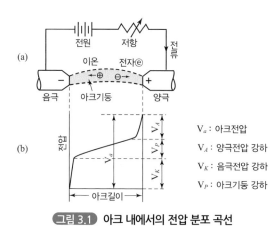

그림 3.1 아크 내에서의 전압 분포 곡선

② 가스(gas)의 이온화

전자 방출이 일어나면 전극 사이에 있는 가스는 이온화되고, 전자의 통로가 되어 전도체가 된다. 아크는 가스의 기둥(plasma)이기 때문에 이온화된 가스의 밀도가 높을수록 아크는 안정된다.

자유전자는 양극(anode)으로 끌리고 양이온은 음극으로 끌린다. 이온화 전위 Ar : 15.68 eV, He : 24.46 eV, H2 : 15.6 eV.

③ 아크의 열에너지

생성된 전자는 가속되고 가속된 에너지를 가스 원자에 주면서 양극에 도달하며, 전자 1개가 가스 원자와 충돌할 때 아크 온도는 $10^{-3}℃$ 상승된다. 전자는 1초간에 가스 분자와 10^{11}개 정도 충돌하므로 아크 온도는 짧은 시간에 극고온이 된다.

3.2 피복 아크 용접법 shielded metal arc welding, SMAW

피복된 용접봉과 모재 사이에 발생하는 전기 아크에 의해 모재와 용접봉을 용융시켜 모재를 접합하는 용접법.

① 용착 속도(deposition rate) : 용착 금속의 양(g/min)

② 용융 속도(melting rate) : 용접 심선이 용융되는 길이(mm/min)

③ 용착 효율(deposition efficiency) : 용접봉이나 심선의 소모량에 대한 용착 금속 중량비

  ※ 용적(droplet, globule), 용융지(molten pool), 용착(deposit)

3.3 탄소 아크 용접법 carbon arc welding, CAW

탄소 전극과 모재 사이에 발생하는 아크열에 의해 모재를 용융 접합하는 용접법.

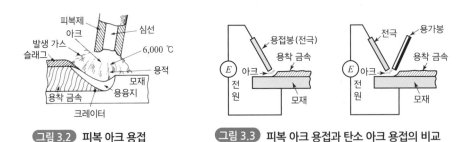

그림 3.2 피복 아크 용접   그림 3.3 피복 아크 용접과 탄소 아크 용접의 비교

3.4 정극성 direct current straight polarity 과 역극성 direct current reverse polarity

(1) 정극성 正極性, D.C.S.P, D.C.E.N

모재 쪽에 양극(陽極), 용접봉 쪽에 음극(陰極)을 연결한다.

① 용입이 깊고, 두꺼운 판 용접에 유리하다.

② 일반적인 아크 용접에 주로 이용한다.

③ 양극(+)에서 발열이 크다.

(2) 역극성 逆極性, D.C.R.P, D.C.E.P

① 모재 쪽에 음극, 용접봉 쪽에 양극을 연결한다.

② 용입이 얕고, 얇은 판 용접에 이용된다.

③ 가스메탈아크 용접 등에 주로 이용된다.

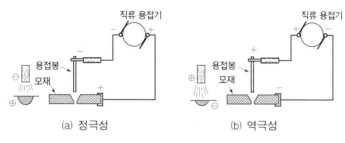

(a) 정극성　　　　　　　(b) 역극성

그림 3.4 정극성과 역극성

아크 전압은 아크의 길이와 전류의 증가에 따라 증가하며, 보통 교류 용접에서 아크 전압은 $20\sim40$ V, 아크 길이는 $1.0\sim4.0$ mm, 무부하 전압은 $80\sim90$ V 정도이다. 용융지(molten pool)의 용입(penetration)에 영향을 주는 인자로서는 전류 크기, 극성, 아크 길이의 안정성, 전극의 기울기, 용접봉 지름과 운봉 속도 등이다.

3.5 피복 아크 용접봉 shielded metal arc welding electrode

아크 용접봉의 심선은 모재와 동일한 재질이 많이 쓰이고, 피복 아크 용접봉(shielded metal arc welding electrode)은 피복제(flux)와 심선(core wire)으로 되어 있으며 분류는 표 1.1과 같다.

(1) 피복제의 역할

① 아크의 집중성을 좋게 하고 안정되게 한다.

② 산화, 질화를 방지한다.

③ 용착 금속의 기계적 성질을 좋게 한다.

④ 용착 금속의 급랭을 방지한다.

⑤ 적당한 합금 원소를 첨가해서 내열성 등의 특수한 성질을 갖게 한다.

⑥ 용융 금속과 슬래그(slag)의 유동성을 좋게 한다.

⑦ 탈산 작용을 한다.

⑧ 슬래그 제거를 쉽게 하여 비드(bead) 외관을 좋게 한다.

⑨ 스패터링(spattering)을 적게 한다.

⑩ 전기 절연 작용을 한다.

표 3.1 **피복 아크 용접봉의 분류**

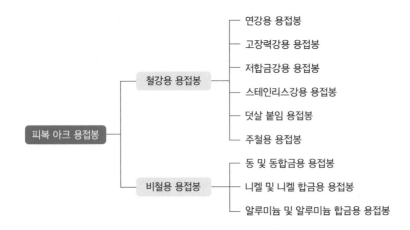

3.6 연강용 피복 아크 용접봉 mild steel arc welding electrode

연강용 피복 아크 용접봉에는 많은 종류가 있으며, 피복제나 용접 자세에 따라 표 3.2와 같이 분류한다.

피복제의 성분은 피포 가스 발생제(gas forming materials), 아크 안정제(arc stabilizers), 슬래그 생성제(slag formers), 탈산제(dioxidizers), 합금제(alloying elements), 고착제(binding agents) 등으로 구성되어 있으며, 용착 금속을 보호하는 방식에 따라 분류하면 슬래그 보호식(slag shield type)과 가스 보호식(gas shield type), 반가스 보호식(semi gas shield type)으로 구분한다.

표 3.2 연강용 피복 아크 용접봉 특성

용접봉의 종류		E4301 일미나 이트계	E4303 라임 티타늄계	E4311 고셀룰로오 스계	E4313 고산화 티탄계	E4316 저수소계	E4324 철분산화 티탄계	E4326 철분저 수소계	E4327 철분산 화철계
용착 금속의 물리적 기계적 성질	인장강도 (Mpa)	430~500	430~520	430~490	490~580	470~560	490~580	480~570	420~490
	항복점 (Mpa)	350~440	360~450	350~430	410~510	390~490	410~510	390~490	340~410
	연신율(%)	22~30	22~32	22~28	17~24	28~35	17~24	28~35	25~32
	단면수축률(%)	≥40	≥40	≥35	≥25	≥60	≥25	≥60	≥45
	충격치(Mpa)	100~245	120~170	140~190	90~140	200~340	90~140	100~240	100~150
	X선 성능	우수	양호	양호	양호	비드의 시작 외에는 우수	양호	우수	양호
용접 전류 (A)	봉지름 4 mm	120~180	120~190	110~160	110~160	120~180	180~220	160~220	160~230
	봉지름 5 mm	130~250	130~260	120~200	120~220	190~250	240~290	220~270	230~320
아크 전압 (V)	봉지름 4 mm	27~33	26~32	26~32	26~32	23~29	28~33	26~32	29~34
	봉지름 5 mm	28~34	27~33	27~33	27~33	24~30	29~34	28~33	30~35
작 업 성	아크 상황	스프레이형	스프레이형	스프레이형	스프레이형	스프레이형	스프레이형	스프레이형	스프레이형
	용입	깊다	중간	깊다	얕다	중간	얕다	중간	깊다
	슬래그 상황	다량커버 완전	다량커버 완전	소량커버 불완전	다량커버 완전	다량커버 완전	다량커버 완전	다량커버 완전	다량커버 완전
	스패터	보통	보통	많다	보통	적다	적다	적다	보통
	비드 외관	아름답다	아름답다	거칠다	아름답다	아름답다	아름답다	저수소 특유로 아름답다	아름답다
	비드 형상	평평하다.	약간 오목	볼록	약간 볼록	볼록	약간 볼록	볼록	평평하다.
주된 특징과 용 도		조선, 건축, 교량, 차량 등 모든 연 강의 구조물 에 사용	연강 용접봉 으로서 특히 작업성이 좋 은 일미나이 트계와 같이 모든 구조물 에 사용	슬래그의 생 성이 적어 배 관 공사 등에 쓰임	용입이 얕고 비드의 외관 이 아름다우 므로 철도 차 량, 자동차 혹은 경구조 물 등의 용접 에 쓰임	기계적 성질, 내균열성은 연강 용접 중 에서 큰 편이 다. 후판, 중 고탄소강, 고 유황강의 용 접에 쓰임	비드의 외관 이 양호하므 로 능률적인 용접을 할 수 있음	기계적 성질, 내균 열성이 대단히 우수 하다. 후판, 중고탄소강 용접에 적합 함	아래 보기, 수평 필릿 용접에 적 합하다. 조 선, 건축 등 의 용접에 쓰임

☞ 참고 : http://weldnet.co.kr, http://www.chowel.com

(1) 피복제의 계통별 특성

1) 일미나이트계(ilmenite type : E4301)

① 일미나이트 광석 등을 주성분으로 한 슬래그(slag) 생성계 용접봉이다.

② 작업성, 용접성이 우수하다.

③ 전 자세용 용접봉이다.

④ 슬래그의 포피성이 양호하고, 제거가 쉽다.

⑤ 슬래그의 유동성이 좋고, 용입이 깊다.

⑥ 비드(bead)의 형상이 가늘고 아름답다.

⑦ X-선 성능, 내균열성, 능률이 좋다.

⑧ 일반 구조물이나 압력 용기 등의 중요 구조물용으로 널리 사용된다.

2) 라임 티타늄계(lime titanium type : E4303)

① 슬래그 생성계로 비드 외관이나 작업성이 양호하다.

② 산화티탄(TiO_2), 탄산석회 등을 주성분으로 한다.

③ 아크가 조용하고, 용입이 낮다.

④ 박판 용접에 적합하다.

⑤ 슬래그는 유동성이 풍부하고, 다공질이므로 제거가 용이하다.

⑥ 전 자세 용접이 가능하다.

⑦ X-선 성질이 일미나이트계보다 약간 부족하다.

3) 고셀룰로오스계(high cellulose type : E4311)

① 피복제 중에 함유된 유기물이 연소할 때 발생한 다량의 가스가 용착 금속을 보호한다.

② 아크가 강하고, 용입이 깊다.

③ 슬래그 생성물이 적어 위보기 자세, 수직 자세의 용접성이 좋다.

④ 표면의 파형이 나쁘며, 스패터(spatter)가 많다.

⑤ 기공이 생기기 쉽다.

⑥ 과대 전류를 사용하면 용착 금속에 나쁜 영향이 생긴다.

4) 고산화티탄계(high oxide titania type : E4313)

① 피복제에 35% 정도의 산화티탄을 함유한다.

② 아크가 연하고 안정하다.

③ 스패터가 적고, 용입이 얕다.

④ 슬래그의 박리성이 양호하다.

⑤ 비드의 외관이 아름답다.

⑥ 용착 금속의 연성, 인성이 다른 피복제의 용접봉에 비해 부족하다.

⑦ 내균열성이 나쁘다.

⑧ 박판 용접에 적당하다.

5) 저수소계(low hydrogen type : E4316)

① 탄산칼슘($CaCO_3$), 불화칼슘(CaF) 등을 주성분으로 한다.

② 용착 금속 중의 수소 함량이 적다.

③ 강력한 탈산 작용으로 강인성이 풍부하고, 기계적 성질, 내균열성이 우수하다.

④ 중탄소강, 고장력강의 용접에 이용된다.

⑤ 아크는 약간 불안정하나, 균열에 대한 감수성이 높다.

⑥ 이행하는 용적의 양이 적고, 입자가 크다.

⑦ 비드는 볼록형이다.

⑧ 운봉에 숙련이 필요하다.

⑨ 비드의 시점 및 이음부에 기공(blow hole)이 발생하기 쉽다.

6) 철분 산화티탄계(iron powder titania type : E4324)

① 고산화티탄계(E4313)에 다량의 철분을 첨가한 것이다.

② 스패터(spatter)가 적고, 용입이 얕다.

③ 용착 속도가 빠르고, 용접 능률이 좋다.

④ 아래보기, 수평, 필릿 용접에 주로 사용된다.

7) 철분 저수소계(iron powder low hydrogen type : E4326)

① 저수소계(E4316)에 다량의 철분을 첨가한다.

② 저수소계에 비해 용착 속도가 빠르고, 용접 능률이 좋다.

8) 철분 산화철계(iron powder iron oxide type : E4327)

① 산화철에 다량의 철분을 첨가한 것이다.

② 용착 효율이 좋고, 용접 속도가 빠르다.

③ 아크는 스프레이형이다.

④ 스패터가 적고, 용입이 양호하다.

⑤ 슬래그 제거가 양호하고, 비드 표면이 깨끗하다.

⑥ 용착 금속의 기계적 성질이 좋다.

3.7 특수강용 피복 아크 용접봉

(1) 고장력강용 용접봉

항복점 315 Mpa 이상, 인장강도 490 Mpa 이상(HT 50)의 강용 용접봉으로 피복제에 Si, Mn, Ni, Cr, Mo 등을 첨가한다.

(2) 스테인리스강 용접봉

내식성, 내열성이 우수하며, 스테인리스(stainless)강 심선에 용제(flux)를 피복한 봉을 사용한다.

용접봉은 습기에 민감하여 습기로 인해 기공, 균열(crack)의 원인이 된다. 특히 저수소계에서 습기가 있으면 기공, 균열, 강도 저하가 된다.

그러므로 보통 사용 전 70~100℃로 30분~1시간 정도 건조시키고, 저수소계 용접봉은 300~350℃로 30분~1시간 정도 용접봉 건조로에서 건조시킨 후 사용해야 한다.

또한 편심률이 3% 이내로 된 것을 사용해야 아크가 안정되고 용접부가 양호하게 된다.

여기서 심선 및 피복제의 편심률은 최댓(x : 심선지름 + 큰 쪽 피복두께)값과 최솟(y : 심선지름 + 작은 쪽 피복두께)값의 차이와 두 값의 평균값에 대한 비율로 다음과 같이 나타낸다.

$$(x-y) \leq \frac{(x+y)}{2} \times \frac{c}{100} \quad (\, c : 편심률)$$

표 3.3 고장력강용 피복 아크 용접봉(KS D 7006)

용접봉 종류	피복제 계통	용접 자세	사용 전류	용착 금속의 기계적 성질				
				인장강도 (Mpa)	항복점 (Mpa)	연신률 (%)	충격치 (Mpa)	충격 시험온도 (℃)
E 5001 E 5003	일미나이트 라임티탄계	F.V.O.H F.V.O.H	AC 또는 DC(±) AC 또는 DC(±)	≧ 490	≧ 390	≧ 20	≧ 4.8	0
E 5016 E 5316 E 5816	저수소계	F.V.O.H	AC 또는 DC(+)	≧ 490 ≧ 520 ≧ 570	≧ 390 ≧ 410 ≧ 490	≧ 23 ≧ 20 ≧ 18	≧ 4.8	0
E 5026 E 5326 E 5826	철분저수소계	F.H-Fil	AC 또는 DC(+)	≧ 490 ≧ 520 ≧ 570	≧ 390 ≧ 410 ≧ 490	≧ 23 ≧ 20 ≧ 18	≧ 4.8	0

(계속)

용접봉 종류	피복제 계통	용접 자세	사용 전류	용착 금속의 기계적 성질				
				인장강도 (Mpa)	항복점 (Mpa)	연신률 (%)	충격치 (Mpa)	충격 시험온도 (℃)
E 5000 E 5300	특수계	F.V.O. H-Fi 또는 그 중 어느 자세	AC 또는 DC(±)	≧ 490 ≧ 520	≧ 390 ≧ 410	≧ 20 ≧ 18	≧ 4.8	0

표 3.4 스테인리스강의 특성과 용접봉

계	JIS 규격 SUS	각종 조성	AWS 규격 E	기계적 성질			물리적 성질			용접봉 AWS E
				내력 0.2% (Mpa)	인장 강도 (Mpa)	스트 레인 (%)	팽창계수 0~650° $C \times 10^{-6}$ (1/℃)	열전도율 $\left(\dfrac{cal}{cm\,℃\,sec}\right)$	융점 (℃)	
페라 이트계	24	18 Cr	430	≧ 200	≧ 440	≧ 25	11.8	0.056	1427~1510	309
	38	13 Cr – Al	405	≧ 180	≧ 410	≧ 22	13.5	–	1482~1532	310
오스테 나이트계	27	18 Cr – 8 Ni	304	≧ 200	≧ 510	≧ 50	18.7	0.036	1399~1454	308
	28	18 Cr – 극저 C	304 L	≧ 180	≧ 480	≧ 50	〃	〃	〃	308 L
	29	18 Cr – 8 Ni – Ti	321	≧ 200	≧ 510	≧ 45	19.2	–	1399~1427	347
	32	18 Cr – 12 Ni – Mo	316	≧ 200	≧ 510	≧ 45	18.5	–	1371~1399	316
	33	18 Cr – 극저 C	316 L	≧ 180	≧ 480	≧ 45	〃	–	〃	316 L
	35	18 Cr – 12 Ni – Mo – Cu	–	≧ 200	≧ 510	≧ 45	〃	–	〃	316 Cu
	36	18 Cr – 극저 C	–	≧ 180	≧ 480	≧ 45	〃	–	〃	316 CuL
	39	17 Cr – 7 Ni	301	≧ 200	≧ 590	≧ 50	18.7	–	1371~1421	308
	40	18 Cr – 8 Ni – 고C	302	≧ 200	≧ 540	≧ 50	〃	–	〃	308
	41	22 Cr – 12 Ni	309 S	≧ 200	≧ 510	≧ 45	18.0	–	1399~1454	309
	42	25 Cr – 20 Ni	310 S	≧ 200	≧ 510	≧ 45	17.4	–	–	310
	43	18 Cr – 8 Ni – Nb	347	≧ 200	≧ 510	≧ 45	19.0	–	1399~1427	347
마르텐 사이트계	50	13 Cr – 저 C – 저 Si	403	≧ 200	≧ 440	≧ 22	11.7	0.057	1482~1532	410
	51	13 Cr – 저 C	410	≧ 200	≧ 440	≧ 22	11.7	0.057	〃	309
연 강		JIS SM 41	–	≧ 235	400~510	≧ 23	13.3	0.108	1490~1520	–

3.8 용접봉 표시법과 선택

(1) 용접봉 표시 기호

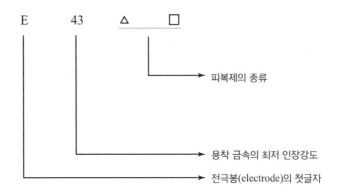

표시 예	한국	일본	미국
	E 4301	D 4301	E 6001
	E 4316	D 4316	E 6016

(2) 용접봉의 선택 방법

① 모재의 강도에 적합한 용접봉을 선정한다(인장강도, 연신율, 충격치 등).
② 사용 성능에 적합한 용접봉을 선택한다.
　박판, 후판 등의 판의 두께와 용접 자세를 충분히 고려한다.
③ 경제성을 충분히 고려하여 용접봉을 선택한다(시간, 능률성 등).

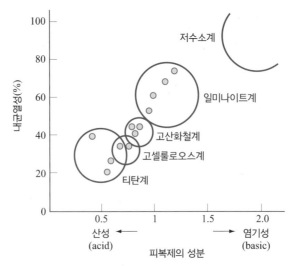

그림 3.5 용접봉의 내균열성 비교

표 3.5 용접봉의 선택

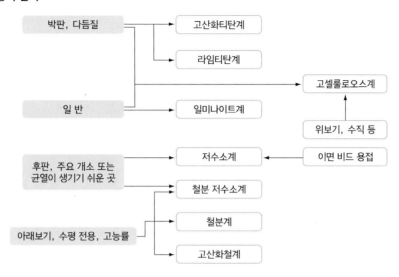

3.9 아크 용접 기기

표 3.6 아크 용접기의 분류

구 분	종 류	아 크 안정성	비피복봉 사 용	극성 변화	자기쏠림 방 지	역 률	값
교류 아크 용접기 (AC arc welder)	가동 철심형 가동 코일형 탭 전환형 가포화 리액터형	보통	불가능	불가능	불가능	불량	저렴
직류 아크 용접기 (DC arc welder)	발전형 정류기형	우수	가능	가능	가능	양호	고가

(1) 교류 아크 용접기

① 가동 철심형 (movable core type)

1차 코일을 교류 전원에 접속하면 2차 코일은 70~100 V의 저전압으로 되고, 2차 코일의 전환 탭으로 코일의 권선비에 따라 큰 전류를 조정하며, 가동 철심으로 미세한 전류를 조정한다.

② 가동 코일형 (movable coil type)

1차 코일을 교류 전원에 접속하고, 가동 핸들로써 1차 코일을 상하로 움직여 2차 코일의 간격을 변화시켜서 전류를 조정한다.

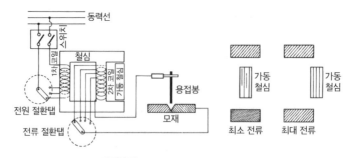

그림 3.6 가동 철심형 교류 용접기

③ 탭 전환형

전류 전환 탭(tap)을 알맞는 전류에 맞춰 놓고 용접한다.

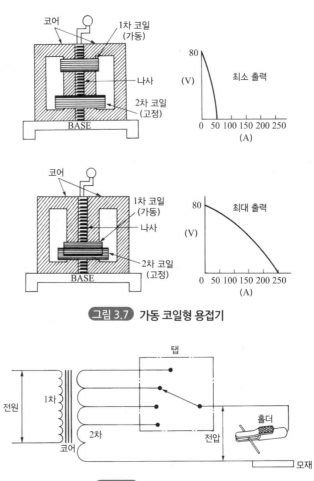

그림 3.7 가동 코일형 용접기

그림 3.8 탭 전환형 용접기

④ 가포화 리액터형(saturable reactor type)

변압기와 가포화 리액터를 조합한 용접기로서, 직류 여자 코일을 가포화 리액터에 감아놓았는데, 이것을 조정하여 용접 전류를 조정한다.

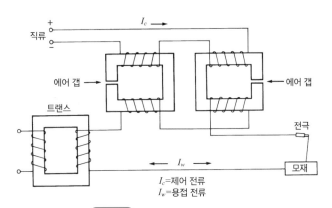

그림 3.9 가포화 리액터형 용접기

⑤ 가동 코어 리액터형

철심을 가동시켜 인덕턴스(L)를 변화시킬 수 있는 리액터로 구성되어 철심을 밖으로 빼내면 인덕턴스가 낮아지므로 용접 전류는 커진다.

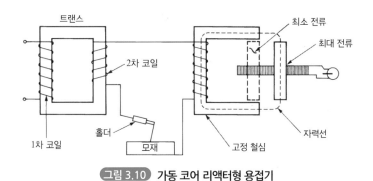

그림 3.10 가동 코어 리액터형 용접기

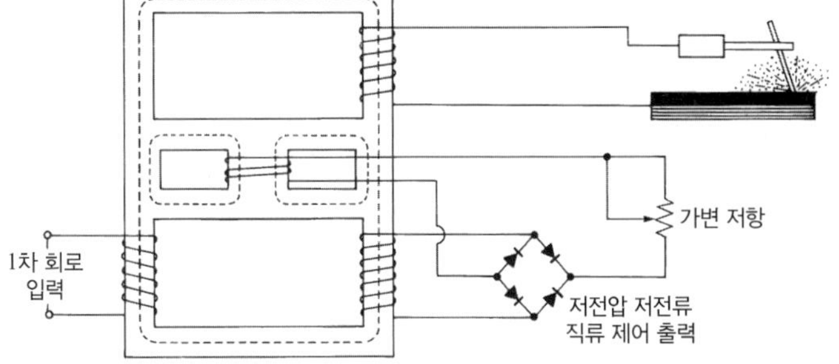

그림 3.11 가포화 리액터 고정 철심형

⑥ 가포화 리액터 고정 철심형

가동 철심형과 가포화 리액터형을 혼합한 것으로 1차 코일과 2차 코일이 영구 고정되어 있으며, 가변 저항을 적게 하여 제어 전류를 크게 하면 용접 전류는 크게 되고, 가변 저항을 크게 하여 제어 전류를 작게 하면 용접 전류는 감소한다.

(2) 직류 용접기

직류 용접기는 특히 안정된 용접 아크가 필요한 용접에 사용되므로 최근 많이 사용되고 있다. 특수 용접에서는 비철합금의 알루미늄 합금, 스테인리스강, 박판 용접 등에 이용되고 있다.

① 발전형 직류 용접기

그림 3.12와 같이 3상 교류의 유도 전동기를 사용하여 직류 발전기를 구동하여 직류를 발전하는 것과 가솔린 엔진이나 디젤 엔진으로 발전기를 구동하여 발전하는 것이 있다.

② 정류기형 직류 용접기

그림 3.13과 같이 교류를 정류하여 직류를 얻는 것이다.

정류기에는 셀렌 정류기(selenium rectifier), 실리콘 정류기(silicon rectifier), 게르마늄 정류기(germanium rectifier) 등이 사용되고 있다.

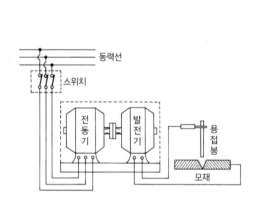

그림 3.12 발전형 직류 용접기의 배선

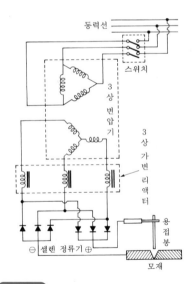

그림 3.13 셀렌 정류형 직류 용접기의 배선

3.10 아크 용접기에 필요한 조건

(1) 아크 발생이 용이하도록 무부하 전압open circuit voltage이 유지되어야 한다.

　　AC : 70~80(90) V 정도　　DC : 60 V 정도

(2) 아크의 안정을 위해 외부 특성 곡선external characteristic curve에 따라야 한다.

① 수하 특성(垂下特性, drooping characteristic)
부하 전류의 증가와 더불어 단자 전압이 저하하는 특성

② 정전압 특성(constant voltage characteristic) : GMAW, FCAW 용접
부하 전류가 변화해도 단자 전압이 거의 변화하지 않는 특성

③ 상승 특성(rising characteristic)
전류가 증가하면 단자 전압도 증가

④ 정전류 특성(constant current characteristic) : GMAW, SMAW 용접
아크의 길이가 변화하더라도 용접 전류는 거의 변화하지 않는 것

⑤ 정전력 특성(constant power characteristic)
전압 E와 전류 I의 곱인 출력이 최대가 되어 전력이 거의 변화하지 않는 것

(3) 아크 자기 제어

그림에서 송급 속도가 늦어져 B점에서 A점으로 이동하면 아크 길이는 짧아지고, 전류는 커지기 때문에 와이어 용융 속도는 빨라지고, 아크 길이는 B점으로 되돌아가서 아크 길이가 길어지며 아크가 안정된다.

① 자동 아크 용접 : 아크 전압제어 송급 방식(수하 특성 사용) : SAW
② 정속도 송급 방식(정전압, 상승 특성) : GMAW, FCAW 용접

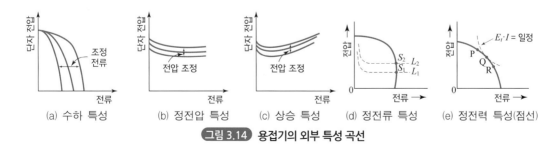

(a) 수하 특성　(b) 정전압 특성　(c) 상승 특성　(d) 정전류 특성　(e) 정전력 특성(점선)

그림 3.14 용접기의 외부 특성 곡선

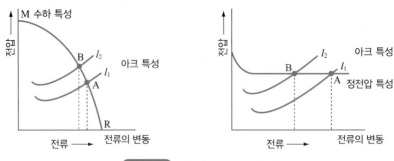

그림 3.15 전원 특성과 아크 특성

3.11 피복 아크 용접법

(1) 용접 전류의 조정

용접 전류는 용접봉의 지름, 종류, 모재의 두께, 이음 형상의 종류에 따라 다음 표를 기준으로 조정한다.

표 3.7 용접봉과 모재 두께에 대한 표준 용접 전류

모재 두께(mm)	3.2		4.0		5.0		6.0		7.0		9.0		10.0		12.0 이상	
용접봉의 지름(mm)	2.0	2.6	2.6	3.2	3.2	4.0	3.2	4.0	4.0	5.0	4.0	5.0	4.0	5.0	5.0	6.0
용접 전류(A)	40 ~60	50 ~70	60 ~80	80 ~100	90 ~110	110 ~130	100 ~120	120 ~140	130 ~150	160 ~180	140 ~190	160 ~170	150 ~170	180 ~200	200 ~220	240 ~280

(2) 용접장비와 공구

① 환기장치

② 용접봉 홀더(electrode holder)

③ 헬멧(helmet)과 핸드 쉴드(hand shield)

④ 보호복(保護服 ; 앞치마)

⑤ 금긋기 바늘(scriber)

⑥ 정(chisel)

⑦ 해머(hammer)

⑧ 치핑 해머(chipping hammer)

⑨ 플라이어(plier)

⑩ 와이어브러쉬(wire brush)

⑪ 차광 유리(welding shade lens)

표 3.8 차광 유리의 규격

차광도 번호	사 용 처
6~7	가스 용접, 절단, 30 A 미만의 아크 용접 및 절단
8~9	30 A 이상 100 A 미만의 아크 용접 및 절단
10~12	100 A 이상 300 A 미만의 아크 용접 및 절단
13~14	300 A 이상의 아크 용접 및 절단

(3) 아크 발생과 운봉법

아크의 발생은 모재와 용접봉 사이의 간격이 심선의 굵기만큼 떨어져 있을 때 보통 아크가 안정되게 발생한다. 아크 발생은 긁는 법(striking arc method)과 찍는 법(tapping arc method)이 있지만 아크의 발생은 일정한 간격을 유지하여 운봉하는 것이 중요하다. 운봉법에는 직선비드(straight bead)법과 좌우로 움직이는 위빙비드(weaving bead)법, 처올리는 휘핑(whipping)법 등 여러, 가지가 있다.

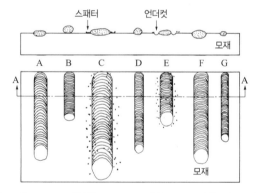

A : 적정 조건   B : 저전류   C : 고전류   D : 너무 짧은 아크 길이
E : 너무 긴 아크 길이   F : 너무 느린 용접 속도   G : 너무 빠른 용접 속도

그림 3.16 용접 조건에 따른 아크 용접 비드

※ 참고 사항

1) 아크 용접기에 필요한 조건

① 아크 발생을 용이하게 하기 위해 무부하 전압이 일정하게 유지되어야 한다.

② 아크 안정을 위해 외부 특성 곡선을 따라야 한다.

③ 아크를 단속할 때 과도적 특성이 좋아야 한다.

④ 역률과 효율이 높아야 한다.

⑤ 취급 간편, 견고성 및 가격이 저렴해야 한다.

2) 역률(power factor)

$$역률(\%) = \frac{아크\ 출력에너지(kW)}{1차\ 입력에너지(kVA)} = \frac{소비전력}{전원입력} \times 100(\%)$$

$$역률 = \frac{아크\ 전압}{개회로\ 전압} = \frac{아크\ 전압 \times 아크\ 전류(kW)}{개회로\ 전압 \times 아크\ 전류(kVA)}$$

역률이 낮으면 입력에너지가 증가하며, 전기 소모량이 많아진다. 또한 용접 비용이 증가하고, 용접기 용량이 커지며, 시설비도 증가한다.

3) 사용률(duty cycle)

$$사용률 = \frac{아크\ 발생\ 시간}{작업\ 시간} \times 100 = \frac{아크\ 발생\ 시간}{아크\ 발생\ 시간 + 아크\ 중지\ 시간} \times 100(\%)$$

$$허용\ 사용률 = \left(\frac{정격\ 아크\ 전류}{실제\ 아크\ 전류}\right)^2 \times 정격\ 사용률$$

사용률 : 아크 용접 시 전체시간 10분 중 6분간 아크 발생 시 사용률은 60%이다.

정격 사용률 : 정격 2차 전류로 용접 시 허용되는 용접기 사용률

4) 아크 용접기용 전원 설비용량 산출

① 한대인 경우

$$Q = \sqrt{\alpha} \times \beta \times P$$

② 2~10대인 경우

$$Q = \sqrt{n \cdot \alpha} \times \sqrt{1 + \alpha(n-1)} \times \beta \times P$$

③ 11대 이상인 경우

$$Q = n \times \alpha \times \beta \times P$$

Q : 전원 설비용량(kVA)

P : 용접기 정격 입력(kVA)

α : 정격 사용률(0.4 ~ 0.6)

n : 사용 대수

β : 체감 계수(실제 사용하는 평균 용접 전류와 정격 전류와의 비

$\beta \leq 1$, 보통 0.6~0.8)

예제 3.1

2차 무부하 전압 80 V, 정격 2차 전류 400 A, 교류 아크 용접기를 10대 설치할 때 전원 변압기의 용량은? (단, $\alpha = 0.5, \beta = 0.7$)

풀이 $P = 80 \times 400 = 32{,}000\,\mathrm{VA} = 32\,\mathrm{kVA}$

$$Q = \sqrt{n \times \alpha} \times \sqrt{1 + \alpha(n-1)} \times \beta \times P$$

$$= \sqrt{10 \times 0.5} \times \sqrt{1 + 0.5(10-1)} \times 0.7 \times 32 = 117\,\mathrm{kVA}$$

연습문제 & 평가문제

연습문제

1   정극성과 역극성에 대하여 설명하시오.

2   피복제 역할에 대하여 설명하시오.

3   피복제 계통별 특성에 대하여 간단히 설명하시오.

4   용접봉의 선택법을 설명하시오.

5   용접봉의 건조에 대해 설명하시오.

6   외부 특성 곡선에 대하여 설명하시오.

7   아크의 자기 제어에 대하여 설명하시오.

8   아크 용접의 적정조건을 예를 들어 설명하시오.

평가문제

1   피복 아크 용접봉에서 피복제의 역할이 아닌 것은?
      (1) 아크 발생을 용이하게 한다.
      (2) 아크를 안정적으로 한다.
      (3) 가스를 발생시켜 대기의 침입을 용이하게 한다.
      (4) 용착 금속의 기계적 성질을 향상시킨다.

2   피복 아크 용접은 고온에서 실시되므로 용융 금속은 다량의 가스를 흡수하기 쉽다. 다량의 가스 중 포함되지 않는 것은?
      (1) 산소   (2) 불소   (3) 질소   (4) 수소

3   피복제의 기능으로 용접 금속의 탈산 효과가 있다. 다음 중 탈산제와 관계가 없는 것은?
      (1) Mn   (2) Si   (3) Cu   (4) Al

4   저수소계 용접봉의 설명으로 틀린 것은?
      (1) 건조 후 사용해선 안 된다.
      (2) 고장력강용으로 사용된다.
      (3) 주성분이 석회석이다.
      (4) 탄산가스에 의해 보호된다.

5　극저온 구조물에 사용되는 오스테나이트계 스테인리스강의 용접봉 선택으로 주의해야 할 점으로 잘못된 것은?
　(1) 저페라이트의 용접봉을 사용한다.
　(2) 고온균열을 막아야 한다.
　(3) 고전류에서 용접을 해야 한다.
　(4) 일반적으로 시판되는 용접봉에는 고온 균열방지를 위해 5~10%의 페라이트를 포함한다.

6　피복 아크 용접봉의 보관상 주의사항이 아닌 것은?
　(1) 환기, 통풍이 좋고 비바람을 피할 수 있는 장소를 선정한다.
　(2) 바닥면, 벽면에 밀착되도록 공간을 두지 않는다.
　(3) 과적 등에 의한 낙하가 발생하지 않도록 한다.
　(4) 운반, 적재, 하적 중에 충격을 주지 않도록 한다.

7　다음의 용접 용어에 대해 설명하시오.
　(1) 용착효율
　(2) 용융속도
　(3) 용착속도
　(4) 용접속도

8　용접봉의 피복제 기능에 대해 관계가 잘못된 것은 어느 것인가?
　(1) 용융속도 - 용접전류
　(2) 쉴드(보호) - 가스, 슬래그
　(3) 슬래그의 융점, 점성, 비중 - 용접속도
　(4) 탈산, 정련 - Mn, Si, Al

9　피복 아크 용접봉에서 피복제의 기능 중 잘못된 것은?
　(1) 아크의 발생, 안정화, 유지를 쉽게 한다.
　(2) 가스를 발생시켜 아크 주변을 보호하고, 슬래그가 용융 금속의 표면을 덮어 수증기가 용착 안으로 침입하는 것을 막는다.
　(3) 슬래그의 조성을 조정하여 용접 작업성을 유지한다.
　(4) 용접 금속에 합금원소를 첨가하는 것 외에 적당량의 철분을 첨가해서 용착률을 향상시켜 작업능률을 높일 수 있다.

10　저수소계 용접봉의 특징으로 틀린 것은?
　(1) 아크가 안정하고 용접속도가 빠르다.
　(2) 300~350℃ 정도로 1~2시간 건조 후 사용해야 한다.
　(3) 아크 길이는 극히 짧게, 운봉 각도는 모재에 대하여 수직에 가깝게 한다.
　(4) 용접성이 우수하다.

11　일미나이트계 용접봉의 특징으로 틀린 것은?
　(1) 일미나이트($FeTiO_3$)를 약 30% 이상 포함한다.

(2) 용접성, 즉 내균열성, 내기공성, 내피트성, 연성 등은 좋으나 후판용접은 불가능하다.

(3) 용접성이 좋고 값이 싸다.

(4) 70~100℃에서 1시간 정도 건조하여 사용한다.

12 다음은 고산화티탄계 용접봉에 관한 것이다. 괄호 안을 채우시오.

> 피복제에 35% 정도의 (1)을 함유한다. 아크가 안정적이며, (2)가 적고, 슬래그의 (3) 양호로 외관이 아름다운 (4)를 만든다.
>
> (5) 발생이 적고, 작업성이 아주 좋은 전 자세 용접봉으로, 상진 및 (6)용접이 용이하다. 용입이 (7), (8) 용접용으로 우수하나, 용착 금속의 연성, (9) 및 균열 감수성이 일미나이트계나 라임티타니아계 등에 비해 떨어진다.

13 피복 아크 용접의 경우 단층용접에 비해 다층용접의 경우가 용접 금속의 신율, 충격치가 개선되는 이유는 무엇인가?

14 용착 금속에 흡수된 수소는 용접부에 균열, 기공 등의 결함을 발생시키는 원인이 된다. 수소를 감소시키는 방법이 아닌 것은?

(1) 용접봉, 플럭스 등의 건조

(2) 저수소계 용접봉 사용

(3) 예열의 불필요

(4) 개선면의 건조 및 청정(유지, 페인트 등의 제거)

15 피복 아크 용접봉의 피복이 흡습하였을 경우 용접에 미치는 악영향이 아닌 것은?

(1) 저온균열이 발생하기 쉽다.

(2) 기공이 발생하기 쉽다.

(3) 스패터가 많아 작업성이 나쁘다.

(4) 인성이 발생하기 쉽다.

16 저수소계 용접봉의 대기 중에서의 방치시간 한계와 재사용하는 경우의 처치에 대해서 서술하시오.

17 저수소계 용접봉의 사용상 주의사항을 서술하시오.

18 고장력강용 용접봉 재료에 요구되는 특성 4가지를 서술하시오.

19 고장력강의 용접에 저수소계 용접봉이 사용되는 이유가 아닌 것은?

(1) 아크분위기 중 수소농도를 낮춘다.

(2) 노치인성이 뛰어나다.

(3) 용접 금속의 충격치가 다른 용접봉보다 높다.

(4) 수소는 용접균열에 영향이 적다.

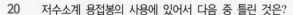

20 저수소계 용접봉의 사용에 있어서 다음 중 틀린 것은?

(1) 처음 사용하는 용접봉은 특별히 건조시킬 필요가 없다.

(2) 용접봉은 작업 전에 반드시 건조시켜 사용해야 한다.

(3) 전용 건조로에서 꺼낸 용접봉은 정해진 시간 내에 사용하지 않으면 안 된다.

(4) 개봉한 용접봉은 건조로에 보관해 두는 것이 좋다.

21 다음 문장에서 괄호 안에 적당한 말을 채우시오.

> 용접봉은 사용에 앞서 저수소계 용접봉은 (1)℃에서 (2)시간, 기타 용접봉은 (3)℃에서 (4)분 건조한다. 저수소계 용접봉은 그 후 사용할 때까지는 (5)℃에 보관할 수 있는 보관용기에 넣어둔다. 용접작업자는 필요량의 용접봉을 용접 직전에 건조로에서 꺼내고, 일반적으로 저수소계의 경우는 (6)시간, 일반봉의 경우는 (7)시간 이내에 다 쓰는 것으로, 남았을 경우는 일단 반납하여 재건조해야 한다.

22 다음 문장에서 괄호 안에 적당한 말을 채우시오.

> 피복 아크 용접봉, 플럭스 등은 흡습 방지를 위해 (1), (2), (3)에 신중한 배려와 엄중한 관리가 필요하다. 통상의 피복 아크 용접봉은 습도가 높은 곳에서는 사용 전에 (4)℃ 정도에서 건조하는 것이 권장된다. 저수소계 용접봉은 보통 (5)℃의 온도에서 (6)시간 건조한다. 건조 후 즉시 사용하지 않는 경우에는 (7)℃의 휴대용 건조로에 넣어둔다.

23 저수소계 용접봉의 사용법에 대해 다음 문장 중 틀린 것은?

(1) 사용 전에 반드시 지정된 온도에서 건조를 실시한다. 더욱이 습도가 높은 작업환경에서 필요하다고 판단될 경우, 건조 후 보관용기에 보관하면서 사용시에 꺼내 쓴다.

(2) 아크 길이는 되도록 짧게 유지한다. 너무 긴 아크는 피트나 기공을 발생시켜 충격치 저하의 원인이 된다. 수직용접에서 자주 실시되는 위빙은 저수소계 용접봉에서는 아크 길이를 길게 해서는 안 된다.

(3) 위빙의 폭이 너무 크면 기계적 성질 저하와 기공 발생의 원인이 되므로 봉의 직경 약 5배 이내로 한다.

(4) 용접개시 전에 개선면을 잘 청소한다. 특히 녹, 수분, 유분 등은 용착 금속 중의 수소량을 증가시키는 우려가 있으므로 주의해서 제거한다.

(5) 저수소계 용접봉을 이용해서 연강의 용접을 실시하는 경우에도 대상 이음의 판두께 또는 구속의 정도가 매우 큰 경우 또는 주위 습도가 낮은 작업 조건에서도 예열을 실시한다.

24 다음 그림은 피복 아크 용접을 실시하고 있을 때의 상태를 그림으로 나타낸 것이다. 명칭을 기입하시오.

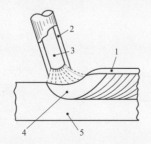

25 교류 아크 용접기는 일반적으로 60 Hz용과 50 Hz용으로 제작되고 있다. 만약 이것을 주파수가 다른 지역, 예를 들면 60 Hz용을 50 Hz 지역에, 50 Hz용을 60 Hz 지역에서 사용하려고 할 때 문제점에 대해 간략히 쓰시오.

26 정격 2차 전류 300 A, 정격 사용률 40%의 교류 아크 용접기가 있다. 이 용접기를 사용하여 전류 200 A, 사용률 100%로 용접 작업을 할 때도 소손(불에 타서 부서짐)의 위험성은 없는지 계산하여 서술하시오.

27 역률개선용 콘덴서를 사용할 때의 효과가 아닌 것을 고르시오.
(1) 입력 kVA가 작아지므로 전력요금이 절약된다.
(2) 전원용량(입력)이 작아져도 되므로, 동일 수전설비용량이라면 많은 대수의 용접기로 접속해도 된다.
(3) 배전선의 재료가 절약된다.
(4) 전류변동률이 작아진다.

28 직류 아크 접속기의 입력전원에는 일반적으로 삼상전원이 이용되고 있다. 지금 정격입력전압 200 V, 정격출력 300 A의 직류 아크 용접기의 정격1차입력이 17 kVA일 경우 이 용접기의 정격1차전류를 구하라.

29 다음 문장 괄호 안의 내용 중에서 정답인 것을 고르시오.

> 1. 교류 아크 용접기에는 보통 용접 변압기 내에 설치되어 있는 가동철심에 의해 a.(가. 정전압, 나. 수하) 특성을 갖고 있다. 한편, 이 가동철심은 전원에 직렬로 접속된 b.(가. 저항, 나. 리액턴스)을(를) 움직이게 할 뿐만 아니라 c.(가. 전류, 나. 전압)의 조정은 가동철심의 넣고 빼는 것에 의해 일어난다.
>
> 2. 교류 아크 용접기는 일반적으로 사용전류에 대해 사용률은 d.(가. $\dfrac{\text{정격 2차 전류}}{\text{사용전류}} \times$ 정격 사용률, 나. $\left(\dfrac{\text{정격 2차 전류}}{\text{사용전류}}\right)^2 \times$ 정격 사용률)까지 허용된다.
>
> 3. 교류 아크에는 재점호를 확인할 필요가 있다. 이를 위해 용접 전류는 용접전원의 2차개로전압(무부하 전압)의 위상보다도 e.(가. 늦은, 나. 빠른) 관계가 되지 않으면 안 된다.

30 다음 문장은 교류 아크 용접기의 전류 조정에 관해 기술한 것이다. 문장의 괄호 안에 적당한 말을 쓰시오.

> 1. 용접 변압기 내의 가동철심이 아래 그림 (a)의 상태로 된 경우 변압기의 내부 리액턴스가 (1) 되며, 전류는 (2) 된다.
> 2. 가동철심이 (b)의 상태가 된 경우 변압기의 내부 리액턴스는 (3) 되며, 전류는 (4) 된다.

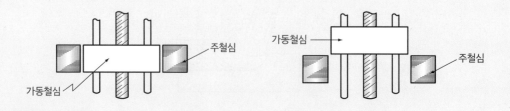

31 아래 A군의 단어와 관련이 깊은 B군의 단어를 골라서 기입하시오.

A군	B군
(1) 교류아크의 재점호	(a) 사용 전류와 무부하 전압
(2) 피상전력	(b) 무부하 전압 및 그것과 전류와의 위상관계
(3) 실효전력	(c) 정격 2차 전류와 무부하 전압
(4) 사용률	(d) 작업시간과 아크시간
(5) 정격 1차 입력	(e) 사용 전류와 무부하 전압과의 위상

32 교류 아크 용접기를 전원으로 다음 그림의 상태로 용접작업을 할 경우, 두 그림을 비교하여 괄호 안에 적당한 말을 넣으시오.

그림 (b)에 비해서 그림 (a)의 케이블의 인피던스는 (1) 되며, 용접기의 가동철심의 일정 위치에서는 용접전류는 (2) 된다.

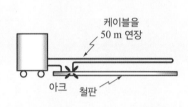 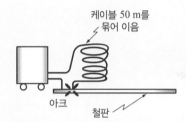

33 다음 문장의 괄호 안에 적당한 말을 아래의 보기로부터 골라 그 기호를 기입하시오.

피복 아크 용접에 이용되고 있는 교류 아크 용접기에는 아크의 안정상 (1)에 의해 수하 특성이 일어난다. 그로 인해 용접기에서는 (2) 역률이 되며, 수전설비 및 전력요금의 면으로는 (3)하게 된다. 여기서 용접기의 1차 측에 (4)를 접속하여, (5)의 개선을 도모하고 있다.

보기 가. 유리   나. 불리   다. 저항   라. 리액턴스   마. 콘덴서
       바. 사용률   사. 역률   자. 출력   차. 고(높음)   카. 저(낮음)

34 다음 중 틀린 것을 고르시오.
(1) 교류 아크 용접기는 리액턴스에 의해 수하 특성을 얻고 있으며, 누설 자속에 의하여 전류를 조절한다.
(2) 교류 아크 용접기는 작업 현장의 정리정돈 후 벽에 밀착하는 것을 권장한다.
(3) 콘덴서가 달린 교류 아크 용접기의 콘덴서는 교류를 정류하여 용접 전류를 직류로 하기 위한 것이다.
(4) 여러 대의 교류 아크 용접기를 동시에 사용하여 공동용접작업을 시행할 경우, 공통의 어스선이 가늘면 가는 쪽 작업자의 아크 점멸에 의해 아크 자체의 안정성에 이상을 일으키는 결과를 가져온다.
(5) 용접 작업대에 어스선의 조임이 충분하지 않거나 이 조임부의 과열, 소모에 의해 아크가 불안정이 된다.

35 다음 문장은 교류 아크 용접기에 이용되고 있는 전격방지장치에 대해서 기술한 것이다. 문장의 괄호 안에 적당한 말을 아래의 보기로부터 골라 그 기호를 기입하시오.

---

1. 전격방지장치는 아크가 발생되지 않을 때의 (1)와 모재의 사이의 전압을 용접기의 (2)전압보다 낮게 유지하여 용접작업자를 (3)의 위험으로부터 보호하기 위한 장치이다.

2. 전격방지장치의 (4)시간은 용접봉을 모재에 접촉한 순간부터 홀더와 모재 사이에 용접기의 높은 (5)이 될 때까지의 시간이다. 또한 (6)시간은 아크를 끊고부터 전격방지장치의 (7)전압에 홀더와 모재 사이의 전압이 (8)하기 까지의 시간이다.

보기　가. 부하　　나. 무부하　　　다. 조작자　　라. 크란프　　마. 높은　　바. 낮은
　　　사. 작동　　아. 소손(타서손실)　자. 홀더　　차. 용접기　　카. 전격　　타. 화상
　　　파. 복귀　　하. 출발거. 정지　　너. 아크전압　　더. 무부하 전압

Chapter **4**

가스 용접

가스 용접은 가열 조절이 용이하고, 시설비가 저렴하며 박판이나 파이프, 비철합금 등의 용접에 많이 이용되는 것으로서, 아크 용접과 더불어 가장 널리 알려진 용접 기법이다.

그림 4.1에서 보는 바와 같이 산소 용기(수나사, 프랑스식)에서 오른나사로 연결된 압력조정기를 지나 녹색이나 흑색 호스에 가스가 나가게 된다. 또한 아세틸렌 용기(암나사, 독일식)에서 왼나사로 연결된 감압 게이지를 통해 적색 호스를 지나 토치의 혼합실에서 산소와 같이 혼합되어 공급된다.

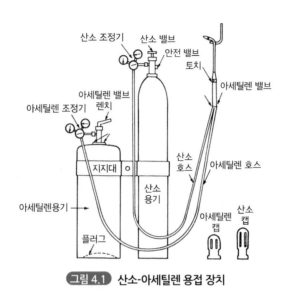

그림 4.1 산소-아세틸렌 용접 장치

혼합된 가스는 점화 시 불꽃을 이루어 모재와 용가재(filler metal)를 녹여서 용접이 이루어진다.

가스 용접은 가열 온도 범위가 넓고 운반이나 설치가 쉬우며, 유해 광선이 적은 반면, 용융 온도와 열효율이 낮고 폭발 위험이 있으며, 탄화나 산화가 일어나기 쉽고 신뢰성이 적은 것이 단점이다.

4.1 용접용 가스

연료용 가스로는 아세틸렌이 가장 많이 사용되고, 수소 가스(H_2), 도시 가스, 액화 석유 가스(LPG, liquefied petroleum gas), 메탄 가스 등이 사용된다. 이 연료 가스들은 불꽃 온도가 높아야 하고, 연소 속도가 빠르고 발열량이 크며, 용융 금속과 화학 반응이 없어야 한다. 다음

표는 산소-아세틸렌, 산소-프로판 가스의 연소 성질이다.

표 4.1 산소-아세틸렌의 연소 성질

용적 비 (O_2 / C_2H_2)	불꽃의 성질	연소 생성물의 용적 (몰)						불꽃의 온도 (°C)
		C	CO	CO_2	H_2	H_2O	O_2	
0.8/1.0	환원 불꽃	0.4	1.60	0	1.00	0	0	3070
0.9/1.0	환원 불꽃	0.2	1.80	0	1.00	0	0	3150
1.0/1.0	중성 불꽃	0	1.00	0	1.00	0	0	3230
1.5/1.0	산화 불꽃	0	1.80	0.20	0.70	0.30	0.25	3430
2.0/1.0	산화 불꽃	0	1.72	0.28	0.56	0.44	0.61	3370
2.5/1.0	산화 불꽃	0	1.65	0.35	0.51	0.49	1.10	3330

표 4.2 산소-프로판의 연소 성질

용적 비 (O_2 / C_3H_8)	불꽃의 성질	연소 생성물의 용적 (몰)					불꽃의 온도 (°C)
		CO	CO_2	H_2	H_2O	O_2	
1.8/1.0	중성 불꽃	3.0	0	4.00	0	0	1150
2.0/1.0	중성 불꽃	2.85	0.15	3.15	0.85	0	1930
2.5/1.0	산화 불꽃	2.75	0.25	2.25	1.75	0	2590
3.0/1.0	산화 불꽃	2.65	0.35	1.65	2.35	0.15	2870
3.5/1.0	산화 불꽃	2.55	0.45	1.30	2.70	0.43	2930
4.0/1.0	산화 불꽃	2.50	0.50	1.10	2.90	0.80	2990
4.5/1.0	산화 불꽃	2.45	0.55	0.95	3.05	1.20	2930
5.0/1.0	산화 불꽃	2.49	0.60	0.90	3.10	1.65	2870

☞ 참고 : http://www.sklpg.co.kr

4.2 카바이드와 아세틸렌

(1) 카바이드 carbide

카바이드는 아세틸렌 가스 제조 시 사용되는 칼슘 카바이드를 일반적으로 부르는 명칭이다. 제조법으로는 생석회라 하는 석회석을 구운 것에 탄소(코크스, 목탄)를 섞어서 전기로에 넣에 3000℃ 이상으로 가열하면 용융 화합된다. 이것을 강철재로 된 통에 넣어 냉각시킨 후에 적당한 크기로 만들어 용기에 넣어서 시판하고 있다.

(가) 카바이드의 성질

순수한 카바이드는 무색 투명하고 단단하며, 물과 작용시키면 순수한 카바이드 1 kg에서

348 L의 아세틸렌 가스가 발생한다.

그러나 시판 중인 것은 불순물을 함유하고 있으므로 회갈색이나 회흑색을 띠며, 공기 중에서 악취를 낸다.

① 원래는 무색 투명하나, 흑갈색을 띠는 것도 있다.

② 조직은 일반으로 괴상 결정이나, 때에 따라서는 해면 모양으로 된 것도 있다.

③ 돌처럼 단단하며, 비중은 2.2~2.3 정도이다.

④ 물이나 수증기와 작용하면 아세틸렌 가스를 발생하고, 생석회가 남는다.

$$CaC_2 + H_2O \rightarrow C_2H_2 + CaO$$

그러나 실제로는 발생기 내에 물이 있으므로 생석회는 다시 물을 흡수하여 소석회가 된다. 카바이드 1 kg은 348 ℓ의 가스를 발생하나 실제적으로는 230~300 ℓ 정도이다.

$$CaC_2 + 2H_2O \rightarrow Ca(OH)_2 + C_2H_2$$

(2) 아세틸렌 acetylene

아세틸렌은 C_2H_2로 나타내며, 3중 결합을 가지는 불포화탄화수소이고, 순수한 것은 향기를 가지며, 공기보다 다소 가벼운 무색의 가스이다.

3중 결합을 가지므로 매우 불안정하여 가열, 압축, 충격 등 약간의 부주의로 손쉽게 분해 폭발을 일으킬 위험성을 가지고 있다(공기 중 505℃ 이상에서 폭발).

$$C_2H_2 = 2C + H_2 + 54.194 \, kcal$$

분해 폭발은 관의 지름이 클수록 또 초압이 높을수록 발생하기 쉽다. 또 아세틸렌은 구리, 은 등과 화합하여 아세틸렌-동 등을 조성하며, 이 금속 화합물도 충격, 가열에 의하여 분해 폭발을 일으킨다.

그러므로 아세틸렌의 배관을 설치할 때는 지름을 가능한 가늘게 하고, 관의 이음 부분 등에는 구리나 은 함유량 62%를 초과한 재료를 사용해서는 안 된다. 또한 관의 압력도 0.13 Mpa 이하로 사용한다.

1 m^3의 아세틸렌은 13,400 kcal의 발열량을 내며, 아세톤(acetone, CH_3COCH_3)에 25배가 용해된다.

용기의 내용적은 15 ℓ, 30 ℓ, 50 ℓ가 있으며, 철판 두께는 4.5 mm, 지름은 310 mm로 용기의 내압 시험은 9 Mpa로 한다. 보통 30 ℓ 용기가 많이 사용되고 가스를 5 kg 충전하므로 가스의 용적은 약 4,500 ℓ가 된다(1 kg의 가스 체적이 910 ℓ).

(3) 아세틸렌의 취급

① 게이지 압력 0.1 Mpa 이상의 압력에서 아세틸렌을 사용해서는 안 된다.

② 용기 내의 가스 누설 점검에는 비눗물을 사용하든지 냄새를 맡는다.

③ 만약에 용기 밸브에 착화되었을 때는 곧바로 밸브를 닫고 소화기로 소화해야 한다.

④ 안전 밸브의 퓨즈 메탈이 녹아서 착화했을 때도 위와 같은 처치를 하고 파손 부위를 명기하여 반납한다.

⑤ 아세틸렌 가스의 연결관 등 아세틸렌에 접촉되는 곳에서는 동 및 동합금을 사용하지 않아야 한다.

⑥ 아세틸렌 용기는 아세톤의 유출을 피하기 위하여 사용 중 또는 저장 중에 반드시 세워 놓는다.

⑦ 아세틸렌은 다른 가스와 마찬가지로 다른 용기에 옮기지 말아야 한다.

⑧ 아크 용접장치나 전기회로에 접촉하지 않아야 한다.

⑨ 아세틸렌을 분출시킬 때는 밸브에 붙어있는 핸들로 조용히 돌리되 1/4~1/2회전 정도로 한다.

⑩ 많은 양의 가스양을 필요로 하는 토치를 사용할 때는 아세틸렌의 발생 가스양이 부족하므로 여러 병을 병렬로 연결하여 사용한다.

⑪ 조정기의 압력이 0이 되었다고 해서 반드시 아세틸렌이 없다고는 볼 수 없으므로 잔류 가스에 대해서 특히 주의를 요한다.

⑫ 가스의 사용을 중지할 때는 용기 밸브를 닫아 둔다.

4.3 산소 가스

산소는 무색, 무취, 무미로서 0℃, 1기압에서 1 ℓ 의 무게가 1.429 g, 비중은 1.105로 공기보다 약간 무거운 기체이다.

산소 자체는 연소하는 성질이 없으나 다른 물질의 연소를 돕는 강한 조연성 가스이다. 가스 용접 시에는 순도 99.5% 이상의 것이 사용된다.

(1) 기체 산소

산소는 일반적으로 강철제 고압 용기에 충전한 압축 산소로 공급되며, 충전 압력은 35℃에서 15 Mpa 정도이다(5,000 ℓ, 6,000 ℓ, 7,000 ℓ 용적).

(2) 액체 산소

　용기 중량이 충전 산소 중량의 10배 정도가 되며, 많은 양의 산소를 필요로 하는 곳에서는 액체 산소가 경제적으로 유리하다.

표 4.3 **충전 가스 용기의 색**

가스 명칭	색	나사 종류
산　　소	녹 색	오른나사
수　　소	주황색	왼 나 사
탄산가스	청 색	오른나사
아세틸렌	황 색	왼 나 사
프 로 판	회 색	왼 나 사
아 르 곤	회 색	오른나사

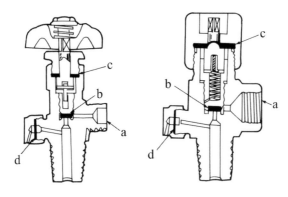

(a) 고압 산소 출구(압력 조정기 설치구, 또는 가스 충전구)

(b) 고압 밸브 시트(플라스틱)

(c) 누설 방지 패킹

(d) 안전 밸브(가스 용기의 내압 시험의 80%의 압력으로 파손한다.)

　(a) 프랑스식 산소 고압 밸브　　　　　(b) 독일식 산소 고압 밸브

그림 4.2 **산소 고압 밸브의 구조**

(3) 산소 가스의 취급

　① 산소는 조연성 가스이므로 다른 가스와 혼합된 것에 점화하면 급격한 연소를 일으킬 위험이 있다. 그러므로 다른 가연성 가스와 함께 저장해서는 안 되며, 또 사용 중 산소의 누설에 주의해야 한다.

② 취급시 충격이나 타격을 주거나 넘어뜨리면 용기가 파열되어 폭발을 일으켜서 막대한 재해를 가져오므로 조심성있게 다루어야 한다.

③ 용기는 항상 40℃ 이하를 유지해야 하므로 직사광선이나 화기가 있는 고온 장소에 두고 작업하거나 방치하지 않도록 한다.

④ 용기를 이동할 때는 반드시 밸브를 닫고 캡을 씌워 이동시킨다.

⑤ 기름 등이 용기 밸브나 조정기 등에 부착되지 않도록 한다.

⑥ 산소를 사용한 후 용기가 비었을 때는 반드시 밸브를 닫고 캡을 씌워두어야 한다.

⑦ 용기 내의 압력이 너무 상승되지 않도록 한다.

⑧ 분출구에 손을 대지 않아야 한다.

⑨ 추운 겨울에 산소 밸브가 얼어서 산소의 분출이 나쁘거나 나오지 않는 경우에 화기를 사용해서는 안 되며, 더운물, 수증기 등으로 녹여야 한다.

⑩ 밸브의 개폐는 천천히 하고, 산소의 누설은 반드시 비눗물로 조사해야 한다.

4.4 아세틸렌 가스 발생기

가스 발생기는 카바이드에 물을 작용시켜 가스를 발생하는 장치로서, 발생된 가스가 모이는 기종, 역류 및 역화를 방지하는 안전기, 물이 들어있는 수실로 이루어져 있다.

(1) 주수식 water to carbide acetylene generator

카바이드에 물을 작용시켜 아세틸렌을 발생시키는 장치이다.

① 유기종형
아세틸렌 가스의 축적량에 따라 이동하는 기종(氣鐘)에 의해서 주수(注水)를 가감한다.

② 무기종형
수위의 이동에 따라서 자동적으로 주수하여 아세틸렌 가스를 발생시키는 방법으로, 그림 4.3은 주수식 발생기의 구조를 나타낸 것이다.

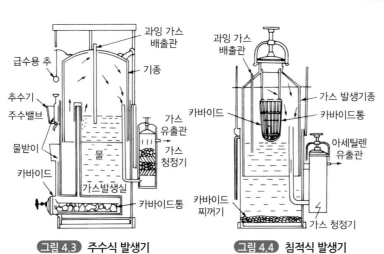

그림 4.3 주수식 발생기　　**그림 4.4** 침적식 발생기

(2) 침적식 dipping acetylene generator

① 유기종형

수면의 수위를 일정하게 하고 카바이드를 넣은 그릇을 상하로 이동시켜 가스를 발생시키는 방법이다.

② 무기종형

카바이드를 넣은 그릇의 위치를 일정하게 하고, 수면을 이동시켜 카바이드와 물을 작용시키는 것으로 중압 발생기용으로 이용되고 있다.

(3) 투입식 carbide to water acetylene genentor

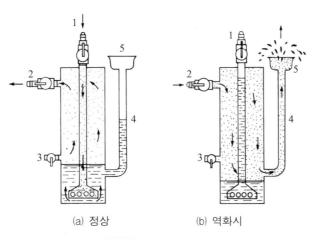

(a) 정상　　　　(b) 역화시

그림 4.5 아세틸렌 안전기

이 형식은 비교적 많은 양의 카바이드를 조금씩 투입하는 것으로, 큰 덩어리 전용의 것과 입자 또는 분말을 투입하는 것의 2가지가 있다.

(4) 안전기 safety device

불꽃이 역류, 역화하는 것을 방지하기 위해 그림 4.5와 같은 장치가 있다.

4.5 가스 압력 조정기

가스의 압력은 실제로 사용하는 압력보다 높으며, 용기의 경우에는 충전량에 따라서 압력이 다르다. 그러므로 작업 환경이나 토치의 능력에 따라 일정한 압력으로 감압하는 것이 필요한데, 이를 압력 조정기(pressure regulator)라 한다. 압력 조정기는 프랑스식과 독일식 두 종류가 있다.

(1) 프랑스식 압력 조정기의 작동 원리

프랑스식 압력 조정기의 구조를 나타내면 다음과 같다.

① 압력 조정기를 용기에 설치하여 용기 밸브를 열면 가스는 압력 조정기의 고압실에 들어온다. 이때 가스 압력과 밸브 스프링의 힘에 의해 가스는 저압실로 유입되지 못한다.

② 압력 조정기의 핸들을 시계 방향으로 돌리면 누르는 힘으로 조정 스프링에 힘이 생겨 다이어프램(diaphragm)을 통하여 시트(seat)를 누르므로 고압실의 가스가 저압실로 들어간다.

③ 저압실에 들어온 가스는 다이어프램 면을 누르므로 조정 스프링은 압축되고, 조정 밸브는 닫히게 되어 원래 상태로 되며, 가스의 유입은 정지되어 저압실의 압력은 조정 스프링의 세기에 해당하는 압력으로 설정된다.

④ 용접 토치의 출구 밸브를 열어 가스를 사용하면 저압실의 압력은 저하되어 다시 조정 스프링의 힘에 의해 조정 밸브를 밀어서 여므로 고압실에서 저압실로 가스가 들어온다. 저압실의 압력은 스프링에 의해 평형을 유지하면서 계속 사용할 수 있게 된다.

(2) 독일식 압력 조정기의 작동 원리

가스 용기에 조정기를 설치하여 용기 밸브를 열면 가스는 밸브 시트에 부딪치고 고압계를 움직인다. 용기 내의 압력을 필요한 압력으로 조정하려면 조정 핸들을 천천히 오른쪽으로 돌리면 조정 스프링은 압축되어 다이어프램을 누르고, 지지대는 지지핀을 중심으로 하여 움직이므로 밸브 시트가 열려 가스는 조정실로 들어가 압력이 낮아진다.

적당한 압력으로 조정되면 토치를 통해 사용된다.

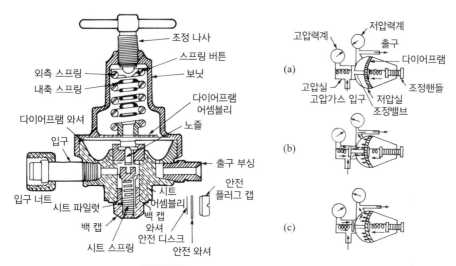

그림 4.6 프랑스식 압력 조정기의 원리

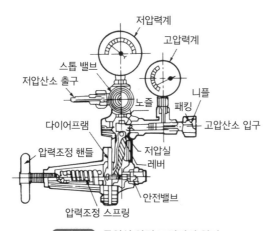

그림 4.7 독일식 압력 조정기의 원리

4.6 용접 토치와 팁

용접 토치(welding torch)는 산소와 아세틸렌을 혼합하여 팁(tip)으로 분출하게 된다. 용접 토치에는 아세틸렌의 압력에 따라 저압식과 중압식으로 나누며, 구조에 따라 독일식(needle valve가 없는 것, A형)과 프랑스식(needle valve가 있는 것, B형)으로 분류한다.

(1) 저압식 토치

주로 많이 사용되는 토치이며, 저압식 토치는 용해 아세틸렌 가스 사용 시에는 0.02 Mpa 이하로 낮기 때문에 산소 기류에 의해 아세틸렌 가스를 흡입하여 산소와 아세틸렌 가스를 혼합하고 있다.

니들 밸브에 의해 압력 유량을 조절하는 것을 가변압식 토치(B형, 프랑스식)라 하며, 인젝터에 니들 밸브가 없는 것을 불변압식(A형, 독일식)이라 한다.

① 가변압식 토치 (B형)

가변압식 토치는 니들 밸브가 인젝터 속에 있어 이것으로 산소의 유량을 조절하는 것으로 팁을 자유자재로 교환 사용할 수 있다.

이 토치의 특수한 점은 바꾸어 끼는 팁이 작아 교환하기가 편리하고, 토치 전체의 구조가 간단하며, 가벼우므로 작업이 매우 용이하다는 것이다.

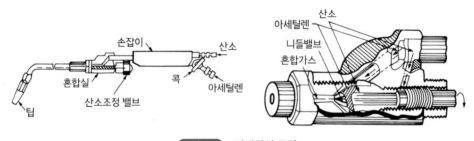

그림 4.8   가변압식 토치

② 불변압식 토치 (A형)

불변압식 토치는 팁의 머리에 인젝터와 혼합실이 있기 때문에 B형보다 구조가 간단하고, 불꽃을 끄는 코크와 아세틸렌 조절 밸브 어느 것이나 모두 토치를 쥐고 왼손으로 조작할 수 있는 편리한 점이 있다.

이 형식의 토치는 분출 구멍의 크기가 일정하기 때문에 팁의 능력도 일정하여 불꽃의 크기를 자유롭게 변경할 수 없으며, 팁, 혼합실, 산소 분출 구멍에 따른 흡인장치가 한 개 조의 장치로 되어 있다. 특징으로는 역류, 역화를 일으켜도 인화를 일으킬 염려가 적다.

그러나 팁의 구조가 복잡하고 무거우며, 혼합 비율을 변화하려면 게이지의 가압으로 가능하다. 불변압식 중에 거위 목(goose neck)형 팁이 있다.

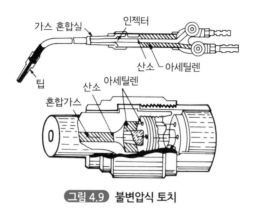

그림 4.9 불변압식 토치

(2) 중압식 토치

아세틸렌 압력 0.007~0.13Mpa 정도에서 사용하는 용접 토치로, 중앙에 인젝터를 가지고 있어 산소에 의해 아세틸렌의 흡인력이 전혀 없는 것과 약간 있는 것이 있다.

역화, 역류의 위험이 적고 불꽃이 안정되므로 후판 용접에 적당하다.

우리나라에서는 그다지 쓰이지 않고 있다.

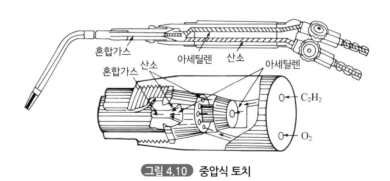

그림 4.10 중압식 토치

표 4.4 A형 토치의 사용 압력(독일식)

형 식	팁 번호	산소 압력(Mpa)	아세틸렌 압력(Mpa)	판 두께(mm)
A 1호	1	0.10	0.01	1~1.5
	2	0.10	0.01	1.5~2
	3	0.10	0.01	2~4
	5	0.15	0.01	4~6
	7	0.15	0.015	6~8
A 2호	10	0.20	0.015	8~12
	13	0.20	0.015	12~15
	16	0.25	0.02	15~18
	20	0.25	0.02	18~22
	25	0.25	0.02	22~25
A 3호	30	0.30	0.02	25 이상
	40	0.30	0.02	25 이상
	50	0.30	0.02	25 이상

참고 : A형팁 번호는 용접 가능한 모재의 두께를 표시한다.

☞ 참고 : http://www.metal.or.kr, http://www.weldnet.co.kr

표 4.5 B형 토치의 사용 압력 (프랑스식)

형 식	팁 번호	산소 압력(Mpa)	아세틸렌 압력(Mpa)	판 두께(mm)
B 0호	50	0.10	0.01	0.5~1
	70	0.10	0.01	1~1.5
	100	0.10	0.01	
	140	0.10	0.01	1.5~2
	200	0.10	0.01	
B 1호	250	0.10	0.01	3~5
	315	0.15	0.01	
	400	0.15	0.01	5~7
	500	0.15	0.025	
	630	0.15	0.025	7~10
	800	0.20	0.025	
	1000	0.20	0.025	9~13
B 2호	1200	0.20	0.015	
	1500	0.20	0.015	12~20
	2000	0.20	0.02	
	2500	0.20	0.02	20~30
	3000	0.30	0.02	
	3500	0.30	0.02	25 이상
	4000	0.30	0.02	

(3) 팁

토치 능력을 나타내는 방법으로 팁의 번호를 표시하는데, 독일식(A형)과 프랑스식(B형)의 표시법이 서로 다르다. 독일식 토치의 팁 번호는 연강판의 용접이 가능한 판의 두께로 표시하는데, 가령 10번은 10 mm 연강판의 용접이 가능한 것을 표시하고 있다.

프랑스식 토치는 산소 분출구에 니들 밸브를 가지고 있으며, 산소 분출구의 크기를 팁에 맞추어서 어느 정도 조절이 가능하다. 프랑스식(B형) 팁의 번호는 불꽃에서 유출되는 아세틸렌의 유량(L/h)을 표시한 것으로, 연강판의 용접 가능한 판 두께는 팁 번호의 1/100에 해당하므로 1000번 팁은 10 mm 연강판을 용접하는 데 가장 적합한 팁이다.

4.7 가스 용접의 불꽃

혼합비에 의하여 산소 아세틸렌 불꽃은 다음과 같이 구분한다.

(1) 아세틸렌 과잉 불꽃

탄화 불꽃이라고도 하며, 산소의 양이 아세틸렌보다 적은 경우의 불꽃으로 불꽃의 흰색 부분과 바깥 불꽃 사이에 밝게 빛나는 백색의 속불꽃, 즉 아세틸렌 페더가 있다. 페더는 산소가 불충분하기 때문에 미반응의 아세틸렌에 의해 탄소가 백색으로 가열되어 용융 금속에 작용한다.

(2) 표준 불꽃

중성 불꽃이라고도 하며, 아세틸렌 과잉 불꽃에서 다시 산소를 증가시키면 아세틸렌 페더가 없어지고 불꽃의 흰색 부분과 바깥 불꽃만으로 구성된다. 표준 불꽃의 혼합비는 O_2/C_2H_2 = 1.10 정도이며, 가스 용접에서 가장 많이 쓰여지는 일반적인 불꽃이다. 표준 불꽃에서 아세틸렌 가스의 연소는 다음과 같이 행해진다.

$$C_2H_2 \rightarrow 2C + H_2 + 54.8 \text{ kcal}$$
$$2C + O_2 = 2CO + 52.9 \text{ kcal}$$
$$H_2 + \frac{1}{2}O_2 = H_2O + 57.8 \text{ kcal}$$

$$2CO + O_2 = 2CO_2 + 135.9 \text{ kcal}$$

(3) 산소 과잉 불꽃

산화 불꽃이라고도 하며, 중성 불꽃에서 산소의 양을 많이 내보낼 때의 불꽃이다. 불꽃의 크기는 앞에서 설명한 2가지보다 적다. 이 불꽃을 쓰는 경우는 높은 용접 온도를 원할 때 이용하며 용접 금속이 산화 탈탄된다.

① 불꽃의 흰색 부분(백심, cone)

② 속불꽃(inner flame)

③ 겉불꽃(outer flame)

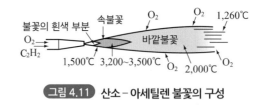

그림 4.11 산소 – 아세틸렌 불꽃의 구성

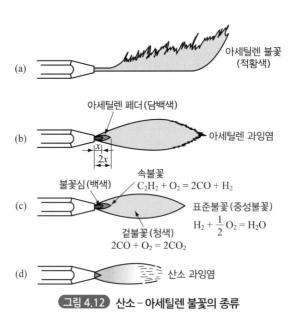

그림 4.12 산소 – 아세틸렌 불꽃의 종류

4.8 역화와 역류

(1) 역화 back fire

팁 끝이 작업물에 닿았을 때나 팁 끝이 과열 또는 가스 압력이 낮을 때, 팁의 고정이 부적당할 때 일어나며, 이때에는 아세틸렌을 먼저 잠그고 산소로 그을음을 배출한 다음 역화의 원인에 대한 조치를 취한 후 다시 용접 불꽃을 조정하여 사용하도록 한다.

(2) 역류 contra flow

공급 압력이 낮거나 팁이 과열되었을 때 산소가 아세틸렌 쪽으로 흡인되는 것을 말한다.

(3) 인화 flash back

불꽃이 혼합실에 들어오는 것을 뜻한다. 팁의 과열, 팁 막힘, 팁 고정 불량 등에서 나타난다. 가스 압력이 불꽃의 연소 속도보다 느려서 일어난다.

4.9 가스 용접용 용제

용제(flux)는 용접 중에 생기는 금속의 산화물 또는 비금속 개재물을 용해하며, 용제와 결합시켜 용융 온도가 낮은 슬래그를 만들어 용융 금속의 표면에 떠오르게 하며, 용착 금속의 성질을 양호하게 하는 것이다. 이 용제는 건조한 분말 페이스트 또는 미리 용접봉 표면에 피복한 것도 있다.

일반적으로 분말을 물 또는 알코올로 반죽하여 용접 전에 용접할 홈과 용접봉에 발라서 사용한다.

① 강의 용접에서는 산화철 자신이 어느 정도 용제의 작용을 하기 때문에 일반적으로 용제를 쓰지 않는다. 그러나 충분한 용제 작용을 돕기 위하여 붕사, 규산나트륨 등이 사용하는 경우도 있다.

② 고탄소강, 주철의 용접에서는 탄산수소나트륨($NaHCO_3$), 붕산(H_3BO_4), 붕사, 유리 분말 등이 사용된다.

③ 구리와 구리 합금 등의 용접에는 붕사, 붕산, 플루오르화나트륨(NaF) 규산나트륨(NaSiO3) 등이 사용된다.

④ 경합금의 용접에는 염화리튬(LiCl), 염화칼슘(KCl), 염화나트륨(NaCl), 플루오르화나트륨(NaF) 등의 혼합물로 된 용제가 사용된다.

4.10 가스 용접법

산소 아세틸렌 용접을 하기 위해서는 산소와 아세틸렌 용기 또는 가스 발생기, 압력 조정기, 가스 호스 그리고 모재의 재질과 두께에 따라 적당한 토치와 팁, 용접봉, 용제 등을 선정하고, 모재가 두꺼운 경우에는 용접 홈을 가공한다. 그리고 사용 공구, 안전 보호구 등을 준비해야 한다.

산소의 압력은 보통 0.3~0.4 Mpa, 아세틸렌의 압력은 0.01~0.02 Mpa로 정도로 조정하고, 먼저 토치의 아세틸렌 밸브를 약간 열어 점화를 한다. 점화된 불꽃에 산소를 내보내어 불꽃을 조정한다. 산소 아세틸렌의 불꽃은 불꽃의 색과 불꽃의 백색 부분인 백심(cone)의 길이를 보면서 조절한다.

일반적인 가스 용접 작업을 살펴보면, 용접 토치와 용접봉을 사용하여 2개의 모재를 확실히 용접하려면 모재의 양끝을 충분히 녹이고, 용융 풀은 언제나 용융 상태에 있게 하며, 적당한 시기에 알맞은 용접봉을 녹여서 첨가해야 한다.

토치의 운봉은 전진법(forward welding, fore hand welding)과 후진법(back hand welding) 두 가지 방법이 있다.

전진법은 왼쪽 방향으로 용접을 진행해 나가는 것으로 용접봉이 앞서서 진행하기 때문에 전진법이라 하고, 또 왼쪽 방향으로 움직인다고 하여 좌진법이라고도 한다. 이 방법은 비드와 용접봉 사이에 팁이 있어 불꽃이 용융 풀의 앞쪽을 가열하기 때문에 용접부가 과열되기 쉽다. 이 관계로 모재는 변형이 심해져 기계적 성질이 떨어지게 되고, 불꽃 때문에 용입이 방해되나 비드의 표면이 곱다.

후진법은 용접봉이 팁과 비드 사이에 있어 토치의 뒤를 용접봉이 따라가기 때문에 후진법 또는 우진법이라 한다. 이 방법은 불꽃의 끝부분이 홈의 밑부분에 닿게 되어 용입이 깊은 관계로 5 mm 이상의 두꺼운 모재의 용접에 사용하며, 용융 풀을 가열하는 시간이 짧으므로 과열이 되지 않아 용접부의 기계적 성질이 우수하고 가스의 소비량도 적다.

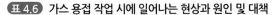
표 4.6 가스 용접 작업 시에 일어나는 현상과 원인 및 대책

현 상	원 인	대 책
불꽃이 자주 커졌다 작아졌다 한다.	① 아세틸렌 도관 속에 물이 들어갔다. ② 안전기의 기능 불량	① 가스 중의 수분이 모여서 호스 속에 괴므로 수시로 청소를 한다. ② 안전기의 수위를 알맞게 맞춘다.
점화 시에 폭음이 난다.	① 혼합 가스의 배출이 불완전하다. ② 산소와 아세틸렌 압력이 부족 ③ 가스 분출 속도의 부족	① 토치 속의 혼합비를 조절한다. ② 발생기의 기능을 검사한다. ③ 호스 속의 물을 제거한다. ④ 팁 구멍의 변형을 수정하고 팁을 청소한다.
불꽃이 거칠다.	① 산소의 고압력 ② 팁의 불결	① 산소의 압력을 조절한다. ② 노즐을 청소한다.
작업 중에 탁탁 소리가 난다.	① 토치의 과열 및 팁의 불결 ② 가스 압력의 조정 불량 ③ 팁이 용접 재료에 접촉	① 토치의 불을 끄고 산소를 약간 분출시키면서 물속에 넣어 식히고 팁을 깨끗이 한다. ② 아세틸렌 및 산소의 압력 부족을 조사한다. ③ 팁과 모재의 거리를 조금 뗀다.
산소가 반대로 흐른다.	① 팁의 막힘 ② 팁과 모재의 접촉 ③ 산소 압력의 과대 ④ 토치의 기능 불량	① 팁을 깨끗이 한다. ② 팁을 모재에서 뗀다. ③ 산소 압력을 용접 조건에 맞춘다. ④ 토치의 기능을 점검한다.
역화(逆火, 소리가 나면서 손잡이 부분이 뜨거워진다)	① 가스의 유출 속도 부족 　a. 팁 구멍의 불결 　b. 산소 압력 부족 　c. 팁 구멍의 확대 변형 　d. 작업 중 불꽃의 역행 　e. 팁이 막힘, 파손 ② 가스 연소 속도의 증대(팁의 과열)로 혼합 가스의 연소 속도가 분출 속도보다 높다.	① 아세틸렌을 차단한다(호스를 꺾어서 차단해도 된다). ② 팁을 물로 식힌다. ③ 토치의 기능을 점검한다. ④ 발생기의 기능을 점검한다. ⑤ 안전기에 물을 넣고서 다시 사용한다.

　그러나 비드의 표면은 매끈하게 되기 어렵고 비드의 높이가 높아지기 쉽다. 그러므로 전진법은 용접봉의 소비가 비교적 많고 용접 시간이 긴 데 비하여, 후진법은 용접봉의 소비가 적고 용접 시간이 짧다.

　가스 용접봉(gas welding rod)은 다음 조건에 알맞은 재료를 선택해야 한다.

① 모재와 같은 특성을 가진 것을 사용할 것

② 재질 중에 불순물을 포함하고 있지 않을 것

③ 모재에 충분한 강도를 줄 수 있을 것

④ 기계적 성질에 나쁜 영향을 주지 않을 것

⑤ 용융 온도가 모재와 동일할 것

일반적으로 용접 시 용접봉과 모재 두께와의 관계는

$$D = \frac{T}{2} + 1$$

여기서 D : 용접봉의 지름(mm)

T : 판의 두께(mm)

길이는 1 m, 지름은 1.6, 2.0, 2.6, 3.2, 4.0, 5.0, 6.0, 8.0 등이 있으며, 표시 예로서 GA(종류) 43(인장강도)$-\phi5$ (지름)으로 나타낸다.

또한 용접 지그(welding jig)는 작업이 용이하고, 공정수를 절약, 제품 정도를 균일하게 하기 위해 이용되기도 한다.

연강 용접에서 각종 원소의 영향은 다음과 같다.

① 인(P) : 강에 취성(brittle)을 주며, 연성(ductile)을 감소시킨다.

② 유황(S) : 용접부의 저항력을 감소시키고, 기공을 발생시킨다.

③ 산화철(Fe_3O_4) : 용접부에 남아 거친 부분을 만듦으로 강도가 떨어진다.

④ 규소(Si) : 기공은 막을 수 있으나 강도를 감소시킨다.

⑤ 탄소(C) : 강의 강도를 증가시키나 연신율, 굽힘성 등이 감소한다.

⑥ 망간(Mn) : 균열이 발생하기 쉽다.

연습문제 & 평가문제

연습문제

1 가스 용접기에 대하여 설명하시오.

2 아세틸렌 가스 발생기에 대하여 설명하시오.

3 가스 압력 조정기의 구조를 그리고 설명하시오.

4 가스 용접용 토치를 그리고 설명하시오.

5 가스 용접의 불꽃에 대하여 설명하시오.

6 역화란 무엇인가?

7 가스 용접용 용제에는 어떤 것이 있나?

평가문제

1 다음 문장의 괄호 안에 적당한 단어를 보기에서 골라 그 기호를 기입하시오.

(가) 아세틸렌 불꽃에서 산소를 증가시키면 불꽃은 날개 모양의 긴 백심 불꽃이 점점 짧아진다. 이때의 불꽃이 (1)이다.

(나) 산소를 더욱 증가시키면 날개 모양의 푸르스름한 백색 불꽃(아세틸렌 깃)이 없어지고, 깨끗한 불꽃으로 흰색 부분이 청백색의 바깥 불꽃에 둘러싸인 (2) 불꽃이 된다.

(다) 산소를 더욱 (3)시키면 불꽃의 백심(흰색 부분: cone)의 길이가 짧아지고, 바깥 불꽃이 어두워지며 가스의 분출되는 소리가 심해진다. 이 불꽃이 (4) 불꽃이다.

(라) 불꽃이 강할 경우에는 산소를 감소시켜 다시 (5) 불꽃으로 만든다. 반대로 불꽃을 (6)할 경우는 아세틸렌 밸브와 산소 밸브를 조금씩 더(7) 불꽃을 조절한다.

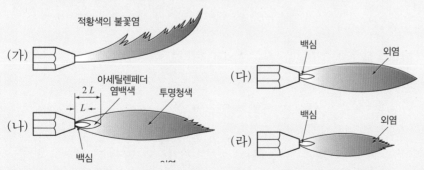

보기	가. 탄화 불꽃	나. 아세틸렌 불꽃	다. 산성	라. 중성	마. 알칼리성	바. 감소	사. 증가
	아. 중화	자. 산화	차. 강하게	카. 약하게	타. 열고	파. 닫고	

2 다음 문장의 괄호 안에 적당한 말을 보기에서 골라 그 기호를 기입하시오.

가스 용접 및 가스 절단에 사용되는 산소는 일반적으로 내용적 (1)리터 전후의 용기에 충진되어 있다. 이것을 다른 가스와 구별하기 위해 용기의 윗부분은 (2)이 칠해져 있고, 충진압력은 (3)Mpa, ((4)℃)로, 순도는 (5)% 이상이다.

보기 가. 30,   나. 35,   다. 6000,   라. 95,   마. 99.5   바. 15,
      사. 5000,   아. 200   자. 녹색,   차. 검은색,   카. 빨간색

Chapter **5**

특수 용접

5.1 가스 텅스텐 아크 용접

가스 텅스텐 아크 용접(gas tungsten arc welding, GTAW 또는 TIG)은 전극이 소모되지 않는 비용극식 불활성 가스 아크 용접으로, 헬리 아크(heli arc), 헬리 웰드(heli weld), 아르곤 아크(argon arc) 등의 상품명으로 불리고 있으며, 강은 알루미늄, 구리 및 구리 합금, 스테인리스강 등의 다양한 금속의 용접에 이용된다.

　※ 불활성 가스 용접의 특징
　　(a) 피복제 및 용제가 불필요
　　(b) 전 자세 용접, 고능률적
　　(c) 용접 품질의 우수성

GTAW 용접에서는 전원으로 교류 또는 직류가 쓰이고, 극성은 용접 결과에 미치는 영향이 크며, 수하 특성이 적용된다.

(1) 직류 전원

직류 전원을 이용하여 용접을 할 때에는 정극성이나 역극성으로 접속된다. 즉, 정극성(DCSP)으로 접속하면 전극이 (−)이고, 모재가 (+)가 된다. 그러므로 전자는 전극에서 모재측으로 흐르며, 가스 이온은 반대로 흐른다. 역극성(DCRP)에서는 전극이 (+)이고 모재가 (−)이므로 전자는 모재에서 전극측으로 흐르고, 가스 이온은 전극에서 모재측으로 흐른다. 따라서 정극성(DCSP)으로 접속하면 비드의 폭이 좁고 용입이 깊어진다.

그림 5.1　GTAW 용접의 원리

(2) 교류 전원

교류에서는 정극성(DCSP) 및 역극성(DCRP)의 중간 상태가 되어 각각의 특징을 이용할 수 있다. 즉, 전극 지름은 비교적 작아도 되며, 아르곤 가스를 사용하면 경금속 등의 산화 피막의 청정 작용이 있고, 아크가 끊어지기 쉬우므로 전류가 낮은 고주파를 용접 전류에 겹쳐서 가스 이온을 항상 발생시키면서 아크를 안정시켜 주어야 한다.

(3) GTAW 용접장치

토치, 제어장치, 정류기 용접 전원, 아르곤 용기 등으로 구성되어 있으며, 반자동, 자동, 수동으로 작업할 수 있다.

① 토치

토치의 단면 중심부에는 텅스텐 전극이 코렛에 끼워져 있다. 아르곤 가스는 가스 호스를 지나 전극 주위에 있는 가스 구멍에서 분출된다. 전극은 금속 또는 고순도 알루미나를 구워서 만든 내화성 물질로 된 가스 노즐로 둘러싸여 있다. 방출되어 나온 아르곤 가스는 서서히

전류 형태	정극성(DCEN, DCSP)	역극성(DCEP, DCRP)	AC(BALANCED)
전극 극성	음극(−)	양극(+)	
전자와 이온유동 용입 특성	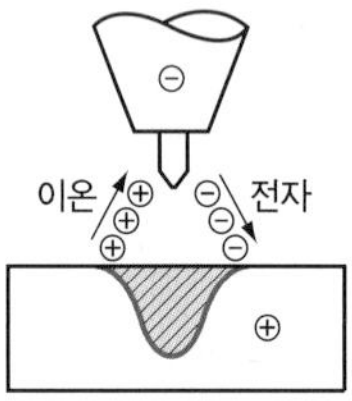	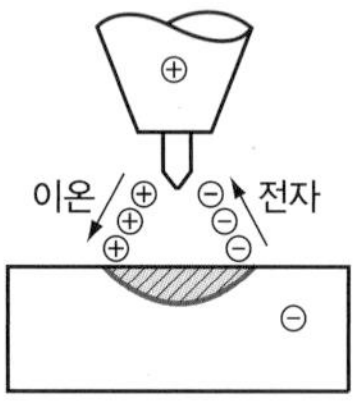	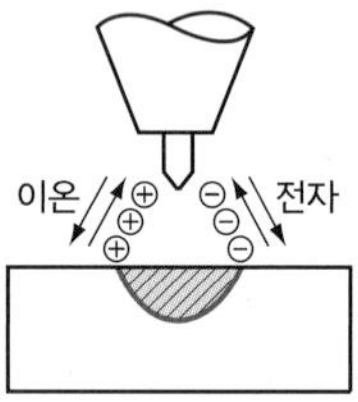
청정 작용	없음	있음	있음
열분포	70% 모재 30% 전극	30% 모재 70% 전극	50% 모재 50% 전극
용입	좁고 깊게	넓고 얕게	중간
전극 용량	우수 1/8 in.(3.2 mm) 400 A	불량 1/4 in.(6.2 mm) 120 A	양호 1/8 in.(3.2 mm) 225 A

그림 5.2 GTAW 용접의 전류 특성

난류를 일으키지 않도록 아크 공간의 주위에 방출되어야 한다. 저전류에는 공냉식 토치를 사용하며, 대전류에는 수냉식 토치가 이용된다.

② 텅스텐 전극봉

텅스텐 전극봉은 전극 연마기로 정확한 치수로 가공되어 있으며, 극성이나 사용 가스의 종류에 따라 최고 허용 전류의 값이 정해진다. 토륨(thorium, ThO_2) 텅스텐봉은 토륨을 1~2% 첨가한 것으로 전자 방사능이 매우 커서 저 전류에도 아크의 발생이 용이하며, 전극의 소모가 적다.

③ 용접 전류

용접기는 교류 또는 직류 용접기를 그대로 이용할 수 있으며, 수하 특성의 것이 쓰인다. 그러나 교류 용접에서는 고주파의 병용이 필요하다. 용접기의 개로 전압은 50~60 V 이상이면 되고, 교류에서는 65 V 이상이어야 한다. 보통 용접기는 용량의 70% 이하로 사용해야 한다.

④ 제어장치

불활성 가스는 값이 비싼 편이고, 공급을 자동적으로 제어하는 장치를 필요로 한다. 수동식의GTAW 용접에서는 토치를 손으로 잡고 스위치를 누르면 가스가 노즐에서 유출되고 아크를 끊으면 타이머와 솔레노이드 밸브의 작동으로 수초 후에 가스의 흐름이 자동적으로 정지되는 가스 셰이버(shaver)가 붙어있는 것이 보통이다.

⑤ 유량계(flow meter)

아르곤 용기에서 압력 조정기를 통해 감압되면서 유량계에 사용되는 압력을 나타내게 된다. 가스가 측정관(calibrated tube) 속을 지날 때 볼(ball)이 움직여 유량을 나타내 보인다. 유량이 많으면 포피 효과가 나쁘고, 난류에 의해 아크가 안정되지 못하며, 포피 면적이 적게 된다.

GTAW 용접에서는 직류 정극성을 사용하며, 역극성은 산화막의 청정 작용(plate cleaning action, surface cleaning action)을 필요로 하는 경합금의 용접에는 주로 사용한다.

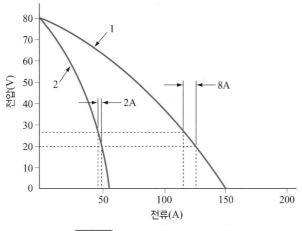

그림 5.3 GTAW 용접의 수하 특성

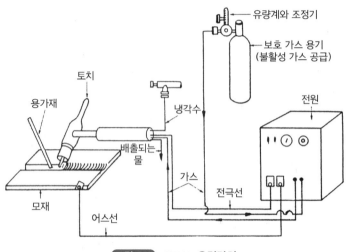

그림 5.4 GTAW 용접장치

표 5.1 전류에 대한 전극, 금속 노즐 및 세라믹 노즐의 치수

용접 전류(A)			전극 지름	아르곤 유량		세라믹 노즐 지름 (1/16 in 단위)		금속 노즐 (1/16 in 단위)	
ACHF		DCSP	DCRP						
순텅스 텐봉	토 륨 텅스텐봉	순텅스텐봉 및 토륨 텅스텐봉	순텅스텐봉 및 토륨 텅스텐봉	mm	cfh	lpm	HW-9	HP-10 HW-12	HW.10	HW-12
5~15	5~20	5~20	–	0.5	6~14	3~7	4~5~6	–	–	–
10~60	15~18	15~18	–	1.0	8~15	4~8	4~5~6	4	4	6
50~100	70~150	70~150	10~20	1.6	12~18	6~9	4~5~6	4~5	4~5	6
100~160	140~235	150~250	15~30	2.4	15~20	7~10	–	6~7	5~6	6~8
150~210	225~325	250~400	25~40	3.2	20~30	10~15	–	6~8	6~8	8

(cfh = cf/hr = 입방 피트/시, Lpm = L/min, ACHF = 고주파)

표 5.2 스테인리스강 맞대기 이음의 GTAW 용접 작업 표준(직류 정극성, 수동 용접)

판 두께 (mm)	이음 형상	전극봉 지름 (mm)	용가재 지름 (mm)	용접 전류 (A)	아르곤 가스 유량 (L /min)	층 수	노즐 지름 (mm)
1.0	또는	1~1.6	0~1.6	30~60	4	1	9
1.6		1.6~2.3	0~1.6	60~90	4	1	9
2.3		1.6~2.6	1.6~2.6	80~120	4	1	9~11
3.6	0~1	2.3~3.2	2.3~3.2	110~150	5	1	9~11
4.0		2.3~3.2	2.6~4.0	130~180	5	1	11~12.5
5.0	90°	2.6~4.0	3.2~5.0	150~220	5	1	12.5
6.0		3.2~5.0	3.2~5.5	180~250	5	1~2	12.5~16
8.0	90°	3.2~5.0	4.0~7.0	220~300	5	2~3	12.5~16

표 5.3 알루미늄 맞대기 이음의 GTAW 용접 작업 표준(교류, 수동 용접)

판두께 (mm)	홈 형상 치수 (mm)	용접자세	패스	용접 전류 (A)	용접 속도 (mm/min)	텅스텐 전극지름 (mm)	용접봉 지름 (mm)	용접봉 소비량 (g/min)	아르곤 가스 유량 (L/min)	아르곤 가스 노즐지름 (mm)	비 고
1.0~1.2	0~0.8	F	1	65~80	300~450	1.6 또는 2.4	1.6 또는 2.4	8~12	5~8	8~9.5	받침을 사용할 때는 상한에 가까운 전류를 사용
		V, H	1	50~70	200~300						
2	0~1	F	1	110~140	280~380	2.4	2.4	10~14	5~8	8~9.5	위와 같음
		V, H, O	1	90~120	200~340				5~10		
3	0~2(F, V, H) 0~(O)	F	1	150~180	280~380	2.4 또는 3.2	3.2	30~35	7~10	0.5~11	위와 같음
		V, H, O	1	130~160	200~320				7~11		
4	0~2	F	1	200~230	150~250	3.2 또는 4.0	3.2 또는 4	50~55	7~10	11~13	받침 사용이 좋음. V형 홈으로 하여도 좋음
		V, H	1	180~210	100~200						
6	60~70°(F) 70~110°(V, H, O) 0~2 0~2	F	1 2	230~270	200~300	4.0 또는 5.0	4 또는 5	90~100	8~11	13~16	받침 사용이 좋음
		V, H, O	1 2	200~240	100~200			90~120			

　예를 들면, 알루미늄의 용접은 표면의 산화물(Al_2O_3)이 내화성으로 모재의 융점(660℃)에 비해서 매우 높은 융점(2050℃)을 가지고 있다. 이것을 제거하지 않으면 용입과 융합을 방해하기 때문에 피복 아크 용접과 가스 용접에서는 피복제와 용제를 써서 산화물을 화학적으로 제거하고 있다.

　GTAW 용접의 역극성은 아르곤 가스 이온이 모재 표면에 충돌하여 샌드 블라스트를 사용하는 것과 같이 산화막을 제거하는 작용이 있고, 이 때문에 용제를 사용하지 않아도 용접이 가능하다. 그러나 텅스텐 전극에 의한 오염을 고려하여 고주파 교류를 사용한다.

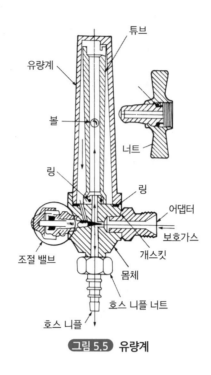

튜브
유량계
볼
너트
링
링
어댑터
보호가스
조절 밸브
가스킷
몸체
호스 니플 너트
호스 니플

그림 5.5 유량계

5.2 GMAW 용접

가스 메탈 아크 용접(gas metal arc welding, GMAW 또는 MIG)은 전극선을 계속하여 소모하므로 용극식 불활성 가스 아크 용접이라고 부르며, 에어코메틱(aircomatic), 시그마(sigma), 필러 아크(filler arc), 아르곤아우트(argonaut) 등의 상품명으로 나타내기도 한다.

GMAW 용접은 직류 역극성이 사용되고, 전극 와이어는 미세입자가 되어 모재에 이행하는 관계로 매우 아름다운 비드 외관이 얻어진다. GTAW 용접보다 능률적이므로 3 mm 이상의 후판에 적합하다.

아르곤 가스 중의 GMAW 아크는 중심부에 백열의 원추부가 있으며, 그 주위에 종 모양의 미광부가 있고 다시 외부를 차가운 불활성 가스류가 에워싸고 있다. 아크는 매우 안정되며, 그 속을 와이어의 용적이 고속도로 용융지에 향하여 투사되고 있다. GMAW 용접은 전류 밀도가 매우 높다. GMAW 용접의 전류 밀도는 피복 아크 용접의 6배, GTAW 용접의 2배이며, 서브머지드 아크 용접과는 비슷하다.

비드의 표면은 매우 아름답고 매끄러운 비드가 얻어지며, 전 자세 용접이 가능하다. 직류의 정전압 특성과 상승 특성을 사용하며 지향성을 가져 전 자세 용접이 가능하다.

(1) GMAW 용접의 아크 자기 제어 arc self control

주로 상승 특성으로 아크가 길어지면 아크 전압이 크게 되어 용융 속도가 감소하기 때문에 심선이 일정한 이송 속도로 공급될 때는 아크 길이가 짧아져 원래의 길이로 되돌아간다. 반대로 아크가 짧아지면 아크 전압이 작게 되고, 심선의 용융 속도가 빨라져 아크 길이가 길어져 원래의 길이로 되돌아간다.

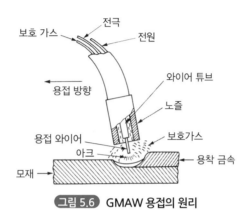

그림 5.6 GMAW 용접의 원리

(2) GMAW 용접장치

GMAW 용접장치에는 용접건(welding gun), 케이블, 와이어 공급장치, 용접 전원, 보호 가스 등으로 나누며, 토치의 냉각에는 공냉식과 수냉식이 있다. 와이어는 1.~2.4 mm 정도이며 아크의 자기 제어로 용접이 가능하게 된다.

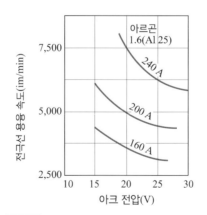

그림 5.7 용융 속도와 아크 전압(직류 역극성)

(3) 금속 이행기구 metal transfer mechanisms

GMAW 용접에서 금속 이행 현상은 다음과 같이 분류한다.

① 단락 이행(short circuiting transfer)

② 입적 이행(globular transfer)

③ 스프레이 이행(spray transfer)

또한 용접봉에서 용융 금속이 이행하는 데 다음과 같은 것이 큰 영향을 준다.

① 자력과 전류의 형태

② 용접봉 지름

③ 용접봉 성분

④ 용접봉의 돌출 길이

⑤ 보호 가스 등의 영향으로

    (a) 정전기력 : 양극 사이의 일량

    (b) 자기 불림(magnetic blow) : 용접 전류가 아크 주위에 유기되어 자장이 비대칭으로 생겨 아크가 한쪽으로 쏠리는 것이다. 방지책으로 직류 용접보다 교류 용접을 쓰고 가접을 크게 하고, 후진법을 쓰며 접지를 용접부에서 멀리해야 한다.

    (c) 핀치 효과(pinch effect) : 전류 소자에 흡인력이 생겨 원주 지름이 작아지려는 경향이며, 전류의 제곱에 비례한다.

    (d) 중력

    (e) 표면 장력

    (f) 가스의 폭발력

    (g) 가스 압력

등이 생겨 이행이 이루어진다.

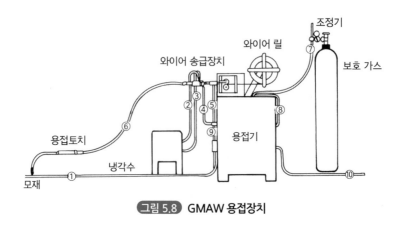

그림 5.8 GMAW 용접장치

표 8.4 알루미늄 GMAW 용접 조건

판 두께 (mm)	용접 자세	이음 형상	전류(A) (AC)	전압 (V)	용접봉 지름 (mm)	아르곤 유량 (cfh)	층 수
3.2	*F*	*N*	110~130	20	1.2	30	1
	H, V	*N*	100~120	20	1.2	30	1
	O	*N*	100~120	20	1.2	40	1
6.0	*F*	*V*	200~225	26~28	1.6	40	1
	H, V	*V*	170~190	26~28	1.6	45	2~3
	O	*V*	180~200	26~28	1.6	50	2~3
10.0	*F*	*V, X*	230~300	26~28	1.6	50	1~2
	H, V	*V, X*	180~225	26~28	1.6	50	3
	O	*V, X*	200~230	26~28	1.6	50	5
12.7	*F*	*V, X*	280~320	26~30	2.4	50	2~3
	H, V	*V, X*	210~250	26~30	1.6	50	3~4
	O	*V, X*	225~275	26~30	1.6	80	8~10
25	*F*	*V, X*	320~375	26~30	2.4	60	4~5
	H, V	*V, X*	225~275	26~30	1.6	60	4~6
	O	*V, X*	225~275	26~30	1.6	80	15 이상
50	*F*	*V, X*	350~425	26~30	2.4	60	12 이상
75	*F*	*V, X*	350~450	26~30	2.4	60	20 이상

주 : cfh = cf/hr = 입방피트/시간, 이음 형상 *N* = 가공 불요, *V* = 단일 *V*형, *X* = 양면 *V*형임.

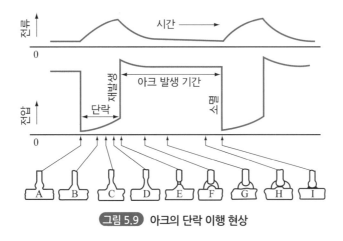

그림 5.9 아크의 단락 이행 현상

(가) 단락 이행(short circuiting transfer)

그림 5.9의 A, B, C, D점은 전류가 증가하면서 단락이 일어난다. E점은 아크가 발생하여 플라스마의 압력이 용융 금속을 밀어내리는 동시에 용접봉이 녹고, 전류가 감소한다. H점은 용융지의 오목한 것이 회복되고 이를 향해 용접봉이 전진한다. I점은 단락이 다시 일어나 A점의 상태로 돌아간다.

(나) 입적 이행(globular transfer)

직류 역극성(DCEP)에서 전류가 낮을 때 잘 나타나며, 용적이 모재와 접촉하여 빨려들어가는 형태이다. 용접봉 지름의 2~3배로 용적이 커져 이행한다. 아크는 불안정하고 용입이 얕으며 스패터가 많아진다.

(다) 스프레이형 이행(spray transfer)

용적이 입상으로 이행한다. 천이 전류라고 부르는 임곗값과 혼합 가스 사용 시 주로 나타난다. 높은 전류 밀도(current density)가 요구되나, 스프레이 이행 시에는 용접선 끝의 녹은 금속이 핀치 효과(pinch effect)에 의해 작은 입자가 튀어나온다. 용접 입열이 크므로 굵은 용접봉이 잘 녹으며 용입이 깊다. 아크는 안정되고 지향성이 있어 전 자세 용접이 가능하다.

천이 전류값보다 적은 전류에서는 용적은 크고 이행 개수는 적으나, 천이 전류 이상에서는 용적의 크기가 급격히 감소하고 개수는 증가한다. 천이 속도(transition velocity) 전에서는 입적 이행이 되며 그 후에는 스프레이형으로 변하는데 이 속도의 전류를 천이 전류라 한다.

☞ 참고 : http://www.weldertim.com, http://www.kiswel.com

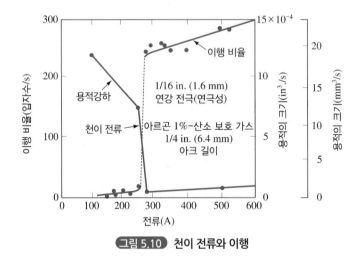

그림 5.10 천이 전류와 이행

5.3 탄산가스 아크 용접

※ 장 점
　1. 산화·질화가 없고, 우수한 용착 금속을 얻는다.

2. 완전한 용입, 기계적 성질이 양호하다.

3. 가격 저렴, 용제가 없으므로 슬래그 섞임이 없다.

4. 전 자세 용접, 전류 밀도($100 \sim 300 \text{ A/mm}^2$)가 커 용입이 깊고 용접 속도가 빠르다.

탄산가스 아크 용접(CO_2 gas arc welding)은 값이 싼 탄산가스를 사용하므로 용접 경비가 절감되어 매우 경제적이며, 용접 방법은 그림 5.11과 같이 와이어와 모재 사이에 아크를 발생시키고 토치 선단의 노즐에서 순수한 탄산가스나 이것에 다른 가스(Ar 또는 O_2)를 혼합한 혼합가스를 내보내어 아크와 용융 금속을 대기로부터 보호하고 있다.

이 용접에 사용되는 탄산가스는 아크열에 의해 해리되어 아래와 같은 반응을 나타내며

$$CO_2 \rightarrow CO + O \tag{5-1}$$

이는 강한 산화성을 나타내게 되어 용융 금속의 주위를 산성 분위기로 만들기 때문에 용융 금속에 탈산제가 없으면 금속은 산화되고 만다.

$$Fe + O \rightarrow FeO \tag{5-2}$$

이 산화철(FeO)이 용융 금속에 함유된 탄소(C)와 화합하여 일산화탄소(CO)가 발생한다.

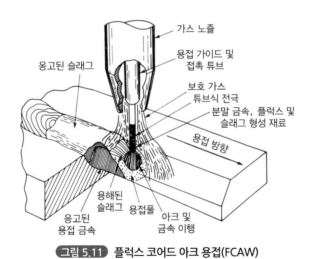

그림 5.11 플럭스 코어드 아크 용접(FCAW)

$$FeO + C \rightarrow Fe + CO \tag{5-3}$$

이 반응은 응고점 부근에서 심하게 일어나기 때문에 빠져 나가려던 일산화탄소(CO)가 미쳐 빠져 나가지 못하여 용착 금속에 산화된 기포가 많게 된다.

따라서 이것을 없애는 방법으로 와이어에 적당한 탈산제인 망간(Mn), 규소(Si) 등을 첨가하면

$$2FeO + Si \rightarrow 2FeO + SiO_2 \qquad\qquad (5\text{-}4)$$

$$FeO + Mn \rightarrow Fe + MnO \qquad\qquad (5\text{-}5)$$

식 5-4와 5-5와 같은 반응에 의하여 용융 금속 중에 산화철을 적당히 감소시켜 기공(blow hole)의 발생을 방지한다. 식 5-4와 5-5 반응에 의하여 산화철은 대부분 없어지고 동시에 일산화탄소도 발생되지 않으므로 대단히 양호한 용접부를 얻을 수 있으며, 일산화탄소에 의한 피해를 방지할 수 있다.

식 5-4와 5-5 반응에 의해 생성된 산화규소(SiO_2), 산화망간(MnO)은 용착 금속과의 비중차에 의해 슬래그가 되어 비드 표면으로 떠올라 슬래그로 된다.

(1) 보호 가스 shield gas

탄산가스 아크 용접에 사용되는 가스는 순수한 탄산가스와 탄산가스 – 산소($CO_2 - O_2$), 탄산가스 – 아르곤($CO_2 - Ar$), 탄산가스 – 아르곤 – 산소($CO_2 - Ar - O_2$) 등이 사용되며, 이 중 탄산가스는 대기 중에서 기체로 존재하며 비중이 1.53이고 일반적으로 무색·투명하다.

탄산가스는 적당히 압축하여 냉각시키면 액화되므로 고압 용기에 넣어서 사용한다.

용접용 탄산가스는 용기(cylinder) 속에서 대부분 액체로 되어 있고, 용기 상부에는 기체가 존재하는데, 이 기체의 양은 완전 충전되었을 때 용기 내용적의 약 10 % 가 된다. 액화탄산 1 kg이 완전히 기화되면 1기압 하에서 약 510 ℓ 가 되므로 25 kg들이 용기에서는 약 12,700 ℓ 가 되며, 1분간 20 ℓ 를 방출시키면 10시간 정도 사용한다.

이런 액화 탄산가스에는 수분, 질소, 수소 등의 불순물이 들어있다. 탄산가스 아크 용접에서는 보호 가스의 순도와 가스 유량이 용접부의 성질에 대단히 큰 영향을 주므로 용기에 들어있는 불순물의 함유량이 적어야 한다.

(2) 와이어 wire

용접용 와이어에는 망간(Mn), 규소(Si), 티탄(Ti) 등의 탈탄성 원소를 함유한 솔리드 와이어 (solid wire)가 있으며, 이러한 와이어로서는 연강, 고장력강용이 주가 되나 이 외에 주강, 덧붙이 용접(build-up welding), 표면 경화(hard facing)용 등도 제조되고 있다. 와이어 표면은 녹을 방지하고 도전율을 높이기 위해 구리(Cu) 도금이 되어 있으며, 플럭스 코어드 와이어(flux cored wire)는 용제 중에 탈탄성 원소, 아크 안정제, 슬래그 생성물질, 합금 첨가 원소 등이 함유되어 있어 양호한 용착 금속을 얻을 수 있고, 아크도 안정되어 아름다운 비드를 얻을 수 있는데 주로 사용되고 있다.

(3) 플럭스 코어드 와이어 flux cored wire 의 구조와 특성

플럭스 코어드 와이어의 구조는 띠강의 스트립(strip)을 원통형으로 만들고, 그 내부에 플럭스를 충전시킨 것이다.

플럭스 코어드 와이어는 내부에 충전 플럭스에 의하여 솔리드 와이어(solid wire)로 작업하는 것보다 우수한 특성을 가지고 있으며, 이 플럭스의 주된 역할을 살펴보면

① 아크의 안정

② 비드 형상의 정형

③ 슬래그-금속 반응에 의한 용융지의 정련 작용

④ 슬래그 및 가스에 의한 보호 작용

⑤ 용융지의 서냉 작용

등이 있으며, 현재 국내에서 사용되는 플럭스 코어드 와이어는 티타니아계(titania type) 와이어로서 이들은 상기 열거된 ①, ②항의 효과가 특히 뛰어나며 용접 작업성이 양호하다.

여기서 알 수 있듯이 플럭스 코어드 와이어는 용접 작업성에 중점을 둔 것 외에도 기계적 성질이 우수한 점을 가지고 있으므로 용접 시공에서의 공수 절감에 크게 기여하고 있다.

다음은 플럭스 코어드 와이어와 솔리드 와이어의 특징을 비교하면 다음과 같다.

구 분	항 목	플럭스 코어드 와이어	솔리드 와이어
용접작업성	비드 형상, 외관	평활, 아름답다	요철이 심해 약간 거칠다
	용적의 이행	스프레이 이행	입상 이행
	아크의 안정성	극히 양호	양호
	아크의 소리	부드럽다	시끄럽다
	스패터의 발생량	소립으로서 적다	대립으로서 약간 많다
	슬래그의 도포성	균일하게 덮는다	불균일하다. 극소
	슬래그의 제거성	양호	불량
	용입의 깊이	보통	깊다
	와이어의 송급성	약간 불량	양호
	fume의 발생량	약간 많다	보통
	전 자세 용접성	양호	약간 곤란
용접성	인장강도(Mpa)	540~570	550~570
	충격치(N·m)	보통(80~100)	양호(100~130)
	확산성 수소량(cc/100 g)	저수소(2~4)	극저수소(0.5~1)
	내균열성	보통	양호
	X-Ray 성능	우수	양호
능률경제성	용착 속도(동일 전류일 경우)	극히 빠르다.	빠르다
	용착효율(%)	보통(83~87)	양호(94~96)
	슬래그 스패터 제거	쉽다	곤란
	적용 전류	높다	보통

(4) 용접성에 영향을 주는 요소

① 용접 전류

용접 전류는 용입을 결정하는 가장 큰 변수로 탄산가스 아크 용접에 사용되는 정전압 특성의 전원은 토치 선단에 돌출된 와이어를 용융시켜, 아크를 유지할 수 있는 필요한 전류를 아크의 길이에 따라 자동적으로 제어하는 특성을 가진다.

와이어 굵기가 $\phi 1.2\,mm$ 일 때 용접 전류가 200(A) 이하에서는 외관이 아름다운 비드가 얻어지며, 200(A) 이상에서는 입상 이행으로 비교적 깊은 용입을 얻을 수 있어 후판 용접에 적합하다. 일반적으로 용접 전류를 높게 하면 와이어의 용융이 빠르고, 용착 속도와 용입이 증가하며, 지나치게 높은 전류는 볼록한 비드를 형성하므로 용착 금속의 낭비와 외관이 좋지 못한 결과를 가지게 된다.

② 아크 전압

아크 전압은 비드의 형상을 결정하는 가장 중요한 요인으로, 아크 전압을 높이면 비드가 넓어지고, 지나치게 높으면 기포가 발생하게 된다. 또한 너무 낮으면 볼록하고 좁은 비드를 형성하며, 와이어가 녹지 않는 결과가 생긴다.

낮은 전압일수록 아크가 집중되기 때문에 용입은 약간 깊어지고, 높은 전압의 경우는 아크가 길어지므로 비드의 폭은 넓어지고 납작해지며 용입은 약간 얕아진다.

③ 용착 속도

와이어의 용융 속도는 와이어의 지름과는 관계가 거의 없고, 아크 전류에 거의 정비례하여 증가한다.

용접 속도가 빠르면 모재의 입열이 감소되어 용입이 얕고, 비드 폭이 좁으며, 반대로 늦으면 아크의 바로 밑으로 용융 금속이 흘러 들어 아크의 힘을 약화시켜서 용입이 얕으며, 비드 폭은 넓은 평탄한 비드를 형성한다. 용착 속도는 일반적으로 아크 전압이 낮은 쪽이 좋고, 와이어의 용착률은 솔리드 와이어에서 90~95%에 달하며, 플럭스 코어드 와이어에서는 65~70%, 플럭스를 제외한 강 부분당 83~93% 정도이다.

④ 와이어 돌출 길이

와이어의 돌출 길이는 팁 끝에서 아크 첨단까지의 길이로서, 돌출 길이가 길어짐에 따라 예열이 많아지고, 따라서 용착 속도와 용착 효율이 커지며 보호 효과가 나빠진다.

길이가 짧아지면 가스 보호는 좋으나 노즐에 스패터가 부착되기 쉽고 용착부의 외관도 나쁘며 작업성이 떨어진다.

팁과 모재 간의 거리는 200(A) 미만의 저전류에서는 10~15 mm 정도, 200(A) 이상에서는 15~25 mm 정도가 적당하다.

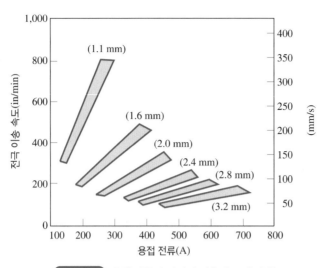

그림 5.12 용접 전류와 와이어 이송 속도의 관계

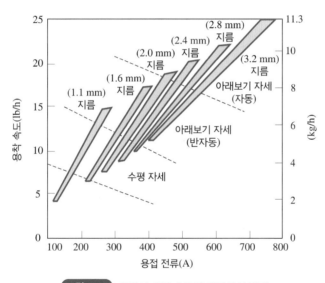

그림 5.13 연강의 용착 속도와 전류와의 관계

일반적인 용접 작업에서 와이어의 돌출 길이는 10~15 mm 정도가 적당하다. 용접 자세에 따라 용접 전류와 용착 속도가 다르며, 알맞은 조건을 선택해야 한다. 용착 속도에 따른 인자로서는

ⓐ 전극 용해 비율

ⓑ 이음부의 종류

ⓒ 이음부의 가공 상태

ⓓ 이음부의 취부(적합도)

ⓔ 용접 자세

ⓕ 용접 크기

ⓖ 재질 두께

ⓗ 재질 분석

등으로 전압이 높으면 와이어 속도가 빨라진다.

보호 가스로 탄산가스나 혼합가스를 사용하며, 와이어의 중앙에 플럭스가 들어있는 플럭스 코어드 용접은 경제성이나 고능률의 장점으로 많이 이용되고 있으며, 보호 가스도 모재의 밑에서 다시 회수하여, 모재 금속의 피포 효과와 가스 절감에 도움이 되기도 한다.

용접 전류에 따른 돌출 길이와 용착 속도를 그림에 나타내 보면 돌출 길이에 따라 용착 속도가 다름을 보인다.

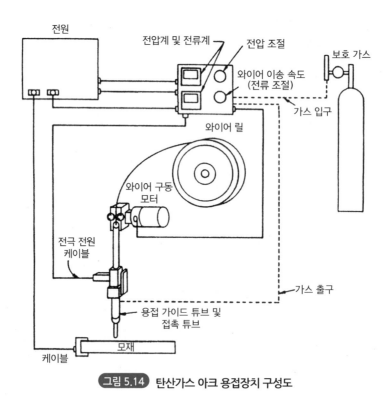

그림 5.14 탄산가스 아크 용접장치 구성도

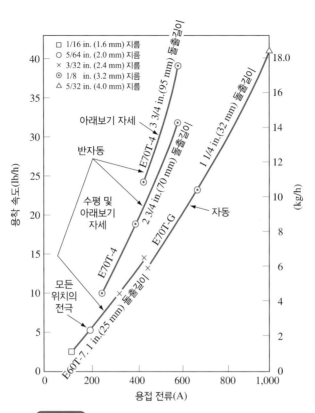

그림 5.15 용착 속도와 전류, 와이어 돌출 길이의 관계

(5) 용접 결함과 대책

결 함	원 인	대 책
용접부에 기공이 발생한다	① 탄산가스가 공급되지 않는다. ② 탄산가스가 강풍으로 피포 효과가 없다. ③ 노즐이 스패터 때문에 막힌다. ④ 용접부에 기름, 녹 등이 있다. ⑤ 탄산가스가 불순하다. ⑥ 와이어나 모재에 기름이 묻어있다.	① 가스의 공급 상태를 확인하여 조치를 취한다. ② 풍속 3 m/sec 이상의 장소에서 사용할 때는 바람막이를 설치한다. ③ 노즐에 부착된 스패터를 제거시킨다. ④ 용접부를 청정시킨다. ⑤ 탄산가스를 검사한다. ⑥ 모재 및 송급장치 롤러 등에 기름을 제거하고, 와이어의 보관 취급에 주의한다.
비드의 높이가 높다	① 용접 조건의 부적당, 아크 전압이 높다. 와이어 이송 속도가 빠르고, 주행 속도가 늦다. 토치의 위치가 부적당하다.	① 적정한 용접 조건을 선정한다.

(계속)

결 함	원 인	대 책
비드가 비뚤비뚤 하다.	① 와이어 교정기가 작용하지 않는다. ② 콘택트 팁의 끝에서 용접부까지의 거리가 길다. ③ 와이어 릴의 부착이 적당하지 않다. ④ 와이어가 구부러져 있다.	① 교정기 조정 나사를 조정해서 롤러가 와이어를 적당한 속도로 보내도록 한다. ② 30 mm 이상으로 하지 않는다. ③ 와이어가 직선으로 와이어 가이드 튜브에 들어오도록 릴 부착 각도를 조정한다. ④ 와이어가 바르게 공급되도록 한다.
수평 필릿 용접 에 있어서 용접 부 높이가 아래 로 기운다.	① 용접 조건의 부적당, 아크 전압이 높다. 와이어 이송 속도가 빠르고, 주행 속도가 늦다. 토치의 위치가 부적당하다.	① 적정한 용접 조건을 선정한다.
아크가 불안정하다.	① 콘택트 팁이 와이어 지름에 비해서 크다. ② 콘택트 팁이 소모되어 있다. ③ 용접 조건이 부적당, 와이어 이송 속 도가 늦다(또는 빠르다). 아크 전압 이 낮다(또는 높다). 주행 속도가 빠르다. ④ 와이어가 연속적으로 이송되지 않는다. ⑤ 용접 전원의 1차 전압이 변동한다.	① 적정한 콘택트 팁을 사용한다. ② 콘택트 팁을 교환한다. ③ 적정한 용접 조건을 선정한다. ④ 교정기와 릴의 브레이크로 조정, 이송 롤러 를 청소한다. ⑤ 전원 변압기의 용량을 크게 하는 등 전압의 변동을 없앤다.
스패터가 많다.	① 용접 조건의 부적당. 와이어 이송 속 도가 와이어 지름에 비해서 늦다. ② 용접 전원의 1차 전압이 너무 변동한다.	① 적정한 용접 조건을 선정한다. ② 전원 변압기의 용량을 크게 하는 등 전압의 변동을 없 앤다.
비드의 폭이 변 화한다.	① 와이어가 일정한 속도로 이송되지 않 는다. ② 주행 속도가 일정하지 않다.	① 릴 축에 기름을 쳐서 축의 회전을 원활히 한다. 또 이송 롤러를 청소한다. ② 레일을 수평으로 한다.
언더컷이 발생한다.	① 용접 조건의 부적당. 와이어 이송 속도 가 빠르고, 주행 속도가 빠르다. ② 용접 전원의 1차 전압이 너무 변동한다.	① 적정한 용접 조건을 선정한다. ② 전원 변압기의 용량을 크게 하는 등 전압 의 변동을 없앤다.
콘택트 팁에 와 이어가 용착한다.	① 콘택트 팁과 용접부의 거리가 짧다. ② 용접 전원의 2차 무부하 전압이 높다.	① 팁의 위치를 적정하게 한다(모재 팁간의 거리를 10 mm 이상으로 한다). ② 2차 무부하 전압이 55 V 이하의 것을 선정 한다.
아크가 주기적으로 크게 변동 한다.	① 릴의 회전이 원활하지 않다. ② 용접 조건의 부적당. 와이어 이송 속 도가 빠르고, 아크 전압이 낮다. ③ 와이어가 엉킨다. ④ 이송 롤러가 적정하지 않다. ⑤ 용접 전원의 1차 전압이 너무 변동한다.	① 릴의 베어링에 기름을 친다. ② 적정한 용접 조건을 선정한다. ③ 엉킨 것을 바르게 한다. ④ 적정한 이송 롤러를 부착한다. ⑤ 전원 변압기의 용량을 크게 하는 등 전압 의 변동을 없앤다.

5.4 서브머지드 아크 용접

1 원리

※ 장점
① 아크 용접에 비해 2~3배의 능률
② 강도, 신율, 충격치, 균일성, 건전성
③ 내식성 우수

서브머지드 아크 용접(submerged arc welding, SAW)은 그림 5.16에 나타난 바와 같이 와이어 릴에 감겨진 솔리드 와이어(solid wire)가 이송 롤러(roller)에 의하여 연속적으로 공급되며, 동시에 용제 호퍼(flux hopper)에서 용제가 다량으로 공급되기 때문에 와이어 선단은 용제에 묻힌 상태로 모재와의 사이에서 아크가 발생하게 되는데, 이와 같이 아크가 눈에 보이지 않으므로 일명 잠호 용접법 또는 불가시 용접법이라 하며, 상품명으로 유니언 멜트 용접(union melt welding), 링컨 용접(lincoln welding)이라고도 한다.

서브머지드 아크 용접은 아크의 길이를 일정하게 유지시키기 위해 와이어의 이송 속도가 적고, 자동적으로 조정되며, 용접 전류도 대전류를 사용할 수 있고, 더욱이 플럭스가 아크열을 막아주기 때문에 열 손실이 적으며, 용입도 깊어지면서 고능률의 용접이 가능해진다.

용접 속도는 판재가 두꺼울수록 일반적인 용접법에 비해 매우 빠르다. 또한 용접 조건을 일정하게 유지하기가 쉬우므로 용접부가 균일하고, 수동 용접의 경우처럼 용접사의 기량에

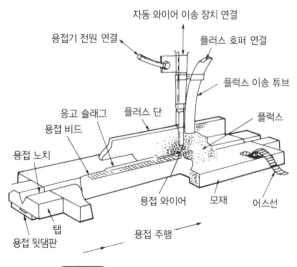

그림 5.16 서브머지드 아크 용접의 원리

따라 용접 결과가 좌우되는 일이 적으며, 이음의 신뢰도가 높아진다. 또한 용입이 깊기 때문에 개선 각도를 작게 해도 되므로 변형 현상이 수동 용접에 비해 극히 적다는 장점도 있다.

서브머지드 아크 용접은 탄소강, 합금강, 스테인리스강, 실리콘 청동, 알루미늄 청동, 모넬메탈(monel metal) 등의 용접에 이용되며, 조선, 제관, 보일러, 압력 용기, 저장 탱크, 원자로 등의 후판 용접에 적합하다.

용접 변수는 용접 전류, 전압, 용접 속도, 용접봉 지름, 와이어 돌출 길이, 용접봉의 재질, 플럭스 등 여러 가지가 있지만, 용접 전류가 커지면 용입과 비드 높이가 증가하고, 전압이 커지면 용입이 낮고 비드 폭이 넓어진다.

용접 속도가 빠른 경우 용입이 낮아지고 비드 폭이 좁아진다.

2 용제 flux

용제는 분말상이고, 저수소계 광물성 물질로 사용되며, 1370℃ 고온에서 용융 혹은 760~980℃에서 고온 소성시킨 후 분쇄하여 사용한다. 이 용제는 냉간에는 비전도성이나, 용융되면 전도성을 띠어 서브머지드 아크 용접에 매우 중요한 역할을 한다. 이것은 아크를 보호할 뿐 아니라 작업성, 용착 금속의 성질, 비드의 형상 및 용접성을 좌우하는 중요한 인자이다. 그리고 입도(mesh size)는 용접 성능에 큰 영향을 끼치므로 전류에 따라서 적당한 입도 범위를 선정해야 한다. 입도는 12×200 혹은 $20 \times D$와 같이 나타낸다. 일반적으로 세립(fine)일수록 용입이 얕고 폭이 넓은 평활한 비드로 되며, 언더 컷(under cut)이 생기지 않는다. 소전류에는 조립(thick)인 것을, 대전류에는 세립인 것을 사용한다.

용제는 용착 금속의 건전성, 기계적 성질 및 비드 외관에 영향을 주므로 모재의 재질과 표면 상태, 이음 형상과 치수, 용접 조건 등을 고려하여 선택해야 한다.

3 용제의 종류

(1) 용융 용제 fused flux

광물성 원료를 고온(1300℃ 이상)으로 용융한 후에 분쇄하여 적당한 입도로 만든 것인데, 유리와 같은 광택이 난다. 주로 서브머지드 용접, 일렉트로 슬래그 용접 등에 이용되고 있으며, 흡습성이 적다.

(2) 소결 용제 sintered flux

분말 원료를 800~1000℃의 고온으로 가열하여 고체화시킨 분말 모양의 용제로, 강한 탈산 작용을 한다.

(3) 혼성 용제 bonded flux

분말상 원료에 고착제(물, 유리 등)를 첨가하여 비교적 저온(300~400℃)에서 건조하여 제조한다. 이 용제는 탈산제의 첨가가 용이하다는 이점이 있다. 따라서 용착 금속의 기계적 성질이 향상되고, 탄소강 또는 저합금강용 와이어를 사용할 때 용제에 합금 원소를 첨가하여 각종 고장력강, 표면 경화용 등 여러 가지 용도로 편리하게 사용할 수 있는 이점이 있다.

4 용입과 용접 조건

판(plate) 위에 비드 용접을 한 경우 용입에 미치는 전류, 전압, 속도와의 관계는 다음과 같은 잭슨(Jackson)의 실험식이 있다.

$$P = K^3 \sqrt{\frac{I^4}{VE^2}}$$

여기서, P : 용입(mm), I : 용접 전류(A), E : 아크 전압(V)
V : 용접 속도(mm/min), K : 정수(0.00115~0.00120)

서브머지드 아크 용접뿐 아니라 일반적으로 자동 용접에서는 이음 가공(joint preparation)과 취부(fit-up)의 정밀도가 대단히 중요하며, 약간의 간격이 있어도 용입이 증가하여 기포, 균열 및 용락(burn through)을 수반하는 경우가 많다. 이러한 용접 결함을 방지하려면 뒷댐판(backing)을 사용하고, 용접 완료 후 뒷댐판을 제거할 필요가 있다.

5 용접 결함과 대책

결 함	원 인	대 책
기 공 (blow hole)	① 이음부나 와이어의 녹, 기름, 페인트, 기타 오물이 부착 ② 용제의 습기 흡수 ③ 용제 살포량의 과부족 ④ 용접 속도 과대 ⑤ 용제 중에 불순물의 혼입 ⑥ 용제의 살포량이 많아 가스의 방출이 불충분(입도가 가는 경우에만) ⑦ 극성 부적당	① 오물 부착 부분을 청소, 연소, 연마한다. ② 용융형 용제는 약 150℃로 1시간, 소결형 용제는 약 300℃로 1시간 건조한다. ③ 용제 살포량은 용제 호스를 높게 하여 조정한다. ④ 용접 속도를 저하시킨다. ⑤ 용제를 교환, 용제 회수 시에 주의한다. ⑥ 용제 호스를 낮게 한다. ⑦ 전극을 (+)극으로 연결한다.

(계속)

결 함	원 인	대 책
균 열 (crack)	① 모재에 대하여 와이어와 용제의 부적당(모재의 탄소량 과대, 용착 금속의 망간량 감소) ② 용접부의 급랭으로 열영향부의 경화 ③ 용접 순서 부적당에 의한 집중 응력 ④ 와이어의 탄소와 유황의 함유량 증대 ⑤ 모재 성분의 편석 ⑥ 다층 용접의 제1층에 생긴 균열은 비드가 수축 방향에 견디지 못할 때	① 망간량이 많은 와이어를 사용, 모재는 탄소량이 많으면 예열할 것 ② 전류와 전압을 높게, 용접 속도는 느리게 할 것 ③ 적당한 용접 설계를 한다. ④ 용접 와이어을 교환한다. ⑤ 와이어, 용접의 조합 변경, 전류와 속도를 저하 ⑥ 제1층 비드를 크게 한다.
슬래그 섞임 (slag inclusion)	① 모재의 경사에 의해 용접 진행 방향으로 슬래그가 들어감 ② 다층 용접의 경우 앞층의 슬래그 제거가 불완전 ③ 용입의 부족으로 비드 사이에 슬래그가 섞임 ④ 용접 속도가 느려 슬래그가 앞쪽으로 흐를 때 ⑤ 최종 층의 아크 전압이 너무 높으면 유리되어 용제가 비드의 끝에 들어감	① 모재는 되도록 수평으로 하든가, 용접 진행 방향을 반대로 하고, 전류와 용접 속도를 높게 한다. ② 완전히 슬래그를 제거하고 다음 층을 용접한다. ③ 전류를 알맞게 조정한다. ④ 전류, 용접 속도를 빠르게 한다. ⑤ 전압을 감소시키고 속도를 증가시킨다.
용 락	전류 과대, 홈 각이 지나치게 크고, 루트의 면 부족, 루트 간격 과대	용접의 각종 조건을 다시 조정할 것
용입이 얕다.	전류가 낮다. 전압이 높다. 루트 간격이 부적당	용접의 각종 조건을 다시 조정할 것
용입이 너무 크다.	전류가 높다. 전압이 낮다. 루트 간격이 부적당	용접의 각종 조건을 다시 조정할 것
오버랩	전류가 높다. 용접 속도가 너무 느리다. 전압이 낮다.	전류를 낮추고, 전압을 알맞게, 용접 속도를 알맞게 한다.
언더컷	용접 속도가 너무 빠르고, 전류, 전압, 전극 위치 부적당	용접 속도를 느리게, 전류, 전압, 전극 위치를 알맞게 조정한다.

5.5 플라스마 아크 용접

기체를 가열하여 온도가 높아지면 기체 전자는 심한 열운동에 의해 전리되어 이온과 전자가 혼합되고 도전성을 띠게 된다. 이 상태를 플라스마라 하며, 매우 높은 온도 상태로 된다. 이 높은 온도의 플라스마를 적당한 방법으로 한 방향으로 분출시키는 것을 플라스마 제트라 하고, 이를 이용하여 각종 금속의 용접이나 절단 등에 이용하는 것으로 플라스마 용접 또는 플라스마 절단이라 한다.

플라스마 아크는 종래의 용접 아크에 비해 10~100배의 높은 에너지의 밀도를 가져 10000
~30000℃의 고온 플라스마가 쉽게 얻어지므로 비철 금속의 용접과 절단에 많이 이용된다.
공기(air) 플라스마와 아크 플라스마가 있으며, 수소 가스는 작동 가스로, 아르곤 가스는 피포
가스로 사용된다.

※ 플라스마 아크 용접의 특징
① 플라스마 제트의 에너지 밀도가 크고, 안정도가 높으며, 보유 열량이 크다.
② 비드 폭이 좁고 깊다.
③ 용접 속도가 크고, 균일한 용접이 된다.
④ 용접 변형이 적다.

모재를 ⊕로 하고, 전극을 ⊖로 한 것을 이행형 토치라 하고, 노즐 자체를 ⊕로 하고, 전극
을 ⊖로 한 것을 비이행형 토치라 한다. 이행형을 플라스마 아크(plasma arc)라 하고, 비이행
형을 플라스마 제트(plasma jet)라고 한다. 용접에는 주로 이행형을 많이 이용한다.

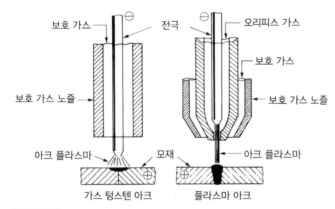

그림 5.17 가스 텅스텐 아크(GTAW) 용접과 플라스마 아크 용접의 비교

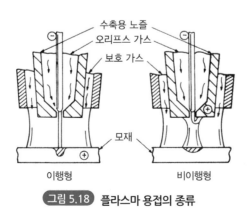

그림 5.18 플라스마 용접의 종류

5.6 스터드 용접 stud welding

스터드 용접의 방법에는 저항 용접에 의한 것, 충격 용접에 의한 것 그리고 아크 용접법에 의한 것 크게 3가지로 나눌 수 있다. 아크 스터드 용접의 원리는, 먼저 용접건의 스터드 척에 스터드를 끼우고 스터드 끝 부분에는 페룰(ferule)이라 하는 둥근 도자기를 붙이고 용접하고자 하는 곳에 대고 누른다. 다음에 통전용 방아쇠를 당기면 전자석의 작용에 의해 스터드가 약간 끌어 올려지며, 그 순간 모재와 스터드 사이에서 아크가 발생되어 스터드와 모재가 용융된다. 일반적으로 아크 발생 시간은 0.1~0.2초 정도로 한다. 용접 전원으로 직류, 교류 모두 사용이 가능하나 일반적으로 현장에서는 직류 전원이 사용되고 있다.

용접건의 구조는 그림 5.19와 같이 용접건 끝에 스터드를 끼울 수 있는 스터드 척, 내부에는 스터드를 누르는 스프링 및 잡아당기는 전자석(solenoid), 통전용 방아쇠(trigger) 등으로 구성되어 있다.

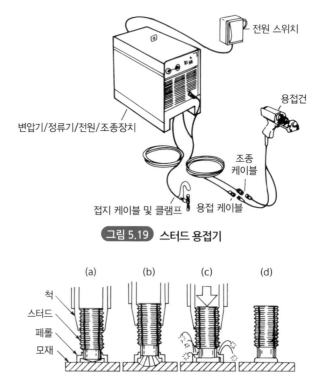

전원 스위치

용접건

변압기/정류기/전원/조종장치

조종 케이블

접지 케이블 및 클램프   용접 케이블

그림 5.19 스터드 용접기

(a)   (b)   (c)   (d)

척
스터드
페룰
모재

(a) 용접건을 올바르게 위치시킴   (b) 방아쇠를 당기고 스터드가 들어올려지면 아크 발생
(c) 아크 발생이 끝나고 모재에 스터드가 용해됨 (d) 용접된 스터드로부터 용접건을 분리시키고, 페룰이 탈착됨

그림 5.20 스터드 용접 공정

5.7 일렉트로 슬래그 용접 electro slag welding

　일렉트로 슬래그 용접은 구 소련의 패튼(paton) 용접 연구소에서 개발된 것으로, 용접 슬래그와 용융 금속이 용접부로부터 유출되지 않도록 모재의 양쪽에 냉각 동판을 대어 용융 슬래그 속에 전극 와이어를 연속적으로 공급하여 용융 슬래그 내에 흐르는 저항열에 의하여 와이어와 모재를 용융시키는 단층 수직 상진 용접법이다. 즉, 아크를 발생시키지 않고 와이어와 용융 슬래그 사이의 전기 저항열에 의하여 용접한다. 이 용접의 특징으로는 두꺼운 판재의 용접에 적합하고, 홈의 형상은 I형 그대로 사용되므로 용접홈 가공 준비가 간단하며, 각변형이 적고, 용접 시간을 단축할 수 있으며, 능률적이고 경제적이다. 그러나 용접부의 기계적 성질이 나쁘다.

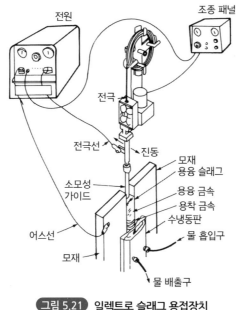

그림 5.21 일렉트로 슬래그 용접장치

5.8 일렉트로 가스 아크 용접 electro gas arc welding

　일렉트로 가스 아크 용접은 일렉트로 슬래그 용접의 장점과 탄산가스 아크 용접을 조합한 아크 용접의 일종이다. 이 용접법은 보호 가스로서 탄산가스를 주로 사용하여 용접부를 보호하며, 탄산가스 분위기 속에서 아크를 발생시켜 아크열로 모재를 용융시켜 용접하는 것이다. 이 용접법은 탄산가스를 사용하고 수냉식 습동판을 사용하고 있으므로 탄산가스 인클로즈(enclose) 용접이라고도 한다.

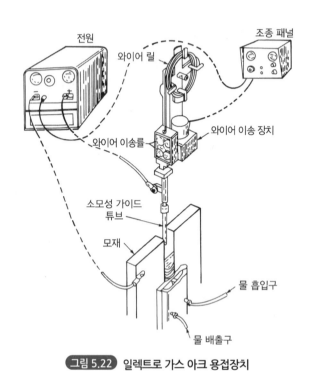

그림 5.22 일렉트로 가스 아크 용접장치

5.9 전자빔 용접 electron beam welding

전자빔 용접은 높은 진공 중에서 고속의 전자빔을 그림 5.23과 같이 모재에 비치어 그 충격열을 이용하여 용접하는 방법이다.

전자빔 용접은 높은 진공($10^{-4} \sim 10^{-5}$mmHg) 중에서 행해지므로 대기와 반응하기 쉬운 재료도 용이하게 용접할 수 있으며, 또 전자빔은 렌즈에 의하여 가늘게 쪼여져 에너지를 집중시킬 수 있으므로 높은 용융점을 가지는 모재의 용접이 가능하다. 특히 아크 용접에 비하여 용입이 깊은 것과 아크빔에 의하여 열의 집중이 잘 되는 특징이 있다(10^{-3} mmHg 이상에서는 방전 현상, 좁고 깊은 용입으로 고속 절단, 구멍 뚫기에 적합).

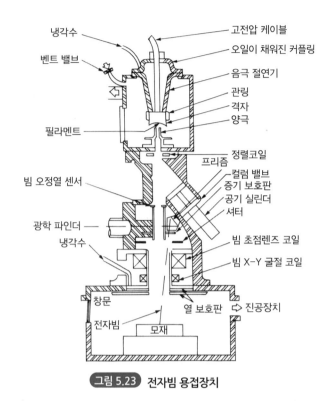

냉각수
벤트 밸브
필라멘트
빔 오정열 센서
광학 파인더
냉각수
창문
전자빔
모재

고전압 케이블
오일이 채워진 커플링
음극 절연기
관링
격자
양극
정렬코일
프리즘
컬럼 밸브
증기 보호판
공기 실린더
셔터
빔 초점렌즈 코일
빔 X-Y 굴절 코일
열 보호판
진공장치

그림 5.23 전자빔 용접장치

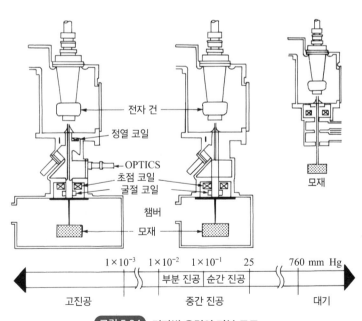

전자 건
정열 코일
OPTICS
초점 코일
굴절 코일
챔버
모재
모재

1×10^{-3} 1×10^{-2} 1×10^{-1} 25 760 mm Hg

부분 진공 순간 진공

고진공 중간 진공 대기

그림 5.24 전자빔 용접의 기본 모드

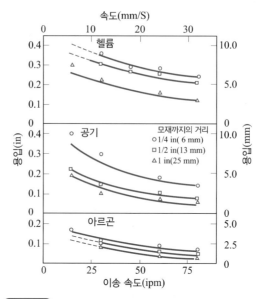

그림 5.25 전자빔 용접에서의 용입과 이송 속도의 관계

5.10 테르밋 용접 thermit welding

테르밋 용접이란 산화철 분말과 알루미늄 분말의 탈산 반응을 용접에 응용한 것으로, 강철용 테르밋제의 보기를 들어 설명하면 다음 식의 화학 반응을 기본으로 한다.

$$3\,Fe_3O_4 + 8Al = 9\,Fe + 4\,Al_2O_3 + 702.5\,kcal$$

$$Fe_2O_3 + 2\,Al = 2\,Fe + Al_2O_3 + 189\,kcal$$

$$3\,FeO + 2\,Al = 3\,Fe + Al_2O_3 + 187\,kcal$$

반응은 매우 심하며, 생성되는 철의 이론적 온도는 약 2800℃에 도달한다. 그 취급법은 비교적 안전하다.

이 용접법은 가압 테르밋법, 용융 테르밋법, 조합 테르밋법 등으로 분류할 수 있다.

(1) 가압 테르밋법

가압 테르밋법은 테르밋 반응에 의해서 만들어진 반응 생성물에 의해 모재의 양 끝면을 가열하고, 큰 압력을 가하여 접합하는 압접이다. 이 용접법에서는 용융 금속은 쓰이지 않는다.

(2) 용융 테르밋법

용융 테르밋법은 현재 가장 널리 사용되고 있는 방법으로, 테르밋 반응에 의해서 만들어진 용융 금속을 접합 또는 덧붙이 용접에 이용한다. 미리 준비된 용접 이음에 적당한 간격을 두고 그 주위에 주형을 짜서 예열구로부터 나오는 불꽃에 의해 모재를 적당한 온도까지 가열(강은 800~900℃)한 후, 도가니 테르밋 반응을 일으켜 용해된 용융 금속 및 슬래그를 주형 속에 주입하여 용접홈 간격을 용착시킨다.

5.11 용 사 metallizing

금속 또는 금속 화합물의 분말을 가열하여 반용융 상태로 모재에 뿌려서 밀착 피복하는 것을 용사라 한다.

용사재의 형상에는 와이어 또는 막대 모양의 것, 즉 선식과 분말식이 있으며, 각 형식에 따라 용사건의 모양도 다르다.

용사재의 가열 방식에는 가스 불꽃 또는 아크를 사용하는 법과 최근에는 플라스마를 사용하기도 한다.

가스 불꽃을 사용하는 방법은 융점 약 2800℃ 이상의 금속, 합금 또는 금속 산화물의 용사에 이용할 수 있다. 플라스마 용사에서는 초고온이 얻어진 음속에 가까운 제트의 속도로 고융점재를 고속으로 뿌려서 붙일 수 있으므로, 고속으로 고온도의 피막을 만들 수 있다. 또 플라스마 용사에서는 작동 가스로서 불활성 가스를 사용하므로 용사재의 산화가 극히 적다. 용사는 내열, 내마모 혹은 인성용 피복으로 매우 넓은 용도를 가지며, 특히 기계 부속품의 마모부의 보수에 많이 이용되고, 내열 피복으로도 이용되고 있다.

5.12 레이저 용접 laser welding

레이저(light amplification by stimulated emission of radiation, LASER)란 유도 방사에 의한 빛의 증폭기란 뜻이다.

레이저광은 각 원자에서 방출되는 빛의 위상을 가지런하게 하여 이들의 중첩 사용으로 진폭을 증대하고, 완전히 평면파로 되게 한 것으로 보통 전파와 같이 복사된다. 따라서 이들의 레이저광은 렌즈로서 아주 먼 곳까지 흩어지지 않고 진행되게 하는 것이다.

레이저는 종래의 진공관 방식과 성질이 다른 증폭 발진을 일으키는 장치이다. 원자와 분자의 유도 방사 현상을 이용하여 얻어진 빛으로 강열한 에너지를 가진 집속성(集束性)이 강한 단색 광선이다.

(1) 레이저 용접의 특징

① 광선의 열원이다

광선의 제어는 원격 조작을 할 수 있으며 진공 중에서의 용접이 가능하고, 투명한 것이며, 육안으로 보면서 용접할 수 있는 점 등이 광선 용접의 특징이다.

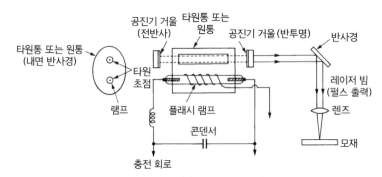

(a) 고체 레이저(펄스 출력)장치

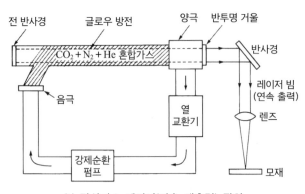

(b) 탄산가스 레이저(연속 대출력) 장치

그림 5.26 레이저 용접장치

② 열의 영향 범위가 좁다

광선을 집광렌즈에 의하여 용접부에 안내하므로 지향성이 좋고, 집중성이 높으므로 열의 발생이 국부적이다.

루비 레이저의 경우는 파루스 광 등으로 스포트 용접되나, 탄산가스 레이저는 연속 용접으로 된다. 열영향이 작아 기계적 성질이 양호하므로 정밀 부품이나 소형 물건의 용접에 많이 이용된다.

레이저는 일반 빛보다 단색성과 지향성이 좋고, 집광성이 우수하여 전자빔과 유사한 극히 높은 에너지를 얻는다. 열원으로 이용되는 레이저는 고체 레이저(루비, YAG, 글라스 등)와 기체 레이저(탄산가스)가 있다.

1 레이저 용접 기법

레이저 용접부를 판단하는 근거로서는 용접 결함과 조직 상태 그리고 용접부 형상(용접 깊이, 용접 단면 형상)을 들 수 있다. 이들은 변수의 영향을 받는데, 크게 클레이저 변수, 공정 변수 그리고 용접재료 변수로 구분할 수 있다.

(1) 레이저 변수 laser parameter

① 레이저 출력
② 초점 지름
③ 레이저빔 모드
④ 초점 부위에서의 발산(divergency)

(2) 공정 변수 process parameter

레이저 용접에서 거론되는 공정 변수들은 기본적으로 이 용접법이 빛을 사용한다는 점을 감안하여 볼 때 예측할 수 있는 바와 같이, 광학 전송계의 특성인 집속장치의 초점 거리, 초점 크기 및 초점 심도(depth of field)를 비롯하여 레이저빔 자체의 성질, 용접점에서의 초점 위치가 매우 중요한 역할을 한다.

이러한 공정 변수들은 용접장치가 정해지면 작업자로서 손댈 수 없는 특성이 있는 반면, 용접을 실시할 때마다 소재의 조건에 따라 작업자가 최적의 상태로 유지해야 하는 조건들이 있다.

1) 초점 위치(focus position)

초점 위치는 용접의 진행 방향에 대한 재료 표면에서의 초점 위치와 용접할 재료의 내부 방향에 대한 초점 위치로 나누어 생각할 수 있다. 일반적으로 전자는 오프셋(offset)이라는 용어로 대표되는데, 이것은 용접선의 정렬과 관련이 있어서 용접 실시 전에 집속빔이 접합하고자 하는 위치에 정확히 오도록 하는 것이다.

초점 위치는 피용접재의 두께 방향으로 어떤 특정한 위치에 에너지의 집속점을 두게 하는 가상의 점으로서, 용융에 필요한 에너지의 효율 및 용접부의 형성 특성에도 매우 예민하다.

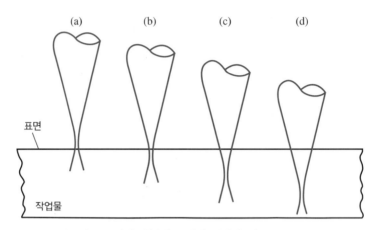

(a) 재료 표면의 상부에 초점이 설정된 것
(b) 재료 표면에 초점이 설정된 것
(c) 재료 내부에 초점이 설정된 것
(d) 재료 내부에 초점이 설정된 것

그림 5.27 집속에너지에 의해 만들어지는 초점 위치 개략도

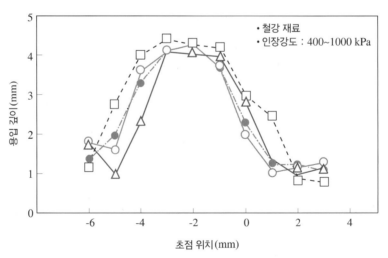

그림 5.28 초점 위치에 따른 용입 깊이

큰 렌즈를 사용할 경우에는 빔의 수렴각과 발산각이 다같이 커지기 때문에 더욱 세심한 주의를 기울여야 용접비드의 폭에 비하여 용입 깊이가 깊은 용접부를 얻을 수 있다. 이러한 원인은 무엇보다도 용접점에서 집속빔의 에너지 밀도가 큰 폭으로 변화하여 키홀 용접을 잘 이룰 수 있느냐, 혹은 그렇지 않느냐에 직접적인 영향이 있기 때문이다.

그림 5.27은 초점 위치 설정의 개념도로 그림에서 보는 바와 같이 지름의 변화로 단위 넓이의 변화가 다르고, 이는 에너지 출력의 밀도를 변화시켜 키홀 형성도 다르게 된다.

예를 들면, 초점 지름이 2배로 커지면 집속광의 조사 넓이는 4배로 증가하고, 에너지 밀도는 원래 초점 크기에 비해 1/4로 감소한다. 그림 5.28은 철강 재료를 용접할 때 초점 위치에 따라 용접부의 형성 모양이 어떻게 달라지는가를 나타내는 실험 결과의 한 예이다.

2) 초점 크기(focused spot size)

키홀 용접에서 요구되는 레이저 출력 밀도($103 \sim 105$ W/mm^2)를 유지하기 위해서는 초점의 크기를 조절하는 것이 무엇보다 중요하다. 그래서 초점 크기를 맞추기 위한 적절한 초점 렌즈의 선택이 요구된다.

그림 5.29에서 보는 바와 같이 레이저광이 집중되는 지점의 빔지름 d, 깊이 L은 초점 렌즈의 형태에 따라 좌우되는데, 초점 거리 F, 렌즈에 입사되는 레이저빔의 지름 D, 입사빔의 집중 및 발산 상태, 빔의 TEM 수, 레이저의 파장과 출력 등에 의해 결정된다.

실제로 집중 지점에서의 빔지름 d를 정확히 계산하거나 물리적인 측정을 한다는 것은 거의 불가능하다. 특수 과학장비를 사용할 때 식 5-6에 의한 지름 계산은 위의 여러 요인들을 감안하지 않았기 때문에 사실 대략적인 치수이다.

⟲ CO_2 레이저에서의 초점 지름(d)

$$d = \frac{2.44 \, \lambda F(2M+1)}{D} \, [\text{mm}]$$

(5-6)

여기서 λ : 레이저광의 파장(mm)

F : 초점 렌즈의 초점 거리(mm)

D : 초점 렌즈에서의 레이저빔 지름(mm)

M : TEM$_{01}$ = 0.01, TEM$_{20}$ = 0.2

그러나 차선책으로 레이저 출력에 의한 초점 지름 d를 설정하는 것이 가능하다. 즉, 필요한 레이저 출력 밀도의 범위는 이미 알고 있고, 식 5-6으로부터 초점 거리 F를 설정할 수 있기 때문이다. 이 방법은 알려진 것보다는 쉽지 않은데, 그 이유는 키홀 용접에 있어서 추정된 출력 밀도 범위가 넓고, 차폐된 상태에서의 초점 크기는 용접 성능을 떨어뜨리기 때문이다.

용접 출력, 용접 속도, 보호 가스, 초점 집중 각도 θ, 초점 깊이 L, 초점 지름 d 등은 각각 용접 성능을 결정하는 요인이다. 이들 요인들은 상호관련 작용하며 개별적인 조정은 의미가 없다. 이 중에서도 가장 중요한 변수는 초점 렌즈와 연관된 입사빔의 지름(D)과 초점 거리(F)이다. 두 인자의 관계식은 f 수($= F/D$)로 표현할 수 있다.

그림 5.29에서 보듯이 f 수가 낮으면 집속광의 초점 지름 d와 초점 깊이 L도 작아지며, 집속 각도 θ는 커진다는 것을 알 수 있다. 비록 f 수가 낮아지면 작은 초점을 만들어서 f 수가 큰 경우보다 레이저 출력이 높아지기는 하지만 그렇다고 용접 성능이 좋은 것은 아니다.

초점의 크기 선택은 용접 속도에 구애받지 않는다면 CO_2 레이저 용접에서 초점의 크기는 f 수 7.5에 맞춰 선정하는 것이 적당하다(Nd : YAG 레이저 용접에서는 f 4). 계획된 레이저 출력을 맞춘 후 초점 렌즈상에 입사되는 입사빔의 지름을 측정한 후, 이 지름값에 f 수를 곱하면 렌즈의 초점 거리(F)를 설정할 수 있다.

입사빔의 지름 측정은 Nd : YAG 레이저에서는 포토 그래픽 프린트법으로, CO_2 레이저에서는 아크릴 burn 프린트법으로 측정할 수 있다.

3) 초점 깊이(depth of focus)

그림 5.30에서 집속광(초점빔)은 일정 길이(L)와 f 수의 증가에 따라 증가하는 일정 지름(초점 크기) d를 갖고 있다. 집속광의 길이는 레이저 용접에서 매우 유용하고, 집속광의 지름

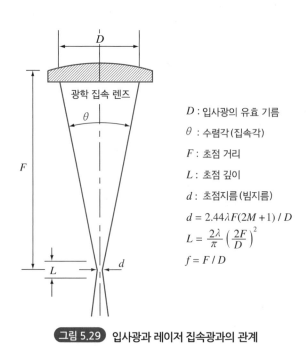

D : 입사광의 유효 기름

θ : 수렴각(집속각)

F : 초점 거리

L : 초점 깊이

d : 초점지름(빔지름)

$d = 2.44\lambda F(2M+1) / D$

$L = \dfrac{2\lambda}{\pi}\left(\dfrac{2F}{D}\right)^2$

$f = F / D$

그림 5.29 입사광과 레이저 집속광과의 관계

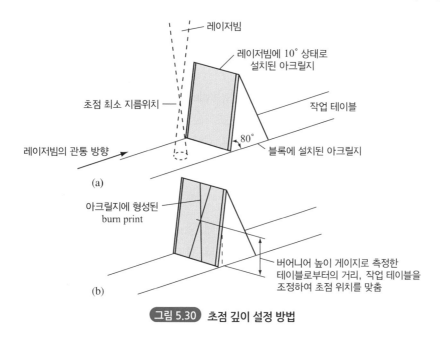

레이저빔

레이저빔에 10° 상태로
설치된 아크릴지

초점 최소 지름위치

작업 테이블

레이저빔의 관통 방향

80°

블록에 설치된 아크릴지

(a)

아크릴지에 형성된
burn print

버어니어 높이 게이지로 측정한
테이블로부터의 거리, 작업 테이블을
조정하여 초점 위치를 맞춤

(b)

그림 5.30 초점 깊이 설정 방법

은 집속광 길이의 5%를 초과하지 않으며, 5%를 초과할 경우 에너지 밀도는 10%에 불과할 정도로 감소하여 레이저 출력 선정에 중요한 조정 변수가 될 수 있는 초점 깊이를 만든다. 이것은 모재 위 초점 위치 세팅에 유연성을 제공하며 용착 형성에 신뢰성을 증대시킨다.

그림 5.30은 초점 깊이를 설정하는 여러 장치 중의 하나이다.

Nd : YAG 레이저 용접에 있어서 집속광의 최소 지름 위치를 찾는 방법은, 이론상의 렌즈 초점 거리에 강판을 맞추고 강판 표면에 빔 펄스 점을 만든 다음, 강판을 0.1 mm 이동시키면 다른 펄스점이 강판 표면에 형성된다.

4~5개의 점을 만든 후 마이크로스코프(microscope)로 각각의 치수를 측정한다. 점들이 점차 작아지면서 커질 때의 지점이 집속광의 최소 위치가 되며, 강판의 표면을 맞춘 다음 측정된 강판의 높이값이 집속광의 실제 기준점이 되는 것이다. 강판의 두께는 예상되는 투과 강판의 높이 값이 집속광의 실제 기준점이 되는 것이다. 강판의 두께는 예상되는 투과 깊이보다 약간 두꺼운 것을 쓰는 것이 좋다. 펄스점의 측정에 있어서 또 다른 방법으로는 폴리마이드 필름 (film)을 태워 구멍을 만들어 지름을 측정하는 방법도 있다.

4) 보호 가스(shielding gas)와 보조 가스(assist gas)

보호 가스와 보조 가스는 경우에 따라서 혼용되기도 하지만, 엄밀한 의미에서는 전혀 다른 효과와 목적을 가지고 있다.

보호 가스는 아크 용접에서와 같이 용접 시 고온의 용융 금속을 산화로부터 보호하는 차단 막의 역할을 하여 용접부에 산화물형의 비금속 개재물과 기공의 형성을 막아준다.

한편 보조 가스는 레이저 용접에서 필연적으로 형성되는 플라스마를 제거하여 레이저 에너지의 이용 효율을 높임으로써, 동일한 출력의 레이저 장치를 사용하더라도 더 깊은 용입부를 얻고자 하는 역할을 담당한다.

그러므로 보조 가스는 플라스마 억제용 가스(plasma suppression gas)라고도 하는데, 용접 헤드와 노즐의 형태에 따라서 보호 가스가 보조 가스의 역할을 동시에 수행하기도 한다. 보호 가스와 보조 가스로 사용되는 기체로는 아르곤(Ar), 헬륨(He), 질소(oxygen free nitrogen) 등이 있는데, 이 중에서 아르곤이 가장 널리 쓰이고 있다.

5) 레이저 출력

레이저 출력은 용입 깊이의 한계를 규정하는데 중요한 요소로서, 근본적으로 소정의 출력을 낼 수 없는 장치를 가지고는 다른 조건이 모두 최적의 상태라고 하더라도 일정 깊이 이상의 용접부를 얻을 수 없다. 그림 5.31은 레이저 출력이 용입 깊이에 미치는 영향을 용접 속도와의 관계로서 제시한 것으로, 얻으려고 하는 용입량을 정하면 필요한 레이저 출력과 그때의 용접 속도를 동시에 알 수 있다.

6) 용접 속도

레이저 출력과 함께 용접 속도는 용접되는 위치에서 받는 용접 입열량과 밀접한 관계를 가지고 있다.

bead-on plate 용접 등에서는 용접 속도가 증가하면 용입 깊이가 감소하지만, 박판의 맞대기 용접에서는 그러한 개념보다는 완전 용입을 이루는 가장 빠른 용접 속도가 더 중요하다. 이러한 완전 용입 조건에서 용접 속도를 빠르게 하면 용접부의 폭과 열영향부의 폭이 함께 좁아지

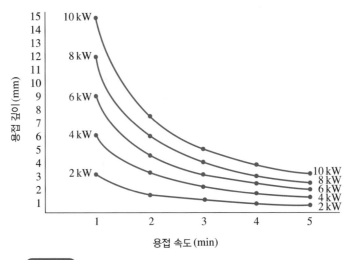

그림 5.31 용입 깊이에 미치는 레이저의 출력과 용접 속도와의 관계

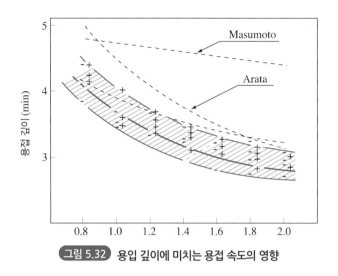

그림 5.32 용입 깊이에 미치는 용접 속도의 영향

며, 용융부의 상하 대칭 정도가 낮아져 용접 후 그 단면을 조사하여 보면 용접부가 V자 모양을 형성하기 쉽다.

그림 5.32는 일정한 레이저 출력을 조사하면서 용접을 실시할 경우, 용접 속도와 용입 깊이와의 상관성을 보여주는 예이다.

7) Beam mode의 영향

레이저빔 집광성은 빔 모드의 집광성에 따라서 그 특성을 달리하며, 발진기의 구성상 여러 빔 모드에 따라서도 최대 출력을 달리하기 때문에 용접 대상물에 따라 최적의 발진기를 선정하지 않으면 안 된다.

그림 5.33은 CO_2 레이저, 1 kW에서의 각종 모드를 이용한 박판 용접의 예를 나타내었다.

single mode가 고속에서 가장 back bead가 발생되며, 최대 출력이 1.5∼2 kW 정도로서 박판 용접에서 우수한 특성을 가진다. 또한 변형방지가 요구되는 경우나, 부재의 온도 상승이 제한된 경우에는 최적의 용접법으로 평가되고 있다.

한편 multi나 ring mode는 동일 출력에서 single mode보다 용입 깊이가 깊지 않지만, 사용 출력이 크기 때문에 성능에 따라서는 sing mode보다도 깊게 용입이 이루어질 수 있고, 후판 용접도 가능하다.

8) 초점 위치의 영향

초점 위치는 용입 깊이, 형상에 미치는 영향이 아주 크다. 초점 위치 a_b는

$$a_b = \frac{렌즈와\ 모재와의\ 거리}{렌즈의\ 초점\ 거리}$$

로 정의된다.

일반적으로 고속 용접(50~100 mm/min)에서는 초점 위치가 1에서 용입 깊이가 최대이고, 저속 용접에서는 초점 위치가 1보다 작아지면서 심 용입으로 되는 초점 위치의 범위가 넓어지는 경향이 있다. 즉, 저속 용접에서는 렌즈의 초점 위치를 피용접 재료의 표면이나 밑에 두는 쪽이, 열렌즈 효과에 의해 초점 위치의 변동이 발생해도 용입 깊이가 작아지게 된다.

출력이나 용접 속도의 조건 관리는 용이한 편이나, 초점 위치는 특별히 관리하지 않으면 안 되는 가장 어려운 요인 중의 하나이다.

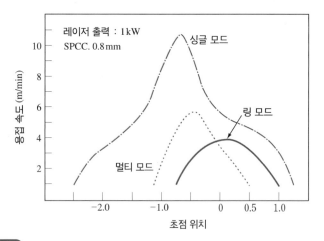

그림 5.33 0.8 mm 냉간 압연 강판의 백 비드 발생 한계 속도의 관계(bead-on plate)

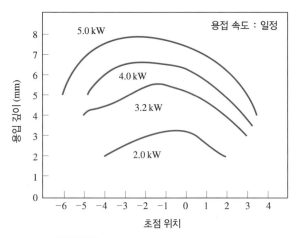

그림 5.34 초점 위치와 용입 깊이와의 관계

초점 위치가 모재의 표면보다도 하측에 두는 편이 용입 깊이를 최대로 할 수 있으나, 몇 mm 밑에 두어야 하는지는 판 두께, 속도, 출력, 렌즈 초점에 따라 변화한다.

그림 5.34는 출력별 초점 위치와 용입 깊이의 관계를 나타내었다. 그림에서 보듯이 출력이 크고 속도가 느린 만큼 하측에서 최대 용입이 되는 경향을 볼 수 있다. 따라서 초점 위치가 확실히 관리되어야만 재현성 있는 용접을 행할 수 있게 된다.

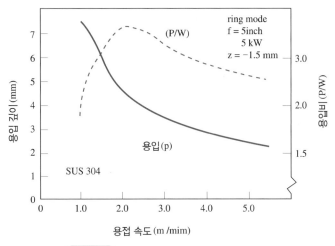

그림 5.35 레이저 출력과 용접 속도와의 관계

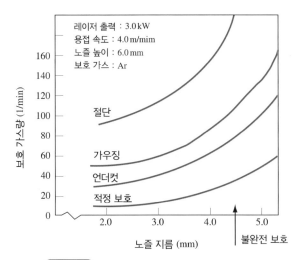

그림 5.36 노즐의 지름과 보호 가스량과의 관계

9) 레이저 출력과 용접 속도의 영향

레이저 용접에서 입열량은 $\dfrac{\text{레이저 출력}}{\text{용접 속도}}$으로 나타낼 수 있는데, 실제 용접 시에 모재에 입열되는 레이저 출력과 반드시 비례하지는 않는다.

이는 레이저 용접 시 발생하는 플라스마의 형성은 레이저의 출력과 관련이 있으나, 깊은 용입을 가능케 하는 키홀의 형성은 주위 액상의 유동에 민감하기 때문이다. 따라서 똑같은 입열량을 가지는 두 개의 용접 부위가 용접 속도와 레이저 출력에 따라 전혀 다른 형상을 가지는 것이 레이저 용접의 큰 특징이라 할 수 있다. 일반적으로 레이저빔에 의한 용입 깊이는 에너지 밀도와 밀접한 관계가 있으며, 레이저 출력에 비례하고 용접 속도에는 반비례한다고 알려져 있다.

10) 보호 가스(shield gas)의 영향

보호 가스는 Ar이나 He 등의 불활성 가스가 사용되며, 다음과 같은 효과가 있다.
① 용융 금속의 산화를 방지한다.
② 증발하는 금속 증기를 억제하여 플라스마 발생률을 감소시킨다.
③ 금속 증기나 스패터로부터 광학계를 보호한다.
보호 가스의 유량이 적으면 보호 효과가 감소하여 용접부에 기공 등이 발생하기 쉬우며, 너무 많으면 용접부에 험핑 비드(humping bead)가 발생한다.

2 용접 형태

그림 5.37은 레이저 용접 형태의 종류를 나타낸 것이다. (a)는 연속된 비드를 형성하는 용접법이며, 연속발진(CW) 레이저에 의한 방법(a-1)과 펄스 레이저를 오버랩(overlap)시키는 방법(a-2)이 있다. 후자는 점(spot) 용접의 형태에서 사용하는 것이 기본이며, 레이저를 펄스 발진하면서 재료(또는 빔)를 이동시켜, 점 용접점을 차례로 겹쳐서 연속한 용접부를 만드는 것이다.

펄스(pulse) 주파수를 높게 설정하면 비교적 빠른 속도로 용접할 수 있다.

그림 (b)의 점 용접은 국부적인 용접법이며, 주로 펄스 YAG 레이저가 사용된다.

심 용접(seam welding)은 용접부가 연속하여 있는 점에서 높은 용접 강도와 기밀 효과가 얻어진다. 주로 대출력 CO_2 레이저가 사용되며, 고속 용접을 할 수 있는 것이 특징이다.

한편 점 용접은 용접 부분에 별로 큰 힘이 작용하지 않는 경우, 재료에 큰 열영향을 주고 싶지 않을 때 및 용접할 부분이 작을 때 등에 유용한 용접법이다.

펄스 레이저를 사용한 점 용접은 각 점에서 짧은 시간에 용접 가공이 되므로 레이저의 펄스 조건을 제어하는 것에서 열영향이 작은 용접이 가능하다는 장점이 있다.

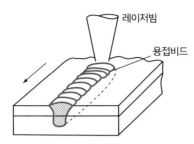

(a-1) CW 레이저에 의한 방법

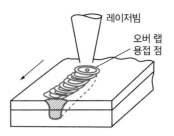

(a-2) 펄스 레이저에 의한 방법

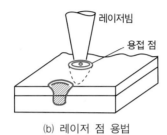

(b) 레이저 점 용법

그림 5.37 레이저 용접의 종류

연습문제 & 평가문제

연습문제

1 GTAW 용접에서 역극성과 정극성을 비교 설명하시오.

2 가스 텅스텐 아크에서 유량계란 어떤 역할을 하는가?

3 청정 작용을 설명하시오.

4 금속의 이행 현상에 대하여 설명하시오.

5 자기 불림이란 어떤 것이며, 방지책은 무엇인가?

6 핀치 효과란 무엇인가?

7 용접에서 천이 전류란 어떤 것을 의미하나?

8 탄산가스 아크 용접에서 와이어에 따른 용접성을 비교 설명하시오.

9 서브머지드 용접의 원리를 설명하시오.

10 플라스마 용접에서 이행형과 비이행형의 차이는 무엇인가?

11 스터드 용접을 설명하시오.

12 용사란 어떤 것이며, 어느 때 쓰이나?

평가문제

1 서브머지드 아크 용접를 피복 아크 용접의 경우와 비교한 장단점이다. 빈칸에 알맞은 말을 쓰시오.
장점 (1) 용착속도가 (   ), (   )이다.
(2) 전류 밀도가 (   ), 깊은 용입이 얻어진다.
(3) 용접 모재가 (   ) 된다.
(4) 균일한 품질의 용접이 (   )하다.
(5) 표면이 (   )하다.
(6) 보호안경이 (   ).
단점 (1) 장치가 (   )하고, 대형이어서 이동 시 번거롭다.
(2) 복잡한 공작물의 용접에는 (   ).
(3) (   ) 필릿 용접에 곤란하다.
(4) 정밀도가 높은 개선이 (   )하다.

(5) (　　　　) 등에 의해 결함이 발생하기 쉽다.

(6) 용접 금속의 충격치가 비교적 (　　).

2 가스 텅스텐 아크 용접의 이점으로 맞는 것은?

(1) 피복재 또는 플럭스가 필요하다.

(2) 용접에서 전자세의 용접이 비교적 용이하다.

(3) 아크가 비교적 안정하고 용융지도 조용하므로 비드 표면이 미려하다.

(4) 알루미늄 합금의 용접이 불가능하다.

(5) 청정작용이 있으므로 알루미늄합금의 용접이 비교적 용이하다.

3 수하 특성의 용접 전압이 사용되는 아크 용접법을 하나 들어 그 방법을 간단히 설명하시오.

4 정전압 특성의 용접 전압이 사용되는 아크 용접법을 하나 들어 그 방법을 간단히 설명하시오.

5 일렉트로 슬래그 용접과 전자빔 용접을 설명하시오.

6 서브머지드 아크 용접법에 대하여 간단히 서술하시오.

7 GTAW 용접 전극에 음극의 직류를 사용하는 것에 유리한 재료가 아닌 것을 고르시오.

(1) 연강

(2) 스테인리스강

(3) 알루미늄 합금

(4) 동합금

8 아래의 A군의 보기에 최대로 관계가 깊은 B군의 단어를 골라 그 기호를 답하시오.

A군	B군
(1) 셀프 쉴드 아크 용접	a. 텅스텐 전극
(2) GTAW 용접	b. 단락 아크 용접법
(3) 펄스 아크 용접	c. 플럭스 코어드 와이어
(4) 탄산가스 아크 용접	d. 입상 플럭스
(5) 서브머지 아크 용접	e. 전류의 주기적 변화

9 강재의 아크 용접에서 어떤 경우에 아크의 자기 불림이 생기기 쉬운지 구체적 예를 3가지 열거하고, 그 이유를 간단히 기술하시오.

10 다음 문장의 괄호 안에 적당한 단어를 보기에서 골라 그 기호를 기입하시오

보기　가. 탄산　　나. 아르곤　다. 강해서　　라. 약해서　　마. 높으므로

　　　바. 낮으므로　사. 하단부　아. 상단부　자. 작은　　차. 큰

소모 전극식 가스 쉴드 아크 용접에 관해 쉴드 가스에 (1)을 사용한 경우보다도 (2)가스를 사용한 경우가 대립의 용적 이행이 된다. 그 이유는 탄산가스 중의 아크는 아르곤 중에서 보다 아크의 긴축성이 (3) 전위경도가 (4), 용적의 (5)에 아크가 집중하게 된다. 때문에 아크력에 의해 용적이 위쪽으로 밀려올라가 용적의 이탈이 억제되어 (6)입자의 용적이행이 된다.

11 다음은 MAG 용접에 관해 기술한 것인데, 괄호의 부분에는 잘못된 내용이 있다. 그것을 맞게 고치고, 그 이유를 간단히 기술하시오.

(1) 아르곤에 20% 정도의 탄산가스를 배합한 쉴드 가스에는 (용접 속도를 어느 값 이상으로 빠르게 하면) 용접은 스프레이 이행하게 된다.

(2) 80% Ar + 20% CO_2의 혼합가스를 이용한 마그 용접에는 동일 용접 조건의 탄산가스 아크 용접에 비해 비드폭은 넓고 용입도 깊어지나 스패터가 발생하기 쉽다.

12 다음 문장의 괄호 안에 적당한 말을 넣으시오.

A. 서브머지드 아크 용접에서 모재를 용접선 방향으로 기울이고 올라가는 경사면에 용접하면 용접은 (1)게 된다. 반대로 내려가는 경사면에 용접하면 용접은 (2)게 된다.

B. 미그 용접에는 와이어 플러스에 비해서 와이어 마이너스에는 용융속도는 (3)나, 용접은 (4)게 된다.

13 다음 그림은 용극식의 가스 쉴드 아크 용접에 대한 용적 이행의 세 형태를 표시한 것이다. 괄호 안에 용접 이행 형태의 명칭을 기입하시오.

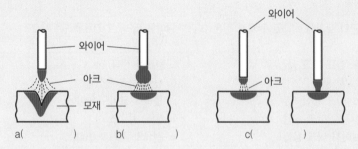

14 다음 문장의 괄호 안에 적당한 말을 기입하시오.

1. 탄산가스 기체 중의 아크는 아르곤 기체 중의 아크에 비해서 아크가 (1)하는 것과 동시에 최단거리에 발생하려고 하기 때문에 아크의 발생은 와이어의 (2)에 집중한다. 이것에 따른 아크력에 의해 와이어 끝의 용융 금속은 위로 올려지며, 용융의 이탈이 (3)되는 결과 이행입자는 (4)가 되고, (5)를 생성하기 쉽다.

2. 보통의 탄산가스 반자동 아크 용접에는 용접 중에 토치를 들어올리면 와이어의 돌출 길이는 (6)하고, 용접 전류는 (7)한다. 또한 비드폭은 (8)지게 되고 용접은 (9)된다.

15 자동 또는 반자동의 박판 아크 용접을 할 경우에는 단락 이행 방식의 용접법이 적당하다. 다음 중 그 용접법에 알맞지 않은 것을 고르시오.
(1) 아크 전압이 평활하고 아크가 안정하기 때문에 용접을 하기 쉽다.
(2) 단락 시에 큰 단락 전류가 흐르면 핀치 효과에 의해 용융 금속이 잘 이동한다.
(3) 아크 전류가 삼상정류되어 있기 때문에 용적이 적다.
(4) 와이어 선단이 단락하기 때문에 용접물에 입혀져서 비드의 용접이 크게 된다.
(5) 와이어는 아크 가열과 저항 가열의 두 형식에 의해 용융 소모하지만, 와이어 송급속도는 평균 전류와 거의 비례한다.

16 다음 문장의 괄호 안에 올바른 것을 보기에서 골라라.

    1. GTAW 펄스 아크 용접법에서는 용적이 떨어지는 것을 방지하기 위해 (1) 정도의 주파수영역에서 전류를 주기적으로 변화시킨다. 또한 작은 평균 전류를 이용하여 얇은 판의 고속 용접 등에서는 아크의 변칙성을 높이기 위해서 (2) 정도의 펄스 전류를 흘려보내는 방법도 적용하고 있다.
    2. GMAW 또는 마그 펄스 아크 용접에는 1펄스 전류에 의해 1용접의 스프레이 이동이 현실적으로 일어나기 위해서 (3) 정도의 주파수영역이 적용되고 있다. 매그 용접에서는 아르곤에 (4)의 탄산가스를 혼합한 것을 쉴드 가스에 사용하면 펄스 전류가 흘러도 용접의 스프레이 이행은 곤란하게 된다.

보기 가. 0.5~15 Hz, 나. 50~500 Hz, 다. 5 k~15 kHz, 라. 15 k~25 kHz
      마. 0.1 Hz   바. 0.5 Hz   사. 20%   아. 50%

17 다음의 문장은 플럭스 코어드 와이어를 이용하는 반자동 아크 용접에 관해서 기술한 것이다. 다음 중 틀린 것을 고르시오.
(1) 일반적으로 플럭스 코어드 와이어는 솔리드 와이어에 비해서 와이어 직경이 크기 때문에 동일 전류에서 와이어의 용융 속도가 크다.
(2) 플럭스 코어드 와이어는 부드럽기 때문에 와이어의 변형이 되지 않도록 가공에 주의하지 않으면 안 된다.
(3) 플럭스 코어드 와이어를 이용하여 셀프 쉴드 아크 용접할 시에는 돌출길이는 짧게 할수록 블로우홀이 발생하기 어렵다.
(4) 플럭스 코어드 와이어는 장시간 방치하여 두면 수분을 흡수하여 용접에 악영향을 주게 되므로 사용하기 전에 가열할 필요가 있다.
(5) 플럭스 코어드 와이어는 솔리드 와이어에 비해 송급성이 떨어지므로 일반적으로 이황화 몰리브덴 등의 윤활제를 튜브에 넣어서 사용할 필요가 있다.

18 다음 문장은 플라즈마 아크 용접에 대해 기술한 것이다. 다음 문장의 괄호 안에 적당한 말을 기입하시오.

    1. 수 mm 두께의 스테인리스 강판 절단의 플라스마 아크 용접에는 아크 발생 모재를 관통하여 (1) 이 형성되면 양호한 (2)이 얻어진다.

2. 동일 전류, 동일의 아크 길이로 비교하면 아크 기둥을 구속하는 노즐 구경이 작을수록 아크 전압은 (3), 비드폭은 (4)게 된다.

3. 플라스마 아크는 일반적으로 가늘기 때문에 GTAW 아크에 비해서 아크 길이 변화에 의해 폭의 변화가 (5), 열집중이 용이하기 때문에 능률이 좋으며, 열영향 폭은 (6)

19 수하 특성의 용접 전원을 이용하여 자동 아크 용접의 경우 용접 와이어의 송급방법을 기술하시오.

20 다음의 글을 읽고 괄호 안에 들어갈 말을 그림에서 찾으시오.

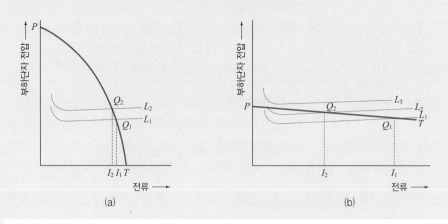

(a) (b)

1. 피복 아크 용접용 전원의 외부 특성

피복 아크 용접용 전원은 수하 특성을 가진 전원으로, 그림 (a)에 그 전원의 외부 특성 곡선을 나타낸다. 실선 PT는 전원의 외부 특성을 나타내고, 점선은 아크 길이 (1), (2)의 경우의 아크특성을 나타내고 있다. 교점 (3),(4)는 아크 용접 중의 동작점이다. 예를 들면, 아크 길이가 (1)일 경우 동작점은 (3)이고, 용접 전류는 (5)이 되며, 아크 길이가 (2)의 경우 동작점은 (4)로 용접전류는 (6)가 된다. 이처럼 수하 특성을 가진 전원에서는 아크 길이가 다소 변화하여 아크 전압이 변해도 용접점 전류는 그다지 변화하지 않는 특징이 있다.

2. 탄산가스 아크 용접용 전원의 외부 특성

탄산가스 아크 용접용 전원은 정전압 특성을 가진 전원으로, 그 전원의 외부 특성 곡선을 그림 (b)로 나타낸다. 실선 PT는 전원의 외부 특성을 나타내며, 점선은 아크 길이 (1), (2) 등의 경우 아크 특성을 나타내고 있다. 교점 (3), (4)는 아크 용접 중의 동작점이다. 예를 들어, 아크 길이가 (1)의 경우 동작점은 (3)에 용접 전류는 (5)이 되고 아크 길이가 (2)의 경우 동작점은 (4)로 용접 전류는 (6)가 된다. 이처럼, 정전압 특성을 가진 전원에는 아크 길이가 조금만 변화해도 전류가 현저하게 변화하고, 아울러 (7)와 같은 길이의 아크 길이가 되면, 실선 PT와의 교점이 없이 아크는 소실되어 버린다.

21 GMAW 용접에 의한 와이어의 송급 방식을 쓰고 각각의 특징을 간략히 기술하시오.

22 정전압 특성의 직류 전원을 이용한 자동 아크 용접에서는 일반적으로 용접와이어는 정속 송급된다. 이 이유를 기술하시오.

23 자동 아크 용접에서 용접 중에 아크 길이가 급변하면 서브머지드 아크 용접에는 아크 전압이, GMAW나 솔리드와이어를 이용한 탄산가스 아크 용접에는 전류가 주로 변화한다. 이 이유를 기술하시오.

24 반자동 아크 용접에는 용접토치와 모재 간의 거리(와이어 돌출 길이)를 적당히 가질 필요가 있는 것은 무엇 때문인가?

25 비교적 대전류의 탄산가스 반자동 아크 용접에서 아크 불안정이 되는 이유가 아닌 것을 고르시오.
(1) 콘텍트팁의 사이즈가 부적당할 때
(2) 콘텍트팁의 구멍이 마모되어 있을 때
(3) 와이어의 송급이 불안정할 때
(4) 아크의 접속이 불안정할 때
(5) 전원 전압의 변동이 클 때
(6) 용접 전류가 너무 높을 때

26 다음 표의 A란에 표시되어 있는 각 아크 용접법에 이용되고 있는 용접기의 전원 특성을 (가), (나) 중에서 골라서 B란에 넣고, 자동(반자동) 아크 용접에 대해서는 와이어의 송급방식을 (1),(2) 중에서 골라서 C란에 기입하시오.
(가) 수하 특성 　　　　　(나) 정전압 특성
(1) 정속 송급방식 　　　　(2) 아크 전압 제어의 송급방식

A 용접법	B 용접용전원 특성	C 용접 와이어의 송급방식
피복 아크 용접	(a)	
가스 텅스텐 아크 용접(GTAW)	(b)	
솔리드 와이어의 탄산가스 아크 용접	(c)	(d)
가스 메탈 아크 용접(GMAW)	(e)	(f)

27 다음 문장은 GTAW 용접기의 사용 설명에 관해 기술한 것이다. 문장의 괄호 안의 내용 중에서 맞는 것을 고르시오.

　1. 구조용 강철, 합금강 등의 GTAW 용접에서는 일반적으로 ①(가.직류, 나.교류)의 ②(가. 수하 특성, 나. 정전압 특성)의 용접 전원이 이용되고, ③(가. 전극플러스, 나. 전극마이너스)의 극성이 나타난다.
　2. 텅스텐 전극봉에서는 동일 전류에 대해서 직류(전극 플러스)의 경우에는 마이너스 전극의 경우보다도 ④(가. 큰 지름, 나. 작은 지름)인 것이 이용된다.

3. 크리닝 작업이 필요한 경우에는 ⑤(가. 직류전극플러스, 나. 직류전극 마이너스, 다. 교류)를 이용한다.

4. 아크를 발생시키는 경우 전극의 소모는 ⑥(가. 터치스타트 방식, 나. 고주파스타트 방식)을 하는 쪽이 적다.

5. 아르곤의 after-flow는 텅스텐 전극의 보호의 관점에서라도 ⑦(가. 충분한 시간, 나. 즉각정 지)를 하지 않으면 안 된다.

6. 교류 GTAW에서는 텅스텐 전극이 ⑧(가. 플러스극, 나. 마이너스극)이 되어 반파에 전류가 크게 되는 극성 효과가 있다. 그러므로 보통의 교류 아크 용접기를 사용하여 알루미늄 합금 등의 용접을 행하는 경우에는 ⑨(가. 용접 전원 변압기, 나. 용접 케이블)의 소손사고가 발생하는 경우가 있다.

28 탄산가스 아크 용접의 장점이 아닌 것은?
(1) 용착속도가 작다.
(2) 용입이 깊다.
(3) 용착효율이 높다.
(4) 박판에서 후판까지 널리 사용된다.

29 탄산가스 아크 용접용 플럭스 코어드 와이어의 특징을 서술하시오.

30 탄산가스 아크 용접용 와이어의 화학 성분 중에서 연강용 피복 아크 용접봉 심선과 비교해서 함유량이 많은 성분은 무엇인가? 또 다량으로 함유하는 이유는 무엇인가?

31 서브머지드 아크 용접용 플럭스에는 용융 플럭스와 소결 플럭스가 있다. 그 차이점을 각각의 장단점으로 나눠 서술하시오.

32 서브머지드 아크 용접용 플럭스을 반복 사용하는 경우 주의사항 4가지를 드시오.

33 GMAW 용접 등 반자동 용접의 보호 가스로 이용되는 가스를 4개 들어라.

34 탄산가스 반자동 아크 용접에 있어서 와이어 돌출 길이를 길게 할수록 생기는 결과가 아닌 것은?
(1) 용접 전류가 증가한다.
(2) 용입이 얕아진다.
(3) 쉴드 효과가 악화된다.
(4) 동일 전류에 있어서의 용융 속도가 크게 된다.
(5) 용입 불량이 생기기 쉽다.

35 다음 문장에서 괄호 안에 적당한 말을 채우시오.

탄산가스 아크 용접은 피복 아크 용접에 비해 높은 전류를 사용하는 극히 고능률적인 용접법이다. 즉, 와이어 지름에 대해 전류 밀도가 높게 되므로 와이어의 (1)가 빠르고, 90~95%의 높은 (2)을 나타내기 때문에 (3)도 빨라진다. 그러나 (4)에 약하다는 결점도 있어 풍속 (5) 이상의 장소에서는 방풍대책이 필요하다.

36 다음 서브머지드 아크 용접의 플럭스를 구분해 보시오.
(1) 일반적으로 저융점이므로 용접속도를 보다 빠르게 한다.
(2) 다습한 조건하에서도 그다지 흡습하지 않는다.
(3) 합금원소나 탄소 가스 발생제가 첨가될 수 있다.
(4) 염기도를 보다 높게 해서 인성을 높이는 일이 가능하다.
(5) 비교적 용입이 크다.

37 서브머지드 아크 용접에 이용되는 용융플럭스에 대해 틀린 것은?
(1) 녹에 민감
(2) 대입열용접 부적당
(3) 유리질
(4) 슬래그 박리성 불량

38 서브머지드 아크 용접에서 용접 금속의 충격치 저하를 방지하는 데 좋은 방법은?
(1) 충분히 가열한다.
(2) 구속을 작게 한다.
(3) 패스 간 온도를 되도록 낮게 한다.
(4) 용입을 깊게 한다.

Chapter 6

압접

6.1 가스 압접 gas pressure welding

가스 압접은 접합부를 먼저 가스 불꽃으로 가열하고 압력을 가해 접합하는 방법으로, 저항 용접과 같이 막대 모양의 모재를 용접하는 데 사용된다. 가스 압접법은 가열, 가압 방식에 따라 밀착법과 개방법 두 종류가 있다. 1940년 미국의 A.B.Kinzel에 의해 개발된 것으로, 재결정 온도(recrystallization temperature) 이상의 온도로 가열한 후 가압하여 벌지(bulge)가 생기게 하는 용접법이다.

밀착법은 처음부터 압접면에 압력을 가하여 밀착시켜 놓은 후, 외부에서 다관식 토치로 접합면을 균일한 온도가 되도록 가열한 후, 축방향으로 압력을 가해 압접하는 방법이다.

개방법은 용융 압접법에 속하는 것으로 처음 압접면을 어느 정도 떼어놓고 그 사이에 다관식의 가스 토치를 끼워, 양 접합면을 가스 불꽃으로 균일하게 가열하여 적당한 용융 상태가 되었을 때 토치를 꺼내고, 바로 접합면을 정확하게 밀착시켜 가압하여 용접하는 방법이다.

철근의 이음이나 열로 인한 취화가 심한 재료의 접합에 이용되고 있다.

6.2 초음파 용접 ultrasonic welding

1 원리

초음파 용접이란 접합하고자 하는 소재에 초음파(18 kHz 이상) 진동을 주어 그 진동 에너지에 의해 접촉부의 원자가 서로 확산되어 접합이 되는 것이다. 이 압접법은 종래의 용접법에 비해 편리한 점은 없으나, 다른 용접법으로는 접합이 불가능한 것 또는 신뢰도가 없는 것, 금속이나 플라스틱의 용접, 서로 다른 금속끼리의 용접에 사용된다.

이 압접의 원리는 팁과 앤빌 사이에 접합하고자 하는 소재를 끼우고 가압하여 서로 접촉시켜서 팁을 짧은 시간(1~7초) 동안 진동시키면 접촉면은 마찰에 의해 마찰열이 발생한다. 이때 가압과 마찰에 의해서 소재 접촉면의 피막이 파괴되어 순수한 금속 표면이 접촉되고, 원자 간의 인력이 작용되어 금속 접합이 이루어진다.

이 압접법에 적합한 판재의 두께는 금속에서는 0.01~2 mm, 플라스틱류에서는 1~5 mm 정도의 박판 접합에 주로 이용된다.

표 6.1 초음파의 공업적 응용 예

작용 분야	분산유화	응집	탈포탈기	반응 촉진	세 척	접 합	가 공	기 타	통신계측적 응 용
기계공업	압연유· 절삭유의 분산, 정전도장		금속의 열처리, 수지액의 탈포		각 기계 부품 세척, 도금전 세척	금속막의 접합, 이중 금속막 접합, 전기용접, 플 라스틱 포장	보석, 유리 합금 가공, 자동 절삭 가공	피로시험, 아르곤시험	금속탐상, 감쇠 측정 장치
전기전자 공업	형광물질 자성체, 전자 재료 분산		트랜스 오일의 탈포	각종 절연 바니스의 합침	전기전자부 품 도금전 세척	전기접점, 콘덴서 리드 용접	Ge, Si 등의 이형(異形) 가공	분체 건조	금속탐상, 액면계, 수중통신 풍속계, 경보장치
화학공업 및 일반	액체→액체, 고체→액체, 기체→액체, 계통의 균일 분산	반응생성, 폐수처리, 물의 분리	용재가스의 탈포탈기	각종 화학 반응, 촉매 반응의 촉진	노즐 노관 세척, 열교환기 송액관 세척	금속 포장 및 용기 접합, 플라스틱 용기 접합		분체 및 필름 등의 건조	유속계, 유량계, 농도계
섬유공업	염료의 분산, 수지가공액 분산	공업용수 폐수처리	비스코스의 탈포	염색 표백 수지가공	얼룩 제거, 물 제거	합성섬유 접합		섬유직물 필름 등의 건조	유속계, 유량계, 농도계
약품, 화장품공업	각종 유화액 제조, 분말 약품 분산, 향료 및 안료 분산	분자분리		염록소의 추출, 향료 의 용해 촉진	병 등의 용기 세척, 분상 약품 세척	금속막 포장, 용기 접합, 플라스틱 포장 및 용기 접합		도장 피막강도시험, 분체 건조	유속계, 유량계, 농도계
식품공업	주스, 사이다, 콜라, 맥주, 초콜릿 등의 분산처리	침정물 분리	맥주의 탈공기 처리	유지류의 정제	점분의 세척	금속막 포장, 용기 접합, 플라스틱 포장 및 용기 접합			어군탐지기, 유량계
전기· 화학공업			H₂ 가스 등의 처리	전기도금, 전기분해	극판 세척, 도금 전 부품 세척	〃			금속탐상, 유량계
금속공업	주조	집진	주조 열처리		탈지 세척	금속 용접	보석 가공		금속탐상, 유량계
광 업	부선유의 분리				채광기계의 세척	금속 용접		분체 건조	금속탐상, 지질검사
요 업	시멘트의 분 산, 지석결합 제의 분산	집진					도자기 유리 가공	분체 건조	금속탐상
의 학	전자현미경, 시료의 작성				의료기구, 수술용구 세척		방광 결석의 제거		혈유계, 암 및 종양진단

초음파를 이용하여 접합하려면 먼저 재료에 에너지 디렉터(energy director)를 만들고, 재료에 알맞은 적절한 혼(horn)을 선택하여 발진 시간과 압력 등을 정해 주어야 한다.

2 용접장치

용접물의 표면 형상을 인공적으로 가공하는데 이를 에너지 디렉터(energy director) 또는 에너지 콘센트레이터(energy concentrator)라 한다.

이 에너지 디렉터는 삼각형이나 사각형으로 만드는데 용접물의 형상이나 구조에 따라 여러 가지로 할 수 있다. 또한 초음파 용접은 근거리(near field)와 원거리(far field) 용접으로 나누는데, 근거리 용접은 접합부와 혼(horn) 사이의 거리가 6 mm 이내를 말하며, 원거리 용접이라 함은 6 mm 이상을 말한다.

우리가 일반적으로 플라스틱이라고 말하는 열가소성수지(thermoplastic) 조직은 크게 두 가지로 나누는데 비결정 조직과 반결정 조직이다.

그림 6.1 초음파 용접기

그림 6.2 초음파를 이용한 소형 용접기

비결정 조직은 분자 구조가 무질서하게 되어 있으며, 천이 온도 이상으로 가열하면 분자간 확산과 유동성이 좋아지나, 반결정 조직은 일정한 모양과 결정 구조로 천이 온도 이상에서 연해지기는 해도 용융 온도가 될 때까지는 유동이나 확산이 일어나기가 어렵다.

용접하기 위하여 적절한 부스터(booster)를 선택하고 여기에 맞는 혼(horn)을 제작해야 하는데, 혼의 형상은 그림 6.3에서 보는 바와 같이 여러 가지가 있다.

표 6.2 열가소성 플라스틱의 초음파 용접성

재 료	근거리 용접	원거리 용접	스테이킹	인서팅	점 용접
비결정 조직					
ABS	E	G	E	E	E
ABS/폴리카보네이트	E TO G	G	G	E TO G	G
아크릴	G	G TO F	F	G	G
아크릴타중합체	G	F	G	G	G
셀룰로오스	F TO P	P	G	E	G
폴리피니렌산화물	G	G	G TO E	E	G
폴리아미드, 아미드	G	F			
폴리카보네이트	G	G	G TO F	G	G
폴리스티렌	E	E	F	G TO E	F
고무함유폴리스티렌	G	G TO F	E	E	E
폴리설폰	G	F	G TO F	G	F
단단한 염화비닐	F TO P	P	G	E	G TO F
SAN	E	E	F	G	G TO F
반결정 조직					
아세탈	G	F	G TO F	G	F
나일론	G	F	G TO F	G	F
폴리에스테르	G	F	F	G	F
폴리에틸렌	F TO P	P	G TO F	G	G
폴리메틸페틴	F	F TO P	G TO F	E	G
폴리페닐렌설파이드	G	F	P	G	F
폴리프로필렌	F	P	E	G	E

* E : 아주 좋음　　G : 좋음　　F : 나쁨　　P : 아주 나쁨

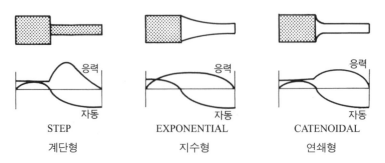

STEP　　　　　　　EXPONENTIAL　　　　　　CATENOIDAL
계단형　　　　　　　지수형　　　　　　　　　연쇄형

그림 6.3 혼의 형상에 따른 응력과 진폭의 분포

그림 6.4 에너지 디렉터의 형상

3 초음파를 이용한 플라스틱의 용접

초음파 용접은 플라스틱 자체의 초음파 진동에 의한 발열, 연화, 용융 현상에 따라 2개의 플라스틱 접합면이 밀착하여 그곳에 확산 작용이 일어나 용접이 이루어진다.

즉, 접합부의 국소적인 가열에 의한 용접이므로 접합부에 큰 진동 응력을 발생시키도록 해야 한다.

초음파 발열 현상은 직접 용접이나 연속 용접과 같이 압축 진동에 의한 것과 전달 용접과 같이 접합면 표면에서의 충돌에 의한 마찰 발열 효과에 의한 것이 있다.

집중된 강한 응력장에서는 플라스틱의 점탄성적 성질에 의해 급격히 발열하여 용접된다. 위와 같이 혼과 플라스틱의 접촉부에 큰 응력 장소를 만들어 용접하는 방법을 직접 용접이라 한다.

한편 스티롤(styrol)을 두 장 겹쳐서 직접 용착과 같은 방법으로 하되 혼에 가하는 압력을 줄이면, 겹쳐진 두 장의 스티롤 사이와 혼과 스티롤의 경계면이 이완하여 약간의 틈이 생긴 것 같은 느낌이 든다.

이 상태에서는 혼으로부터 스티롤 사이의 해머링(hammering) 작용으로 초음파 진동이 주어진다. 즉, 혼과 접촉되는 플라스틱은 함께 진동하게 된다. 따라서 겹쳐진 아래쪽의 스티롤에 충돌하는 상태가 된다. 이때 그 충돌면이 발열하여 용접된다.

이러한 진동의 전달은 성형품 등에서는 혼으로부터 상당히 떨어진 곳에서도 용접이 가능하다. 더욱 놀라운 것은 혼단면을 평활하게 하면 용접물에 전혀 손상이 없다는 것이다. 그러나 그 적용 범위는 스티롤과 같은 경질의 것에 한정된다. 이러한 방법을 전달 용접이라 하며, 최근 플라스틱 성형품의 용접에 이용되고 있다.

전달 용접은 플라스틱의 표면 형상을 이용한 직접 용접이나 고주파 용접에서의 내부 가열에 의해 발전된 것으로, 에너지 효율이 높고 불필요한 부분을 가열하지 않으므로, 성형품과 같이 비교적 두껍고 열전도율이 나쁜 플라스틱에 널리 이용되고 있다.

일반적인 열용접의 경우에는 용접의 고속화에 따라 문제가 되는 것이 냉각 시간이다. 그러나 초음파를 이용한 전달 용접의 경우 가열 시간(weld time)은 1~3초 정도이고, 냉각 시간(hold time)은 0.3초 이하가 된다.

4 플라스틱 용접의 특징

플라스틱은 열가소성이 있어 고온의 열로서 용접할 수 있다. 이러한 용접 현상과 특징들을 살펴보면 다음과 같다.

(1) 내부 가열

앞에서 설명한 바와 같이 플라스틱의 초음파 발열은 그 내부의 고분자 진동에 따른 자기 발열이므로, 고주파 용접이 염화비닐과 같은 유전체 손실이 큰 일부 재료에만 국한되는 것에 비해 초음파 용접은 모든 열가소성 플라스틱에 적용이 가능하다.

또한 용접 부위만을 국부적으로 가열하므로 가열 시간이 짧고, 냉각 시간이 짧은 것이 가장 큰 장점이다.

(2) 오염물질의 제거

플라스틱의 표면에는 대개 먼지, 분체, 유체, 피막증착막, 인쇄 잉크 등이 존재한다. 그러나 용접면에 있는 이러한 오염물질은 강력한 초음파 진동에 의해 제거되므로 접착 부위의 오염에 강한 특징이 있다.

그러므로 다른 용접 및 접착법에서는 접합면을 청결하게 유지해야 하는 데 비해 많은 시간과 노동력의 절약을 가져온다.

(3) 연속 용접

플라스틱 필름 등에 초음파 진동이 가해지면 그 진동 진폭에 의해 용접물의 이동 시에도 진동이 가해지므로 연속으로 용접이 가능하다.

(4) 용접과 동시에 절단이 가능

연속 용접 시 첨예한 공구혼을 사용하면 그 끝에서는 절단이 되고, 경사면에서는 용접이 된다. 고주파 용접에서 이 방법을 채용하게 되면 용접물의 절연 파괴에 의해 극간 단락 상태가 되고, 스파크(spark)가 생겨 기계적인 고장의 원인이 되지만 초음파 용접에서는 그러한 염려가 없다.

(5) 이종 플라스틱의 용접

염화비닐과 아크릴, 폴리스티렌, ABS(acrylonitrile butadiene styrene), 폴리카보네이트 또는 ABS와 아크릴, 폴리카보네이트와 아크릴 등의 서로 다른 종류의 플라스틱끼리의 용접이 가능하다. 그러나 같은 재질끼리의 접착 강도보다 약해 이종 용접은 접착 강도를 특별히 요구하지 않을 경우에 널리 사용된다.

(6) 선택 발열

초음파 에너지의 흡수는 플라스틱의 재질에 따라 다르므로 전체적인 발열이 아니라 국부적인 가열 및 발열을 가할 수 있다. 예를 들어, 경질의 플라스틱 사이에 흡수 발열이 쉬운 연질의 플라스틱이나 접착제 등을 끼워 초음파 진동을 가하면 경질의 플라스틱을 높은 온도를 가하지 않고도 접착할 수 있다.

이러한 특징을 이용하면 이종 재질의 용접에 도움이 될 뿐만 아니라 용접이 불가능한 열경화성 수지에서도 접착제를 병행할 경우 접합이 가능해진다.

(7) 전달 효과

용접 시의 가압력을 줄여 나가면 혼의 단면과 플라스틱 사이에는 해머링 작용을 한다. 이때 혼과 접촉하는 플라스틱 표면은 거의 손상이 없고, 초음파 진동을 전달해 주는 역할을 하여 접합면으로 전달된 진동으로 그 접합면이 용접된다.

(8) 충돌 효과

전달 효과에 의한 용접은 충돌 효과에 의한 것이라 할 수 있다. 전달된 초음파 진동으로 접합면에서 플라스틱끼리의 충돌이 일어나 접합 부위의 표면에 강한 응력이 생겨 용접 시키려는 접합 부위만이 발열하게 된다.

(9) 응력 효과

전달된 초음파 진동이 플라스틱 내의 특정 부분에 집중되면 강한 응력이 발생하여 그 부분이 발열, 용융한다. 이것은 플라스틱의 형태 중 가장 취약한 곳에서 가장 먼저 나타나며, 전달 부위가 원형일 경우 중심점에서도 나타난다.

일반적으로 충돌 효과에 의한 전달 용접보다 긴 시간의 초음파 진동을 가했을 때 일어나는 현상으로 많이 이용된다.

(10) 직접 용접 및 금속의 매입

직접 용접(riveting)은 여러 측면에서 이용이 가능하다. 이는 공구혼의 선단이 직접 플라스틱을 발열, 용융케 한 다음, 진동을 멈추고 계속 가압하면 공구혼 선단의 형태에 따라 성형이 되므로 이용도가 매우 넓다.

이 방법은 같은 재질의 플라스틱끼리의 접합뿐만 아니라 용접이 불가능한 이종 재질의 플라스틱 및 금속과 플라스틱의 접합에 이용된다.

또한 금속과 플라스틱의 접합 시 금속에 구멍을 내고 플라스틱에는 돌출부를 만들어 결합한 다음, 그 부위를 적당한 형태의 공구혼으로 용융, 고정시킨다. 즉, 금속끼리의 직접 용접과 같은 방법이며, 금속의 매입(inserting)도 많이 이용되고 있다.

이는 금속(예: insert nut)이 매입될 곳을 사전에 선정, 사출하여 초음파 진동으로 금속을 플라스틱에 매입한다.

초음파 진동에 의한 해머링 작용으로 금속을 가압하여 플라스틱에 매입하게 되면, 금속의 표면과 플라스틱 내면 간에는 강한 응력이 생겨 플라스틱이 금속 표면의 요철 부위를 메워 고착됨으로써 금속을 금형에 설치하여 사출했을 때와 같은 강도를 유지하게 된다.

이상의 특징들은 초음파 용접의 기본적인 특성이지만 구체적인 용도에서는 이러한 특징의 2~3가지가 동시에 적용된다.

초음파 용접기에 요구되는 일반적인 사항은 다음과 같이 요약할 수 있다.

- 용접의 강도
- 용접 속도 및 정밀도
- 용접의 균일성 및 안정성
- 용접면의 미관
- 용접 시 부착된 오염물질에 대한 허용도
- 용접 시 재료의 변질 및 열화도

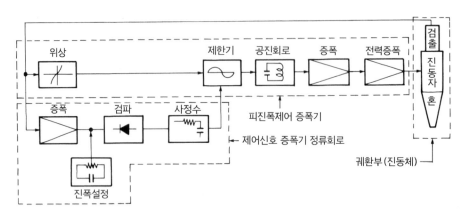

그림 6.5 초음파 발진기의 원리

- 용접면의 길이, 면적, 곡선 등의 자유도
- 용접치구의 제작, 교환 및 조정의 용이도
- 용접기의 취급 및 조작의 용이도
- 용접기의 보수 및 관리의 용이도

이상은 용접기에 대한 일반적인 요구사항이지만, 특수한 용착 시에는 또 다른 각도의 요구사항이 필요하게 된다.

5 플라스틱 용접기용 발진기

초음파 플라스틱 용접기에서는 진동자에 질량이 큰 부스터와 공구혼이 연결되어 있으므로 진동자의 공진 주파수 범위는 대단히 좁다. 또한 플라스틱을 용접하기 위해서는 공구혼의 진폭이 크지 않으면 안 되며, 때문에 진동계 자체가 발열, 팽창하여 공진 주파수가 변화하고 진폭은 감소한다.

물론 플라스틱이 부하로서 걸리면 공진 주파수는 더욱 벗어나게 된다. 그러므로 부하의 변동에도 일정한 공진점에 만족할 수 있도록 발진기를 설계, 제작해야 한다.

또한 사용 중에 부하의 변동이 있다 하더라도 항상 일정한 진폭을 유지해야 하므로 발진기에 정진폭 회로를 구성해야 한다. 이와 같은 자동 제어계는 일반적인 회로와 같이 안정도의 판별이 문제가 되며, 발진 회로의 조정 차이나 혼의 형태, 부하와 압력에 의해서도 안정 조건이 다르므로 오랜 경험에 의해 설계되어야 한다.

6 초음파 용접의 실용 예

초음파 용접은 그 특성을 살려서 사용하면 큰 효과를 발휘한다. 그러므로 제품개발 단계에서 접합면에 대한 충분한 사전 파악이 필요하다.

따라서 사용하고자 하는 수지의 재료를 사전에 각종 용접 방법에 의해 시험한 후에 결정해야 시간과 경비를 절감할 수 있다.

(1) 연속 용접

연속 용접은 초음파 용접에서 가장 먼저 실용화된 것이다. 재질로는 열가소성의 플라스틱 필름이나 직포, 부직포 등이 사용된다. 용접 방법은 다음과 같이 세 가지로 분류할 수 있다.

첫 번째는 공구혼의 선단이 필름에 대해 수직 방향으로 진동하고 있을 경우, 필름의 수평방향 이동은 마찰 저항의 감소로 원활해진다.

이러한 마찰 저항의 감소는 다른 연속 접착법에서는 찾아볼 수 없는 특징이며, 특히 이 방법은 열연속 접착 때와 같은 회전 기구가 필요하지 않다.

두 번째는 첫 번째의 방법에서 하단부에 롤러를 부착하는 방법으로, 이 롤러에 원하는 무늬를 넣어 연속 접착 시 무늬가 생기면서 용접된다.

세 번째는 진동하는 공구혼 자체도 회전하고 무늬가 있는 롤러를 상부 또는 하부에 설치하여 원하는 무늬를 넣을 수 있는 방법이다. 특히 이 방법에서는 360°회전 용접이 가능하므로 곡선 용접이 가능하다는 것이다. 이 상하회전 방식은 부직포에 대한 연속 접착 시 큰 효과가 있다.

초음파 연속 접합의 특징은 다음과 같다.

- 접착선이 미려하다.
- 연속 접착 속도가 빠르다.
- 접착 강도가 높다.
- 접합면에 오염물이 있어도 지장이 없다.
- 어느 정도 압력, 온도, 두께 등이 변화해도 접착 강도에는 영향이 적다.
- 접착과 동시에 특정 부위를 절단할 수 있다(seal cut).
- 연속 접착 시 원하는 무늬를 넣을 수 있다.

한편 직물 사이에 매체물(plastic film) 등을 끼워 연속 접착하는 방법을 사용하기도 하며, 또한 연속 접착과 동시에 혼의 끝을 예리하게 하여 절단도 가능하다. 이때 절단된 부분이 용접되므로 실올이 풀려나가지 않는 이점이 있다.

이러한 특징 등을 이용하면 폭이 일정치 않은 것을 일정하게 한다든가 원단에서 리본형의 소폭 연속 절단이 가능하다.

보편적으로 파워 주파수는 28 kHz로 진폭은 $27 \sim 35 \, \mu\mathrm{m}$가 필요하다. 만일 20 kHz에서 연속 용접하는 경우에는 똑같은 에너지에 대해 $38 \sim 49 \, \mu\mathrm{m}$가 필요하다.

또한 출력은 피용접물의 재질이나 두께에 따라 달라지고 일일이 측정이 곤란하므로 일반적으로 출력 여유가 있는 용접기를 선택한다.

(2) 전달 용접

전달 용접은 비교적 경질의 플라스틱에 대해 가능하며, 다음과 같은 특징이 있다.

- 용접 속도가 빠르다.
- 건조 시간이 필요없다.
- 외관상 손상이 없다.
- 용접면이 깨끗하다.

- 제품의 변형이나 변질이 없다.
- 오염물이 초음파 진동으로 제거되므로 사전 처리가 필요 없다.
- 기밀 용접이 된다.
- 제품의 품질이 균일하게 작업할 수 있다.
- 작업이 간단하다.

일반적으로 열가소성 플라스틱은 용접 특성은 좋으나, 초음파 진동 에너지가 전달 중에 감쇄되는 것이 많다. 이 감쇄 현상이 작을수록 전달 용접의 효과가 커지고, 감쇄 현상이 클수록 용접 강도도 저하된다.

이러한 용접기는 용접 목적에 따라 여러 가지 출력으로 분류되며, 출력에는 다소 여유를 가진 것을 선택하는 것이 좋다. 부스터의 출력측은 20 kHz에서 10 μm의 진폭이 유지되게 하고 발진기는 주파수 자동 제어 방식으로 되어야 한다. 또 부하의 대소에 관계없이 단면 진폭이 10 μm을 유지할 수 있도록 정진폭 자동 제어도 되어야 한다.

공구혼과 부스터의 사이에는 나사로 결합되어 교환이 가능하다. 공구혼은 전달 용접에 필요한 15~40 μm의 진폭을 얻기 위해 적당한 단면 변화와 공진을 하기 위한 특정한 길이 및 성형품의 형태에 맞는 단면 형태를 동시에 만족하도록 설계해야 한다.

또한 성형품의 표면 손상을 막기 위해 단면은 깨끗해야 하며, 혼의 재질도 혼 자체의 마모를 생각하여 경질 크롬 도금을 해야 한다.

공구혼에서 초음파 진동을 가해 주는 장소(구동점)는 일반적으로 엄격히 규제되지는 않으며, 형태나 두께 등에 따라 달라질 수 있으므로 몇 번의 실제 시험에 의해 선택하는 것이 좋다.

그리고 초음파 전달 용접에 있어서 필요한 가압력은 2~100 kg 정도의 범위에서 선정된다. 가압력이 지나치게 크면 성형품에 손상이 생기며, 가압 시 급격하게 혼을 성형품에 부딪치지 않게 하는 것도 고려해야 한다.

접합면의 형태는 용접의 난이도, 용접부의 외관, 강도, 수밀성에 큰 영향을 미치며, 플라스틱의 재질에도 적용하지 않으면 안 되므로 전달 용접에서 접합면의 형태는 용접의 성패를 좌우한다고 볼 수 있다.

(3) 직접 용접

공구혼과 받침대(jig) 사이에 플라스틱을 넣고 공구혼으로 가압하면서 초음파 진동을 가하여 발열, 용접 시킨다. 그 후에 진동을 정지시켜 잠시 가압하여 냉각한 뒤 공구혼을 떼어내는 방법이 직접 용접이다.

이 방법은 전달 용접과는 달리 혼과 받침대 사이의 플라스틱 전체가 진동적인 가압을 받고 있다. 따라서 직접 용접에서는 용접된 부분이 공구혼 하단 표면의 모양과 같이 된다. 직접 용접의 특징은 다음과 같다.

- 대부분의 열가소성 플라스틱 용접에 응용이 가능하다.
- 용접과 동시에 성형할 수 있다.
- 일회의 용접으로 직선, 원형, 장방형 등 임의의 형태로 용접이 가능하다.
- 혼과 닿는 면이 용접되어 약간의 변형이 있어도 직접 용융되어 접합되므로 확실한 용접을 할 수 있다.
- 기밀 용접이 간단하게 된다.
- 용접 속도가 비교적 빠르다.
- 표면에 오염물이 있어도 사전 처리 없이 용접된다.

직접 용접에 적용되는 플라스틱이나 섬유는 거의 열가소성 수지에 해당된다. 표 6.3은 각종 플라스틱의 직접 용접 특성을 나타낸다.

직접 용접용 용접기는 전달 용접용 용접기에 비해 큰 출력이 필요한 경우가 많다. 그러므로 발진기의 출력은 전달 용접의 경우에 비해 단위 면적당 출력을 크게 잡아야 하며, 공구혼의 출력측 진폭도 전달 용접 시보다 크다.

표 6.3 각종 플라스틱의 직접 용접 특성

재 료 　　　　　 형 태	필름 두께 0.2 mm	판 1~2 mm	단섬유	포 지	발포제	성형품
염화비닐(연질)	우수	우수	우수		우수	우수
염화비닐(경질)	우수	양호				우수
폴리에틸렌	우수	우수			우수	우수
폴리프로틸렌	우수	우수	우수			
나일론	양호	양호	양호	양호		양호
폴리에스테르	양호	양호			가능	
폴리스티렌	양호	양호			양호	전달용착
아크릴 수지(메타아크리레트)		양호				가능
폴리비닐알코올	우수					
폴리우레탄					양호	
폴리아세탈						전달용착 가능
AS						〃
ABS						전달용착 가능
아세텔						〃

전달 용접 시 진동 진폭이 $20 \sim 25\ \mu m$ 인 것에 비해, 직접 용접 시는 $30 \sim 35\ \mu m$ 정도가 된다. 비교적 큰 진폭으로 플라스틱과 직접 접촉하여 용융시키므로 공구혼의 발열이 심해 공구혼의 강제 냉각이 필요하다. 아울러 공구혼의 마모도 배려해야 한다.

현재 많이 사용되는 재질은 대체로 두랄루민이지만, 이것은 실용 진폭 한계가 $40\ \mu m$ 이고, 연질이므로 단면에 경질 크롬 도금을 하여 사용하는 경우가 많다.

티탄합금은 실용 진폭 한계가 $100\ \mu m$ 정도로 이상적이지만 고가인 것이 문제가 된다. 특히 내구성이 요구될 때는 공구혼의 하단에 경질 또는 초경질의 합금을 용접하여 사용하는 예가 많다.

(4) 스테이킹

스테이킹(staking)의 원리는 금속 구성물의 조립 시 사용되는 방법과 동일하다. 스테이킹은 이종 플라스틱이나 동종 플라스틱 또는 금속과 플라스틱을 결합하는 데 응용된다. 플라스틱이나 금속판에 구멍을 뚫어 그곳에 결합하려는 플라스틱 돌출부의 올라온 부분을 공구혼으로 용융하여 접합하는 직접 스테이킹과 접합하고자 하는 두 개의 판에 구멍을 뚫어 그곳에 플라스틱 리벳(rivet)을 조립하여 머리를 용착하는 관통 스테이킹, 위가 금속이고 밑부분이 플라스틱일 때 금속판을 통해 플라스틱 리벳을 플라스틱 판에 용접하는 전달 스테이킹 등이 있다.

여기에서 주의할 점은 공구혼의 위치 선정에 있다. 만약 머리 부분의 중심과 공구혼의 중심이 맞지 않으면 용융된 수지의 균형이 흐트러지게 된다. 또 2개 이상의 용접에서는 간격이 문제가 된다.

이는 한 번에 많은 지점을 각기 다른 진동자로 사용할 때 더욱 심하다. 왜냐하면 진동자 부위가 점유하는 최소 거리를 확보해야 하기 때문이다. 스테이킹의 용도는 매우 광범위하며, 그림 6.6에 스테이킹의 여러 형태를 나타내었다.

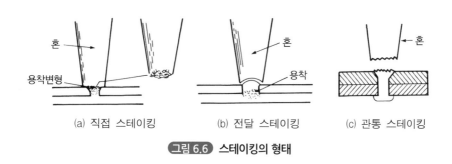

(a) 직접 스테이킹   (b) 전달 스테이킹   (c) 관통 스테이킹

그림 6.6 스테이킹의 형태

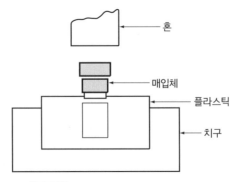

혼

매입체

플라스틱

치구

그림 6.7 초음파 진동을 이용한 금속 매입

(5) 금속의 매입

열가소성 수지나 열경화성 수지에 핀이나 나사 등의 금속물을 초음파 진동을 이용하여 매입(inserting)하는 방법으로, 용도는 자동차, 전기, 전자, 기타 잡화 분야 등 매우 광범위하다. 이 방법의 특징은 다음과 같다.

- 매입하는 시간이 짧으므로 생산성의 향상을 가져온다.
- 금형의 파손 염려가 없다.
- 도금할 부품은 도금 후에도 매입이 가능하다.
- 한꺼번에 여러 개의 매입이 가능하다.

위와 같은 장점이 있는 반면에 인장력이나 강도면에서는 성형한 것에 비해 약간 떨어지고 소음이 다소 문제가 된다. 그러나 강도 문제는 초음파 매입용으로 제작된 여러 가지 형태를 가진 금속들이 있고, 소음 관계는 방음장치로써 줄일 수 있다. 그림 6.7은 초음파의 진동을 이용하여 금속을 매입시키는 것을 나타낸다.

(6) 이종 재질의 전달 용접 및 강화 플라스틱의 용접

위에서 소개한 여러 가지 용착 방법은 비교적 쉬운 같은 재질끼리의 용접이다. 초음파 용접 특성에서 설명한 바와 같이 이종 재질의 용접은 최근에 많이 요구되고 있다. 현재는 ABS와 아크릴, 염화비닐 등의 용접에 실용되고 있다.

이러한 이종 재질의 용접은 특히 전달 용접에서 어려운 점이 많으므로 전달 용접을 할 경우에는 특히 재질과 용접 부위에 대해 충분히 검토하고 실험해야 한다.

(7) 접착제를 병용한 용접

이종 재질의 열가소성 플라스틱 용접은 염화비닐과 아크릴, 염화비닐과 ABS, ABS와 아크릴, 폴리카보네이트와 ABS 등으로 일부 실용되고 있으나, 이종 재질의 용접 강도는 원래의 강도보다 낮고 또 용접 불능의 것들도 많다.

그 해결 방법의 하나로 접착제(hot melt)와 초음파 에너지를 병용하여 접합하는 방법이 응용되게 되었다. 접착제를 플라스틱 사이에 삽입하여 진동을 가하면 단시간에 접착제가 녹는다. 이때 진동을 중지하고 가압을 계속하면 접착제가 냉각, 고화되어 접합된다.

이 방법은 다른 접착과 같이 장시간 건조시킨다거나 경화시키는 것이 필요치 않고, 고정시키는 치구 등은 그다지 필요치 않다.

또한 접착제(hot melt)를 이용하여 히터(heater)나 가열로에서 외부 가열하는 방법은 플라스틱의 두께가 제한되며, 장시간 걸리지만, 초음파를 가하면 에너지가 플라스틱을 통해 접착제를 내부 가열하므로 간단히 가열－냉각－고화의 과정이 이루어져 가공 시간의 단축, 제품의 균일화, 공정의 자동화 등이 이루어진다.

6.3 마찰 용접 friction welding

마찰 용접은 그림 6.8과 같이 맞대어 상대 운동을 시켜 그 접촉면에 발생하는 마찰열을 유효하게 이용하여 이들을 압접하는 것이다. 방식은

① 이음면을 맞대고 한편의 소재를 회전시키는 방식
② 양 소재를 서로 반대 방향으로 회전시키는 방식
③ 긴 소재를 압접하는 방식
④ 위와 아래로 진동시키는 방식

등이 있다. 어느 방식이나 축방향에 압접력을 작용시키고 있으므로 맞대기면과 그 부근은 회전 또는 진동에 의한 마찰열에 의하여 변화되어 소성 상태가 된다. 이 맞대기면의 온도가

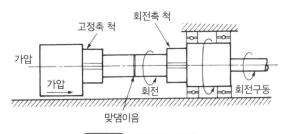

그림 6.8 마찰 용접의 원리

압접 온도에 달하면 상대 운동을 정지시키고, 압접력은 그대로 또는 다시 증가시켜 냉각시켜서 압접을 완성한다. 이 방법에 의하여 탄소강, 합금강, 알루미늄, 구리 등 거의 모든 금속과 합금 그리고 고분자 재료의 압접과 서로 다른 재료의 압접도 가능하다.

압접기는 일반형과 플라이휠형의 두 종류가 있다.

6.4 폭발 용접 explosive welding

폭발 용접은 그림 6.9와 같이 폭약의 폭압으로 가열된 소재끼리 고 속도로 어느 각도를 이루어 충돌시키면 소재의 충돌 표면은 서로 파상으로 소성 변형되어 양면은 결합된다.

이 결합에서 금속 결합이 이루어진다. 압접성을 지배하는 인자는 소재의 판 두께, 폭, 길이와 재질, 폭약의 종류와 폭약 두께 그리고 양 소재가 이루는 각도 등이다.

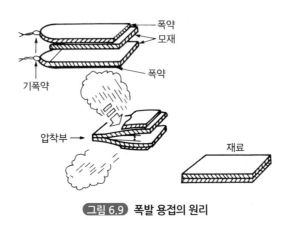

그림 6.9 폭발 용접의 원리

6.5 냉간 압접 cold pressure welding

1 원리

냉간 압접은 가열하지 않고 상온에서 단순히 가압만의 조작으로 금속 상호 간의 확산을 일으키게 하여 압접을 하는 방법이다.

깨끗한 두 개의 금속면을 Å(1 Å = 10^{-8} cm) 단위의 거리로 원자들을 가까이 하면 자유 전자가 공통화되고, 결정 격자점의 양이온과 서로 인력으로 작용하여 2개의 금속면이 결합된다. 그러므로 이 용접에서는 압접 전에 재료의 표면을 깨끗하게 하는 것이 무엇보다 중요하다. 재료의 접합면이 더러우면 접합이 곤란하다. 일반적으로 압접 시에 사용되는 가압력은 냉각 압접을 충분히 하기 위해 압접하고자 하는 재료의 두께에 소성 변형을 시킬만큼 가압하면 된다.

압접 방법에는 겹치기와 맞대기가 있는데, 겹치기는 그림 6.10과 같이 접촉면을 표면 처리하여 불순물을 제거한 후 겹치기 클램프로 결합시켜 압축 다이스에 의해 강압을 가하여 소요의 소성 변형을 주어 압축시키는 방법이다.

현재 롤 본딩(roll bonding)을 이용한 클래드 메탈(clad metal)의 생산이나 열교환기의 핀(fin) 등을 압접으로 제작하며, 터빈 블레이드 섕크(turbine blade shank)나 메탈베어링(metal bearing) 등 기계 부품, 자동차 부속품, 항공 부품, 전자 기계 부품에 냉간압접이 널리 이용되고 있다.

금속 재료의 접합에서 예컨대 알루미늄과 탄소강 같이 용융점 차이가 아주 큰 금속이나 용융점차가 그다지 크지 않아도 금속 간 화합물을 생성하여 취화가 일어나는 재료는 접합이 곤란했다.

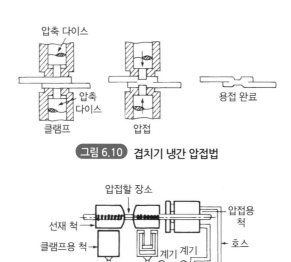

그림 6.10 겹치기 냉간 압접법

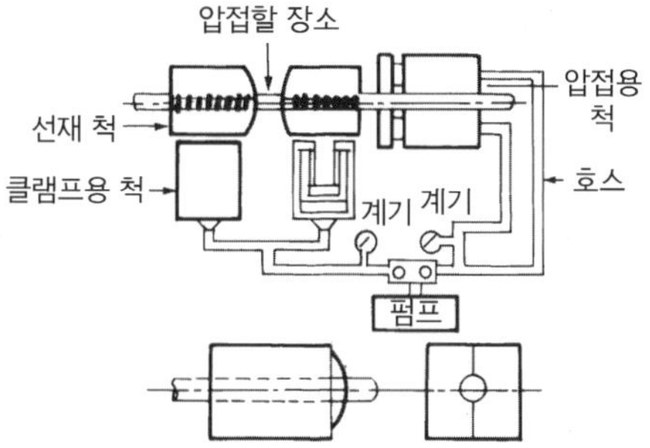

그림 6.11 맞대기 냉간 압접기

또한 부식 환경하에서 스테인리스와 같은 재료를 강판에 클래딩(cladding)하거나 전기 철도에서 전선의 이음은 플래시 버트 용접(flash butt welding)을 하여 왔다.

클래딩 메탈에서는 열에 의한 수소 취화, 균열 등이 일어나 사용 성능을 만족시키지 못하며, 전선의 이음에서도 열에 의한 취화로 접합 성능이 우수하지 못했다.

이러한 점들이 냉각 압접의 개발로 해결되었으며, 용접으로 용접성이 나쁜 재료의 접합 방법을 획기적으로 개선시키는 기술로 되어 왔다.

냉간 압접을 행하기 위해서는 먼저 접합하고자 하는 두 개의 모재 접합 표면을 원자 간에 인력이 작용하도록 접근시킴이 필요하다.

그림 6.12는 원자 간에 작용하는 힘과 원자 간 거리와의 관계를 정성적(定性的)으로 나타낸 것이다. 즉, 두 개의 원자가 충분히 멀리 떨어져서 존재하고 있을 때에는 이들 두 개의 원자에 작용하는 상호 간의 인력은 거의 영(零)이나, 접근함에 따라서 상호 간의 인력이 커지며, 금속 결정 중의 평균 원자 간 거리의 약 1.5배가 되었을 때 최대가 된다.

그 다음 원자가 서로 더 접근하면 인력과 척력은 크기가 같아지며, 원자 상호 간에 작용하는 힘은 영(零)으로 되어 에너지적으로 가장 안정한 상태로 된다. 이와 같은 상태로 되면 자유 전자가 공통화되며 결정 격자점의 금속 이온이 상호로 작용하여 금속 결합을 형성한다.

금속의 접합 표면은 완전하게 평활하고 표면이 아주 깨끗하게 얻기가 어렵다. 금속의 접합 표면은 아주 정밀하게 가공하고 표면을 완전히 세정되게 하더라도, 그 표면에 미세한 요철이나 가공 경화층 및 가스 흡착층, 유기물의 흡착층, 수분 흡착층 및 산화물 등이 존재한다. 또한 접합 표면에 있어서 양모재의 결정 구조가 서로 틀린다고 할 때 접합 기구는 현저한 차이를 보이게 된다.

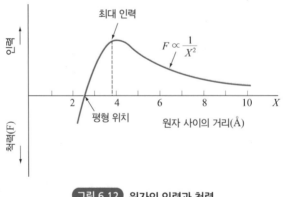

그림 6.12 원자의 인력과 척력

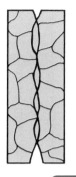

그림 6.13 압접 과정의 모형도

압접 과정을 대별하여 살펴보면 그림 6.13에 보는 바와 같이 먼저 압력에 의해 접합 표면의 미세한 돌기부에 소성 변형 및 표면피막의 파괴가 일어나 많은 미세한 순금속적 접촉면이 발생한다.

이 순수한 금속적 접촉면을 통해서 압력을 증가하면 모재 상호 간에 원자 확산 이동이 행해지고, 이러한 확산과 같이 고온 크리이프(creep) 변형과 유사한 소성 변형이 생겨 시간과 더불어 순수한 금속 접촉 면적이 증가한다. 그 다음 가압을 계속하면 양모재의 접합 표면끼리의 경계가 소실되어 접촉면을 가로 질러서 결정입의 성장이나 재결정이 발생하는 경우가 많다. 이 단계에서는 여러 가지 표면 피막이나 산화피막은 일반적으로 모재에 혼합하든가 혹은 미세화되어 모재에 분산, 존재하게 된다. 또한 이종 금속의 압접에서는 두 접합 표면 근처에 금속 간 화합물을 형성하는 경우나, 접합계면을 가로질러서 상호 원자가 이동하는 확산 속도가 대단히 다른 경우 등은 공극(void)의 생성 등이 일어나며, 접합 과정은 대단히 복잡하게 된다.

2 금속의 확산

금속 결정 중의 각 원자는 그들의 평형 위치를 중심으로 격자 진동을 하고 있으나, 압접이 시작되면 원자가 진동의 범위를 초월해서 하나의 격자점에서 인접한 다른 격자점으로 이동하면서 진동이 심해진다. 이 진동의 현상으로 원자가 원자 지름 정도의 거리까지 도약하는 것이 확산의 기본 과정이다.

원자의 이동 기구에는 직접 교환형, 원자 공공형 및 크로우딘(crowdin)형이 있다. 그러나 냉간 압접에서 원자의 확산은 거의 격자 내에 평형적으로 존재하는 공공(孔空)이 인접 원자와 위치를 교환하는데 따라 원자가 이동하는 원자 공공형 기구(vacancy mechanism)에 의한다.

결정 구조의 상호 교환형은 그림 6.14(a)와 같이 서로 위치를 교환하여 자리를 잡는 형으로 큰 활성화 에너지에 의해 원자 확산이 일어나며, (b)와 같은 형은 직접 교환형보다 낮은 에너지 이동에서 나타난다. 격자의 변형 없이 확산이 일어나기 쉬운 형은 공공형(vacancy)과 침입

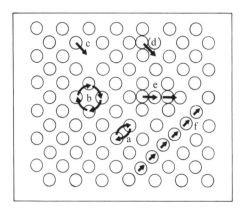

a. 직접 교환형
b. 주기 교환형
c. 원자 공급형
d. 침입형
e. 침입형
f. 크로우딘형

그림 6.14 원자의 이동에 따른 확산 기구

형(interstitial)으로 수소나 탄소 같은 원자는 이러한 확산 기구에 의해 쉽게 이루어진다.

또한 자기 침입형(self interstitial)으로서 면심 입방체(face centered cubic structure)에서는 (100) 방향으로, 체심 입방체(body centered cubic structure)에서는 (110) 방향으로 분리되어 확산이 일어나는 것으로 알려져 있다.

순금속이나 고용체 합금과 같은 균질의 금속 중에서 원자의 운동 방향은 일정하지 않다. 그러므로 전체 움직임은 서로 소멸되어 방사성 동위원소를 갖고 있지 않는 한 외부에서 원자의 이동은 전혀 관측되지 않는다. 즉, 동종 금속의 냉간 압접이 이에 상당하며, 이때의 확산은 자기 확산이라고 한다.

한편 농도의 구배가 있는 것은 이 농도 구배가 확산의 구동력이 된다. 예컨대, 전율 고용체를 형성하는 두 종류의 금속이 밀착하고 있을 때 이것들은 서로 확산에 의해 혼합되어 일정한 합금이 되려고 한다. 이 때문에 농도가 높은 쪽으로부터 낮은 쪽으로 원자의 이동이 생긴다. 이종 금속의 냉간 압접이 이에 상당한다.

3 냉간 압접에 있어서 여러 가지 인자의 영향

(1) 접합면의 표면 상태

접합면의 청정도와 표면 거칠기는 중요한 인자 중의 하나로, 표면의 청정을 아주 잘 해도 산화 피막이나 흡착층에 의한 오염을 피할 수 없으며, 가공 경화층이 존재하기도 한다.

그러므로 진공 중이나 특수한 분위기 중에서 접합면에 이온(ion) 충격을 주든지 혹은 불활성 가스 중에서 글로(glow) 방전을 발생시키는 방법 등이 고안되고 있다. 또 모재와 공정 반응을 발생시키게 하는 인서트(insert) 금속을 사용하여 접합 과정의 초기에 오염층이나 산화물을 제거시키는 것도 고안되고 있다.

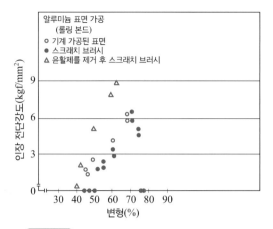

그림 6.15 알루미늄의 표면 처리에 따른 인장강도

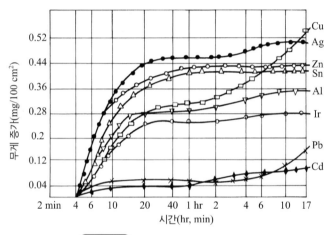

그림 6.16 실온에서 금속의 산화 정도

표면 거칠기는 정밀하게 가공하였다 해도 원자의 크기에 비하면 대단히 큰 것이며, 표면 거칠기의 최적 조건은 재료의 조건에 따라 다르지만, 일반적으로 거시적(macro)인 거칠기의 높이가 약 $10\ \mu m$ 이하인 것으로 보고되어 있다.

이외에 최적 표면 거칠기는 압접 온도, 압접력 등 여러 가지의 변수로 작용되며, 가공 방법에는 기계적인 방법과 화학적인 방법이 있다.

표면 처리 방법에서 지금까지 알려진 바로는 그림 6.15에서 보는 바와 같이 스크래치 브러시(scratch-brush)로 처리하는 것이 전단강도가 가장 양호하다고 알려져 있다.

Semenov는 알루미늄의 압접에서 이물질(contaminant)의 영향을 연구하였는데, 여기서 스크래치 브러싱(scratch-brushing)했을 때는 58 % 변형도로 압접이 되었지만, 물(H_2O)로 덮여있는 면은 78.2 %, 에틸 알코올(ethyl alcohol)로 덮여있는 표면은 82.5 %의 변형을 주어야 용접이 된다고 보고되어 있다. 또한 Milner는 그림 6.16에서 보는 바와 같이 금속 재료의 산화물 생성에 대해 연구하였는데, 여기에 4분이 경과하여 20분이 되면 완전히 산화막이 생겨 용접이 되지 않는다고 주장하였다.

산화막의 영향은 압접에 대단히 해를 끼치는데 표 6.4에 산화물의 경도와 그 변형도를 나타내었다. 이 표에서 알루미늄은 Al_2O_3로 가장 경도치가 높으며, 이것은 연한 금속의 산화물보다 냉간 압접에서는 더 접합력에 도움을 준다는 것이다. 왜냐하면 이산화물은 압력에 의해 변형되기가 쉽지 않으므로 모재에 파고 들어가 새로운 결정 조직을 가지며, 너무 연한 산화물은 압력에 의해 모재와 같이 변형이 되어 접합을 방해한다는 것이다.

표 6.4 산화물의 경도와 변형률

금 속	변형률(%)	산화물	산화물의 경도(Hv)	경도 비율, 산화물/금속
Pb	17	PbO	23	5
Mg	40	MgO	550	13
Al	40	Al_2O_3	1800	87
Sn	20	SnO	380	40
Cu	78	Cu_2O	160	4
Fe	81	Fe_2O_3	670	9
Ag	85	Ag_2O	135	4.7
Cd	15	CdO	80	4
Ni	89	NiO	480	4.9
Zn	92	ZnO	250	4.2

(2) 접합 표면에 가해지는 압접력

소성 변형과 산화 피막의 파괴를 일으켜 원자의 확산이 가능한 순수한 접촉면을 만들기 위해 접합 표면의 요철부에 압력을 가하게 된다. 이 압력의 영향으로 원자의 결정 구조가 변하여 접합이 쉽게 일어나기도 하며, 확산을 촉진하기도 한다.

이종 금속의 냉간 압접에서 금속의 경도차가 크면 연재 쪽의 모재보다는 경재 쪽의 모재 표면에 압력이 덜 가해지므로 용접이 잘 되지 않을 경우도 있다.

Tylecote, Howd and Furmidge는 스레스홀드(threshold) 변형도를 알루미늄에서 40%, 구리에서 78%, 철에서는 81%로 주장하고 있으나, Vaidynath, Nicholas and Milner는 롤 본딩(roll bonding)에서의 변형도 연구에서 알루미늄은 25%, 구리는 45%로 보고하고 있다.

또한 Agers and Singer는 압접 개시 변형률(initiating plane strain)을 알루미늄 6%, 구리 14%로 주장하고 있다.

Tylecote는 압접 공구의 폭과 모재 두께의 비가 다르면 재료 내부에 생기는 탄소성 영역이 다르다고 주장하였으며, 최적 조건으로 w/t의 비가 1~1.5인 것을 추천하고 있다. 또한 변형도 가 증가할수록 경도치가 증가함을 보고하고 있다.

(3) 압접 온도

압접 온도는 접합 표면 돌기부의 접합 초기에 있어서 고온 소성 변형, 확산 계수, 산화물의 고용 및 접합계면에 발생하는 공극(void)의 소실 등 여러 가지에 영향을 주며, 최적 온도는 용접의 사용 목적과 모재의 종류에 따라 다르다.

Westbrook은 $H = Ae^{-BT}$ 라는 식으로 경도(H)와 온도(T)와의 관계를 나타내었는데, 온도 가 상승하면 경도치가 저하하여 압접이 잘 이루어진다고 하였다.

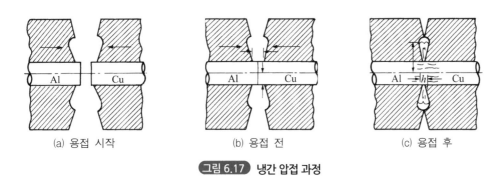

(a) 용접 시작 (b) 용접 전 (c) 용접 후

그림 6.17 냉간 압접 과정

(4) 압접 시간

압접을 하는데 필요한 시간은 주로 온도와 압력에 의해 정해진다. 그러나 접합 표면의 상태 및 인서트(insert) 금속의 사용에 따라서도 용접 시간은 영향을 받는다. 또 이종 금속의 압접에 서는 취약한 금속 간 화합물의 형성 혹은 공극(void)의 생성 등이 있을 때는 용접 시간을 적절 히 해야 하며, 보통 수초에서 수십 분의 넓은 범위에서 적용되고 있다.

6.6 저항 용접 resistance welding

1885년 MIT의 E.Thomson 교수가 개발한 저항 용접법은 자동차 산업이나 판재 가공에 널 리 이용되고 있다. 금속에 전기를 통하면 저항 때문에 도체 내에 열이 생긴다. 이 열을 저항열 또는 줄열(Joule's heat)이라 한다.

저항 용접은 그림 6.18과 같이 용접하고자 하는 재료를 서로 접촉시켜 놓고 이것에 전류를 통하면 저항열로 접합면의 온도가 높아졌을 때 가압하여 용접하는 것으로, 이때의 저항열은 줄의 법칙에 의해서 계산된다.

$$Q = 0.24 \, I^2 Rt$$

Q : 저항열(cal) R : 저항(Ω)

I : 전류(A) t : 통전 시간(sec)

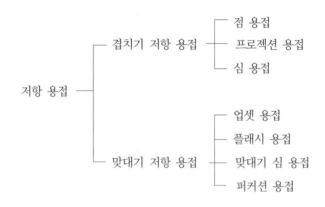

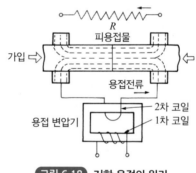

그림 6.18 저항 용접의 원리

1 점 용접 spot welding

점 용접은 겹치기 저항 용접의 대표적인 것으로, 그림 6.19와 같이 2개 또는 그 이상의 금속재를 두 전극 사이에 넣고 전류를 통하면 접촉부의 접촉 저항으로 먼저 발열이 일어나 용접부의 온도가 급격히 상승하여 금속재는 녹기 시작한다. 이때 압력을 가하면 접촉부는 변형되어 접촉 저항이 감소된다. 그러나 이미 상승된 온도로 금속재 자체의 고유 저항은 더욱 증가하고,

온도가 상승되어 반용융 상태에 달한다. 이때 상하의 전극으로 압력을 가하여 밀착시킨 다음 전극을 용접부에서 떼면 전류의 흐름이 정지되어 용접이 완료된다. 이때 전류를 통하는 통전 시간은 재료에 따라 1/100초에서 수초 정도가 필요하다.

※ 점 용접의 특징

(a) 표면이 평평하고 외관이 아름답다.

(b) 작업 속도가 빠르다.

(c) 재료가 절약된다.

(d) 홈을 가공할 필요가 없다.

(e) 고도의 숙련이 필요 없다.

(f) 변형 발생이 극히 적다.

(g) 공해가 극히 적다.

저항 용접에 미치는 요인으로는 용접 전류, 통전 시간, 가압력, 모재의 표면 상태, 전극의 재질 및 형상, 용접 피치 등이 있다.

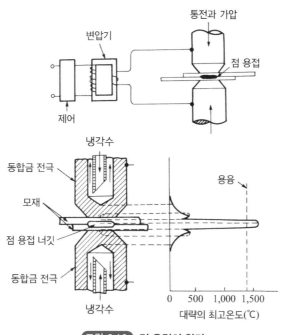

그림 6.19 점 용접의 원리

2 프로젝션 용접 projection welding

프로젝션 용접은 점 용접의 변형으로 점 용접은 전극에 의하여 전류를 집중시키는데 비하여, 프로젝션 용접에서는 피용접물에 돌기부를 만들거나 피용접물의 구조상 원래 존재하는 돌기부 등을 이용하여 전류를 집중시켜 우수한 열평형을 얻는 방법으로. 점 용접과 같거나 그 이상의 적용성을 가진다. 따라서 프로젝션 용접에서 전극은 평탄한 것이 쓰이며, 프로젝션의 형상이나 크기에 따라 용접 조건이 결정된다.

3 심 용접 seam welding

심 용접은 그림 6.21과 같은 원판 모양의 두 롤러 전극 사이에 용접재를 끼워서 가압 통전하고, 전극을 회전시켜 용접재를 이동시키면서 연속적으로 점 용접을 반복하는 방법으로, 하나의 연속된 선 모양의 용접부가 얻어진다.

심 용접의 통전 방법에서 단속 통전법, 연속 통전법, 맥동 통전법 등 3가지 방법이 있으나 단속 통전법이 가장 많이 쓰인다.

큰 전류를 계속해서 통전하면 모재에 가해지는 열량이 너무 지나쳐 과열이 될 우려가 있다.

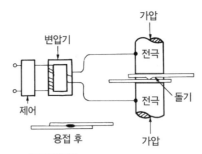

그림 6.20 프로젝션 용접의 원리

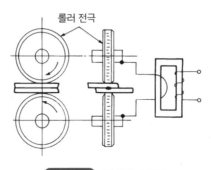

그림 6.21 심 용접의 원리

이와 같이 과열에 의해 용접부가 움푹 들어가게 될 경우, 잠시 냉각 후 용접을 계속한다. 일반적으로 연강 용접의 경우 통전 시간과 중지 시간의 비율이 1 : 1 정도이며, 경합금에서는 1 : 3 정도로 한다.

연속 통전법은 용접 전류를 연속적으로 통전하여 용접하는 방법으로, 단전 시간이 없으므로 모재가 과열될 염려가 있고, 용접부의 품질이 약간 저하된다.

4 고주파 용접(high frequency welding)

고주파 용접은 표피 효과와 근접 효과를 이용하여 압접하는 방법으로, 유도 가열법과 통전 가열법이 있다. 그림 6.22는 고주파 용접을 이용한 여러 가지 제품의 응용 예이다.

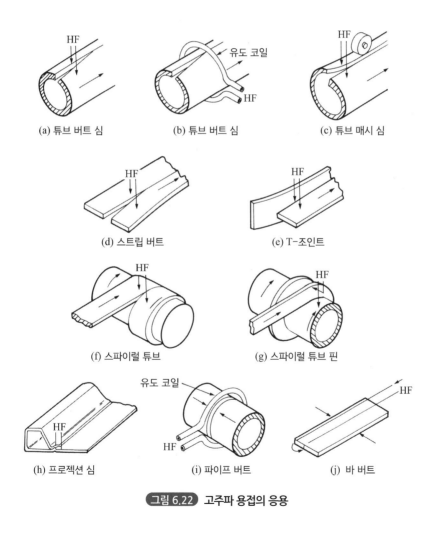

그림 6.22 고주파 용접의 응용

5 업셋 용접(upset welding)

업셋 용접은 스로 버트 용접 또는 업셋 버트 용접이라 하며, 변압기의 이차 회로에 취부된 2개의 모재를 그 단면끼리 맞대고 용접 전류를 통하여 그 접촉 저항과 고유 저항에 의한 발열, 그 발열에 의한 저항의 증대 등을 이용하여 접합하고자 하는 부분의 온도를 높여 용접에 적합한 온도에 도달했을 때 큰 압력을 가하여 접합하는 방법이다. 최후의 공정에 의하여 접촉부에 개재하는 스케일이나 개재물은 밀려나 건전한 접합부가 얻어진다. 접합부의 열의 방산은 주로 긴 방향의 전극에 의하여 이루어지므로 용접부의 열영향부가 크고 비교적 긴 용접 시간이 허용되나, 열영향 범위가 넓으며, 가압력에 대하여 모재가 변형되기 쉬우므로 얇은 판재의 용접은 어렵다.

철강에서는 완전한 단접에 가까운 접합이 얻어지나 경합금에서는 접합부가 생기어 마치 용접에 가까운 접합이 이루어진다.

※ 업셋 용접의 특징

① 적합한 온도에 도달했을 때 큰 압접력을 가하므로 용접부의 산화물이나 개재물이 밀려 나와 건전한 접합이 이루어진다.
② 열의 방산이 비교적 양호하며, 긴 용접 시간이 필요하다.
③ 가열에 의하여 변형이 생기기 쉬우므로 판재나 선재의 용접이 곤란하다.
④ 용접부의 접합강도가 매우 우수하다.
⑤ 이종의 다른 재료의 용접도 가능하다.

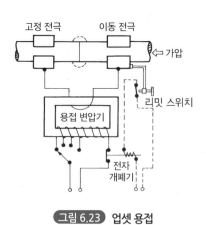

그림 6.23 업셋 용접

6 플래시 용접(flash welding)

플래시 용접은 플래시 버트 용접이라고도 하며, 그림 6.24와 같이 용접하고자 하는 모재를 약간 띄어서 고정 클램프와 가동 클램프의 전극에 각각 고정하고 전원을 연결한 다음 서서히 이동대를 전진시켜 모재에 가까이 한다. 이때 두 모재의 접촉면을 확대하여 생각하면 작은 요철이 무수히 있으며, 높은 용접 저항을 형성하고 있다. 여기에 10 V 내외의 전압을 가하면 접촉부에 대전류가 집중하므로 이 부분이 순간적으로 융점에 도달하고 다시 폭발적으로 팽창하여 플래시로 된다.

플래시 용접에 있어서 업셋에 적합한 온도에 이르기까지는 접촉 저항에 의한 불꽃이 연속적으로 발생해야 한다.

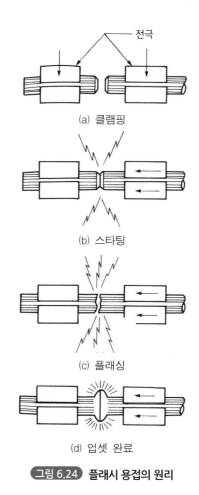

(a) 클램핑

(b) 스타팅

(c) 플래싱

(d) 업셋 완료

그림 6.24 플래시 용접의 원리

※ 플래시 용접의 특징

① 가열 범위가 좁고, 열영향부가 적으며, 용접 속도가 빠르다.

② 접합부의 강도가 높으며, 신뢰도가 크다.

③ 얇은 관이나 판재와 같이 업셋 용접이 곤란한 것에도 적용된다.

④ 불꽃이 비산하는 양만큼 재료가 짧아진다.

⑤ 판의 두께는 0.5 mm 이상이어야 용접이 가능하다.

⑥ 이종의 서로 다른 재질의 용접도 가능하다.

⑦ 맞대기 접합에는 벌지(bulge)가 생긴다.

⑧ 용접 속도는 빠르나 급한 용접에 의하여 그 부분의 기계적 성질이 변화된다.

⑨ 용접부에 생긴 벌지가 제품의 성능에 영향을 미치지 않는다고 하면 다른 용접에 비하여 생산성이 높은 용접법이다.

연습문제 & 평가문제

연습문제

1   열간 압접과 냉간 압접의 차이점을 설명하시오.

2   초음파 용접의 원리를 설명하시오.

3   초음파 용접에서 에너지 디렉터를 만드는 이유는 무엇인가?

4   마찰 용접으로 얻어진 제품을 예를 들어 설명하시오.

5   냉간 압접의 이점은 무엇인가?

6   저항 용접의 종류를 들고 설명하시오.

평가문제

1   가스압접의 원리를 설명하시오.

2   초음파 용접의 응용 범위를 나열해보시오.

3   마찰 용접의 제품들은 어떤 것이 있는지 나열해보시오.

4   냉간 압접과 열간 압접의 차이점은 무엇인지 설명하시오.

5   저항 용접의 종류를 들고 설명하시오.

Chapter **7**

절단

7.1 절단법의 종류

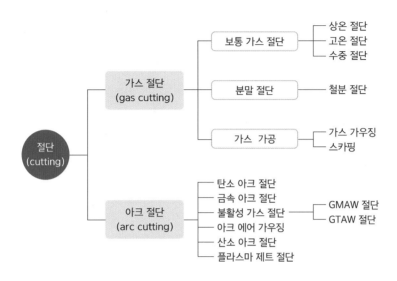

7.2 가스 절단 gas cutting

1 가스 절단의 원리

산소−아세틸렌 절단은 절단 토치를 사용하여 팁에서 분출되는 불꽃으로 절단 부분을 미리 가열(800~1000℃)하고, 가열된 재료가 고압의 산소와 산화 반응을 이용하여 절단하는 방식이다. 가스로 예열된 부분에 높은 순도의 산소를 분출시키면 철강과 접촉되어 빠른 연소 작용을 일으켜 철강은 산화철이 되며, 이때 산소 기체의 분출력에 의해 산화철이 밀려나므로 2~4 mm의 부분적인 홈이 생긴다. 이러한 작업을 계속해서 실시하면 절단 작업이 된다.

표 7.1 원소가 절단에 미치는 영향

원 소	미 치 는 영 향
탄 소(C)	0.25 % 이하의 저탄소강에서는 절단성이 양호하나, 탄소량의 증가로 균열이 생기게 된다.
규 소(Si)	SiO_2의 융점은 1710℃, 규소의 함유량이 적을 때는 영향이 적으나, 고규소 강판의 절단은 곤란하다.
망 간(Mn)	MnO의 융점은 1785℃, 보통 강재 중에 함유된 강도로서는 문제가 되지 않으나, 고망간강의 절단은 곤란하다.
인(P), 유황(S)	보통 강 중에 함유되어 있는 정도로는 영향을 주지 않는다.
니 켈(Ni)	NiO의 융점은 1950℃, 탄소가 적게 함유된 니켈강의 절단은 용이하다.
크 롬(Cr)	Cr_2O_3의 융점은 2275℃, 크롬이 5% 정도 이하의 강은 절단이 비교적 용이하나, 10% 이상은 절단이 안 되므로 분말 절단을 해야 한다.
몰리브덴(Mo)	MoO3의 융점은 795℃(승화), 크롬과 거의 같은 영향을 준다. Cr, Mo강에서 그 함유량이 적을 때 절단이 잘 된다.
구 리(Cu)	CuO의 융점은 1021℃, Cu2O 1230℃, 구리가 2% 이하의 경우는 절단에 영향이 없다.

2 가스 절단장치

(1) 수동 가스 절단기

예열용 아세틸렌의 압력을 기준으로 하여 저압식과 중압식으로 분류되며, 내부 구조도 조금 다르다. 저압식 토치는 산소와 아세틸렌을 혼합하여 예열용 가스를 만드는 부분과 산소만을 분출시키는 부분으로 나눈다. 또 토치 끝에 붙어있는 팁은 2가지 가스를 2중으로 된 동심원의 구멍으로부터 분출하는 동심형과 각각 별개의 팁으로부터 분출하는 이심형이 있다.

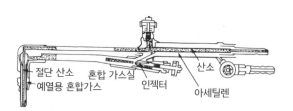

절단 산소 혼합 가스실   산소
예열용 혼합가스   인젝터   아세틸렌

그림 7.1 저압식 절단 토치의 구조

(2) 자동 가스 절단기

절단장치를 자동으로 이동시키는 주행대차에 설치한 것으로, 절단(cutting) 방향을 손으로 조작하는 반자동식과 모든 조작이 자동인 전자동식이 있다.

반자동식은 이동만을 자동화한 것이고 손의 조작으로 절단 토치를 어떤 방향으로도 절단이 될 수 있도록 움직이는 것으로, 주로 소형물이나 곡선의 절단에 사용한다.

전자동식에는 용도에 따라 직선, 형 절단용의 2가지가 있다.

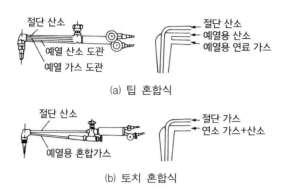

(a) 팁 혼합식

(b) 토치 혼합식

그림 7.2 중압식 절단 토치의 구조

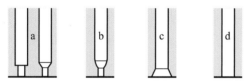

(a) 분류의 속도를 크게 할 수 있다. 가스 절단 일반용
(b) 다이버젠트 노즐이라 하며, 분류의 속도를 음속 이상으로 할 수 있다.
(c) 분류의 속도가 작다. 가우징용, (d) 후판 절단용

그림 7.3 절단 산소 분출 노즐의 형태

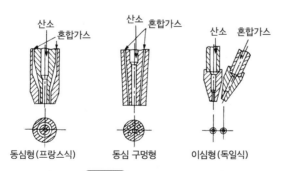

동심형 (프랑스식)　　　동심 구멍형　　　이심형 (독일식)

그림 7.4 절단 팁의 형태

표 7.2 동심형 토치의 팁과 절단 모재의 두께

팁의 종류	팁의 번호	팁의 구멍 지름 (mm)	산소 불꽃 백심의 길이(mm)	산소압력 (Mpa)	절단 모재 두께 (mm)
1호	1	0.7	50	0.10	1~7
	2	0.9	60	0.15	5~15
	3	1.1	70	0.25	10~30
2호	1	1.0	80	0.20	3~20
	2	1.3	90	0.30	5~50
	3	1.6	100	0.40	40~100
3호	1	2.0	100	0.50	50~120
	2	2.5	110	0.70	100~120
	3	2.7	120	0.80	180~260

3 가스 절단

가스 절단을 할 때는 절단 속도가 적당해야 하는데 이 절단 속도(cutting speed)는 산소의 압력, 모재의 온도, 산소의 순도, 팁의 형에 따라 달라지게 되며, 특히 절단 산소의 분출과 속도에 따라 크게 좌우된다. 다이버젠트 노즐은 고속 분출시키는 데 알맞은 것으로, 일반 팁에 비해 절단 속도가 같은 조건에서는 산소 소비량이 25~40%로 절약되며, 산소량이 같을 때는 20~25% 절단 속도가 증가된다.

가스 절단은 다음과 같은 인자를 고려해야 한다.

① 산소의 순도와 소비량

② 절단 속도와 효율

③ 절단면 외관과 드래그

④ 재료의 예열 온도와 불꽃

⑤ 팁의 형상

이 중 가장 중요한 것이 토치의 팁 형상과 절단 속도 그리고 예열이다.

가스 절단에서 일정한 속도로 절단할 때 절단 홈이 밑으로 갈수록 슬래그, 산소 오염, 절단 산소의 압력 저하 등으로 절단이 느려져 절단면에 일정한 간격으로 평행한 곡선의 홈이 나타난다.

이것을 드래그 선(drag line)이라 하고, 드래그 선의 시작점과 끝나는 부분의 폭을 드래그 길이(drag length)라 한다. 드래그는 강판 두께의 20% 정도가 표준으로 되어 있으며, 주로 절단 속도, 산소 압력에 의하여 변한다.

$$드래그(\%) = \frac{드래그\ 길이(mm)}{강판\ 두께(mm)} \times 100$$

표 7.3 수동 가스 절단 작업의 여러 인자

강판 두께 (mm)	팁 지름 (mm)	산소 압력 (Mpa)	절단 속도 (mm/min)	가스 소비량(m³/hr)		드레그 (%)
				산소	아세틸렌	
3	0.5~1.0	0.10~0.21	510~760	0.5~1.6	0.17~0.26	–
6	0.8~1.5	0.11~0.14	410~660	1.0~2.6	0.19~0.31	–
9	0.8~1.5	0.12~0.21	380~610	1.3~3.3	0.19~0.34	–
12	1.0~1.5	0.14~0.22	305~560	1.9~3.6	0.28~0.37	15~20
19	1.2~1.5	0.17~0.25	305~510	3.3~4.1	0.34~0.43	15~20
25	1.2~1.5	0.20~0.28	230~460	3.7~4.5	0.37~0.45	12~16
50	1.7~2.0	0.16~0.35	150~330	5.2~6.5	0.45~0.57	10~15

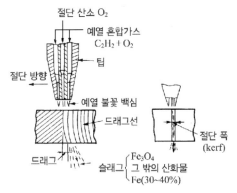

그림 7.5 가스 절단의 원리와 드래그

4 가스 가공

가스 불꽃을 이용하여 금속 표면에 홈을 파거나 표면을 깎아내는 작업으로 가스 가우징과 스카핑이 있다.

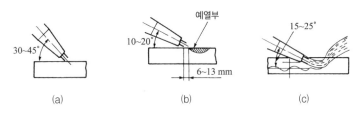

(a) (b) (c)

그림 7.6 가스 가우징의 작업

(1) 가스 가우징 gas gouging

가스 절단과 비슷한 토치를 사용하여 강재의 표면에 둥근 홈을 내는 방법이다. 가우징용 토치의 본체는 프랑스식 토치와 비슷하다. 팁 부분이 다소 다르게 되어 있어 산소 분출 구멍이 절단용에 비해 크고, 예열 불꽃의 구멍은 산소 분출 구멍 상하 또는 둘레에 만들어져 있다. 용접부의 결함 제거, 뒷면 따내기, 가접의 제거, 표면 결함 제거에 이용된다.

표 7.4 가스 가우징 **표준 작업**

팁 지름 (mm)	산소 압력 (Mpa)	작업 속도 (cm/min)	홈 형상(mm)	
			폭	깊 이
3.4	0.45	30.4~36.5	8	3.2~4.8
3.4	0.52	45.6~55	8	4.8~6.4
48	0.56	48.5~58	9	4.8~6.4
4.8	0.63	58~61.4	11	6.4~9.5
6.4	0.63	58~61.4	12.7	6.4~9.5
6.4	0.70	78~85	12.7	8~11

(2) 스카핑 scarfing

강괴, 강편, 슬래그 기타 표면의 균열이나 주름, 탈산층 등의 표면 결함을 가스 불꽃 가공에 의해 없애는 방법이다. 열간 스카핑(hot scarfing, 1000℃), 냉간 스카핑(cold scarfing), 분말 스카핑(powder scarfing) 등이 있다.

7.3 아크 절단 arc cutting

(1) 탄소 아크 절단

탄소 혹은 흑연 전극봉과 금속 간 아크를 일으켜 금속의 일부를 용융하여 절단하는 방법이다.

(2) 금속 아크 절단

탄소 전극봉 대용으로 특별한 피복제를 씌운 전극봉을 써서 금속을 절단하는 방법으로, 전원은 주로 직류정극성(DCSP)이 사용되나, 교류도 가능하다.

(3) 가스 메탈 아크 절단법

절단부를 불활성 가스(inert gas)로 둘러싸고 금속 전극에 대전류를 흐르게 하여 절단하는 방법으로, 공기와 산화에 강한 금속의 절단에 이용된다.

(4) 플라스마 제트 절단법

아크 플라스마를 이용한 절단법으로, 기체를 가열하여 온도가 상승하면 기체 원자의 운동은 활발해져 원자핵과 전자로 분리되고, 이는 ⊕⊖의 이온 상태가 된 플라스마로 되어 강한 빛을 내며 고온의 열에너지를 갖는 열원이 된다.

이것은 모재에 전기적 접속이 없어도 되므로 비금속이나 내화물 절단에도 이용된다.

(5) 가스 텅스텐 아크 절단

특별한 가스 텅스텐 아크 절단 토치를 사용하여 아크와 고속의 가스 기류에서 얻어지는 플라스마 제트를 이용하는 절단법이다. 이것은 금속 재료의 절단에만 한정되어 있어 주로 Al, Cu 및 그 합금, 스테인리스강 등에 사용된다.

표 7.5 금속 아크 절단조건

전극봉의 지름(mm)	모재의 종류	전류 (A)	절단 속도 (mm/min)	길이 300(mm)의 전극봉으로 절단되는 길이(mm)	전극봉 1(kg)으로 제거되는 금속량(kg)
2.4	연 강	140	35.6	11.4	0.93
	강 철	155	42.7	11.4	0.68
	스테인리스강	125	50.8	13.5	1.24
3.2	연 강	190	64.3	27.6	1.35
	강 철	220	79.0	32.2	1.35
	스테인리스강	190	76.2	34.3	2.26
4.0	연 강	215	68.1	38.2	1.32
	강 철	250	72.3	33.2	1.55
	스테인리스강	235	91.4	48.8	2.00
4.8	연 강	305	100.0	63.0	1.98
	강 철	215	84.8	47.7	1.55
	스테인리스강	300	114.8	64.8	2.39

(6) 아크 에어 가우징 arc air gouging

아크 에어 가우징은 탄소 아크 절단에 압축 공기를 같이 사용하는 방법으로서, 용접부의 홈파기, 결함 제거, 절단, 구멍 뚫기 등에 사용된다.

연습문제 & 평가문제

연습문제

1 주철과 같은 재질은 가스 절단하기가 왜 곤란한가?

2 가스 절단 토치를 그리고, 절단 순서를 설명하시오.

3 가스 가우징과 절단은 어떻게 다른가?

4 수중 절단법에 대하여 설명하시오.

평가문제

1 가스 절단면을 구조물의 일부로 사용하는 경우에 대하여 간결하게 설명하시오.

2 다음은 각종 열절단법에 대해서 서술한 것이다. 괄호 안에 적당한 단어를 넣으시오.

> 통상의 가스 절단법으로 절단되지 않는 스테인리스강의 절단에는 가스 절단의 응용인 (1) 절단이나 아크열을 이용한 (2) 절단이 이용된다.
> (3) 절단은 절단 반응부에 (4)을 연속적으로 공급해서, 그것을 연소시켜 그 발열량과 화학 반응을 이용해 절단하는 것이다. 프라tm마 절단은 그 원리에서 (5) 절단과 (6) 절단으로 크게 구분되고 나중 것은 비금속의 절단에 적당하다.

3 가스 절단용의 팁은 스트레이트 팁과 다이버젠트 팁으로 크게 나뉜다. 그 각각의 팁의 특징을 간단하게 서술하시오.

4 다음은 가스 절단용의 팁에 대해서 서술한 것이다. 괄호 안에 적당한 단어를 넣으시오.

> 1. (1) 팁은 취급이 간단하기 때문에 표준형으로서 널리 실용되고 있다. (2) 팁은 초(3)의 분류가 얻어지기 때문에 적당한 산소 압력에는 성능이 좋고 능률적이지만, (4) 압력이나 팁의 형상을 정밀하게 유지하는 것이 필요하다.
> 2. 절단 산소 압력은 일반의 다이버젠트 팁 쪽이 스트레이트 팁보다도 (5)

5 다음 문장의 괄호 안에 적당한 단어를 넣으시오.

> 산소-아세틸렌 가스 절단 토치는 예열용의 (1)을 기준하여 저압식과 중압식으로 분류된다. 저압식은 예열염의 팁과 절단 산소의 분출구와의 조합에 의해 (2)형과 (3)형과로 나누어진다. 중압식은 예열 가스의 혼합 방식에 의해 (4)혼합 방식과 (5)혼합 방식으로 나누어진다.

6 다음은 가스 절단에 있어서의 절단 품질에 대하여 서술한 것이다. 괄호 안에 적당한 단어를 넣으시오.

> 1. 절단 속도가 너무 (1), 위의 가장자리의 녹는 것이 많게 되고, 극단의 경우에는 슬래그가 절단면의 뒷면에 부착한다.
> 2. 팁의 높이가 너무 (2), 위의 가장자리의 녹는 것이 많게 되지만, 절단면은 상당히 매끄럽게 된다.
> 3. 절단 속도가 너무 (3), 드래그 길이가 증가하고 절단이 끊기게 된다.
> 4. 팁의 높이가 너무 (4), 예열온 도가 낮아 절단 속도가 느리게 된다.

7 가스 절단에 대해 절단 속도가 적정 속도보다 너무 빠른 경우 및 너무 늦은 경우에 생기는 절단면의 품질에 대하여 아는 것을 간단히 서술하시오.

8 가스 절단에 의해 발생하는 변형을 제어하는 방법이 아닌 것을 고르시오.
(1) 좌우 동시 절단법의 채용
(2) 절단선 대칭부(절단면의 반대쪽)의 냉각
(3) 절단선의 절단 후의 냉각
(4) 지그에 의한 구속
(5) 절단선은 분할하고, 미절단부를 남긴 모재 자체를 구속재로 하는 방법

9 플라스마 아크 절단에는 티그 용접에 비해 2차 무부하 전압이 높은 전원을 이용할 필요가 있다. 그 이유를 간단히 서술하시오.

10 다음 문장은 각종 열절단법에 대해 설명한 것이다. 맞는 문장을 고르시오.
(1) 가스 절단이 적용될 수 있는 재질은 한정되어 있지 않다.
(2) 파우더 절단은 스테인리스 강철의 절단에는 적용할 수 없다.
(3) 플라스마 제트 절단은 비금속 절단에 적용할 수 있다.
(4) 15 mm 두께 정도의 연강의 절단에는 플라스마 절단보다도 가스 절단이 빨리 절단된다.
(5) 1 kW 정도의 출력으로 100 mm 두께 정도의 연강판을 레이저 절단할 때 절단은 용이하다.

11 다음 문장의 괄호 안에 적당한 말을 넣으시오.

> 연강판의 절단에 가장 널리 이용되고 있는 방법으로 (1)이 있다. 이 방법은 강판의 일부를 예열염으로 가열하여 이것이 연소온도에 이를 때 고압의 (2)를 불어 넣고 강철을 연소시켜 절단하는 방법이다. 예열염용의 연료가스로는 (3)이 종래부터 넓게 사용되어 왔지만, (4) 및 에틸렌 등도 사용되고 있다.

> 보기   가. 아세틸렌   나. 탄화가스   다. 아르곤   라. 프로판   마. 질소
>   바. 산소   사. 파우더 절단   아. 가스 절단   자. 산소 절단

Chapter 8

납땜soldering & brazing과
접착bonding

8.1 납땜의 원리

1 납땜의 정의

미국용접학회(AWS)는 경납땜을 "약 450℃ 이상의 액상점(liquidus)을 가지고 있는 용가재(brazing filler metal)를 사용하여 접합 모재를 그 고상점(solidus) 온도 이하에서 가열하고, 모세관 현상을 이용하여 이음부(joint)의 면 사이에 용가재를 충만시키는 접합 방법"으로 정의하고 있다. 또한 사용하는 용가재의 액상점 온도가 450℃ 이상일 경우를 경납땜(brazing), 그 이하일 경우를 연납땜(soldering)이라 정의하고 있으며, 본드(bond) 결합이라고도 한다.

2 납땜의 접착 기구

(1) 고용체형 접착

모재와 납금속이 균일한 고용체를 만든 것.
예 동−니켈계

(2) 공정형 접착

공정 반응에 의해서 정출한 가늘고 긴 조직이 모재와 서로 맞물려서 기계적으로 접착한 것.
예 카드뮴−비스무트계

(3) 금속 간 화합물형 접착

모재와 납금속이 접촉면에서 다른 금속 화합물을 만들어 양면에서 접착한 것.
예 카드뮴−텔루르계

(4) 부착형 접착

합금을 만들지는 못하지만 부착력으로써 접착하는 것.
예 철−비스무트계

(5) 혼합형 접착

이상의 기본적인 접착 방식이 혼합된 것으로, 실제로는 이 방식이 많다.

3 납땜의 목적

(1) 전기적 접속

두 개의 금속을 접합하여 전기적인 전도도를 향상시킨다.

(2) 기계적 접속

두 개의 금속을 접합하여 양자의 위치를 고정한다.

(3) 밀폐 효과

납땜을 하면 그 부분에서 물, 공기, 기름, 전파 등의 누설 및 유입을 방지한다.

(4) 기 타

· 납으로 금속의 표면을 도금하면 방청 처리가 가능하다.
· 우레탄 피막선은 용융 납 속에서 피막이 제거됨과 동시에 납땜이 가능하다.
· 납땜 작업을 쉽게 하기 위해 예비 납땜을 한다.

4 납땜의 적용 온도와 상태도

땜납은 주석(Sn)과 납(Pb)의 합금으로 가장 많이 쓰여지고 있는 것으로, 대표적인 것이 연납이다. 이 땜납은 특수강, 주철, 알루미늄 등의 일부 금속을 제외하고는 철, 니켈, 구리, 아연, 주석 등이나 그 합금의 접합에 쓰인다.

땜납에는 주석, 납 이외의 안티몬(Sb), 비스무트(Bi), 아연(Zn), 카드뮴(Cd), 은(Ag) 등이 첨가된 것과 첨가되지 않은 것이 있다. 순수한 주석이나 납을 비교하여 보면 주석과 납의 합금은 낮은 용융 온도를 가지고 있고, 우수한 기계적 성질을 가지며, 함유량에 따라 접착력이 다르다. 접착력은 주로 주석의 함유량에 관계되므로 함유량이 증가될수록 접착력이 증가된다.

안티몬이 소량 함유되어 있는 것은 유동성과 접착력을 감소시키고, 부식을 용이하게 하나, 아름다운 광택을 가지며 표면 장력을 증가시키기 때문에 첨가시킨다. 한편 비스무트는 액체화를 증가시키고 액체 온도와 고체 온도를 낮게 한다.

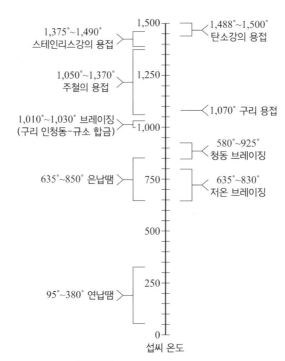

그림 8.1 납땜의 적용 온도 범위

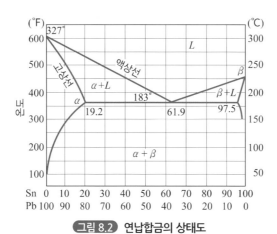

그림 8.2 연납합금의 상태도

5 납땜 과정

납땜 과정을 그림으로 도시하면 그림 8.3과 같다.

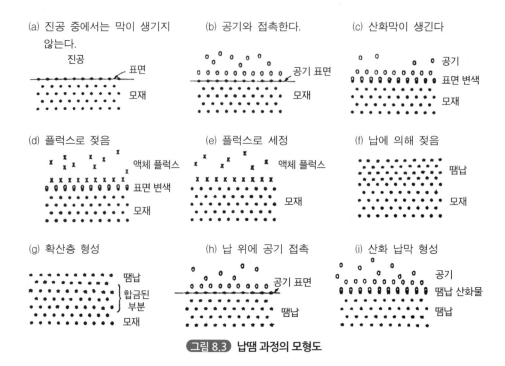

(a) 진공 중에서는 막이 생기지 않는다.
진공
표면
모재

(b) 공기와 접촉한다.
공기 표면
모재

(c) 산화막이 생긴다
공기
표면 변색
모재

(d) 플럭스로 젖음
액체 플럭스
표면 변색
모재

(e) 플럭스로 세정
액체 플럭스
모재

(f) 납에 의해 젖음
땜납
모재

(g) 확산층 형성
땜납
합금된 부분
모재

(h) 납 위에 공기 접촉
공기 표면
땜납

(i) 산화 납막 형성
공기
땜납 산화물
땜납

그림 8.3 **납땜 과정의 모형도**

6 납땜의 젖음 현상

납의 분자들이 피납땜 금속의 분자 구조 속에 들어가 분자 간 결합을 형성하여 전체적으로 단단한 금속이 되는데, 이때 다시 납을 용융시켜 닦아내도 완전히 제거되지 않는 납땜을 이룬다. 이것이 접착과 다른 점이다. 이렇게 젖어(wet)들어 가 접합이 되는 현상을 젖음(wetting)이라 한다. 젖음은 다음의 세 가지 힘, 즉

① 용융 금속과 고체 금속면의 사이에 생기는 응집력과 부착력
② 고체 금속과 플럭스의 계면에 생기는 모세관력
③ 용융 금속과 플럭스와의 곡면에 생기는 표면 장력

등의 평형에 의해 형성된다.

모재 금속에 따라서는 티탄, 실리콘, 크롬과 같이 납 중의 주석이 전혀 반응하지 않는 것은 젖음을 낳을 수가 없어 납땜이 되질 않는다.

납의 젖는 힘은 용융납의 응집력과 고체 금속의 부착력에 관계하고 용융납의 응집력이 약할수록, 즉 액면 원자의 응집력보다도 고체 금속면과 액체 원자와의 부착력이 클수록 모세관 현상을 일으키기 쉽다. 또 액체 분자는 서로 분자 인력과 장력에 의해 평형을 유지하고 있는데, 표면에 있는 분자에는 인력이 남게 되고 이 힘이 접근해 다른 분자를 흡인하고 비어있는 격자점으로 이동하여 안정 위치에 머물게 된다.

납땜의 난이는 용해된 땜납재와 고체 상태의 모재 사이의 젖음력에 따라 결정된다. 즉, 용융납이 모재의 표면에 넓게 퍼지기 쉬운 것을 젖음성이 좋다고 한다.

땜납으로 용융납과 모재와의 접착 상태를 조사해 보면 젖음력이 좋은 것일수록 θ 는 작게 된다. 일반적으로 θ 가 90° 이하일 때 납땜이 잘 되었다고 하며, θ 가 90° 이상일 때는 납땜이 잘못된 것으로 판정한다.

(1) 젖음력 wetting force

땜납의 젖음성(wettability)을 판정하는데는 피접착재에 대한 접촉각의 대소에 의해 결정된다. 그림에서 모재의 표면 장력과 용융납 간의 계면 장력의 차가 클수록 젖음(wetting)이 좋아진다.

이 젖음을 P라 하면 $P = \sigma_{LV} \cos \theta + \sigma_{SL} - \sigma_{SV}$, 여기서 θ 가 작을수록 P는 커진다. 즉, 접촉각이 작을수록 용융납이 잘 퍼져 접착이 잘 이루어진다.

$$\sigma_{SV} = \sigma_{LV} \cos \theta + \sigma_{SL} \qquad \sigma_{SV} \geq \sigma_{SL} + \sigma_{LV} \text{(완전 젖음)}$$

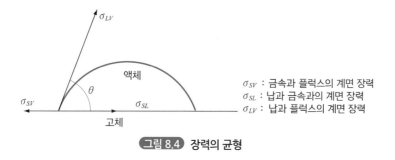

σ_{SV} : 금속과 플럭스의 계면 장력
σ_{SL} : 납과 금속과의 계면 장력
σ_{LV} : 납과 플럭스의 계면 장력

그림 8.4 장력의 균형

(2) 모세관 현상 capillary action

깨끗한 고체 금속 표면에 녹은 납을 부여하면 납은 고체 금속의 표면으로 퍼져 젖음을 낳는다. 이 현상은 고체 금속 표면에 표면 거칠기나, 결정 간의 입계에 모세관 현상으로 젖어 퍼지는 것이다.

액체로 된 금속은 고체 금속과는 달리 일정의 결정 배열을 갖지 않고 원자 또는 분자의 모습으로 브라운 운동을 한다. 따라서 이 상태에서는 점성이나 유동성은 있지만 강하지는 않다.

두 개의 표면이 깨끗한 금속판을 용해된 납속에 반쯤 담그면 납이 금속판을 적시고(wet) 금속판 사이를 채워 올라가게 되는데, 이것이 모세관 현상이다. 만일 금속 표면이 청결하지 않으면 납이 금속판 사이(gap)를 채워 올라가지 못한다.

※참고 $\left[\begin{array}{l} Re = \dfrac{wd}{\nu} \ (w:\ 속도, d:\ 관경,\ \nu:\ 동점성\ 계수) \\ 층류< \ 2300 \qquad\qquad 난류\ > \ 2300 \end{array}\right.$

(3) 표면 장력 surface tension

표면 장력은 액체의 표면 분자가 응집력에 의해 액체 내부에 흡인되고, 가능한 수축된 모양, 즉 표면적이 작은 형이 되려는 것에 의해 일어난다.

표면의 수축하려는 힘이 표면 자유 에너지이고, 그 힘에 의해 수축하려는 현상에서 생기는 힘을 표면 장력이라 한다.

기름이 묻은 철판 위의 물방울은 표면 장력이 크기 때문에 구(球) 모양으로 되며, 플럭스로 세척하거나 온도가 올라가면 표면 장력이 약해진다.

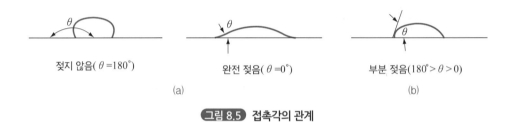

젖지 않음($\theta =180^\circ$)   완전 젖음($\theta =0^\circ$)   부분 젖음($180^\circ>\theta>0$)

(a)   (b)

그림 8.5 접촉각의 관계

8.2 땜납 및 용제

1 땜납의 구비 조건

땜납은 다음과 같은 조건을 갖추어야 한다.

(1) 융점(melting point)이 낮을 것

(2) 접합 모재에 대한 젖음성(wettability)과 유동성(flow)이 좋을 것

(3) 강도가 높을 것

(4) 내식성이 좋을 것

(5) 열 전도도, 전기 전도도가 좋을 것

2 땜납의 종류

땜납의 융점(연납, 경납), 성분(은납, 인동납, 황동납 등), 응용 분야(산업용, 장식용) 등의 입장에서 분류할 수 있다.

	JIS				ISO		
땜납의 규격 :	B Cu	Zn 2.R	0.5×5		B Ag	72Cu	780
	종류	형상	크기		종류	성분%	액상선 온도
	(황동납)	(띠 형태)	(두께 × 폭)		(은납)	(72% 구리)	(780℃)

표 8.1 모재에 따른 땜납

	알루미늄 및 알루미늄 합금	마그네슘 및 마그네슘 합금	구리 및 구리합금	탄소 및 저합금강	주철	스테인리스강	니켈 및 니켈합금	티타늄 및 티타늄 합금	베릴륨, 지르코늄 및 합금 (반응 금속)	텅스텐, 몰리브덴, 탄탈, 니오브 및 합금 (무반응 금속)	공구강
알루미늄 및 알루미늄합금	BAlSi										
마그네슘 및 마그네슘합금	X	BMg									
구리 및 구리합금	X	X	BAg,BAu,BCuP, RBCuZn	BNi							
탄소 및 저합금강	BAlSi	X	BAg,BAu, RBCuZn,BNi	BAg,BAu,BCu, RBCuZn,BNi							
주철	X	X	BAg,BAu, RBCuZn,BNi	BAg, RBCuZn,BNi	BAg, RBCuZn, BNi						
스테인리스강	BAlSi	X	BAg,BAu,	BAg,BAu, BCu,BNi	BAg,BAu, BCu,BNi	BAg,BAu, BCu,BNi					
니켈 및 니켈합금	X	X	BAg,BAu, RBCuZn,BNi	BAg,BAu,BCu, RBCuZn,BNi	BAg,BAu, RBCuZn	BAg,BAu, BCu,BNi	BAg,BAu, BCu,BNi				
티타늄 및 티타늄합금	BAlSi	X	BAg	BAg	BAg	BAg	BAg	Y			
베릴륨, 지르코늄 및 합금(반응 금속)	X BAlSi(Be)	X	BAg	BAg,BNi*	BAg,BNi*	BAg,BNi*	BAg,BNi*	Y	Y		
텅스텐, 몰리브덴, 탄탈, 니오브 및 합금 (무반응 금속)	X	X	BAg,BNi	BAg,BCu BNi*	BAg,BCu BNi*	BAg,BCu BNi*	BAg,BCu BNi*	Y	Y	Y	
공구강	X	X	BAg,BAu, RBCuZn,BNi	BAg,BAu,BCu, RBCuZn,BNi	BAg,BAu, BCu, RBCuZn, BNi	BAg,BAu, BCu, RBCuZn, BNi	BAg,BAu, BCu, RBCuZn, BNi	X	X	X	BAg,BAu, BCu, RBCuZn, BNi

참고 : 각 등급 내의 자료에 대해서는 AWS 사양 A5.8을 참조한다.

X : 추천하지 않음. 그러나 확실히 다른 금속의 조합을 위해 특수한 기술이 사용될 수 있을 것이다.

Y : 이러한 조합에 대해서는 일반화되어 있지 않다. 용가재의 사용 가능에 대해서는 납땜 핸드북을 참고한다.

* : 특수 용가재의 사용이 가능하며, 이러한 특수 용가재는 특수 금속의 조합을 위해 성공적으로 사용된다.

용가재 :

BAlSi - Aluminum   BCuP - Copper phosphorus

BAg - Silver base   RBCuZu - Copper zinc

BAu - Gold base   BMg - Magnesium base

BCu - Copper   BNi - Nickel base

표 8.2 땜납재의 액상 온도

용가재 (brazing filler metal)	액상점 온도 (liquidus temperature)		용가재 (brazing filler metal)	액상점 온도 (liquidus temperature)	
	°F	°C		°F	°C
Cb	4380	2416	Co – Cr – Si – Ni	3450	1899
Ta	5425	2997	Co – Cr – W – Ni	2600	1427
Ag	1760	960	Mo – Ru	3450	1899
Cu	1980	1082	Mo – B	3450	1899
Ni	2650	1454	Cu – Mn	1600	871
Ti	3300	1816	Cb – Ni	2175	1190
Pd – Mo	2860	1571			
Pt – Mo	3225	1774	Pd – Ag – Mo	2400	1306
Pt – 30W	4170	2299	Pd – Al	2150	1177
Pt – 50Rh	3720	2049	Pd – Ni	2200	1205
			Pd – Cu	2200	1205
Ag – Cu – Zn – Cd – Mo	1145.1295	619.701	Pd – Ag	2400	1306
Ag – Cu – Zn – Mo	1324.1450	718.788	Pd – Fe	2400	1306
Ag – Cu – Mo	1435	780	Au – Cu	1625	885
Ag – Mn	1780	970	Au – Ni	1740	949
			Au – Ni – Cr	1900	1038
Ni – Cr – B	1950	1066	Ta – Ti – Zr	3800	2094
Ni – Cr – Fe – Si – C	1950	1066			
Ni – Cr – Mo – Mn – Si	2100	1149	Ti – V – Cr – Al	3000	1646
Ni – Ti	2350	1288	Ti – Cr	2700	1481
Ni – Cr – Mo – Fe – W	2380	1305	Ti – Si	2600	1427
Ni – Cu	2460	1349	Ti – Z – Beb	1830	999
Ni – Cu – Fe	2600	1427	Zr – C – Beb	1920	1049
Ni – Cu – Si	2050	1121	Ti – V – Beb	2280	1249
			Ta – V – Cbb	3300.3500	1816.1927
Mn – Ni – Co	1870	1021	Ta – V – Tib	3200.3350	1760.1843

표 8.3 연납의 용융점

ASTM 연납 등급*	성분, 무게(%)		고상점		액상점		용융 온도 범위	
	주석	납	°F	°C	°F	°C	°F	°C
5	5	95	572	300	596	341	24	14
10	10	90	514	268	573	301	59	33
15	15	85	437	225	553	290	116	65
20	20	80	361	183	535	280	174	97
25	25	75	361	183	511	267	150	84
30	30	70	361	183	491	255	130	72
35	35	65	361	183	477	247	116	64
40	40	60	361	183	455	235	94	52
45	45	55	361	183	441	228	80	65
50	50	50	361	183	421	217	60	34
60	60	40	361	183	374	190	13	7
70	70	30	361	183	378	192	17	9

* ASTM 사양 B32, 연납 재료 표준사양 참조

표 8.4 각종 연납의 용융 온도

(a)

성분, 무게(%)		고상점		액상점		용융 온도 범위	
주석	아연	°F	°C	°F	°C	°F	°C
91	9	390	199	390	199	0	0
80	20	390	199	518	269	128	70
70	30	390	199	592	311	202	112
60	40	390	199	645	340	255	141
30	70	390	199	708	375	318	176

(b)

성분, 무게(%)		고상점		액상점		용융 온도 범위	
카드뮴	은	°F	°C	°F	°C	°F	°C
95	5	640	338	740	393	100	55

(c)

성분, 무게(%)		고상점		액상점		용융 온도 범위	
카드뮴	은	°F	°C	°F	°C	°F	°C
82.5	17.5	509	265	509	265	0	0
40	60	509	265	635	335	126	70
10	90	509	265	750	399	241	134

(d)

성분, 무게(%)		고상점		액상점		용융 온도 범위	
아연	알루미늄	°F	°C	°F	°C	°F	°C
95	5	720	382	720	382	0	0

(e)

성분, 무게(%)				고상점		액상점		용융 온도 범위	
납	비스무트	주석	기타	°F	°C	°F	°C	°F	°C
26.7	50	13.3	10 Cd	158	70	158	70	0	0
25	50	12.5	12.5Cd	158	70	165	74	7	4
40	52	–	8 Cd	197	91	197	91	0	0
32	52.5	15.5	–	203	95	203	95	0	0
28	50	22	–	204	96	225	107	25	11
28.5	48	14.5	9 Sd	217	102	440	227	223	125
44.5	55.5	–	–	255	124	255	124	0	0

(f)

성분, 무게(%)			고상점		액상점		용융 온도 범위	
주석	인듐	납	°F	°C	°F	°C	°F	°C
50	50	–	243	117	257	125	14	8
37.5	25	37.5	230	138	230	138	0	0
–	50	50	356	180	408	209	52	29

(g)

성분, 무게(%)		고상점		액상점		용융 온도 범위	
주석	안티몬	°F	°C	°F	°C	°F	°C
95	5	450	232	464	240	14	8

(h)

성분, 무게(%)			고상점		액상점		용융 온도 범위	
주석	납	은	°F	°C	°F	°C	°F	°C
96	–	4	430	221	430	221	0	0
62	36	2	354	180	372	190	10	10
5	94.5	0.5	561	294	574	301	13	7
2.5	97	0.5	577	303	590	310	13	7
1	97.5	1.5	588	309	588	309	0	0

연납의 성분에 따라 냉각 속도가 다르며 그 상태를 그림 8.6에 나타내었다.

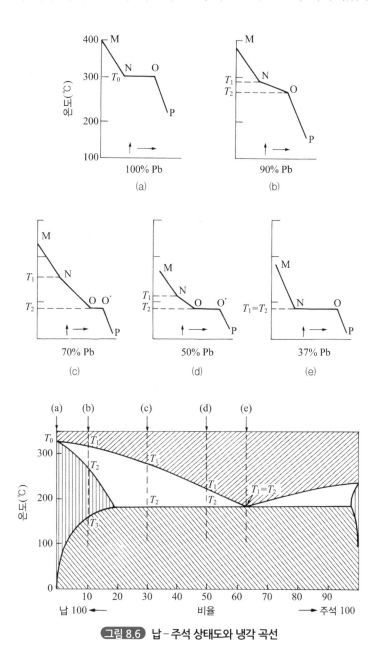

그림 8.6 납-주석 상태도와 냉각 곡선

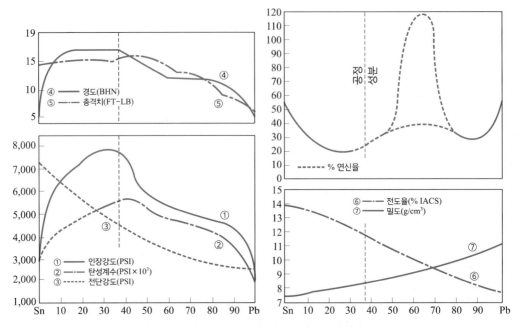

그림에서 ①로 표시되는 인장강도는 주석 61.9%의 공정점 부근에서 최대가 된다.

②로 표시되는 탄성 계수도 공정합금에서 최고치가 되며, 전단강도는 주석이 많을수록 증가한다.

경도나 충격치, 열 전도도 등도 공정점 부근에서 양호하게 보인다.

그림 8.7 납 - 주석 합금의 물리적 성질

3 땜납의 형상

땜납의 모양은 여러 가지가 있으나 크게 나누면 다음과 같다.

① 봉(rod)

② 선(wire)

③ 판(sheet), 띠(band), 박막(foil)

④ 분말(powder), 입(粒, granule)

⑤ 적층납(clad)

⑥ 성형납(preform)

⑦ 도금(plating), 증착막(deposite)

4 용 제 flux

용제(flux)의 종류로는 장기적 보호를 위해 프리플럭스(preflux)를 사용하지만, 일반적으로 포스트 플럭스(post flux)를 사용하고, 특별히 절연이 요구되는 것에는 절연 플럭스를 사용한다.

(1) 용제의 구비 조건

① 화학적으로 활성일 것(모재, 땜납 표면의 산화막 제거)
② 젖음성 및 유동성이 좋을 것
③ 피복성이 좋을 것(재산화 방지)
④ 반응 속도가 빠를 것(고주파 경납땜용)
⑤ 도전성이 있을 것(저항 경납땜용)
⑥ 인체, 기구에 안전할 것
⑦ 비중이 작고, 용융 땜납과의 치환이 용이할 것
⑧ 경제적일 것
⑨ 기타

(2) 용제의 작용

① 모재 및 용융 땜납 표면의 산화막 제거
② 계면 장력의 감소
③ 산화 방지
④ 도금 성분 금속의 석출

(3) 용제의 종류

용제의 성분으로는 대개 염화물, 불화물, 붕산(boric acid), 웨팅(wetting)제, 물 등이 사용되고 있으며 대표적인 것은 다음과 같다.

연납용에는 염화아연($ZnCl_2$), 염산(HCl), 염화암모니아(NH_4Cl) 등이 쓰이며, 경납용에는 붕사($Na_2B_4O_7 \cdot 10H_2O$), 붕산(H_3BO_4), 빙정석($3NaF \cdot AlF_3$), 염화나트륨(NaCl) 등이며, 경금속용으로는 염화리듐(LiCl), 염화칼륨(KCl), 불화리튬(LiF), 염화아연($ZnCl_2$), 염화나트륨(NaCl) 등이 사용된다.

① 붕 사

붕사에는 결정수를 함유하고 있는 것(융점 760℃)과 결정수를 함유하고 있지 않은 것(융점 670℃)이 있다. 이들 모두 액체가 되면 금속 산화물을 용해하는 능력이 있는데, 다만 Cr, Be, Al, Mg 등에 대해서는 효과가 없다. 은 납땜이나 황동 납땜에는 붕사만으로도 납땜이 가능하지만, 일반적으로는 붕산이나 기타 알칼리 금속의 불화물, 염화물 등과 혼합된 것을 사용한다.

② 붕 산

붕산은 붕사에 비해 산화물의 용해도가 작고 거의 단독으로 사용되지 못하며, 붕사 등과 혼합하여 사용한다. 붕산은 875℃에서 용해되는데, 붕사에 비해 고온에서 점도가 높고 유동성도 좋지 않다. 일반적으로 붕산 70%, 붕사 30% 정도가 사용된다.

③ 붕산염

붕사는 붕산의 나트륨염이지만, 그 외에 칼륨, 리튬, 칼슘 등의 붕산염이 있다. 이 염들의 작용은 붕사와 거의 유사하다.

표 8.5 경납땜용 용제

AWS 경납땜 형식 번호	추 천	추천 용가재	추천 유용 온도 범위	성 분	공급 형식
1	납땜 가능한 모든 알루미늄 합금	BAlSi	700~1190 ˚F 371~643 ˚C	염화물 플루오르화물	분말
2	납땜 가능한 모든 마그네슘 합금	BMg	900~120 ˚F 482~649 ˚C	염화물 플루오르화물	분말
3A	형식 번호 1, 2 및 4에 나열된 것을 제외한 모든 것	BCuP, BAg	1050~1600 ˚F 566~871 ˚C	붕산 붕산염 플루오르화물 습식약품	
3B	형식 번호 1, 2 및 4에 나열된 것을 제외한 모든 것	BCu, BCuP, BAg, BAu RBCuZn, BNi	1350~2100 ˚F 732~1149 ˚C	붕산 붕산염 플루오르화물 습식약품	분말 연고 액체
4	알루미늄 청동, 알루미늄 황동 및 철 또는 소량의 알루미늄이나 티타늄 또는 이러한 것이 모두 함유된 소량의 니켈을 기초로 한 합금	BAg(모두) BCuP(구리를 기초로 한 합금 에만 적용)	1050~1600 ˚F 566~87 ˚C	염화물 플루오르화물 붕산염 습식약품	분말 연고
5	형식 번호 1, 2 및 4에 나열된 것을 제외한 모든 것	3B와 동일 (BAg1~7을 제외)	1400~2200 ˚F 760~1204 ˚C	붕사 붕산 붕산염 습식약품	분말 연고 액체

참고 : 이 표는 상용적으로 이용 가능한 대부분의 독점적 용제의 등급을 위한 지침으로 제공된다. 이러한 것을 독자적으로 사용할 때, 여기에서 주어진 정보는 일반적으로 특정한 적용에는 적당치 않다.
  a. 몇몇의 형식 번호 3A에서 언급된 용제는 특별하게 형식 번호 4에서 나열된 기본 금속을 위해 추천한다.
  b. 어떤 경우에 있어서는 형식 번호 1에서 나열된 플럭스가 형식 번호 4에서 나열된 기본 금속에 사용된다.

표 8.6 경납땜 플럭스와 땜납의 구분

등급*	형태	용가재 종류	작용 온도 범위	
			°F	℃
FB1.A	분말	BA1Si	1080~1140	580~615
FB1.B	분말	BA1Si	1040~1140	560~615
FB1.C	분말	BA1Si	1000~1140	540~615
FB2.A	분말	BAg	900~1150	480~620
FB3.A	풀	BAg and BCuP	1050~1600	560~870
FB3.C	풀	BAg and BCuP	1050~1700	560~925
FB3.D	풀	BAg, BCu, BNi, BAU and RBCuZn	1400~2200	760~1205
FB3.E	액체	BAg and BCuP	1050~1600	560~870
FB3F	분말	BAg and BCuP	1200~1600	650~870
FB3G	현탁액	BAg and BCuP	1050~1600	560~870
FB3.H	현탁액	BAg	1050~1700	560~925
FB3.I	현탁액	BAg, BCu, BNi, BAu and RBCuZn	1400~2200	760~1205
FB3.J	분말	BAg, BCu, BNi, BAu and RBCuZn	1400~2200	760~1205
FB3.K	액체	BAg and RBCuZn	1400~2200	760~1205
FB4.A	풀	BAg and BCup	1100~1600	595~870

* 경납땜 부분에 있는 3B 플럭스는 1976년(제3판)부터 사용 중지되었다. 그 대신 3B 플럭스는 FB3C 및 FB3D로 구분되었다.
참고 : 특정한 작업의 종류를 위한 플럭스 명칭의 선택은 위의 도표에서 언급된 형태, 용가재 종류 및 사양 설명 등을 기준으로
　　　하게 되지만, 이 도표에서 보여 주는 정보는 특정한 플럭스의 선택을 위해서는 적당치 않다. 더 자세한 정보는 경납땜
　　　지침서의 최신판을 참조한다.

④ 불화물, 염화물

리튬, 나트륨, 칼륨과 같은 알칼리 금속의 염화물이나 불화물은 가열되면 거의 금속 혹은 금속 산화물과 반응하여, 이들을 용해 또는 변화시키는 작용을 한다. 불화칼륨이나 불화나트륨 등은 붕산에 섞어 사용하면 플럭스의 유동성을 증가시킨다.

염화칼륨이나 염화나트륨은 낮은 온도에는 산화물을 제거하는 능력이 있으나, 고온에서 사용하면 역으로 산화 작용을 하므로 플럭스의 효과가 없어진다.

⑤ 알칼리

가성소다와 같은 알칼리는 공기 중의 수분을 흡수 용해하는 성질이 강하기 때문에 다량으로 사용하지는 않으나, 플럭스의 납땜 온도 범위를 넓히는 작용이 있으므로 소량 첨가하여 사용하는 수가 있다. 이 종류의 플럭스는 Mo을 함유한 강의 납땜에 적합하다.

용제의 선택 시 주의해야 할 점은 잔류 플럭스의 제거가 용이할 것, 모재 및 용가재에 대한 부식성이 최소일 것, 저항 브레이징 시 전류의 통로가 될 것, 침적 시 물과 분리될 것 등이 있다. 플럭스는 브레이징이 끝나면 빠른 시간 내에 완전히 제거해야 하며, 그렇지 못하면 접합부에 매우 나쁜 부식 작용을 유발한다.

플럭스는 보통 뜨거운 물로 씻은 뒤 공기 건조를 해야 하며, 제거가 어려울 때는 화학적 침적, 솔질, shot blasting, fiber brushing 등을 사용한다. 최근에는 부식성이 작은 플럭스를 사용하거나 플럭스의 제거가 용이한 것이 사용되기도 한다.

표 8.7 용제의 조건

모재, 합금 또는 마무리 적용	로진	유기물	무기물	특수 용제 또는 땜납	납땜을 추천하지 않음
알루미늄	–	–	–	X	–
알루미늄-청동	–	–	–	X	–
베릴륨	–	–	–	–	X
베릴륨-구리	–	X	X	–	–
황동	X	X	X	–	–
카드뮴	X	X	X	–	–
주철	–	–	–	X	–
크롬	–	–	–	–	X
구리	X	X	X	–	–
구리-크롬	–	–	X	–	–
구리-니켈	X	X	X	–	–
구리-실리콘	–	–	X	–	–
금	X	X	X	–	–
인코넬	–	–	–	X	–
납	X	X	X	–	–
마그네슘	–	–	–	–	X
망간-청동(고강도)	–	–	–	–	X
모넬메탈	–	X	X	–	–
니켈	–	X	X	–	–
니켈-철	–	X	X	–	–
니크롬	–	–	–	X	–
팔라듐	X	X	X	–	–
백금	X	X	X	–	–
로듐	–	–	X	–	–
은	X	X	X	–	–
스테인리스강	–		X	–	–
강	–		X	–	–
주석	X		X	–	–
주석-청동	X		X	–	–
주석-납	X		X	–	–
주석-니켈	–		X	–	–
주석-아연	X		X	–	–
티타늄	–	–	–	–	X
아연	–	–	X	–	–
아연 다이캐스팅	–	–	–	–	X

* 프리코팅과 같은 올바른 과정을 적용함으로써 대부분의 금속은 납땜될 수 있다.

표 8.8 용제의 선택

금 속	납땜성	로진 용제			유기물 용제 (수용액)	무기물 용제 (수용액)	특수 용제 또는 납땜
		비활성	중활성	활 성			
백금, 금, 구리, 은, 카드뮴판 주석, 주석판, 납땜판 …	쉬움	적당	적당	적당	적당		…
납, 니켈판, 황동, 청동, 로듐, 베릴륨 – 구리 …	쉽지 않음	부적당	부적당	부적당	적당	적당	…
아연도금철, 주석 – 니켈, 니켈 – 철, 저탄소강 …	어려움	부적당	부적당	부적당	적당	적당	…
크롬, 니켈 – 크롬, 니켈 – 구리, 스테인리스강 …	매우 어려움	부적당	부적당	부적당	부적당	적당	…
알루미늄, 알루미늄 – 청동 …	가장 어려움	부적당	부적당	부적당	부적당	…	적당
베릴륨, 티타늄 …	납땜 불가	…	…	…	…	…	…

표 8.9 용제의 형태

종 류	성 분	운반 방법	사 용	온도 안정성	표면 변색 제거 능력	부식성	납땜 후 추천하는 세척 방법
무기물 산 …	염화수소, 플루오르화수소	물, 바셀린 연고	구조상	우수	매우 우수	높음	뜨거운 물로 헹구고 중화시킴. 유기물 솔벤트 사용
염 …	염화아연, 염화암모늄, 염화주석	물, 바셀린 연고, 폴리에틸렌 글리콜	구조상	뛰어남	매우 우수	높음	뜨거운 물로 헹구고, 중화시킴. 2% 염화수소 용액; 뜨거운 물에 헹구고, 중화시킴. 유기물 솔벤트 사용
유기물 산 …	젖, 기름, 스테아린, 글루타민, 프탈린	물, 유기물 솔벤트, 바셀린 연고, 폴리에틸렌 글리콜,	구조상, 전기	상당히 우수	상당히 우수	보통	뜨거운 물에 헹구고, 중화시킴. 유기물 솔벤트 사용
할로겐 …	아닐린 염화수소, 글루타민 염화수소, 브롬화물, 팔미트산의 파생물, 히드라진 염화수소 (또는 브롬화수소)	유기물 산과 같음	구조상, 전기	상당히 우수	상당히 우수	보통	유기물 산과 동일
아민 및 아미드산 …	요소, 에틸렌 다이아민	물, 유기물 솔벤트, 바셀린 연고, 폴리에틸렌 글리콜	구조상, 전기	보통	매우 부족	일반적으로 비부식성	뜨거운 물에 헹구고, 중화시킴. 유리물 솔벤트 사용

(계 속)

종류	성분	운반 방법	사용	온도 안정성	표면 변색 제거 능력	부식성	납땜 후 추천하는 세척 방법
활성 수지 …	물-백 수지	이소프로필 알코올, 유기물 솔벤트, 폴리에틸렌 글리콜	전기	부족	보통	일반적으로비 부식성	수용성 청정제 사용. 이소프로필 알코올. 유기물 솔벤트
물-백 수지…	수지로만 구성	활성 수지와 같음	전기	부족	부족	없음	활성 물-백 수지와같으나, 일반적으로 작업 후 세척 과정을 필요로 하지 않음

8.3 납땜의 설계

납땜 이음의 설계는 부품의 기능을 만족할 수 있도록 해야 하는데, 일반적으로 중요한 인자는 다음과 같다.

① 모재 및 납의 조성
② 이음의 형식과 형상
③ 사용상 요구하는 성질 : 기계적 성질, 전기 전도성, 기밀성, 내식성, 내열성 등

(1) 이음 형식 joint type

납땜 공정, 조립 기술, 납땜할 품목수, 납의 공급 방법 및 사용상 요구되는 성질 등이 고려되어야 한다. 이음 강도는 접합 간극, 납과 모재와의 반응 정도(확산 및 용해), 이음부에 있어서 결함의 존재 상태에 따라서 다르며, 납땜 이음은 기본적으로는 맞대기 이음(butt joint)과 겹치기 이음(lap joint)이 있다.

(2) 접합 간극 joint clearance

접합 간극은 이음부의 강도에 영향을 미치며 다음과 같은 점을 고려해야 한다.

① 강도가 높은 모재에 의하여 경납의 소성 변형이 구속되는데 따른 영향
② 플럭스(flux)의 침투 가능성
③ 공극(void)의 형성

④ 납의 유동에 영향을 미치는 접합간극과 모세관 유동의 관계

(3) 응력 분포

고강도의 고품질 납땜 제품은 모재부에서 파단되며 접합부에 경하중을 받을 경우도 모재부에서 파단된다. 접합부에서 파단되도록 이음부 설계를 최적화하면 보다 경제적일 것이다.

경납땜 이음부에 정적 또는 동적의 높은 응력이 가해질 경우 모재 자체는 높은 응력 및 동적 하중에 잘 견딜 수 있어야 한다.

납땜 제품의 좋은 설계라는 것은 접합부의 끝에 응력이 집중되지 않도록 응력을 모재에 분산시키는 것을 의미한다.

1 납땜 이음 강도

납-주석 솔더의 이음에는 통상 납땜 이음의 경우와 마찬가지로 맞대기, 겹치기 이음 등 여러 종류의 이음이 있지만, 실제로는 겹치기 이음이 많고 라디에이터 등과 같이 lock seam형으로 하는 경우도 있다. 솔더링 간격은 솔더링 강도와 중요한 관계를 가지는 것으로 0.01~0.15 mm가 적당하다.

이음의 강도는 솔더링 조건에 의해 좌우되고, 솔더링 온도가 높은 경우나 솔더 시간이 긴 경우는 이음 강도의 저하를 일으키는 경우가 있다.

그 원인으로서는 솔더 모재 간의 경계면에 화합물을 생성하여 경계층 또는 확산층을 형성하기 때문이다. 납-주석 솔더와 동과의 계면에는 대부분 상($Cu_6 \cdot Sn_5$)이 나타나고 경우에 따라서는 상($Cu_3 \cdot Sn$)도 나타난다. 만족한 납땜 이음을 얻기 위하여 가장 중요한 요소는 접합면 사이에 납이 충분히 흘러서 얇고 균일한 층을 만드는 것이다.

납의 흐름을 위해서는 적당한 틈새 간격이 있어야 하고, 이음의 강도도 간격에 좌우된다. 간격이 크면 납 금속의 강도까지 저하되고, 너무 좁으면 납의 흐름이 저해되어 이음의 강도가

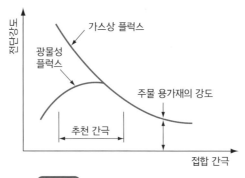

그림 8.8 접합 간극과 전단강도의 관계

감소하고, 그 사이에 최대 강도를 얻는 적당한 이음 간격이 있다. 납땜 전의 간격은 모재의 열팽창이나 가열 방식을 고려하여 적당히 선정한다. 가벼운 압력을 가하여 주는 것도 한 가지 방법이다.

재료에 따라서 납땜 이음의 이음 간격을 조절해야 납이 유동되어 접합이 이루어진다. 연강에서 Ag-Cu-Zn-Ni 납을 사용할 때는 0.1 mm 이내에서 강도가 크며, 스테인리스강에서 Ag-Cd-Zn 납을 사용할 때는 0.1 mm 정도에서 최대 강도가 된다.

또한 그림 8.9에서 보는 바와 같이 드릴을 은 납땜할 때에는 25 μm 미만에서 전단강도가 커짐을 볼 수 있다. 납땜 설계에서 응력 분포가 분산되도록 설계하는 것이 중요한데, 그림에서 C나 D의 형상이 응력 집중을 피하는 설계 양식이 된다.

표 8.10 적당한 접합 간극

용가재 AWS 등급	in	mm	연결부 간극
BA1Si 그룹	0.006~0.010	0.15~0.25	겹침 길이가 1/4 in. (6.35 mm) 미만일 때
BCuP 그룹	0.010~0.025	0.25~0.61	겹침 길이가 1/4 in. (6.35 mm) 이상일 때
	0.001~0.005	0.03~0.12	
BAg 그룹	0.002~0.005	0.05~0.12	플럭스 납땜(광물성 플럭스)
	0.001~0.002c	0.03~0.05	공기(가스체) 납땜(가스상 플럭스)
BAu 그룹	0.002~0.005	0.05~0.12	플럭스 납땜(광물성 플럭스)
	0.000~0.002c	0.00~0.05	공기(가스체) 납땜(가스상 플럭스)
BCu 그룹	0.000~0.002c	0.00~0.05	공기(가스체) 납땜(가스상 플럭스)
BCuZn 그룹	0.002~0.005	0.05~0.12	플럭스 납땜(광물성 플럭스)
BMg 그룹	0.004~0.010	0.10~0.25	플럭스 납땜(광물성 플럭스)
BNi 그룹	0.002~0.005	0.05~0.12	일반적인 적용(플럭스 또는 공기)
	0.000~0.002	0.00~0.05	자유 유동식, 공기(가스체) 납땜

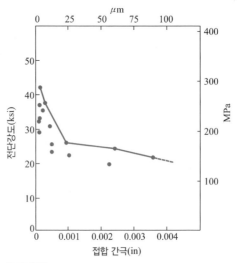

그림 8.9 은납 이음의 접합 간극과 전단강도의 관계

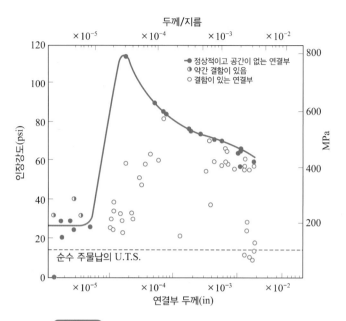

그림 8.10 은납 이음의 접합 간극과 인장강도의 관계

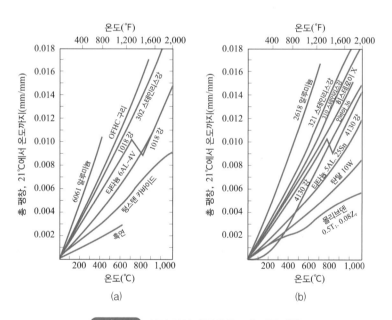

그림 8.11 여러 가지 재료의 온도에 따른 팽창

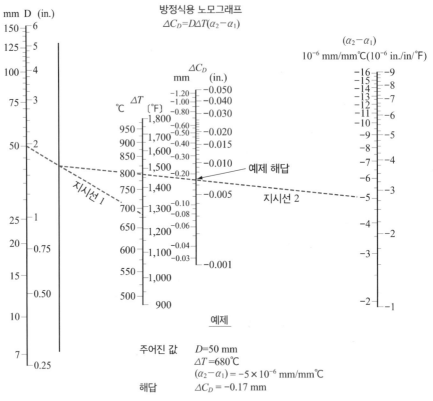

방정식용 노모그래프

$$\Delta C_D = D\Delta T(\alpha_2 - \alpha_1)$$

예제

주어진 값 $D = 50$ mm
             $\Delta T = 680℃$
             $(\alpha_2 - \alpha_1) = -5 \times 10^{-6}$ mm/mm℃

해답 $\Delta C_D = -0.17$ mm

참고 : 1. 이 노모그래프는 열에 의한 지름 변화값을 나타낸다. 납땜 용가재 흐름을 촉진시키기 위한 간극은 납땜 온도 상태에서 제공되어야 한다.

    2. D = 이음부의 공칭 지름, mm(in.)

      ΔC_D = 간극 변화, mm(in.)

      ΔT = 납땜 온도 - 상온, ℃(℉)

      α_1 = 평균 열팽창 계수, 수놈구성품, mm/mm/℃(in./in./ ° F)

      α_2 = 평균 열팽창 계수, 암놈구성품, mm/mm/℃(in./in/ ° F)

    3. 이 노모그래프는 $\alpha1$이 $\alpha2$를 초과하므로 눈금값($\alpha_1 - \alpha_2$)이 음의 값인 경우로 가정한다. 그러므로 이 결과로 계산값도 음의 값이 되며, 조인트 간극도 열에 따라 감소함을 의미한다. ($\alpha_1 - \alpha_2$)가 양의 값인 곳에서 △cd 및 △CD값은 양의 값으로 나타난다. 그러므로 이음 간극이 열에 따라 확대됨을 의미한다.

그림 8.12 이종 금속 이음에서 접합 간극 노모그래프

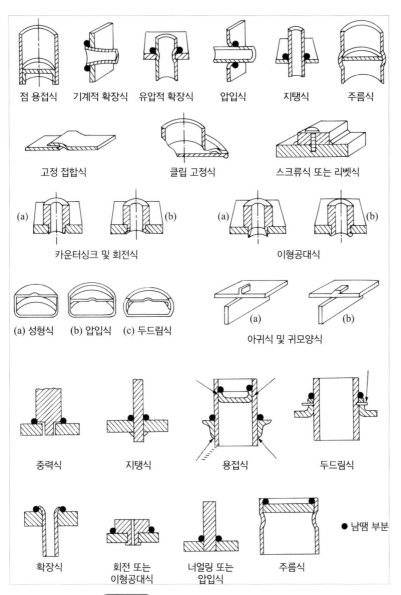

그림 8.13 고정 납땜 이음의 여러 가지 형태

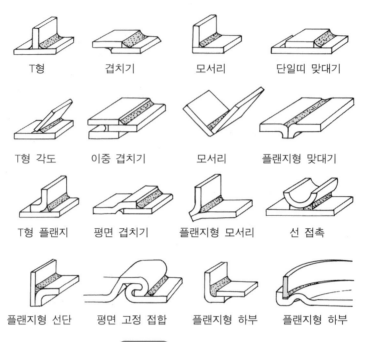

T형	겹치기	모서리	단일띠 맞대기
T형 각도	이중 겹치기	모서리	플랜지형 맞대기
T형 플랜지	평면 겹치기	플랜지형 모서리	선 접촉
플랜지형 선단	평면 고정 접합	플랜지형 하부	플랜지형 하부

그림 8.14 납땜 이음의 형식

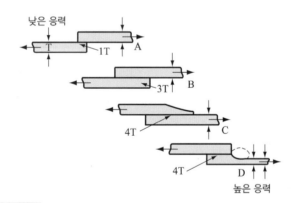

그림 8.15 응력을 고려한 겹치기 이음 형식(C나 D는 응력이 분산된다)

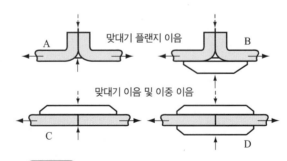

그림 8.16 판재의 맞대기 이음(A는 대칭이 될 수 없다)

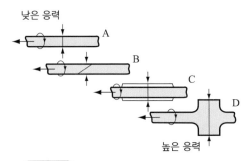

그림 8.17 동적 하중에서의 맞대기 이음 형식

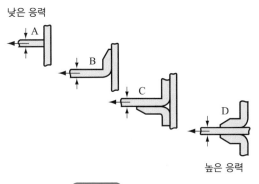

그림 8.18 판재의 T이음

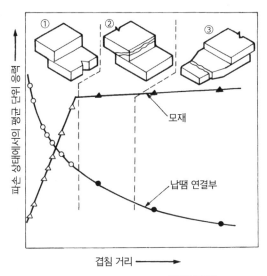

겹침 거리 →

그림 8.19 겹침 길이에 따른 피로 응력

①의 형식은 두께만큼(1T) 겹쳐서 이어진 것으로 납땜부에서 파괴가 일어나고 있으며,
②의 형식(2T)은 이어진 모재 쪽에서 전단이 일어난다.
③의 형식 이음(3T)은 납땜 이음에서는 전단이 일어나지 않으며, 모재에서 늘어나면서 파괴가 일어나 겹침 길이가 길수록 납땜 강도가 커짐을 알 수 있다.

모재

납땜 연결부

표 8.11 이음 설계표

그룹 I − 납땜 전에 기계적인 보호 조치가 없는 것					

맞대기 이음

번 호	형 식	도 형	공 식	조 건	고정구 사용	전 류
1	원형 대 원형		$D_s = \sqrt{\delta}\, D_{c_1}$	$\rho_{c_1} \geqq \rho_{c_2}$ $D_{c_1} \leqq D_{c_2}$	예	작음
2	정사각형 대 정사각형		$D_s = \sqrt{\dfrac{4}{\pi}\,\delta\, T_{c_t}}$	$\rho_{c_1} \geqq \rho_{c_2}$ $T_{c_1} \leqq T_{c_2}$	예	작음
3	직사각형 대 직사각형		$T_s = \delta\, T_{c_1}$	$\rho_{c_1} \geqq \rho_{c_2}$ $W_1 = W_2 = W_s$ $T_c \leqq T_{c_2} \neq T_s$	예	작음

겹치기 이음

번 호	형 식	도 형	공 식	조 건	고정구 사용	전 류
1	원형 대 원형*		$L_j = \dfrac{\pi}{2}\,\delta\, D_{c_1}$	$\rho_{c_1} \geqq \rho_{c_2}$ $D_{c_1} \leqq D_{c_2}$ $W_s \geqq \dfrac{D_{c_2}}{2}$	예	큼
2	와이어 대 평면		$L_j = \dfrac{\pi}{4}\,\delta\, D_{c_1}$	$\rho_{c_1} \geqq \rho_{c_2}$ $A_{c_1} \leqq A_{c_2}$	선택	큼
3	평면 대 평면		$L_j = \delta\, T_{c_1}$	$\rho_{c_1} \geqq \rho_{c_2}$ $W_1 = W_2 = W_s$ $T_{c_1} \leqq T_{c_2}$	선택	큼
4	와아이 대 컵		$L_j = \dfrac{1}{2}\,\delta\, D_{c_1}$	$\rho_{c_1} \geqq \rho_{c_2}$ SOLDER FILLET $\geqq \dfrac{D_{c_1}}{2}$	아니오	중간
5	와이어 대 컵		$L_j = \dfrac{1}{4}\,(\delta - 1)\, D_{c_1}$	$\rho_{c_1} \geqq \rho_{c_2}$	아니오	큼
6	와이어 대 구멍		$L_j = \dfrac{1}{4}\,\delta\, D_{c_1}$	$\rho_{c_1} \geqq \rho_{c_2}$	선택	중간

(계속)

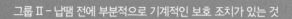

| 그룹 II – 납땜 전에 부분적으로 기계적인 보호 조치가 있는 것 | | | | | | |

훅 이음

번 호	형 식	도 형	공 식	조 건	고정구 사용	전 류
1	원형 대 원형	D_{c1} D_{c2}	$D_{c_1} = \dfrac{2}{\delta} D_{c_2}$	$\rho_{c_1} \geqq \rho_{c_2}$ $D_{c_1} \leqq D_{c_2}$ $HOCK \geqq 180°$	아니오	큼
2	원형 대 평면	T_{c2} L_j D_{c1}	$D_{c_1} = \dfrac{1}{\pi \delta}$ $(8L_j + 4T_{c_2})$	$\rho_{c_1} \geqq \rho_{c_2}$ $A_{c_1} \leqq A_{c_2}$ $HOCK \geqq 180°$	아니오	중간

| 그룹 III – 납땜 전에 기계적인 보호 조치가 있는 것 | | | | | | |

감싸기 이음

번 호	형 식	도 형	공 식	조 건	고정구 사용	전 류
1	원형 대 원형	D_{c1} D_{c2} L_j	$L_j = \dfrac{\pi}{2} \delta D_{c_1}$	$\rho_{c_1} \geqq \rho_{c_2}$ $D_{c_1} \leqq D_{c_2}$ $n > 1$	아니오	큼
2	원형 대 평면	T_{c2} L_j D_{c1}	$D_{c_1} = \dfrac{8}{\pi \delta}(L_j + T_{c_2})$	$\rho_{c_1} \geqq \rho_{c_2}$ $A_{c_1} \leqq A_{c_2}$ $n = 1$	아니오	중간
3	원형 대 기둥	D_{c1} D_{c2}	$D_{c_1} = \dfrac{4n}{8} D_{c_2}$	$\rho_{c_1} \geqq \rho_{c_2}$ $D_{c_1} \leqq D_{c_2}$ $n \geqq 1$	아니오	큼

D_{c_1} : 작은 전도체의 지름 T : 두께

A_{c_1} : 작은 전도체의 면적 n : 회전수(감김수)

S : 납땜 W : 폭

δ : 저항률 비 $\dfrac{\rho_s}{\rho_{c_1}}$ L_j : 조인트부의 길이

ρ : 저항률

8.4 납땜 방법

1 납땜의 전처리

이음 부분에 용융된 납을 균일하게 접착시키기 위해서는 접합부를 와이어 브러시, 줄(file) 등으로 깨끗이 하든가, 약품으로 청정해야 한다. 약품을 사용하는 경우에는 유지류도 완전히 제거되므로 대단히 효과적이다. 약품에는 사염화탄소, 트리클로로 에틸렌이나 인산소다 등이 많이 쓰이고 있다. 청정 후에는 약품을 물로 깨끗이 씻어내어 완전히 제거해야 한다. 접합부의 청정 후는 될 수 있는 대로 조속히 납땜을 하는 것이 좋다. 용제는 주로 염화아연이 사용되지만 아연 도금 강판이나 아연판 등에는 청강수(염산에 아연을 투입하여 포화 용액을 만든 것)를 사용한다.

2 납땜의 가열 방법

납땜 작업을 할 때 여러 가지 조건을 검토하는 것도 중요하지만, 알맞는 가열 방식을 결정하는 것도 땜납재의 선택과 함께 중요하다. 연납땜이나 경납땜에 있어서 그 가열 방법을 분류

하면 앞의 표와 같다.

(1) 인두 납땜 soldering, iron brazing

주로 연납땜을 하는 경우에 사용하는 것으로 구리 제품의 인두가 쓰이고 있다. 이 방법의 납땜 작업은 별로 능률적은 아니나 가열이 국부적이어서 아주 세밀한 세공이 되는 특징이 있다. 또 인두의 내식성을 양호하게 하기 위해서 니켈 도금을 하거나 베릴륨(Be)을 첨가하는 경우도 있다.

(2) 가스 납땜 gas brazing

토치 램프(torch lamp), 알코올 램프(alcohol lamp), 산소-아세틸렌 불꽃, 산소-프로판 불꽃, 산소-수소 불꽃 등의 가스 불꽃으로 가열하여 작업하는 납땜법이다. 보통 가스 불꽃은 약간 환원성의 것이 좋으며, 용제는 접합면과 땜납에 발라서 사용한다.

(3) 저항 납땜 resistance brazing

납땜할 접합면에 용제를 발라 땜납제를 사이에 넣고 전극 사이에 끼워 가압하면서 통전하여 저항열에 의해 행하는 납땜법이다. 이 방법에서는 점 용접기를 사용하여 능률적으로 작업할 수 있으며, 작은 물건이나 서로 다른 금속 납땜에 적합하다.

(4) 노내 납땜 furnace brazing

노내 납땜은 노내에 땜납이 들어있는 제품을 넣어 가스 불꽃이나 전열기 등으로 가열시켜 납땜하는 방법이며, 노내는 일정한 온도를 유지하지 않으면 안 된다. 땜납과 용제는 미리 접합면에 삽입하여 노내에 넣는다. 이 방법은 비교적 작은 물품의 대량 생산에 적합하며, 노내

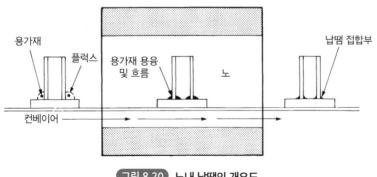

그림 8.20 노내 납땜의 개요도

에 수소, 질소, 일산화탄소, 탄산가스, 아르곤 가스 등을 불어넣어 보호 분위기에서 하는 납땜이나 노내를 진공 상태로 만들어 작업하는 진공 납땜법을 사용하면 용제가 불필요하다.

(5) 침지 납땜 dip brazing

접합면에 납을 삽입하여 미리 가열된 화학 약품 속에 담가 침투시키는 방법과 용제가 붙어 있는 납땜할 부분을 용해된 땜납조 속에 담금하는 금속용 납땜 2가지 방법이 있다. 이 방법은 전자 회로 기판이나 작은 용기 등의 납땜에 쓰이며 대량 생산에 적합하다.

그림 8.21 유도 가열 납땜의 여러 가지 형태

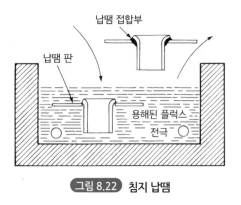

그림 8.22 침지 납땜

(6) 아크 납땜 arc brazing

모재를 전극 또는 2개의 전극 사이에 발생하는 아크열에 의해서 시공하는 납땜법이다. 이 방법에는 단극 탄소 아크법과 쌍극 탄소 아크법이 있다.

(7) 유도 가열 납땜

유도 가열 납땜은 가열 코일에 고주파 전류를 통하여 가열하는 방법이다. 이 방법은 가열 시간이 짧기 때문에 모재의 변질이나 산화가 적고, 소요 전력이 적게 드는 등의 이점이 있으나, 시설비가 비싸기 때문에 대량 생산에만 적합하다.

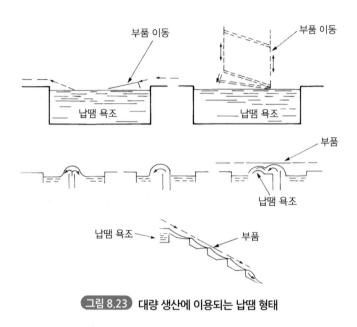

그림 8.23 대량 생산에 이용되는 납땜 형태

3 땜납의 선정

땜납을 선택하기 위해서는 다음 사항을 고려해야 한다.
① 건전한 이음을 형성하기 위해서 모재와 친화성이 양호할 것
② 적당한 용매 온도를 가지고 모세관 현상에 의해 이음 간격을 잘 유동할 것

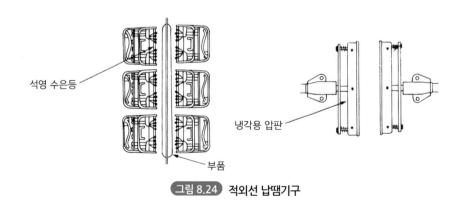

그림 8.24 적외선 납땜기구

③ 솔더링 작업에 의해 솔더 성분이 분해하거나 솔더링 후 변질되지 않을 것

④ 이음의 기계적, 화학적 성질을 고려하여 선정할 것

⑤ 이음의 물리적 성질(전도성, 초저온에 대한 안정성, 고온에 대한 안정성 등)을 고려할 것

4 용제의 선정

용제의 선정 조건은 다음과 같다.

① 침지(dip) 솔더링용 로진계 플럭스에는 수분이 혼입되지 않을 것

② 저항 솔더링에는 플럭스에 도전성이 있을 것

③ 솔더링 온도 범위에서 플럭스가 활성화하고 있을 것

④ 잔류 플럭스 제거 방법을 고려할 것

⑤ 모재가 플럭스에 의해 부식이 가능한 한 적은 것을 선정할 것

5 올바른 납땜 작업

납땜 작업을 정확히 하기 위해서는 청정, 가열, 솔더링의 3요소가 중요한 조건이고, 이 중 하나라도 불충분하면 솔더링 불량과 결함의 원인이 된다.

(1) 청 정

1) 금속 표면의 세척

금속 표면의 오물을 제거하는 방법에는 기계적 방법과 화학적 방법이 있다.

① **기계적 방법** : 사포 또는 줄로 금속 표면의 산화막이나 오물을 제거하는 방법

② **화학적 방법** : 산화물을 제거할 경우 산 또는 알칼리로 제거하는 방법, 탈지 등에 있어서는 유기 용제로서 알코올, 아세톤, 메틸, 에틸, 케톤, 프레온 등으로 불든지 또는 초음파, 증기 세정 등 적당한 화학물질을 사용한다.

표 8.12 금속의 세정 방법

텅스텐	
방법 1	끓는 20%의 수산화칼륨 용액에 담근다.
방법 2	20%의 수산화칼륨 용액 내에서 전기 분해의 방법으로 부식 효과를 낸다.
방법 3	50%의 HNO_4와 50%의 HF 용액 내에서 화학적인 방법으로 부식 효과를 낸다.
방법 4	용해된 수산화나트륨 내에 담근다.
방법 5	용해된 수소화물 나트륨 내에 담근다.
탄탈	
방법 1	작은 유리 알맹이 등을 이용하여 표면을 닦는다. 박혀있는 철 성분 입자를 제거시키기 위해 HCl 용액에 담근다.
	95%의 H_2SO_4, 4.5%의 HNO_3, 0.5%의 HF로 이루어진 유리 세정액에 담근다. Cr_2O_3로 흔적을 확인한다.
몰리브덴	
방법 1	95%의 H_2SO_4, 4.5%의 HNO_3, 0.5%의 HF로 이루어진 유리 세정액에 담근다.
방법 2	10%의 NaOH, 5%의 $KMnO_4$, 85%의 H_2O로 이루어진 알칼리성 욕조에서 66~82℃ 상태로 5~10분 정도 담근다. 15%의 H_2SO_4, 15%의 HCl, 70%의 H_2O로 이루어진 두 번째 욕조에 5~10분 정도 담근다. 첫 번째 처리 과정에서 형성된 얼룩 등을 제거시키기 위해서 크롬산으로 흔적을 확인한다.
방법 3	Mo-0.5 Ti 합금, 오일 등을 제거하기 위해 트리클로로에틸렌에 약 10분 정도 담근다. 상용 알칼리성 세척액 내에 2~3분 정도 담근다. 차가운 물을 이용하여 헹군다. 약한 충격과 증기로 가볍게 두드린다. 상용 알칼리성 세척액에 2~3분 정도 담근다. 차가운 물에 헹군다. 49℃ 온도의 H_2SO_4 80℃ 내에서 전기광택 상용 알칼리성 세척액 내에 2~3분 정도 담근다.
니오브	
방법 1	오일 등을 제거한다. 상용 알칼리성 세척액 내에 5~10분 정도 담근다. 물로 헹군다. 20℃ 온도의 HNO_4 35~40℃ 내에서 2~5분 정도 담근다. 맹물을 이용하여 헹군 다음 증류수로 헹군다. 온풍기 등을 이용하여 강제로 건조시킨다.

2) 납땜 기기의 세정

납땜 인두나 온도계, 부속 기기의 청정이 요구된다. 그리고 인두는 사용하는 솔더에 젖어 있어 사용하기가 편해야 한다.

3) 부품의 청정

솔더링을 방해하는 금속과 용융 솔더 사이에 장애물로 작용하는 유지분이나 산화물을 제거하는 것이다. 이것에 의한 오염은 세정 또는 산화에 의해 제거가 가능하다.

이의 방법에는 알칼리에 의한 탈지, 산세 등이 있고 초음파 세정이 주로 사용된다.

(2) 올바른 가열 방법

1) 인두 끝을 깨끗이 한다

인두 끝에 산화한 솔더가 부착되어 있으면 솔더링하고자 하는 접합면을 오염시키고, 솔더의 유동을 나쁘게 하므로 인두 끝을 스펀지 등으로 깨끗이 한다.

2) 인두 끝을 두는 방법

인두의 접촉 면적을 크게 하여 열 전달을 빠르게 한다. 그렇게 하기 위해서는 인두 선단의 측면을 접합면에 둔다.

3) 가열 온도

금속면의 가열 최적 온도 = 솔더의 융점 + 50℃

솔더의 인두 끝 온도 = 솔더의 융점 + 100℃

표 8.13 마그네슘 합금의 화학 처리법

처리법	성 분	온 도		적용 방법
		℃	℉	
질화제2철에 담그기	크롬산, 질화 제2철, 플루오르화물 칼륨, 물	16~38	16~100	15초~3분 정도 담근다. 냉수 및 온수를 이용하여 헹군다. 대기 상태에서 자연 건조시킨다.
크롬에 담그기	중크롬산염 나트륨, 질산, 물	21~32	70~90	1~2분 정도 담근 다음 공기 중에서 5초 정도 유지한다. 냉수로 헹군 다음 온수로 헹군다. 대기 중에서 또는 최대 120℃의 온풍을 이용하여 건조시킨다.
세 척	중크롬산염 나트륨, 물	82~100	180~212	끓는 상태에서 약 2시간 정도 담근다. 냉수 및 온수에서 교대로 헹군다. 대기 중에서 건조시킨다.

(3) 솔더링

1) 솔더를 주는 법

솔더의 양은 리드선의 전면을 얇게 덮어 씌우고 선이 희미하게 확인되는 정도가 좋다. 또 유동이 아래쪽으로 흘러 완만하게 용해되는 것이 좋다.

2) 인두의 분리법

가열 시간이 너무 길면 납이 늘어뜨려지고 너무 짧으면 녹지 않고 뭉쳐지기 쉽다. 인두 끝에 납을 입혀 흘러 떨어지지 않을 정도가 좋다(thinning).

(3) 인두 납땜의 실제

1) 납땜 순서

① 솔더와 플럭스를 준비한다.
② 납땜할 양쪽 모재를 인두 끝으로 가열한다.
③ 모재를 충분히 가열하고 온도계로 점검한다.
④ 인두는 납을 녹이는 것이 아니고 모재를 가열하는 것이다.
⑤ 납땜할 곳에 납을 공급한다. 인두 끝 표면에 소량의 납이 녹아있을 때 열전도가 좋다.
⑥ 접합부에 납이 액체 상태로 필요량이 공급되면 납을 뗀다.
⑦ 접합부에 납이 완전히 입혀지면 인두를 뗀다.
⑧ 납이 굳어질 때까지 움직이지 않으면서 냉각한다.
⑨ 스펀지에 물을 묻혀 인두를 닦고 용접부를 세척한다.

2) 납땜 공구

① 납땜 인두

모재에 열을 공급하여 납을 녹이는 기구로서 모재의 열용량, 모재의 성질에 따라 적절한 크기를 선정해야 한다. 또한 반도체의 보호를 위해 반드시 접지 인두를 사용한다. 또 1일 1회 누설 전류를 점검한다.

② 팁(tip)

주로 동봉에 철 도금을 한 것으로 납땜 개소에 따라 팁의 형상도 다르다. 또한 사용 후에는 반드시 인두 본체에서 제거시켜야 한다.

③ 인두 받침대

가열된 인두를 놓을 때는 안전하게 고정된 곳에 두어야 한다.

3) 납땜 재료

납의 중심에 플럭스가 충전된 수지입납을 적당히 사용한다. 이때 납의 양이 많으면 납땜의 강도 저하, 검사의 불확실, 경제성이 좋지 않다.

4) 좋은 납땜

① 납땜된 모양이 완경사가 되어 있을 것

② 접촉각이 작을 것

③ 광택과 윤기가 있고 매끄러울 것

④ 동여맨 선의 전면이 얇게 납땜되고, 선이 조금 보이는 정도가 좋다.

5) 납땜의 안전

납땜은 고열을 취급하고 연기를 발생하므로 안전 위생상 다음 사항을 주의해야 한다.

① 정리 정돈을 잘 할 것

② 인화물은 인두에 가까이 하지 말 것

③ 인두 받침대 상에 납땜 인두를 둘 것

④ 플럭스의 연기와 냄새를 배기 닥트에 흡입시켜 제거할 것

⑤ 납땜 개소에서 20~30 cm 정도에 눈을 두고 상체를 세워 작업할 것

⑥ 화상에 주의할 것

⑦ 식사를 하기 전 손을 씻을 것

⑧ 작업대를 깨끗하게 청소할 것

⑨ 코드를 뺄 때는 손잡이를 잡고 뺄 것

⑩ 리드선을 인두로 세울 때 탄성으로 납이 떨어지는 경우가 많으니 주의할 것

⑪ 배기 닥트는 정기적으로 브러시로 청소하여 연기의 흡입이 잘 되게 할 것

6 각종 금속의 납땜

(1) 강(steel)의 납땜

① 저탄소강과 저합금강

납을 함유한 보통강의 납땜 시에는 납과 플럭스를 잘 조합하면 토치 납땜을 할 수 있다. 0.25~0.35% Pb을 함유한 저탄소 쾌삭강은 BAg 납과 AWS 3형 용제를 사용해서 토치 납땜하는 것이 가능하다. BCu 및 BNi 경납을 사용해도 만족할 만한 이음부를 얻을 수 있다.

② 공구강

탄소공구강의 납땜은 급랭 처리를 하기 전 혹은 급랭 처리와 동시에 하는 것이 바람직하다. 급랭 처리 전에 납땜할 경우는 그 후에 급랭 처리 온도까지 재가열할 때 조립 부품이 충분한 강도를 가지고 있고, 납땜 이음이 파손되지 않도록 760~816℃(탄소강의 급랭 처리 온도)보다 높은 고상점을 갖고 있는 납을 사용하는 것이 보통이다. 이 때문에 동납(BCu)이 잘 사용되고 있지만, 동납은 납땜 온도가 높기 때문에 강의 조직에 나쁜 영향을 미치는 경우도 있으므로 주의해야 한다.

③ 스테인리스강(stainless steel)

스테인리스강의 납땜은 탄소강보다 고도의 기술이 요구된다. 그 이유는 탄소강과 스테인리스강은 화학적으로 서로 다르고, 스테인리스강의 사용조건이 탄소강보다 까다롭기 때문이다.

사용 온도가 370℃까지는 BAg, 427℃까지는 BCu, 427~538℃의 조건의 경우는 Cu, Mn, Ni 납, 538℃ 이상의 경우는 Ni 납 또는 Au 납 등을 사용하고 있다.

(2) 경금속 및 특수 금속의 납땜

① 알루미늄

알루미늄과 알루미늄 합금은 사용하는 용제와 납은 다르지만, 노중, 진공로중, 담금, 토치 납땜이 가능하다. 납으로는 주로 Al-Si 또는 Al-Si-Mg 합금과 Aluminum brazing sheet 등이 사용되고 있다. 또한 알루미늄은 모재 자체의 융점이 낮으므로 납땜 온도의 관리에 주의하지 않으면 모재 부품의 변형 또는 용융 등을 초래할 우려가 있다.

표 8.14 알루미늄 합금의 용융과 성분

상용 명칭	ASTM 합금	납땜성 등급	Cu	Si	Mn	Mg	Zn	Cr	°F	°C
EC	EC	A		Al 99.45% 최소					1195~1215	646~657
1100	1100	A		Al 99% 최소			–		1190~1215	643~657
3003	3003	A	–	–	1.2	–	–	–	1190~1210	643~654
3004	3004	B	–	–	1.2	1.0	0.25	–	1165~1205	629~651
3005	3005	A	0.3	0.6	1.2	0.4	–	0.1	1180~1215	638~657
5005	5005	B	–	–	–	0.8	–	–	1170~1210	632~654
5050	5050	B	–	–	–	1.2	–	–	1090~1200	588~649
5052	5052	C	–	–	–	2.5	–	–	1100~1200	593~649
6151	6151	C	–	1.0	–	0.6	–	0.25	1190~1200	643~649
6951	6951	A	0.25	0.35	–	0.65	–	–	1140~1210	615~654
6053	6053	A	–	0.7	–	1.3	–	–	1105~1205	596~651
6061	6061	A	0.25	0.6	–	1.0	–	0.25	1100~1205	593~651
6063	6063	A	–	0.4	–	0.7	4.5	–	1140~1205	615~651
7005	7005	B	0.1	0.35	0.45	1.4	1.0	0.13	1125~1195	607~646
7072	7072	A	–	–	–	–	–	–	1025~1195	607~646
Cast 443	Cast 443.0	A	–	5.0	–	–	–	–	1065~1170	629~632
Cast 356	Cast 356.0	C	–	7.0	–	0.3	–	–	1135~1135	557~613
Cast 406	Cast 406	A		Al 99% 최소				–	1190~1215	643~657
Cast A612	Cast A712.0	B	–	–	–	0.7	6.5	–	1105~1195	596~648
Cast C612	Cast C712.0	A	–	–	–	0.35	6.5	–	1120~1190	604~643

a. 합금 요소에 대한 백분율(%) : 알루미늄 및 표준 불순물이 나머지를 구성한다.
b. 납땜성 등급 : A = 모든 상용 방법 및 절차에 의해 쉽게 납땜되는 합금
　　　　　　　B = 납땜 시 약간의 주의를 기울임으로써 모든 기술에 의해 납땜될 수 있는 합금
　　　　　　　C = 납땜하기 위해 특별한 주의가 요구되는 합금

② 티타늄, 지르코늄, 베리늄

이들 금속의 공통 성질은 반응성(활성화 금속)이 있다. 즉, 고온에서 산소, 질소, 수소 등이 가스 또는 다른 금속과 반응하기 쉽고, 취성이 강한 화합물을 형성한다. 그러므로 이들 금속을 납땜할 때는 진공 또는 아르곤 가스 등의 불활성 가스 분위기 중에서 시행해야만 한다. 특히 티탄 및 티탄 합금의 경우는 상변태점이 존재하며, 이들 변태점 이상으로 가열하면 모재의 조직 결정립의 조대화와 피로 성질 등의 기계적 성질을 약화시키므로 납의 융점이 중요하다.

납으로서는 크게 나누어 Ag, Al, Ti계 납들이 사용되고 있다.

③ 니켈 합금과 내열 합금

니켈 및 니켈합금의 납땜은 비교적 쉽다. 그러나 내열합금의 납땜은 비교적 곤란한 편이다. 사용되고 있는 납으로는 BAg, BNi, BAu 등이 있으나 최근에는 경제성을 고려하여 주로 BNi 납을 사용하여 천이 액상 확산 접합법(diffusion brazing, TLP)으로 접합시키고 있다.

표 8.15 마그네슘 합금과 땜납

AWS A5.8 등급	ASTM 합금 명칭	가능한 형태	고상점		액상점		납땜 범위		용가제의 적합여부	
			°F	°C	°F	°C	°F	°C	BMg-1	BMg-2a
–	AZ10A	E	1170	632	모재 1190	643	1080~1140	582~616	X	X
–	AZ31B	E.S	1050	566	1160	627	1080~1100	582~593		X
–	K1A	C	1200	649	1202	650	1080~1140	582~616	X	X
–	M1A	E.S	1198	648	1202	650	1080~1140	582~616	X	X
–	ZE10A	S	1100	593	1195	646	1080~1100	582~596		X
–	ZK21A	E	1159	626	1187	642	1080~1140	582~616	X	X
BMg-1	AZ92A	W.R. ST.P	830	443	용가재 1100	599	1120-1140	604-616	–	–

E = 인발 형태 및 구조 단면   T = 로드
S = 박판 및 판   ST = 길고 가느다란 조각
C = 주물   P = 분말
W = 와이어

(3) 기타 금속의 납땜

① 동

균열, 변형 및 연화 등의 문제를 일으키는 원인을 해결하면 대부분의 동과 동합금은 간단히 납땜할 수 있다. 납으로서는 납땜 온도가 618~871℃는 은납과 704~816℃의 범위에 있는 인 동납이 보통 많이 사용되고 있다.

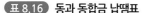

표 8.16 동과 동합금 납땜표

재 료	일반적으로 사용되는 납땜 용가재	AWS 납땜 공기(가스체)*	AWS 납땜 플럭스 번호	비 고
구리	BCuP-2+, BCuP-3+, BCuP-5+ RBCuZn BAg-1a BAg-1 BAg-2, BAg-5, BAg-6, BAg-18	1 또는 2 또는 5	3	산소-베어링 구리는 수소가 함유된 공기 내에서 납땜해서는 안된다.
고품질 구리	BAg-8, BAg-1		3A	
적 황동	BAg-1a, BAg-1, BAg-2 BCup-5, BCuP-3 BAg-5, BAg-6, RBCuZn	1 또는 2 또는 5	3	
노랑 황동	BCuP-4, BAg-1a, BAg-1, BAg-5, BAg-6, BCuP-5, BCuP-3	3 또는 4 또는 5	3	납땜 사이클을 짧게 유지시킨다.
납 황동	BAg-1a, BAg-1, BAg-2, BAg-7, BAg-18, BCuP-5	3 또는 4 또는 5	3	납땜 사이클을 짧게 유지시키고, 납땜 전에 응력을 제거시킨다.
주석 황동	BAg-1a, BAg-1, BAg-2 BAg-5, BAg-6, BCuP-5, BCup-3(RBCuZn for low tin)	3 또는 4 또는 5	3	
인 청동	BAg-1a, BAg-1, BAg-2, BCuP-5, BCuP-3, BAg-5, BAg-6	1 또는 2 또는 5	3	납땜 전에 응력을 제거시킨다.
규소 청동	BAg-1a, BAg-1a, BAg-2	4 또는 5	3	납땜 전에 응력을 제거시킨다. 연마성 물질의 세척이 도움을 줄 것이다.
알루미늄 청동	BAG-3, BAg-1a, BAg-1, BAg-2, BAg-18, BAg-5, BCuP-5, BCuP-3	4 또는 5	4	
구리 니켈	BAg-1a, BAg-1, BAg-2, BAg-18, BAg-5, BAg-3	1 또는 2 또는 5	2	납땜 전에 응력을 제거시킨다.
니켈 은	BAg-1a, BAg-1, BAg-2, BAg-5, BAg-6, BCuP-5, BCuP-3	3 또는 4 또는 5	3	납땜 전에 응력을 제거시키고, 고르게 열을 가한다.

* 수소를 포함한 불활성 가스 또는 진공 상태가 일반적으로 허용 가능하다
  (AWS Type 6 또는 9 또는 10).
+구리 납땜을 위해 보호용 공기(가스체)가 필요치 않다.

② 주철

모재의 변태점 온도 이하에서 납땜하면 납땜이 가능하다. 납으로써는 가능한 한 융점이 낮은 BAg 납이 바람직하다. 특히 Ni을 함유한 BAg[3]과 BAaq[4]는 주철의 납땜용으로 적합하고 이음부의 강도도 높다.

동 또는 황동납을 사용할 때는 납의 융점이 높으므로 주의해야 하며, 인을 포함한 납(BCuP)은 취성이 강한 Fe-P의 화합물을 형성하므로 사용하지 않는 것이 좋다.

③ 텅스텐

텅스텐 부품은 텅스텐에 고유의 취성이 있기 때문에 조립 작업 중에 주의해야 하며, 텅스텐과 니켈 간의 상호작용은 텅스텐의 재결정이 생기므로 니켈 함유량이 많은 납은 피해야만 한

다. 주로 Ni, Mn 납이 사용되고 있다.

④ 귀금속류

가열을 알맞게 하고 용제와 납을 적절히 사용하여 접점의 표면까지 납이 흐르지 않게 한다. 사용 납은 BAg, BAu가 대부분이며, 가능한 한 용점이 낮은 납이 바람직하다. 납의 형상은 보통 와셔 또는 디스크의 형상이 대부분이며, 미리 접점과 홀더 사이에 설치한다.

⑤ 초경합금

초경합금은 접착이나 기계적 접합 방법도 있지만 납땜으로 주로 접합하여 용도에 맞게 이용되고 있다. 납으로는 BAg.1부터 BAg.7까지를 사용할 수 있지만, Ni을 함유한 BAg.3, BAg.4 납이 일반적으로 적합하다. 그외에 목적에 따라서는 Ag-15 Mn, Cu-15 Mn, Ti base, Cr base 납도 사용할 수 있다.

7 세라믹과 금속의 접합

세라믹과 금속의 접합 기술은 세라믹의 최대 결점인 취성, 가공성의 어려움을 개선시킬 수 있는 방법으로 각광을 받는 기술이다. 그러나 세라믹과 금속은 원자 결합 양식과 열팽창 계수 등의 물성이 서로 다르고, 계면에서의 반응, 취성 발생, 열응력 및 균열 발생 등 여러 가지 문제가 많다.

(1) 세라믹과 금속 접합법의 분류

세라믹과 금속을 접합하는 방법을 크게 나누면 고상과 기상 접합, 고상과 액상 접합, 고상과 고상 접합으로 나눌 수 있다.

① 먼저 세라믹의 표면에 각종 메탈라이즈법에 의해 금속성 피막을 형성시키는 방법

② 세라믹 표면에 금속성 피막을 입히지 않고 압력을 가하면서 고온에 금속 재질의 납과 foil을 삽입시켜서 접합시키는 방법

③ 용사 등의 기법을 이용하여 금속 기판 위에 세라믹 또는 세라믹 위에 금속을 피막해서 접합체를 만드는 방법

(2) 세라믹과 금속 접합에 있어서의 문제점

1) 접합계면과 접합기구

세라믹과 금속과의 접합계면에 있어서의 접합기구를 분류하면

① 양자 간에 반응상이 존재하지 않고 또 각각의 내부에 조직의 편석을 생성하지 않고 직접

결합하는 것

② 양자 간에 반응상이 하나 또는 그 이상 생성되어 결합을 형성하는 것

③ 양자 간에 반응상은 존재하지 않지만, 양자 또는 한쪽에 조성이 편석을 생성시켜 결합하는 것

④ 세라믹 내의 소결조제, 그레이스상과 금속상이 잘 젖어서(wet) 결합하는 것

등이 있다.

2) 계면 부근의 응력 발생

일반적으로 금속의 열팽창 계수는 세라믹보다 크기 때문에 이들을 서로 접합할 때 접합 완료 후 접합 온도로부터 상온까지 냉각시킬 때 열팽창 계수가 큰 쪽(금속)이 인장 응력을, 작은 쪽이 압축 응력을 받게 된다. 그 결과 접합 후 계면 또는 그 부근에 잔류응력이 존재하여 접합 강도를 저하시킨다. 또한 대부분의 경우는 세라믹 내의 균열 또는 접합부의 박리를 일으킨다. 그 완화책은 다음과 같다.

① 세라믹과 금속을 접합시킬 때는 금속이 얇을수록 좋고, 금속의 끝부분을 칼 모양으로 하면 더욱 좋다.

② 탄성 계수가 작은 연질 금속(Cu, Al 등)을 중간 금속으로 삽입한다.

③ 열팽창 계수가 양자의 중간인 물질층(세라믹 또는 금속)을 한 개 이상 삽입한다.

④ 가능한 한 잔류응력을 분산시킨다.

⑤ 세라믹은 압축에 강하므로 압축력을 이용해 접합시켜 세라믹 내의 잔류응력이 압축 응력이 되도록 한다.

8 납의 오염

납땜 시 오염에 의해 생기는 현상을 살펴보면 다음과 같다.

① 동(Cu)

납땜 조인트가 모래 투성이처럼 우둘투둘해 보이며, 웨팅(wetting) 능력이 감소한다.

② 알루미늄(Al)

납땜 조인트가 우둘투둘하고 납조에 드로스(dross : 찌꺼기)가 증가한다. 안티몬으로 이 현상을 제거할 수 있다.

③ 금(Au)

조인트에 서리가 뒤덮인 것처럼 보인다. 이 때문에 납의 웨팅 능력이 감소될 수 있다.

④ 카드뮴(Cd)

납의 웨팅 능력이 감소되며, 조인트가 둔탁해 보인다.

⑤ 아연(Zn)

드로스가 증가하게 되며, 조인트에 서리가 뒤덮힌 것처럼 보인다.

⑥ 안티몬(Sb)

함유량이 0.5% 이상일 때 납의 웨팅 능력이 감소된다. 미소량이면 낮은 온도의 납땜성이 향상된다.

⑦ 철(Fe)

과다한 드로스가 생긴다.

⑧ 은(Ag)

둔탁한 조인트의 원인이 되며, 은 농도가 높아지면 납 유동성이 작아진다.

⑨ 니켈(Ni)

소량이 포함되어 있어도 조인트 표면에 작은 기포가 생긴다.

⑩ 기타 오염물질

인(P), 창연(Bi), 인듐(In), 유황(S), 비소(As) 등

8.5 납땜부의 시험과 검사

1 결함의 종류와 원인

(1) 결함의 종류

① 기구적 결함 : 기공, 핀홀, 브리지, 빙주
② 물리적 결함 : 젖음 불량, 땜납 부식, 금속 간 화합물
③ 화학적 결함 : 변색
④ 전기적 결함 : 브리지

(2) 원 인

① 설계나 공정의 부적당

② 모재의 성질

③ 재료(solder, flux) 문제

2 신뢰성에 영향을 주는 원인

① 물리적 열화 : 이탈, 파단, 절단 등

② 화학적 열화 : 부식, 이행 현상(miglation, 단락 : 은도금에서 화학 처리의 잔류액이 온습도 작용에 의해 수분을 흡수, 금속이 용해 이온화되는 현상)

③ 전기적 열화 : 절연성, 전기 흐름 불안정 등

3 고장과 불량원인

① 설계면 : 잔류 응력, 팽창·수축, 표면 처리, 세정 등

② 제조면 : 납의 젖음, 납 표면의 광택, 납의 부착량, 납의 박리, 외관 이상, 오염, 플럭스 잔사의 영향 등

③ 환경면 : 외기환경(온도 사이클, 해안이나 화산지대 등의 공기 오염 상태, 습도 등), 기계적 환경(진동이나 충격 등)

4 시험과 검사법

시험 방법에는 젖음성(wettability) 시험, 파괴 시험, 비파괴 시험 등이 있다.

① 납의 젖음성과 용제의 성질 : 젖음성 시험

② 납땜 이음의 강도 : 인장 시험, 전단 시험, peel 시험, 피로 시험, 충격 시험, 굽힘 시험, 좌굴 시험 등

③ 납땜 이음부의 결함 : 방사선 투과 시험, 초음파 탐상 시험, 침투 탐상 시험, 누설 시험 등

5 시험 방법과 규격

(1) 파괴 시험

① 인장 시험 : JIS Z 3193 1호시험편(판재) 2호시험편(봉)

$$S_t = \frac{P}{A}$$

S_t : 접합부의 인장강도(kg/mm^2)

P : 접합부의 최대 파단 하중(kg)

A : 파단부의 납접 면적(mm^2)

② 전단 시험 : JIS Z 3192, 1호, 2호, 3호 시험편이 있으며, 겹치거나 링(ring) 모양에 축을 접합해서 전단 시험을 한다.

$$\tau = \frac{Ps}{A}$$

τ : 전단강도(kg/mm^2)

Ps : 최대 전단 하중(kg)

A : 접합부 면적(mm^2)

③ 현미경 시험 : 조직 검사

④ 화학 시험 : JIS K 0050(화학 성분 분석)

⑤ 퍼짐성 시험 : 모재 위에 땜납을 용융되게 하여 퍼진 면적을 비교한다.

$$퍼짐성(\mathrm{spreadability}) = \frac{S - S_0}{S_0}$$

S_0 : 용융 전 땜납의 퍼진 면적

S : 용융 후 땜납의 퍼진 면적

⑥ 땜납재의 젖음성 시험 : 퍼짐성 시험을 해서 단면을 잘라 모재와의 접촉각을 측정한다. 접촉각이 작을수록 젖음성(wettability)이 좋다고 한다.

⑦ 열분석 시험 : 납땜 재료의 용융 범위를 찾아 최적 작업 온도를 알아내기 위한 시험, 열분석은 DTA(differential temperature analysis) 방법이 이용된다.

⑧ 기타 : 전기 저항 시험, 부식 시험, 내열성 시험, 저온 강도 시험, 특수 환경에서의 파괴 시험

(2) 비파괴 시험

① 외관 시험

② 방사선 투과 시험

③ 초음파 탐상 시험

④ 침투 탐상 시험

⑤ 누설 시험

등은 용접부의 비파괴 시험법에 따른다.

8.6 접착

1 접착의 정의

어느 물질을 매입시켜 두 고체 사이를 결합시키는 현상을 접착이라 하고, 이때 사용된 물질을 접착제, 접착시킨 고체를 피착제라고 한다.

즉, 접착은 접착제에 의한 유동체의 고화 현상을 이용하여 고체 사이를 붙이는 조작을 말한다.

2 접착제의 원료

접착제의 원료 물질은 일반적으로 고분자 물질로서, 분자량이 큰 물질이다. 접착제는 온도의 변화에 따른 팽창 수축에 수반하여 발생하는 내부 응력이 작고, 진동 충격에 대하여 안정해야 하며, 내수, 내열, 내약품성 및 전기 절연성, 투명성, 속건성 등의 성능이 좋아야 한다.

접착제의 원료는 천연 고분자와 합성 고분자로 분류하며, 그 내용은 다음과 같다.

천연 고분자 ┌ 무기 고분자 : 석면, 운모, 활성 등
            └ 유기 고분자 : 카세인, 젤라틴, 단백질, 녹말, 섬유소, 천연 수지,
              알길산 등

합성 고분자 ┌ 무기 고분자 : 고무 모양 황, 폴리비닐, 황화규소 등
            ├ 합성 고분자 유기 고분자 : 순합성 고분자(합성 수지, 합성 고무)
            └ 반합성 고분자 : 고무 유도체, 섬유소 유도체, 천연 수지 유도체

3 접착제의 종류

(1) 단백질계 접착제

① 아교 : 동물의 뼈, 가죽 등으로 만들며, 그 품질은 원료와 제법에 따라 다르다. 수용성이며 연화가 빠르고, 조작이 간단하므로 목공에 쓰인다.

② 카세인(casein) : 탈지 우유를 염산으로 단백질을 굳게 하여 충분히 물로 씻은 후 함수율 50~60%까지 탈수 분쇄하여 50℃ 이하로 건조하고, 다시 이것을 분쇄하여 만들어진 황

색 또는 백색의 고운 분말이다.

(2) 합성 수지계 접착제

① 페놀 수지 접착제 : 페놀과 포름 알데히드와의 반응에 의하여 얻어지는 다갈색의 액상, 분상, 필름(film)상의 수지로 가장 오래된 합성수지 접착제이다.

② 레조르시놀 수지 접착제 : 레조르시놀과 포르말린의 축합물로 적갈색의 점성이 있는 접착제로서 내약품성, 내수성, 내균성, 공극 충전성이 우수하다.

③ 멜라민 수지 접착제 : 멜라민과 포르말린과의 반응으로 얻어지는 점성이 있는 수용액으로서, 형상이나 외관상 요소 수지와 유사하다. 내수성, 내약품성, 내열이 좋다.

④ 요소 수지 접착제 : 요소와 포름알데히드를 혼합하고 가열한 다음 진공 증류하여 얻어지는 유백색의 수지로서, 접착할 때 경화제로 염화암모늄 10%의 수용액을 수지에 대하여 10~20%(중량) 가하면 상온에서 경화된다.

⑤ 에폭시 수지 접착제 : 경화 수축이 일어나지 않는 열경화성 수지이며, 현재의 접착제 중 가장 우수한 것으로서, 액체 상태나 용융 상태의 수지에 경화제를 넣어서 쓴다. 경화제로는 폴리아미드를 사용한다. 내수성, 내약품성, 내열성이 크다.

⑥ 초산비닐 수지 접착제 : 초산비닐 수지는 아세틸렌과 초산의 반응으로 만들어지는 단량체를 다시 중합시켜 얻는 고분자 물질이다. 알코올이나 아세톤에 용해되는 용액형과 수중에서 중합된 수지를 가는 입자로 분산한 에멀션(emulsion)형 2가지가 있다. 에멀션형은 아교나 카세인의 대용품으로 널리 사용한다(상품명 ; 본드).

⑦ 불포화 폴리에스테르 접착제 : 폴리에스테르는 가열 혹은 상온에서도 경화시킬 수 있으며, 내수성, 내용제성, 내약품성, 전기 절연성 및 접착성이 좋다.

(3) 고무계 접착제

① 네오프렌 접착제 : 용제는 방향족 탄화수소, 사염화탄소 등이며, 접착력이 강하다. 특히 금속, 유리 등의 비다공성 물질의 접착에 강력한 접착력을 가지고 있다.

② 니트릴 고무 접착제 : 내유성, 내약품성, 내노화성이 있으며, 페놀 수지, 염화비닐 수지 등과 혼합하여 접착력을 높인다.

(4) 섬유소계 접착제

① 초산 섬유소계 접착제 : 접착제로 사용하는 섬유소 용액은 섬유소 에스테르 수지, 용제, 희석제, 가소제 등이 있다.

② 녹말계 접착제 : 원료는 주로 밀이며, 약 20%의 아밀로오스와 80%의 아밀로펙틴을 함유하여 내수성이 없다. 보통 가정에서 쓰고 있는 풀이다.

표 8.17 접착제의 비교

접착제		용제	목재	금속	고무	유리	피혁	종이	직물	도자기
천연고분자화합물	아교	물	◎	×	×	□	◎	◎	◎	×
	카세인(casein)	물	○	×	×	×	○	○	□	×
	전분	물	△	×	×	×	□	□	□	×
	아라비아 고무	물	○	×	×	○	△	◎	○	×
	천연수지	알코올, 벤젠	◎	◎	○	□	◎	◎	◎	△
	고무풀	벤젠			◎					
합성고분자화합물 A	페놀수지 (3)	알코올, 케톤		×	◎	×	□	□	□	○
	요소수지 (3)	물	□◎	×	×	×	○	○	◎	×
	멜라민수지 (3)	물	◎	×	×	×	○	○	○	△
	푸란수지 (3)	알코올, 케톤	○○	×	○	□	○	○	□	◎
	실리콘수지 (3)	방향족, 탄화수소	○	○	○	△	○	○	○	○
	알킷드수지 (3)	에스테르, 물	◎	□	○	○	◎	◎	◎	□
	에폭시수지 (3)	용제불용	◎	◎	◎	◎	◎	◎	◎	◎
	우레탄수지 (3)	에스테르, 케톤		◎	◎	◎	◎	◎	◎	◎
합성고분자화합물 B	셀룰로오스 유도체 (1)	유기용제	◎		×	◎	○	○	◎	◎
	초산비닐 (1)	에스테르	◎	◎	◎	◎	○	○	◎	◎
	염화비닐 (1)	알코올	○	◎	◎	□	○	○	◎	○
	염화비닐,초산비닐중합체(1)	알코올,에스테르,케톤	□	○×	×	×	○	○	○	○
	폴리비닐 알코 (2)	물, 알코올		◎	○	○	○	○	◎	○
	합성고무 (2)	염소화, 탄화수소	○		○	○	○	○	◎	○

◎ 수, ○ 우, □ 양, △ 가, X 불가
A : 액체 상태로 바르고, 접착 후 경화시키는 것
B : 유화액이나 용액으로 바르면 용액이 증발하여 견고해지는 것
(1) 열가소성 (2) 엘라스토마계 (3) 열경화성
* 엘라스토마 : 탄성이 뛰어난 고분자 물질

연습문제 & 평가문제

연습문제

1   경납땜과 연납땜을 정의하시오.

2   납–주석 상태도를 그리고 설명하시오.

3   납땜의 젖음성이란?

4   땜납의 용제와 구비 조건은?

5   용제의 작용은?

6   납땜 시 접합 간극은 어떤 역할을 하는가?

7   납땜의 가열 방식은 어떤 것이 있나?

8   용제의 선정 방법은?

9   금속과 세라믹의 접합 방법을 설명하시오.

10   납이 오염되면 어떤 현상이 생기는가?

11   납땜부의 결함과 그 시험법을 설명하시오.

12   접착과 접합은 어떻게 다른가?

13   접착제의 종류와 용도를 설명하시오.

평가문제

1   연납과 경납은 어떻게 구분하는가?

2   납땜의 젖음 현상에 대하여 설명하시오.

3   용제의 작용에 대하여 설명하시오.

4   납땜의 가열 방법에 대하여 설명하시오.

5   납땜의 젖음성 시험은 어떻게 하는가?

Chapter **9**

용접 설계

9.1 용접 이음

1 용접 이음의 종류

① 모재의 배치에 의해 맞대기(butt) 용접, 덮개판(strap) 용접, 겹치기(lap) 용접, T-용접, 모서리 용접, 변두리 용접 등이 있다.

② 홈(groove)의 형식에 따라 I형, V형, U형, X형 등 그림 9.2와 같은 것이 있다.

③ 용접봉의 첨가 형태에 따라 맞대기 혹은 홈(butt or groove) 용접, 필릿(fillet) 용접, 슬롯 또는 플러그(plug) 용접 등으로 나눈다.

필릿 용접(fillet weld)은 겹치기 또는 T이음의 구석 부분에 용접한 것이며, T이음의 경우는 홈을 가공하는 경우도 있다.

비드 용접(bead weld)은 평판상에 용접 비드를 접착시킨 것이다. 플러그 용접(plug weld)은 겹쳐진 2매의 판에서 한쪽 판에 둥근 구멍을 뚫어, 그곳에 덧붙이 용접을 하는 방법이며, 또한 슬롯 용접(slot weld)은 둥근 구멍 대신 가늘고 긴 홈에 비드를 붙이는 용접 방법이다.

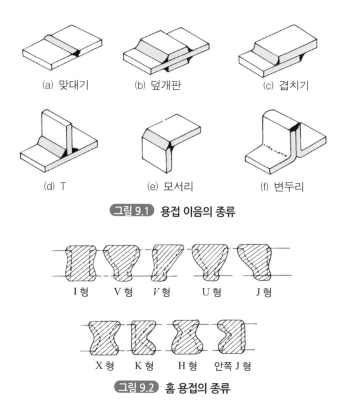

(a) 맞대기   (b) 덮개판   (c) 겹치기

(d) T   (e) 모서리   (f) 변두리

그림 9.1 용접 이음의 종류

I형   V형   *V*형   U형   J형

X형   K형   H형   안쪽 J형

그림 9.2 홈 용접의 종류

필릿 용접　　비드 용접　　플러그 용접　　슬롯 용접

그림 9.3 용접의 종류

이러한 이음 형식 중에서 I형 이음(square groove joint)은 대략 판 두께 6 mm 이하에, V형 이음은 판두께 6∼20 mm에, 그 이상 두꺼운 판에는 X형, U형 또는 H형을 사용한다. 홈의 폭을 좁히면 용접 시간이 적어지지만, 루트(root)의 용입이 불량하게 된다. 덮개판 이음(strapped joint)에서는 루트 간격을 크게 취할 수 있으므로 홈의 각도는 너무 크게 하지 않는 것이 좋다. I형 또는 V형 루트 간격의 최대치는 사용봉경(즉, 심선의 지름) 한도로 한다.

X형 이음은 후판에 대해서는 매우 유리하나, 밑면 따내기가 약간 곤란하다. 따라서 간격은 될 수 있는 대로 넓게, 루트면은 될 수 있는 대로 작게 하는 것이 루트의 용입이 좋고, 밑면 따내기도 용이하게 된다. 또한 X형 홈의 형상은 반드시 상하 대칭으로 할 필요는 없고 비대칭 X형이 많이 쓰인다.

U형 홈은 비교적 후판의 경우에도 V형에 비하여 홈의 폭이 작아도 되고, 또한 간격이 없어도 작업성이 좋고 루트의 용입도 양호하다. 특히 두꺼운 판에 대하여는 H형을 사용한다. H형, U형, X형의 루트 간격 최대치는 사용봉경을 한도로 한다.

모서리 용접 또는 모든 T형 필릿 용접의 홈에 쓰이는 V형 홈(베벨형)은 V형에 비하여 작업성이 좋지 않다. 따라서 홈을 취한 쪽에 너무 접근하여 작업에 방해가 되는 구조물 부분이 오지 않도록 설계에 주의를 요하며, 수평 용접의 경우에는 홈을 취한 면이 아래쪽이 되지 않도록 해야 한다. 단 V형에서 덮개판 용접 이음은 간격을 크게 취할 수 있으므로 작업성이 좋다.

K형 홈은 V형의 경우보다 약간 두꺼운 판에 쓰이나 작업성이 좋지 않은 점이나 기타 설계상 주의해야 할 점은 V형의 경우와 동일하다. 그리고 밑면 따내기가 매우 곤란하지만 V형에 비하여 용접 변형이 적은 이점이 있다.

9.2 용접 이음의 강도

1 허용 응력과 안전율

용접 이음의 형상과 치수의 결정에 있어서는 실제로 이음에 걸리는 설계 응력이 용착부의 재료 강도(보통 인장 강도 또는 전단 강도)의 몇분의 1에 상당하는 안전한 응력, 즉 허용 응력

(allowable stress)을 넘지 않도록 설계한다. 일반적으로 재료 강도가 허용 응력의 몇 배인가 하는 수치를 안전율(safety factor)이라 한다.

안전율은 재료 역학상 재질이나 하중의 성질에 따라 적당히 취해지고 있으나, 용접 이음의 안전율에 영향을 미치는 인자로는 다음 사항이 고려되고 있다.

① 모재 및 용접 금속의 기계적 성질, 즉 내력(항복점), 인장 강도 및 연신, 압축 및 충격치
② 재료의 용접성
③ 시공 제작
    용접공의 기능
    용접 방법(수동, 자동, 아크, 가스 용접 등)
    용접 자세
    이음의 종류와 형상
    작업 장소(공장, 현장의 구별)
    용접 후의 처리와 비파괴 시험
④ 하중의 종류(정, 동, 진동 하중)와 온도 및 분위기

설계상, 이음 효율(joint efficiency)이 중요하지만, 이것은 이음의 파괴 강도가 모재의 파단 강도의 몇 %인가 하는 크기를 나타내는 수치이다. 인장에서는 이음과 모재의 인장 강도비, 전단에서는 이음과 모재의 전단 응력비를 사용한다.

$$이음\ 효율 = \frac{용접\ 시편\ 인장\ 강도}{모재\ 인장\ 강도} \times 100(\%)$$

이음의 허용 응력을 결정하는 방법에는 2종류가 있다. 그중 하나는 용착 금속의 기계적 성질을 기본으로 해서 안전율을 정하여, 모재의 허용 응력에 이음 효율을 곱한 값을 이음의 허용 응력으로 하는 방법이다.

강재의 허용 응력으로는 보통 정하중에 대하여 인장 강도의 1/4의 값(연강에서는 항복점의 약 1/2)이 취해지고 있으며, 최근 고항복점을 갖는 고장력강에 대하여는 인장 강도의 1/3(항복점의 약 40%)의 응력이 쓰인다. 이것은 구조물이 부하를 받았을 때 재료가 항복하지 않는 것을 전제로 한 소위 탄성 설계(elastic design)에 의한 것이지만, 최근의 용접 구조에 대하여는 재료의 국부적 항복을 허용하는 소위 소성 설계(plastic design)가 이용되어 재료와 제작비의 절약이 도모되고 있다.

실제의 구조물에서는 국소적으로 항복하여도 전체적으로는 보다 큰 하중에 견딜 수 있다. 즉, 탄성 한계를 넘은 소성 영역까지 배려하여 구조물을 설계하면, 탄성 설계의 경우보다 재료를 절약할 수 있다. 단 소성 설계에서는 재료가 충분한 연성을 갖는 것으로 가정하고 있으므로 강한 응력 집중, 취성 파괴 또는 피로 파괴가 일어날 수 있는 구조물에는 쓸 수 없다.

2 평판 맞대기 용접 이음

(1) 단순 인장 및 전단일 때

용접부의 횡단면적 A_w는 완전 용입일 때 $A_w = t\,l$이고, 부분적 용입일 때는 $A_w = 2hl$이다.

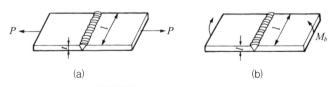

그림 9.4 평판 맞대기 용접 이음

예제 9.1

그림에서 용접부에 발생하는 인장 응력 (σ_t)은 얼마인가?

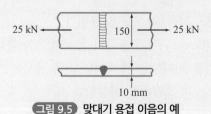

그림 9.5 맞대기 용접 이음의 예

풀이 $\sigma_t = \dfrac{P}{A_w}$

$$\sigma_t = \frac{25000}{10 \times 150} = 16.6 \text{ MPa}$$

예제 9.2

평판 맞대기 용접 이음에서 허용 인장 응력 90 MPa, 두께 10 mm의 강판을 용접 길이 150 mm, 용접 이음 효율 80%로 맞대기 용접할 때 용접 두께는 얼마로 해야 되는가?(다만 용접부의 허용 응력은 70 MPa이다)

풀이 용접 길이에 해당하는 강판에 견딜 수 있는 하중은,

$$90 \times 10 \times 150 = 135 \text{ kN}$$

$$p = 135,000 \times 0.8 = 108 \text{ kN}$$

용접 두께 t는 $p = \sigma_t \cdot t \cdot l$에서 $t = \dfrac{p}{\sigma_t \cdot l}$

$$t = \frac{108000}{70 \times 150} = 1.02 \text{ cm}, \qquad \therefore 1.1 \text{ cm}$$

(2) 단순 굽힘일 때

굽힘 응력 $M_b = \sigma_b \cdot Z$의 식에서 계산할 수 있으며 굽힘 단면 계수 Z는 다음과 같이 계산한다.

완전 용입일 때

$$z = \frac{t^2 l}{6}$$

부분적 용입일 때

$$z = \frac{hl(3t^2 - 6th + 4h^2)}{3t}$$

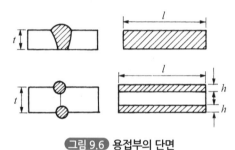

그림 9.6 용접부의 단면

※ 참고

단면 계수를 구하는 방법을 정리하면 다음과 같다.

①

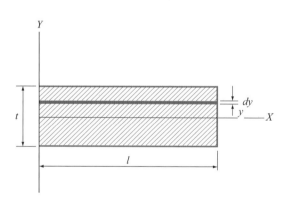

단면 2차 모멘트 (moment of inertia of area)

$$I_x = \int_A y^2 \, dA = \int_{-\frac{t}{2}}^{\frac{t}{2}} y^2 \, dA = 2\int_0^{\frac{t}{2}} y^2 l \, dy$$

$$= \frac{2}{3} l \, [y^3]_0^{\frac{t}{2}} = \frac{2}{3} l \left(\frac{t}{2}\right)^3 = \frac{lt^3}{12}$$

단면 계수 (moduls of section)

$$Z = \frac{I_x}{y} = \frac{\dfrac{lt^3}{12}}{\dfrac{t}{2}} = \frac{lt^2}{6}$$

②

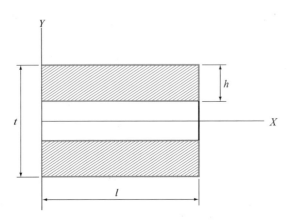

$$I_x = \int_A y^2\, dA = 2\int_{\frac{t}{2}-h}^{\frac{t}{2}} y^2\, dA = 2\int_{\frac{t}{2}-h}^{\frac{t}{2}} y^2 l\, dy$$

$$= \frac{2}{3}\, l\, [y^3]_{\frac{t}{2}-h}^{\frac{t}{2}} = \frac{2}{3}\, l\left(\frac{t}{2}\right)^3 - \frac{2}{3}\, l\left(\frac{t}{2}-h\right)^3$$

$$= \frac{2}{3}\, l\left[\frac{t^3}{8} - \left(\frac{t^3}{8} - 3\frac{t^2}{4}h + 3\frac{th^2}{2} - h^3\right)\right]$$

$$= \frac{2}{3}\, l\left(\frac{3}{4}t^2 h - \frac{3}{2}th^2 + h^3\right) = \frac{1}{6}\, l\,(3t^2 h - 6th^2 + 4h^3)$$

$$Z = \frac{I_x}{\dfrac{t}{2}} = \frac{\dfrac{1}{6}\, l\,(3t^2 h - 6th^2 + 4h^3)}{\dfrac{t}{2}}$$

$$= \frac{lh}{3t}\,(3t^2 - 6th + 4h^2)$$

③

$$I_x = 4\int_A y^2\, dA = 4\int_0^{\frac{t}{2}} y^2\, \frac{l}{2}\, dy - 4\int_0^{\frac{t}{2}-h} y^2\, \frac{(l-2h)}{2}\, dy$$

$$= \frac{4}{6}\, l\, [y^3]_0^{\frac{t}{2}} - \frac{4}{6}\,(l-2h)\, [y^3]_0^{\frac{t}{2}-h}$$

$$= \frac{2}{3} \left[\frac{t^3}{8} l - (l - 2h) \left(\frac{t}{2} - h \right)^3 \right]$$

$$= \frac{1}{12} \left[l t^3 - (l - 2h)(t - 2h)^3 \right]$$

$$Z = \frac{I_x}{\dfrac{t}{2}} = \frac{\dfrac{1}{12} \left[l t^3 - (l - 2h)(t - 2h)^3 \right]}{\dfrac{t}{2}}$$

$$= \frac{1}{6t} \left[l t^3 - (l - 2h)(t - 2h)^3 \right]$$

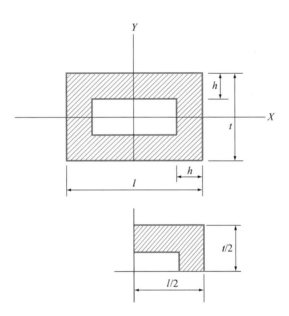

예제 9.3

부분적 용입인 양쪽 맞대기 용접 이음에서 굽힘 모멘트 $M_b = 980\ \mathrm{N \cdot m}$가 작용하고 있을 때, 최대 굽힘 응력을 구하시오(단, $t = 25\ \mathrm{mm}$, $h = 8\ \mathrm{mm}$로 한다, 그림 9.7 참조).

풀이   공식 $W_b = \dfrac{h l (3 t^2 - 6 th + 4 h^2)}{3t}$ $l = 200\ \mathrm{mm}$에서

$$W_b = \frac{0.8 \times 20 (3 \times 2.5^2 - 6 \times 2.5 \times 0.8 + 4 \times 0.8^2)}{3 \times 2.5} \fallingdotseq 1.99 \times 10^{-5}\ \mathrm{m}^3$$

$$\sigma_{\max} = \frac{M_b}{W_b} = \frac{980\ \mathrm{N \cdot m}}{19.9 \times 10^{-5}\ \mathrm{m}^3} \fallingdotseq 49.2\ \mathrm{MPa}$$

3 굽힘을 받는 T형 맞대기 용접

굽힘 응력의 식과 전단 응력의 식을 사용하여 계산한다. 이때 용접 이음의 횡단면에서의 굽힘 단면 계수 Z와 단면적 A_w는 다음과 같이 계산한다.

1) 완전 용입일 때

그림 9.8(a)와 같이 가로 방향이면

$$Z = \frac{t^2 l}{6}, \ \ A_w = t l$$

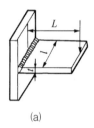 

(a)　　　　　　　　　　(b)

그림 9.7 굽힘을 받는 T형 맞대기 용접

그림 9.8(b)와 같이 세로 방향이면

$$Z = \frac{t l^2}{6}, \ \ A_w = t l$$

2) 부분적 용입일 때

그림 9.8(a)에서 용입 깊이 h라 하면

$$Z = \frac{h l (3 t^2 - 6 t h + 4 h^2)}{3 t}, \ \ A_w = 2 h l$$

그림 9.8(b)와 같이 세로 방향이면

$$z = \frac{h l^2}{3}, \ \ A_w = 2 h l$$

3) 온둘레 부분적 용입일 때

그림 9.8(a)에 대하여

$$Z = \frac{t^3 l - (l - 2 h)(t - 2 h)^3}{6 t}, \ \ A_w = 2 h (t - 2 h + l)$$

그림 9.8(b)에 대하여

$$Z = \frac{t\,l^3 - (l-2h)^3\,(t-2h)}{6\,l}, \quad A_w = 2\,h\,(t-2h+l)$$

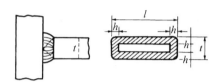

그림 9.8 온둘레 부분적 용입의 용접부

예제 9.4

온둘레 부분적 용입 T형 맞대기 용접 이음에 굽힘 모멘트 $M_b = 1200 \text{ N}\cdot\text{m}$

가 작용할 때, 최대 굽힘 응력을 구하시오(단, $t = 26 \text{ mm}, l = 400 \text{ mm}, h = 8 \text{ mm}$이다).

풀이 (a) 그림 9.8(a)와 같이 수평으로 되었을 때

$$Z = \frac{t^3 l - (l-2h)\,(t-2h)^3}{6\,t}$$

$$Z = \frac{2.6^3 \times 40 - (40 - 2 \times 0.8)\,(2.6 - 2 \times 0.8)^3}{6 \times 2.6} \fallingdotseq 4.26 \times 10^{-5} \text{ m}^3$$

$$\sigma_{b_{\max}} = \frac{M_b}{W_b} = \frac{1200}{4.26} \fallingdotseq 28.2 \text{ MPa}$$

(b) 그림 9.8(b)와 같이 수직으로 되었을 때

$$Z = \frac{t\,l^3 - (l-2h)^3\,(t-2h)}{6\,l}$$

$$Z = \frac{2.6 \times 40^3 - (40 - 2 \times 0.8)^3\,(2.6 - 2 \times 0.8)}{6 \times 40} \fallingdotseq 45.74 \times 10^{-5} \text{ m}^3$$

$$\sigma_{b_{\max}} = \frac{M_b}{W_b} = \frac{1200}{45.74} \fallingdotseq 2.62 \text{ MPa}$$

예제 9.5

온둘레 부분적 용입 T형 맞대기 용접 이음에 굽힘 모멘트가 $M_b = 1500 \text{ N}\cdot\text{m}$가 작용할 때, 최대 굽힘 응력은
얼마인가?(단 $t = 30 \text{ mm}, h = 10 \text{ mm}, l = 500 \text{ mm}$이다.)

풀이 수평으로 용접될 때

$$Z = \frac{t^3 l - (l-2h)\,(t-2h)^3}{6\,t} = \frac{3^3 \times 50 - (50 - 2 \times 1)\,(3 - 2 \times 1)^3}{6 \times 3} \fallingdotseq 72.33 \times 10^{-6} \text{ m}^3$$

$$\sigma_{b_{\max}} = \frac{M_b}{Z} = \frac{1500}{72.33 \times 10^{-6}} \fallingdotseq 20.74\,[\text{MPa}]$$

4 필릿 용접 이음

용접선이 작용되는 힘의 방향과 대략 직각인 용접을 전면 필릿 용접이라 하고, 용접선과 힘의 방향이 평행인 필릿 용접을 측면 필릿 용접이라 한다. 필릿 용접 이음의 강도는 이론 목 두께를 기준으로 한다. 횡단면 내의 내접하는 2등변 3각형을 생각하여 약간의 파임을 무시하고 이음의 루트 두 변의 교선에서 경사면까지의 최단 거리를 이론 목(theoretical throat) 두께 h_t 라 하고, 그림 9.10과 같이 약간의 파임을 고려하여 루트 두 변의 교점에서 필릿 용접 표면까지의 거리를 실제 목(actual throat) 두께 h_a 라 한다. 필릿의 크기(목길이)를 h 라 하면

$$h_t = h\cos 45° = 0.707h$$

가 된다.

필릿 이음의 전단 강도를 τ 라 하면

$$\tau = \frac{P}{A} = \frac{P}{h_t \cdot l} = \frac{1.414\,P}{h \cdot l}$$

측면 필릿의 전단 강도 τ 는 전면 필릿 이음의 인장 강도보다 약 10% 약하다. 보통 용접봉의 인장 강도에 나타나는 값의 70%를 전단 응력으로 계산하고 있다.

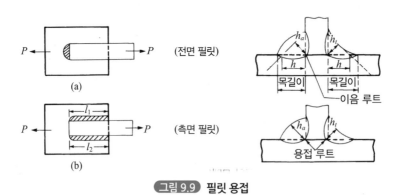

그림 9.9 필릿 용접

예제 9.6

전면 겹치기 필릿 이음에서 허용 응력을 60 MPa이라 할 때 용접 길이는 얼마 이상이어야 하는가?(단 여기에 작용하는 하중은 45 kN이 양쪽에서 작용하고 판 두께는 10 mm이다.)

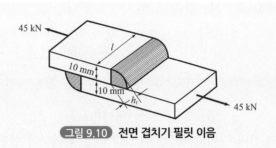

그림 9.10 전면 겹치기 필릿 이음

풀이 $h_t = \dfrac{h}{\sqrt{2}} = 0.707\,h$

$\tau = \dfrac{P}{2\,h_t \cdot l}$ 에서

$l = \dfrac{1.414\,P}{2\,h \cdot \tau} = \dfrac{1.414 \times 45000}{2 \times 10 \times 10^{-3} \times 60 \times 10^6} = 0.053\,\mathrm{m} = 53\mathrm{mm}$

즉, 판의 폭은 53 mm 이상이어야 한다.

예제 9.7

측면 양쪽 필릿 이음에서 두께가 10 mm이고 하중이 40 kN이 가해지면 용접 길이는 얼마로 해야 하는가?(단 허용 전단 응력은 50 MPa로 한다.)

풀이 $P = 2\,h_t \cdot l \cdot \tau$ 에서

$l = \dfrac{P}{2\,h_t \cdot \tau} = \dfrac{40000}{2 \times 0.707 \times 10 \times 10^{-3} \times 50 \times 10^6} = 0.05658\,\mathrm{m} = 56.58\mathrm{mm}$

즉, 57 mm 이상은 겹쳐야 된다.

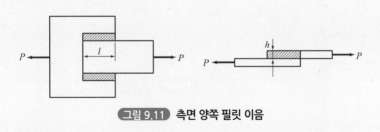

그림 9.11 측면 양쪽 필릿 이음

5 용접 치수를 계산하는 근사법

근사법은 목 단면에 용접된 면적을 고려하지 않고 이것을 선으로 생각하여 응력 대신에 용접선의 단위 길이당 작용되는 내력(F; N/m or N/cm)을 구하고, 이것을 용접부의 허용 응력

$(\sigma_a;\ \mathrm{N/m^2\ or\ N/cm^2})$으로 나눈 값을 용접 치수로 한다.

$$h_t = \frac{F}{\sigma_a}$$

h_t는 유효 목 두께로 맞대기 용접에서는 모재의 두께와 같고, 필릿 용접에서 용접 치수 h는

$$h = 1.414\,h_t$$

이다. 이 방법은 용접선의 길이와 형상만을 고려하면 목단면이 어떤 것이라도 쉽게 내력을 계산하여 용접 치수를 결정할 수 있다.

(1) 수직 응력과 전단 응력을 받을 때

인장과 압축이 복합적으로 작용하는 전단력(P)이라고 하면 용접부 내력은

$$F = \frac{P}{l}\,\mathrm{N/m}$$

여기서 l은 용접선의 전체 길이이다. 필릿 용접의 내력 F를 알면 재료의 허용 응력(σ_a)으로 나누어 필릿 치수를 결정할 수 있다.

예제 9.8

인장 압축의 반복 하중 30 kN이 작용하는 폭 600 mm의 강판을 맞대기 용접하였을 때 용접 두께는 얼마로 해야 안전한가?(단 허용 응력 $\sigma_a = 63\,\mathrm{MPa}$로 한다.)

풀이 폭 600 mm에 작용하는 단위 길이당의 하중은

$$F = \frac{P}{l}$$

$$F = \frac{300000\,\mathrm{N}}{0.6\,\mathrm{m}} = 500\,\mathrm{kN/m}$$

$$h_t = \frac{F}{\sigma_a} = \frac{500000}{63 \times 10^6} \fallingdotseq 7.94 \times 10^{-3}\,\mathrm{m} \fallingdotseq 7.94\,\mathrm{mm}$$

예제 9.9

그림과 같이 폭 50 mm, 두께 12.7 mm의 강판을 38 mm만을 겹쳐서 온둘레 필릿 용접을 한다. 여기에 90 kN의 하중을 작용시킨다면 필릿 용접의 치수를 얼마로 하면 좋은가?(단 용접의 허용 응력을 102 MPa로 한다.)

풀이 용접부에 작용하는 내력 F는

$$F = \frac{90000}{(2 \times 0.05) + (2 \times 0.038)}$$

$$h = 1.414 \times \frac{F}{\sigma_a} = 1.414 \times \frac{511364}{102 \times 10^6} \fallingdotseq 7.09 \times 10^{-3}\,\mathrm{m} \fallingdotseq 7.09\,\mathrm{mm}$$

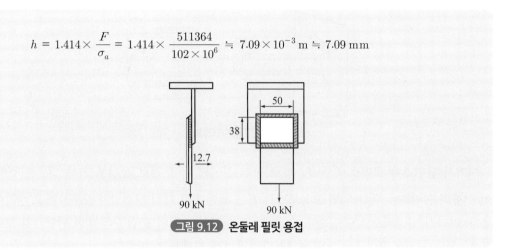

50

38

12.7

90 kN

90 kN

그림 9.12 온둘레 필릿 용접

(2) 굽힘 응력을 받을 때

굽힘 응력 σ_b는 재료 역학의 식에서

$$\sigma_b = \frac{M\eta}{I}$$

또한

$$F = \sigma_a \cdot h_t$$

따라서 허용응력 $\sigma_a = \sigma_b$라 하면

$$F = \frac{M\eta h_t}{I}\,\mathrm{N/m}$$

단위 목 두께에 대하여, ($h_1 = 1$이라 하면)

$$F = \frac{M\eta}{I'}\,\mathrm{N/m}$$

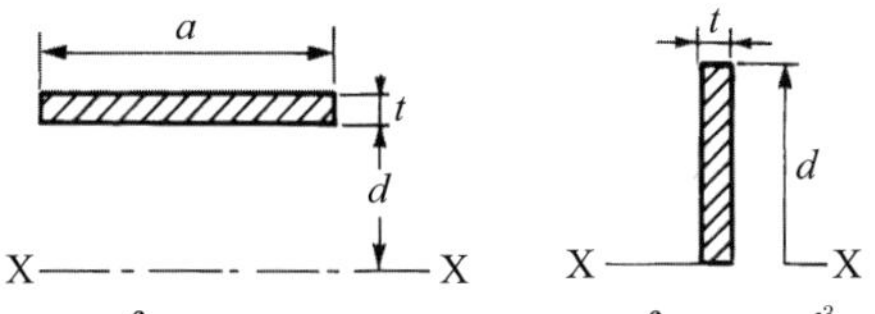

a

t

d

t

d

X —— X

X —— X

$$I' = \int y^2 dA = ad^2 \qquad\qquad I' = \int y^2 dA = \frac{d^3}{3}$$

그림 9.13 단면 2차 모멘트(I')

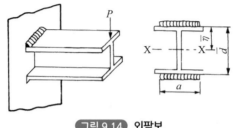

그림 9.14 외팔보

여기서 단면 2차 모멘트 $I' = I / h_t$ 로 단위 길이의 목 두께로 용접부를 선으로 본 것이다. 이 선형의 중립축에 대한 단면 2차 모멘트 I'은 $h_t = 1$일 때의 단면 2차 모멘트라고 생각하면 좋다. 따라서 일반적으로 중립축에 평행하든가 수직인 선형의 중립축에 대한 단면 2차 모멘트 I'은 그림 9.14와 같이 $t = 1$이 될 때 단면의 2차 모멘트로 정한다.

그림 9.15의 외팔보에서 용접부의 단면 2차 모멘트 I'은

$$I' = a \left(\frac{d}{2} \right)^2 \times 2 = \frac{a d^2}{2} \, \text{m}^3$$

그리고 단위 목 두께의 단면 계수 Z'은

$$Z' = \frac{\dfrac{a d^2}{2}}{\dfrac{d}{2}} = a d \, \text{m}^2$$

이와 같은 방법으로 용접부를 선으로 고려하여 단면 계수를 구하고 용접부의 강도를 계산한다.

예제 9.10

직사각형 단면(50 × 100 mm)의 외팔보 일단을 그림 9.16과 같이 온둘레 용접하였을 때, 이 외팔보가 12.7 kN·m의 굽힘 모멘트에 견딜 수 있는 필릿 용접 치수를 구하시오. 단 허용 응력은 102 MPa이다.

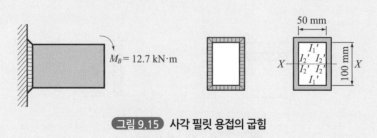

그림 9.15 사각 필릿 용접의 굽힘

풀이 용접선은 그림 9.16(b)와 같이 직사각형 모양으로 되므로 중립축 XX는 직사각형의 중심을 통과한다. 중립축 상하의 용접선 중에서 중립축에 평행한 선분 2차 모멘트 $I_1{}' = 2bd^2$이 되고, 수직인 성분의 단면 2차 모멘트는 $I_2{}' = 4d^3/3$이며 중심축에 대한 단면계수 Z'는 표 9.1에서와 같이 $Z' = ad + \dfrac{d^2}{3}$이다.

따라서

$$Z' = (0.05 \times 0.1) + (0.1^2/3)$$
$$\fallingdotseq 8.3 \times 10^{-3}\,\text{m}^3$$

용접부에 작용하는 단위길이당의 굽힘 응력 F는

$$\therefore F = \frac{M}{Z'} \fallingdotseq \frac{12700\,[\text{N} \cdot \text{m}]}{8.3 \times 10^{-3}\,\text{m}^2}$$

$$\fallingdotseq 1530120\,[\text{N}/\text{m}]$$

$$\therefore a \geq \frac{F}{\sigma_a}$$

$$\therefore h \fallingdotseq 1.414 \cdot a \ \text{이므로}$$

$$\therefore h \fallingdotseq 1.414 \times \frac{F}{\sigma_a} \fallingdotseq 1.414 \times \frac{1530120}{102000000}$$

$$\fallingdotseq 0.012\,[\text{m}] \fallingdotseq 21.2\,[\text{mm}]$$

표 9.1 용접부를 선이라 할 때의 단면 성능

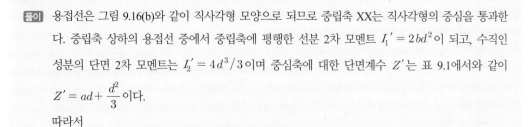

모양	중립축 (cm)	단면 계수 Z' (cm²)		단면 2차극 모멘트 Ip'(cm³)
X—‖ d ‖—X		$\dfrac{d^2}{6}$		$\dfrac{d^3}{12}$
X—‖ a d ‖—X		$\dfrac{d^2}{3}$		$\dfrac{d(3a^2 + d^2)}{6}$
X---- a d ----X		ad		$\dfrac{a^2 + 3ad^2}{6}$
X— a d —X (Y)	$N_g = \dfrac{d^2}{2(a+d)}$ $\quad$ $N_r = \dfrac{a^2}{2(a+d)}$	윗부분 $\dfrac{4ad + d^2}{6}$	밑부분 $\dfrac{d^2(4ad + d)}{6(2a + d)}$	$\dfrac{(a+d)^4 - 6a^2d^2}{12(a+d)}$

(계속)

모양	중립축 (cm)	단면 계수 Z' (cm^2)	단면 2차극 모멘트 Ip'(cm^3)
X ─ E ─ X (Y축)	$N_r = \dfrac{a^2}{2a+d}$	$ad + \dfrac{d^2}{6}$	$\dfrac{(2a+d)^3}{12} - \dfrac{a^2(a+d)^2}{(2a+d)}$
X ─ ⊓ ─ X	$N_g = \dfrac{d^2}{a+2d}$	윗부분 $\dfrac{2ad+d^2}{3}$, 밑부분 $\dfrac{d^2(2a+d)}{3(a+d)}$	$\dfrac{(a+2d)^3}{12} - \dfrac{a^2(a+d)^2}{(a+2d)}$
X ─ □ ─ X		$ad + \dfrac{d^2}{3}$	$\dfrac{(a+d)^3}{6}$
X ─ ⊥ ─ X	$N_g = \dfrac{d^2}{a+2d}$	윗부분 $\dfrac{2ad+d^2}{3}$, 밑부분 $\dfrac{d^2(2a+d)}{3(a+d)}$	$\dfrac{(a+2d)^3}{12} - \dfrac{a^2(a+d)^2}{(a+2d)}$
X ─ ⊥⊤ ─ X	$N_g = \dfrac{d^2}{2(a+d)}$	윗부분 $\dfrac{4ad+d^2}{3}$, 밑부분 $\dfrac{4ad^2+d^3}{6a+3d}$	$\dfrac{d^3(4a+d)}{6(a+d)} + \dfrac{a^3}{6}$
X ─ I ─ X		$ad + \dfrac{d^2}{3}$	$\dfrac{a^3+3ad^2+d^3}{6}$
X ─ 工 ─ X		$2ad + \dfrac{d^2}{3}$	$\dfrac{2a^3+6ad^2+d^3}{6}$
X ─ ○ ─ X		$\dfrac{\pi d^2}{4}$	$\dfrac{\pi d^3}{4}$

예제 9.11

그림과 같이 강판에 $P = 70\,\text{kN}$의 하중이 30° 위쪽으로 걸리는 경우의 용접부를 설계하시오. 단면 계수식을 유도하고 합성 응력$(\sigma_t + \sigma_b)$를 구하시오.

(단 강판의 두께 $t = 13\,\text{mm}, \text{h} = 13\,\text{mm},\ \text{l} = 150\,\text{mm},\ \text{c} = 75\,\text{mm}$ 로 한다).

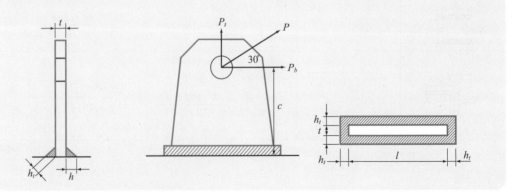

풀이 인장력(P_t)과 굽힘력(P_b)을 구한 뒤 굽힘 모멘트를 구하면

$$P_t = P\sin 30° = 35\,\text{kN}, \quad P_b = P\cos 30° \fallingdotseq 60.62\,\text{kN}$$

$$M = P_b \times c = 60.62 \times 75 = 4546.63\,\text{N} \cdot \text{m}$$

유효 면적은 목 두께 $h_t = 0.707h$ 이므로

$$A = 2(l + 2h_t)h_t + 2th_t$$

$$= 2 \times (150 + 2 \times 9.19) \times 9.19 + 2 \times 13 \times 9.19 = 3{,}333.7644\,\text{mm}^2 \fallingdotseq 3.333 \times 10^{-3}\,\text{m}^2$$

단면 계수식은 다음과 같다.

$$I = \left(\frac{(t + 2h_t)(l + 2h_t)^3 - tl^3}{12} \right)$$

$$Z = \frac{(t + 2h_t)(l + 2h_t)^3 - tl^3}{\left(\dfrac{l + 2h_t}{2} \right)} = \frac{(t + 2h_t)(l + 2h_t)^3 + tl^3}{(l + 2h_t) \cdot 6}$$

위 식에 의해 Z를 구하면

$$Z = \frac{(13 + 2 \times 9.19)(150 + 2 \times 9.19)^3 - 13 \times 150^3}{6(150 + 2 \times 9.19)}$$

$$= 104{,}851.4871\,\text{mm}^3 \fallingdotseq 104{,}851 \times 10^{-6}\,\text{m}^3$$

인장 응력(σ_t)과 굽힘 응력(σ_b)을 구하고, 합성 응력(σ)을 구하면

$$\sigma_t = \frac{P_t}{A} = \frac{35000\,\text{N}}{3{,}333.7644\,\text{mm}^2} = 10.498\,[\text{MPa}]$$

$$\sigma_b = \frac{M}{Z} = \frac{414663\,\text{N} \cdot \text{m}}{104{,}851.4871\,\text{mm}^3} = 43.4\,[\text{MPa}]$$

$$\sigma = \sigma_t + \sigma_b = 10.498 + 43.4 = 53.9\,[\text{MPa}]$$

예제 9.12

다음 그림에서 $h = 8\,\text{mm}, l = 100\,\text{mm}, c = 20\,\text{mm}, L = 300\,\text{mm}, \sigma_a = 200\,\text{MPa}$일 경우 허용 하중 P는?

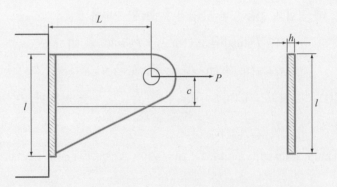

풀이 인장 응력 $\sigma_t = \dfrac{P}{A} = \dfrac{P}{h_t \times l} = \dfrac{1.414 \times P}{h \times l} = \dfrac{1.414 \times P}{0.008 \times 0.1} \fallingdotseq 1767.5\,P\,[\text{N/m}^2 \text{ or Pa}]$

도심에서 굽힘 모멘트 $M = P \cdot c$ 이고,

굽힘 응력 $\sigma_b = \dfrac{M}{Z} = \dfrac{M}{\dfrac{h_t\,l^2}{6}} = \dfrac{M}{\dfrac{0.707\,h\,l^2}{6}}$

$\qquad\qquad = \dfrac{8.48\,M}{h\,l^2} = \dfrac{8.48\,Pc}{h\,l^2} = \dfrac{8.48\,P \times 0.02}{0.008 \times 0.1^2} \fallingdotseq 2120\,P\,[\text{N/m}^2 \text{ or Pa}]$

합성 응력 = 인장 + 굽힘

$\therefore \sigma = \sqrt{\sigma_t^2 + \sigma_t^2} = \sqrt{(1767.5\,P)^2 + (2120\,P)^2} \fallingdotseq 2760.16\,P\,[\text{Pa}]$

σ 가 허용 응력 (σ_a) 이하로 되면 만족하므로

$\therefore P \leq \dfrac{200 \times 10^6}{2760.16} = 72459.6\,[\text{N}] \fallingdotseq 72.46\,[\text{kN}]$

$\therefore$ 허용 하중 P 는 72.46 KN보다 작거나 같은 하중을 가하면 된다.

예제 9.13

$t = 10\,\text{mm}, l = 100\,\text{mm}, h = 8\,\text{mm}, P = 70\,\text{kN}$, 목 두께 $h_t = 8 \times 0.707 = 5.656$ 으로 한다. σ_b와 σ_t 를 구하시오($c = 70\,\text{mm}$).

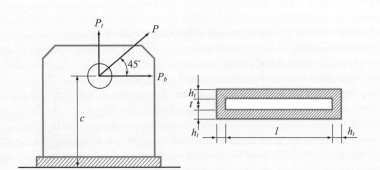

풀이

$$P_t = P\sin 45° = 7000 \times \sin 45° = 4,949.747 \text{ kg} \fallingdotseq 49.497 \text{ KN}$$

$$P_b = P\cos 45° = 7000 \times \cos 45° = 4,949.747 \text{ kg} \fallingdotseq 49.497 \text{ KN}$$

$$M = P_b \cdot c = 49.497 \times 0.07 = 3464.79 \text{ N} \cdot \text{m}$$

목 두께 $h_t = 0.707 h$ 이므로 용접부의 유효 면적 A 는

$$A = 2(l+t) \cdot \cos 45°$$

$$= 2(0.1+0.01) \cdot \cos 45°$$

$$= 0.1556 \text{ m}^2$$

단면 계수 Z 는

$$Z = \frac{(t+2h_t)(l+2h_t)^3 - tl^3}{6(l+2h_t)}$$

$$= \frac{(10+2 \times 5.656)(100+2 \times 5.656)^3 - 10 \times 100^3}{6(100+2 \times 5.656)}$$

$$= 29,037.6 \text{ m}^3 \fallingdotseq 29.037 \times 10^{-6} \text{ m}^3$$

인장 응력 $\sigma_t = \dfrac{P}{A} = \dfrac{49497 \text{ N}}{0.1556 \text{ m}^2} \fallingdotseq 318104.11 \text{ Pa} \fallingdotseq 318.1 \text{ KPa}$

굽힘 응력 $\sigma_b = \dfrac{M}{Z} = \dfrac{3464.79 \text{ N} \cdot \text{m}}{29.037 \times 10^{-6} \text{ m}^3} = 119.32 \text{ MPa}$

예제 9.14

허용 응력 $\sigma_a = 600$ MPa일 때 필릿 크기(h)를 구하시오(단 치수는 mm이다).

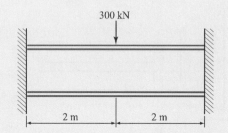
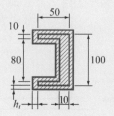

풀이 용접부에서 단면 2차 모멘트 I'은

$$I' = I_1' + I_2'$$

$$I' = 2\left[5 \times 5^2 + 4 \times 4^2 + \left(\frac{5^3}{3} - \frac{4^3}{3}\right) + \frac{4^3}{3} + \frac{5^3}{3}\right]$$

$$= 2\left[125 + 64 + 20.33 + 21.33 + 41.66\right]$$

$$= 544.64 \text{ cm}^3 \fallingdotseq 544.64 \times 10^{-6} \text{ m}^3$$

모멘트(M)와 내력(F)을 구하면

$$M = \frac{Pl}{8} = \frac{300000 \times 4}{8} = 150000 \text{ N} \cdot \text{m}$$

$$F = M\frac{\eta}{I'} = \frac{150000 \times 0.05}{544.6 \times 10^{-6}} = 13,771.575 \text{ N/m}$$

여기서, $h_t = 0.707 h$ 이므로 fillet size(h)를 구하면

$$\sigma_a = \frac{F}{h_t} = \frac{F}{0.707 h}$$

$$h = 1.414 \frac{F}{\sigma_a} = 1.414 \times \frac{13,771.575}{600 \times 10^6} = 32.45 \times 10^{-3} \text{ m} \fallingdotseq 33 \text{ mm}$$

$\therefore h = 33$ mm 정도이면 된다.

예제 9.15

허용 응력 $\sigma_a = 600$ MPa일 때 다음 그림에서 필릿 크기와 용착량을 구하시오(단 판 두께는 10 mm이고 잘린 표면 모양은 편평형이면 그림에서 단위는 mm이다).

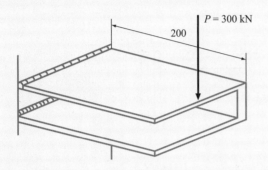

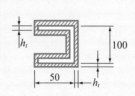

풀이 1) fillet size

용접부에서 단면 2차 모멘트 I'은

$$I' = 2\left[5 \times 5^2 + 4 \times 4^2 + \left(\frac{5^3}{3} - \frac{4^3}{3}\right) + \frac{4^3}{3} + \frac{5^3}{3}\right]$$

$$= 2\left[125 + 64 + 20.33 + 21.33 + 41.66\right]$$

$$= 544.64 \text{ cm}^3 \fallingdotseq 544.64 \times 10^{-6} \text{ m}^3$$

모멘트(M)와 내력(F)을 구하면

$$M = Pl = 300000 \times 0.2 = 60000 \text{ N} \cdot \text{m}$$

$$F = M\frac{\eta}{I'} = \frac{60000 \times 0.05}{544.6 \times 10^{-6}} = 5508630.12 \text{ N/m}$$

여기서 $h_t = 0.707\,h$ 이므로 fillet size(h)를 구하면

$$\sigma_a = \frac{F}{h_t} = \frac{F}{0.707 \times h}$$

$$h = 1.414\frac{F}{\sigma_a} = 1.414 \times \frac{5,508.6}{600 \times 10^6} = 12.982 \times 10^{-3} \text{ m} \fallingdotseq 13 \text{ mm}$$

$\therefore h = 13\text{ mm}$ 정도이면 된다.

2) 용착량은 $\dfrac{h^2}{2}$ 에 용접부의 전체 길이를 곱한 것과 같다.

$$\therefore \frac{13^2}{2} \times (100 + 80 + 50 + 50 + 40 + 40 + 10 + 10) = 32110 \text{ mm}^3 \fallingdotseq 32.11 \text{ cm}^3$$

용착 금속 중량은 금속의 밀도는 7.8 g/cm³이므로

$$\therefore 32.11 \text{ cm}^3 \times 7.8\,\text{g}/\text{cm}^3 = 250.458 \text{ g} = 0.25 \text{ kg}$$

예제 9.16

다음 그림에서 $h = 8\,\text{mm}, l = 100\,\text{mm}, c = 20\,\text{mm}, L = 300\,\text{mm},\ \sigma_a = 140\,\text{MPa}$일 경우 허용 하중 P
는?

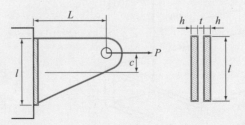

풀이 인장 응력 $\sigma_t = \dfrac{P}{A} = \dfrac{P}{2 \times h_t \times l} = \dfrac{1.414 \times P}{2 \times h \times l} = \dfrac{1.414 \times P}{2 \times 0.008 \times 0.1} = 883.75\,P\,[\text{Pa}]$

도심에서 굽힘 모멘트 $M = P \cdot c$이고,

굽힘 응력 $\sigma_b = \dfrac{M}{Z} = \dfrac{M}{2 \times \dfrac{h_t l^2}{6}} = \dfrac{M}{\dfrac{0.707\,h\,l^2}{3}}$

$\qquad = \dfrac{4.24\,M}{h\,l^2} = \dfrac{4.24\,Pc}{h\,l^2} = \dfrac{4.24\,P \times 0.02}{0.008 \times 0.1^2}$

$\qquad = 1060\,P\,[\text{Pa}]$

합성 응력 = 인장 + 굽힘

$$\sigma = \sqrt{\sigma_t^2 + \sigma_b^2} = 1380.1 \cdot P\,[\text{Pa}]$$

σ가 허용 응력 σ_a 이하이면 되므로

$$1380.1\,P \leq 140 \times 10^6\,[\text{Pa}]$$

$$\therefore P \leq 101441.9\,[N]$$

$$P \leq 101.44\,[KN]$$

$\therefore$ 허용 하중 P는 101.44[kN]보다 작게 정하면 된다.

예제 9.17

허용 응력 $\sigma_a = 60\,\text{MPa}$일 때, 다음 그림과 같이 균일 등분포 하중 작용 시 fillet size(h)를 구하시오(단 치수는 cm이다).

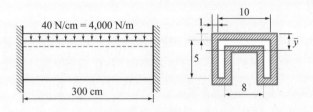

풀이 도심 $\bar{y}$ 는

$$\bar{y} = \frac{\text{면적} \times \text{기준에서부터의 거리}}{\text{면적}}$$

$$= \frac{10 \times 1 \times 0.5 + 4 \times 1 \times 3 + 4 \times 1 \times 3}{10 \times 1 + 4 \times 1 + 4 \times 1} = 1.611\,\text{cm} = 1.611 \times 10^{-2}\,\text{m}$$

도심 $\bar{y}$ 에서부터 떨어진 용접부에서 단면 2차 모멘트 I' 은

$$I' = 10 \times 1.6^2 + 8 \times 0.6^2 + \frac{2 \times 1.6^3}{3} + \frac{2 \times 0.6^3}{3} + \frac{4 \times 3.4^3}{3} + 2 \times 1 \times 3.4^2$$

$$= 25.6 + 2.88 + 2.73 + 0.144 + 52.4 + 23.12$$

$$= 106.879\,\text{cm}^3 \fallingdotseq 106.879 \times 10^{-6}\,\text{m}^3$$

모멘트(M)와 내력(F)을 구하면

$$M = \frac{\omega l^2}{12} = \frac{4000 \times 0.3^2}{12} = 30\,\text{N} \cdot \text{m}$$

$$F = M \frac{\eta}{I'} = 30 \times \frac{1.611 \times 10^{-2}}{106.879 \times 10^{-6}} = 4521.94\,\text{N / m}$$

여기서 $h_t = 0.707h$ 이므로 fillet size(h)를 구하면

$$h = 1.414 \frac{F}{\sigma_a} = 1.414 \times \frac{4521.94}{60 \times 10^6} \fallingdotseq 1.066 \times 10^{-4}\,\text{m} \fallingdotseq 10.7\,\text{mm}$$

$\therefore h \fallingdotseq 10.7\,\text{mm}$ 정도이면 된다.

9.3 용접 비용의 계산

1 일반 사항

용접 공사에 필요한 경비(cost)의 견적 또는 산출에는 노임, 재료비, 전력료, 일반 간접비 및 이익을 고려하지 않으면 안되므로, 용접봉 사용량, 용접 작업 시간, 용접 준비비, 전력 사용량 또는 산소, 아세틸렌 가스 등의 사용량을 산출하고, 이 밖에 용접기, 용접용 지그, 안전보호구 등 용접장치의 유지 및 상각비 또는 특별한 경우에는 열처리비, 검사비 등을 가산함과 동시에 용접공 노임에 비례하여 간접비를 고려할 필요가 있다.

용접 경비를 적게 하려면
① 용접봉의 적당한 선정과 그 경제적 사용법
② 재료 절약을 위한 연구
③ 고정구(fixture)의 사용에 의한 일의 능률 향상
④ 용접 지그(jig)의 사용에 의한 아래 보기 자세의 용접
⑤ 용접공의 작업률 향상
⑥ 적당한 품질관리와 검사를 시행함으로써 재용접하는 낭비를 제거
⑦ 적당한 용접 방법의 채용
등을 유의해야 한다.

2 용접봉 소요량

용접봉 소요량의 산출은 이음의 용착 금속 단면적에 용접 길이를 곱하여 얻어지는 용착 금속 중량에 그밖에 사항, 즉 스패터 및 연소에 의한 손실량, 노출 심선부의 폐기량(40~50 mm) 등을 가산하여 얻어진다. 따라서 사용 용접봉 전중량(피복 포함) 대비 순수 용착 금속 중량의 비를 용착률(deposition efficiency)이라 하며, 이것은 피복의 종류, 두께, 슬래그양, 아크, 용접 자세에 따라 차이가 있으며, 봉경 4~5 mm의 보통 연강봉에서는 50~60%의 용착률 값을 갖는다. 6 mm에서는 60~70%, 철분 용접봉에서는 이보다 더 많은 70~75%이다.

$$용접봉\ 소요량 = \left[\frac{순수\ 용착\ 금속\ 중량(kg)}{용착\ 효율(\%)} \right]$$

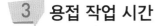
3 용접 작업 시간

용접 작업에 요하는 시간은 봉의 종류, 용접 자세, 제품의 형상 종류에 따라 달라지게 된다. 특히 용접 자세가 아래 보기이면 수직이나 수평에 비하여 용접 시간이 50% 정도 절약된다.

용접 작업 시간 중에는 용접 준비, 봉의 교환, 슬래그 제거, 홈의 청소 등의 시간이 필요하므로, 실제로 아크가 발생하고 있는 시간은 상당히 짧다. 일반적으로 실제 7시간에 대한 아크 발생 시간을 백분율로 표시한 아크 타임(arc time) 또는 작업률(operator factor)은 조선소 등의 예를 들면 수동이나 자동 용접에서 1일 평균 40~50% 정도이다.

물론 대형 용접물을 용접하는 경우에는 수십 시간의 용접이 되므로 아크 타임으로써 그 시간에 대한 아크 발생률을 취하지 않으면 안 되지만, 이때는 60%에 가까운 값이 될 때도 있고 용접물의 크기와 형상, 이음 형상의 양부, 용접 장소, 용접 자세 등에 의하여 10~60% 정도로도 변동한다.

$$용접\ 작업\ 시간 = \left[\frac{용착\ 금속\ 중량(kg)}{용착\ 속도(g/min) \times 아크\ 타임} \right]$$

4 환산 용접 길이

용접 작업량은 용접의 크기와 형상, 용접봉의 지름, 용접 자세 및 작업 장소에 따라 큰 차이가 있다. 그러므로 소요 작업 시간, 용접봉 사용량을 알기 위하여는 환산 용접 길이(equivalent weld length)를 사용한다. 그 일례는 표 9.2와 같다. 표 9.2는 용접의 판 두께, 다리 길이, 자세, 작업 장소의 상이에 따라 각각 계수로 표시하고, 이 계수를 실제의 용접 길이에 곱하면 기준의 용접, 즉 판 두께 10 mm의 현장 아래 보기 맞대기 용접으로 환산한 경우의 기준 용접 길이가 구해진다. 따라서 이 기준 조건에서 1시간에 몇 m를 용접할 수 있는가를 알면(보통 1.4~1.7 m 정도) 이 용접 작업에 필요한 시간을 알 수 있으며, 기준 조건에서 1 m당 용접봉 소요량을 알면 이 일에 필요한 용접봉이 산출되고, 사용 전력량도 계산될 수 있다.

예제 9.18

두께 8 mm 필릿 맞대기 용접으로 15 m와 두께 15 mm 수직 맞대기 용접으로 8 m 현장 용접에서 환산 용접 길이는 얼마로 해야 하는가?

풀이 표 9.9에서
  15 × 1.32 = 19.8 m
  8 × 4.32 = 34.56 m
  총 길이 54.36 m

표 9.2 환산 용접 길이의 환산 계수

용접 장소	판 두께	6 이하 (mm)	7~10 (mm)	11~14 (mm)	15~18 (mm)	19~22 (mm)	23~26 (mm)	27 이상 (mm)
지상용접 F	하향 F	T0.48 0.6 V0.72	T0.72 0.9 V1.08	T1.12 1.4 V1.68	T1.60 2.0 V2.40	T2.24 2.8 V3.36	T3.20 4.0 V4.80	T4.40 5.5 V6.60
	수직 V 수평 H	T0.72 0.9 V1.03	T1.04 1.3 V1.56	T1.68 2.1 V2.52	T2.40 3.0 V3.60	T3.0 4.2 V5.4	T4.80 6.0 V7.20	T6.16 7.7 V8.24
	상향 O	T0.96 1.2 V1.44	T1.44 1.8 V2.16	T2.44 2.3 V3.36	T3.20 4.0 V4.80	T4.48 5.6 V6.72	T6.40 8.0 V9.60	T8.0 10.0 V12.0
현장용접 S	하향 F	T0.64 0.8 V0.96	T0.88 1.1 V1.32	T1.28 1.6 V1.92	T1.92 2.4 V2.88	T2.72 3.4 V4.08	T3.76 4.7 V5.64	T5.20 6.5 V7.80
	수직 V 수평 H	T0.96 1.2 V1.44	T1.28 1.6 V1.92	T1.92 2.4 V2.88	T2.58 3.6 V4.32	T4.68 5.1 V6.12	T5.60 7.0 V8.42	T5.32 8.7 V10.44
	상향 O	T1.28 1.6 V1.92	T1.76 2.2 V2.64	T1.96 3.2 V3.94	T3.84 4.8 V5.76	T5.44 6.8 V8.76	T7.52 9.4 V11.23	T10.40 13.0 V15.60

(비고) T는 필릿용, V는 맞대기용, T, V의 중간은 평균치

9.4 용접 결함과 설계상 주의사항

용접 결함의 예를 들면

① 변형이나 굴곡이 생겨 용접한 그대로는 정확한 치수의 것을 만들기 힘들다.

② 용접부의 수축에 의하여 내부에 항복점에 가까운 잔류 응력이 남기 쉬우며, 이것이 다음에 변형이나 파괴의 원인이 될 위험성이 있다.

③ 대형 용접 구조물에서는 낮은 기온에서 노치부터 생긴 취성 균열을 도중에서 방지하기 곤란하나, 리벳 접합에서는 이것을 접합부에서 저지할 수 있다.

④ 용접열 영향에 의하여 재질의 취화를 초래하기 쉽다.

⑤ 용접공의 기능에 의존하므로 소정의 기능 시험에 합격한 용접공을 채용치 않으면 안 된다.

⑥ 중요 부분에서는 용접부의 결함 유무를 확인하기 위하여 비파괴 검사가 필요하며, 더욱이 완벽한 검사가 어려우므로 용접 시공 중에 세심한 검사와 품질관리를 요한다.

설계상 주의사항의 예를 들면

① 용접에 적합한 설계를 해야 한다. 용접에서는 리벳 접합이나 주단조에 비하여 설계상의

제약이 적고 자유로이 새로운 이음 형상을 선정할 수 있다. 이에 의하여 재료의 절약과 이음의 건전성을 증가시킬 수 있다. 가능한 한 아래 보기 용접이 되도록 한다.

② 용접 길이는 될 수 있는 대로 짧게 또한 용착량도 강도상 최소한으로 한다. 용접선을 감소시키기 위하여는 광폭의 판을 이용 또는 간단한 주단조 부품을 병용하는 것이 바람직하며, 용접량이 과대하게 되면 변형이 증대하고 과대한 덧붙이는 오히려 피로 강도를 저하시켜 유해하다.

③ 용접 이음 형상에는 많은 종류가 있으므로 그 특성을 잘 알아서 선택한다.

④ 용접하기 쉽도록 설계해야 한다(용접 간격 고려).

⑤ 용접 이음이 한 곳에 집중되지 않게 한다(용접선이 겹치지 않게 한다).

⑥ 결함이 생기기 쉬운 용접은 피해야 하며, 약한 필릿 용접은 하지 않아야 한다 (스티프너 (stiffener) 사용, 돌림 용접).

⑦ 반복 하중이 작용하는 곳에는 표면이 평활하게 하며, 구조상의 노치를 피해야 한다(잔류 응력 완화, 노치 취성 예방, 완만한 모서리 이음).

평가문제

1 필릿 용접이 그림과 같이 되었다. 그림 중에서 (1), (2), (3), (4)의 명칭을 쓰시오.

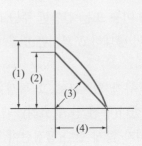

2 그림에 나타나는 용접부의 목두께는 각각 어느 정도인가?

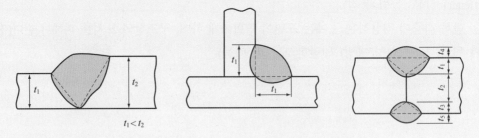

3 그림에 나타난 용접 이음의 명칭을 쓰시오.

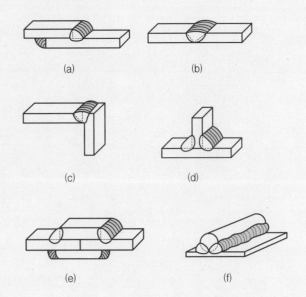

4 그림에서 ①에서 ⑦까지 나타내는 기호는 각각 무엇을 의미하는가? 또 이 그림에서 나타내는 이음의 종류와 용접부의 위치를 기재하시오.

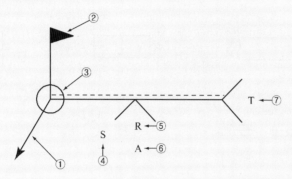

5 그림에서 나타나는 용접 기호의 의미를 각각 서술하시오.

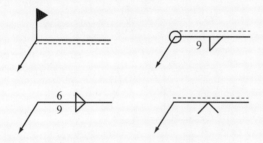

6 다음 그림에서 나타내는 도면 및 용접 기호에서 용접 이음을 설명하시오.

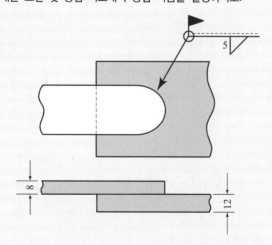

7 다음의 용접 기호를 실형으로 도시해서 설명하시오.

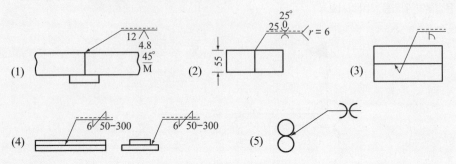

8 다음의 기호는 무엇을 나타내는지 설명하시오.

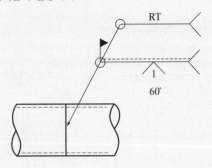

9 그림에서 나타내는 용접 이음을 용접 기호로 나타내시오.

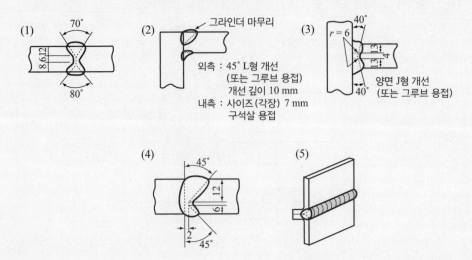

10 다음에 기재된 용접부의 보조 기호는 무엇을 나타내는가? 각각에 대해 설명하시오.

1. (a) ─ (b) ⌢ (c) ⌣
2. (d) C (e) G (f) M (g) F
3. ⌐▌
4. ○
5. ⌐▶

11 파이프의 현장 용접 이음을 용접 기호로 나타낼 때 다음 (1), (2), (3) 중 올바른 것의 번호를 답하시오.

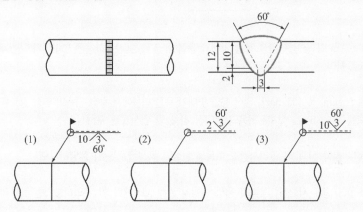

12 허용 전단 응력을 80 MPa로 해서 그림과 같이 각장 15 mm의 측면 필릿 용접한 부재에 최대 120 kN의 하중을 걸기 위해서는 편측 용접부의 유효 길이(L)는 최소 몇 mm 필요한가? 단 휨 및 응력 집중은 무시한다.

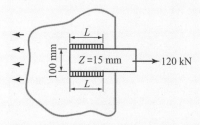

13 그림과 같이 필릿 용접한 이음이 있다. 이 이음에 200 kN의 인장력이 작용하는 경우 필요한 용접부의 유효길이(L)를 구하시오. 단, 필렛용 접의 허용 전단 응력은 110 MPa로 한다.

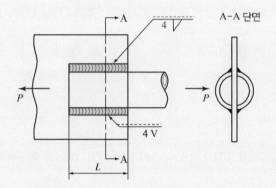

14 단면적이 $10\,\mathrm{cm}^2$의 평판을 완전 용입 맞대기 용접한 경우 견디는 하중은 얼마인가? 단 재료의 허용 응력을 $160\,\mathrm{MPa}$로 한다.

15 판의 두께 $25\,\mathrm{mm}$, 폭 $400\,\mathrm{mm}$인 완전 용입 맞대기 용접 이음에서 용접 금속의 인장 강도를 $410\,\mathrm{MPa}$로 하고, 허용 응력을 $140\,\mathrm{MPa}$로 할 때 허용되는 인장 하중 및 안전율을 구하시오.

16 용접 이음부 형상 선택 시 고려사항과 이음부 형상별 특성을 간단히 설명하시오.

17 용접 구조물의 설계 시 잔류 응력과 용접 변형에 관해 배려해야 할 주의사항 5항목을 제시하시오.

18 취성 파괴 방지를 고려한 용접 구조물의 설계에 있어서 필요한 항목을 제시하시오.

용접 검사

10.1 용접부 검사의 의의

  용접은 설계자의 설계와 시방서에 의하여 실시함으로써 완성된 가공물이 목적과 부합되도록 구조 및 성능을 발휘해야 한다. 그러나 용접의 내·외부적 요인으로 불량 또는 결함있는 제품이 생산될 수 있다. 그러므로 용접부에 대한 건전성(soundness)과 신뢰성(reliability)의 확보가 요구된다. 이를 확보하기 위해서는 사전 결함 예방에 대한 지식, 시험 검사가 필요하다. 작업 검사(procedure inspection)란 양호한 용접을 하기 위하여 용접 전, 용접 중 또는 용접 후에 있어서 용접공의 기능, 용접 재료, 용접 설비, 용접 시공 상황, 용접 후 열처리 등의 적부를 검사하는 것을 말한다. 완성 검사란 용접 후에 제품이 요구대로 완성되고 있는가의 여부를 검사하는 것을 말한다. 완성된 제품에 대한 완성 검사(acceptance inspection)는 파괴 시험(destructive testing)과 비파괴 시험(nondestructive testing)으로 나눌 수 있다.

  파괴 시험은 피검사물을 절단, 굽힘, 인장, 기타 소성 변형을 주어 시험하는 방법이고, 비파괴 시험은 피검사물을 손상하지 않고 시험하는 방법을 말한다. 이러한 검사의 응용은 검사자(inspector)가 재질, 용접부의 형상, 목적에 따라 선택 또는 조합하여 결함을 검출한다.

10.2 용접 결함

(1) 치수상의 결함

① 응력에 의한 변형
횡 수축, 종 수축, 각 변형, 회전 변형 등에 의하여 치수상의 결함이 생긴다.

② 형상 결함
재료의 평면상 맞대임할 곳의 규격 차이, 필릿의 각도나 기타 실제 용접의 설계와 시공이 달라 결함이 생긴다.

(2) 구조상의 결함

① 비드 형상의 결함
언더컷, 오버랩, 너무 높은 보강 용접, 목 두께 부족, 다리 길이 부족 등과 같은 구조상의 결함이 생긴다.

② 기공(blow hole)

공기 중에 있는 수소나 탄소와 화합해서 기포가 생기거나 유황(S)이 많은 강이면 수소(H_2)와 화합해서 유화수소(H_2S)가 생겨 기포가 남게 된다.

③ 슬래그 혼입(slag inclusion)

앞 층의 잔류 슬래그가 원인이 되어 용접부의 층 아래 또는 내부에 남는 것을 말한다.

④ 융합 부족(lack of fusion)

용접 금속이 모재 또는 앞 층에 충분히 용융되지 않을 경우에 생기는 것으로, 용접 전류가 불충분할 때, 아크가 한쪽으로 편향되었을 때 발생한다. 또한 이 결함은 간극이 넓게 벌어져 있을 경우와 밀착은 돼 있으나 접착이 되지 않았을 때 생긴다.

⑤ 용입 부족(lack of penetration)

깊은 용접을 할 때 용착 부족 때문에 그루브, 루트가 용입되지 않고 남는 것 또는 한편 용접 때 전류 부족으로 용입되지 않는 경우의 결함이다. 이는 응력 집중도가 높아 균열 발생의 원인이 된다.

⑥ 균열(crack)

고온 균열과 저온 균열이 있다. 비드 밑 터짐이나 토 균열, 루트 균열, 열처리 균열, 응력 부식 균열 등이 있다.

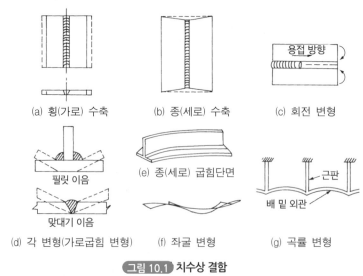

(a) 횡(가로) 수축 (b) 종(세로) 수축 (c) 회전 변형

필릿 이음

(e) 종(세로) 굽힘단면

근판

맞대기 이음

배 밑 외관

(d) 각 변형(가로굽힘 변형) (f) 좌굴 변형 (g) 곡률 변형

그림 10.1 치수상 결함

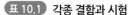
표 10.1 각종 결함과 시험

용접 결함	결함 종류	시험과 검사
치수상 결함	변 형 용접부의 크기가 부적당 용접부의 형상이 부적당	적당한 게이지를 사용하여 외관 육안 검사 용착 금속 측정용 게이지를 사용하여 육안 검사 용착 금속 측정용 게이지를 사용하여 육안 검사
구조상 결함	구조상 불연속 기공 결함 슬래그 섞임 융합 불량 용입 불량 언더컷 용접 균열 표면 결함	방사선 검사, 자기 검사, 와류 검사, 초음파 검사, 파단 검사, 현미경 검사, 마이크로 조직검사 〃 〃 외관 육안 검사, 방사선 검사, 굽힘시험 외관 육안 검사, 방사선 검사, 초음파 검사, 현미경 검사 마이크로 조직검사, 자기 검사, 침투 검사, 형광 검사, 굽힘 시험 외관 검사
성질상 결함	인장 강도 부족 항복 강도 부족 연성 부족 경도 부족 피로 강도 부족 충격 파괴 강도 화학성분 부적당 내식성 불량	기계적 시험 〃 〃 〃 〃 〃 화학분석 시험 부식 시험

(3) 성질상의 결함

용접부는 국부적인 가열에 의하여 융합하는 이음 형식이기 때문에 모재와 같은 성질이 되기 어렵다.

용접 구조물은 어느 것이나 사용 목적에 따라서 용접부의 성질은 기계적, 물리적, 화학적인 성질에 대하여 정해진 요구 조건이 있는데, 이것을 만족시키지 못하는 것을 성질상 결함이라한다.

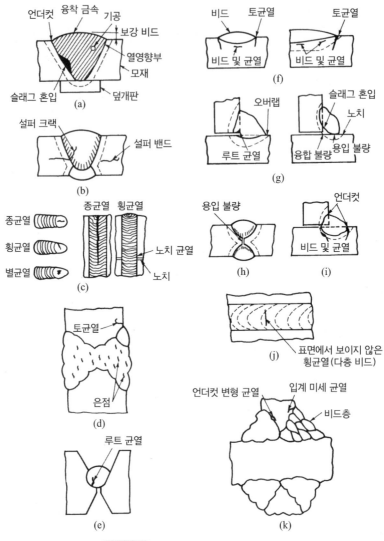

그림 10.2 여러 가지 용접의 결함과 균열

표 10.2 용접부의 시험 종류

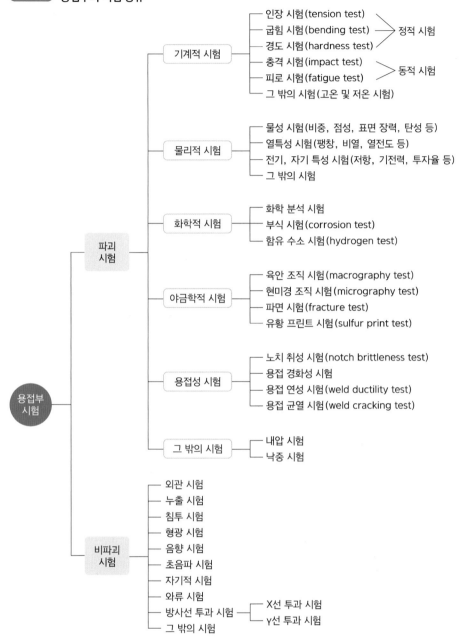

기계적 시험
- 인장 시험(tension test) ┐
- 굽힘 시험(bending test) ├─ 정적 시험
- 경도 시험(hardness test) ┘
- 충격 시험(impact test) ┐
- 피로 시험(fatigue test) ├─ 동적 시험
- 그 밖의 시험(고온 및 저온 시험)

물리적 시험
- 물성 시험(비중, 점성, 표면 장력, 탄성 등)
- 열특성 시험(팽창, 비열, 열전도 등)
- 전기, 자기 특성 시험(저항, 기전력, 투자율 등)
- 그 밖의 시험

화학적 시험
- 화학 분석 시험
- 부식 시험(corrosion test)
- 함유 수소 시험(hydrogen test)

야금학적 시험
- 육안 조직 시험(macrography test)
- 현미경 조직 시험(micrography test)
- 파면 시험(fracture test)
- 유황 프린트 시험(sulfur print test)

용접성 시험
- 노치 취성 시험(notch brittleness test)
- 용접 경화성 시험
- 용접 연성 시험(weld ductility test)
- 용접 균열 시험(weld cracking test)

그 밖의 시험
- 내압 시험
- 낙중 시험

파괴 시험

비파괴 시험
- 외관 시험
- 누출 시험
- 침투 시험
- 형광 시험
- 음향 시험
- 초음파 시험
- 자기적 시험
- 와류 시험
- 방사선 투과 시험 ─┬─ X선 투과 시험
 └─ γ선 투과 시험
- 그 밖의 시험

용접부 시험

10.3 파괴 검사

파괴 검사는 검사부를 절단, 굽힘, 인장, 충격 등 파괴하여 검사하는 것을 말하며, 대량 생산품의 샘플(sample) 검사에 적합하다.

1 파괴 검사의 종류 및 검사 방법

(1) 인장 시험 tension test

인장 시험에서 하중을 P N, 시편의 최소 단면적을 A (mm^2)라고 하면 응력(stress) σ는 다음과 같다.

$$\sigma = \frac{P}{A} \, (\text{N}/\text{mm}^2)$$

그리고 시험편 파단 후의 거리를 l (mm), 최초의 길이를 l_0라 하면 변형률(strain) ϵ는

$$\epsilon = \frac{l - l_0}{l_0} \times 100$$

와 같이 되고, 파단 후 시험편의 단면적을 A' (mm^2), 최초의 원단면적을 A (mm^2)라 하면 단면 수축률 ϕ는 다음과 같다.

$$\phi = \frac{A - A'}{A} \times 100$$

그림 10.3은 응력과 변형도의 선도이며 C점에 해당하는 응력은 하중은 증가하지 않고 변형만 하는데, 이때 최대 하중(N)을 원단면적(mm^2)으로 나눈 값을 항복 응력(N/mm^2)이라 한다. 그러나 스테인리스강, 황동과 같이 항복점(yielding point)이 나타나지 않는 재료는 항복점에 대응되는 내력을 측정한다. 즉, 보통 많이 사용되고 있는 0.2% 내력은 곡선 2에 표시된 바와 같이 변형률 축상 0.2% 변형인 점에서 직선 부분에 평행선을 그어 하중 – 변율 곡선과 만나는 G점의 하중을 원단면적으로 나눈 값을 말하는데, 이것을 영구 변형(permanent strain)의 0.2%에 대한 응력으로 0.2% 항복 응력 혹은 내력(yield stress)이라 하며, 이런 방법을 오프셋(offset)법이라 한다.

또한 파단할 때의 최대 하중을 원단면적으로 나눈 값을 인장 강도(tensile strength) 혹은 항장력(E점)이라 한다. 그림 10.3에서 A점을 비례 한도(proportional limit)라 하고, 하중을 제거해서 재료가 영구 변형을 남기지 않고 원래대로 되는 최대 응력을 탄성 한도(elastic limit)라 한다.

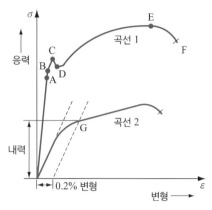

그림 10.3 응력과 변형률 선도

(2) 용착 금속의 인장 시험

용착 금속(deposited metal)의 인장 시험은 용착 금속 내에서 원형으로 채취한다.

시험편은 원칙적으로 아크 용접일 때 A 1호 시험편, 가스 용접일 때 A 2호 시험편으로 하지만, 이 시험편의 채취가 곤란할 때 A 2호와 A 3호의 시험편을 사용하기도 한다.

$$용접\ 이음\ 효율(\text{joint efficiency}) = \frac{시험편의\ 인장\ 강도}{모재의\ 인장\ 강도} \times 100(\%)$$

그림 10.4 인장 시험재의 채취 형상

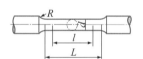

표점 거리 $l = 50\,\text{mm}$, 지름 $d = 14\,\text{mm}$
평행부 거리 $L =$ 약 $60\,\text{mm}$
모서리 반지름 $R = 15\,\text{mm}$ 이상

그림 10.5 인장 시험편 형상

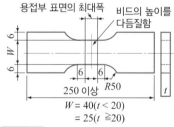

$W = 40(t < 20)$
$= 25(t \geqq 20)$

그림 10.6 맞대기 용접 이음의 인장 시험

표 10.3 용착 금속의 인장 시험편 규격

용접 방법 시험 재료	아 크 용 접					가 스 용 접	
두께(T)	32	25	19	12	6	9	6
길이(A)	약 150	약 150	약 150	약 150	약 150	약 120	약 120
폭(B)	125	125	125	125	125	125	125
덮개판 두께(t)	12	12	6	3	3	.	.
덮개판 폭(b)	25	25	25	25	25	.	.
루트 간격(a)	12	12	12	6	4	4	4
홈 각도(α)	45°	45°	45°	45°	45°	75°	75°
시험편 채취 위치(S)	약 25	약 19	약 12	약 9	약 4	약 5	약 4
채취 시험편	A 1호	A 1호	A 1호	A 2호	A3호	A 2호	A3호

(3) 굽힘 시험(bending test)

용접부의 연성을 조사하기 위하여 사용되는 시험법으로, 굽힘 방법에는 자유 굽힘(free bend), 롤러 굽힘(roller bend)과 형틀 굽힘(guide bend)이 있으며, 보통 180°까지 굽힌다. 또 시험하는 표면의 상태에 따라서 표면 굽힘 시험(surface bend test), 이면 굽힘 시험(root bend test), 측면 굽힘 시험(side bend test) 3가지 방법이 있다.

보통 형틀 굽힘 시험을 많이 하며, 그림 10.7과 10.8은 시험용 지그(jig)와 시험편의 형상이다.

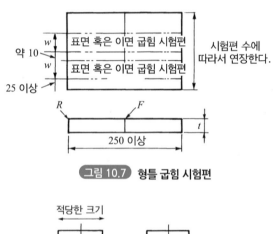

그림 10.7 형틀 굽힘 시험편

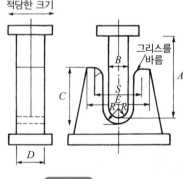

그림 10.8 형틀의 형상

표 10.4 형틀 굽힘 시험편의 치수

시험편	1 호	2 호	3 호
판 두께(t)	3.0~3.5	5.5~6.5	8.5~9.5
길이(L)	약 150	약 200	약 250
폭(W)	19~38	19~38	19~38
측면 라운딩(R)	< 0.5	< 1.0	< 1.5

표 10.5 시험용 지그의 치수

지그 치수	A 1 형	B 2 형	C 3 형
R	7	13	19
S	38	68	98
A	100	140	170
B	14	26	38
C	60	85	110
D	50	50	50
E	52	94	136
R'	12	21	30
사용 시험편	1호	2호	3호

표 10.6 각종 경도계의 비교

종 류	형 식	입자 또는 해머의 재질 형상	하 중	비 고 (표 시 예)		
브리넬	압입식	담금질한 강구 $$H_B = \frac{P}{\pi\,d\,h}$$ 지름 　10 mm 　　　　5 mm 　　　　2.5 mm	3,000 kg 1,000 kg 750 kg 500 kg	강구의 지름과 하중은 재질과 경도에 따라 다음과 같이 조합한다.		
				강구의 지름(mm)	하중 (kg)	기 호
				5	750	HB(5/750)
				10	500	HB(10/500)
				10	1,000	HB(10/1,000)
				10	3,000	HB(10/3,000)
				경도 표시 예 : HB(10/500)92 　　　　　　　　HB(10/500/30)92		
로크웰	압입식	$H_R B = 130 - 500\,h$ h : 압입 깊이의 차 "B" 스케일 담금질한 강구 지름 1/16″	100 kg	HRB30(또는 RB30)		
		$H_R B = 100 - 500\,h$ h : 압입 깊이의 차 "C"스케일 다이아몬드콘 정각 120 ° $$H_V = \frac{1.8544\,P}{d^2}$$ d : 자국의 대각선 길이	150 kg	HRC59(또는 RC59)		

(계속)

종 류	형 식	입자 또는 해머의 재질 형상	하 중	비 고 (표 시 예)
비커스	압입식	다이아몬드 4각추 정각 136˚	1～120 kg	HV(30)250
쇼어	반발식	$H_s = \dfrac{10000}{65} \times \dfrac{h}{h_o}$ h_o : 낙하 높이 h : 반발 높이 끝을 둥글게 한 다이아몬드를 붙인 해머, 해머 중량 2.6 g	낙하 높이 25 cm	H_S51 $H_S25.5$

(4) 경도 시험 hardness test

브리넬(Brinell) 경도, 로크웰(Rockwell) 경도, 비커스(Vickers) 경도 시험기는 압입 자국으로 경도를 표시한다. 압입체인 다이아몬드 또는 강구로 눌렀을 때, 재료에 생기는 소성 변형에 대한 자국으로 경도를 계산하고 있다. 쇼어(shore) 경도 시험은 낙하 – 반발 형식으로 재료의 탄성 변형에 대한 저항으로써 경도를 표시한다.

(5) 충격 시험

시험편에 노치(notch)을 만들어 진자로 타격을 주어 재료가 파괴될 때 재료의 성질인 인성 (toughness)과 취성(brittleness)을 시험하는 것을 충격 시험(impact test)이라 한다. 이 시험에는 샤르피(Charpy) 충격 시험기와 아이조드(Izod) 충격 시험기가 많이 사용되며, 전자는 시험편을 수평으로, 후자는 수직으로 두고 충격을 가한다. 용착 금속의 충격 시험은 흡수 에너지와 충격치를 구하여 표시한다.

충격치는 충격 온도에 큰 영향을 주며 다음과 같이 구한다. 시험편에 흡수된 에너지 E는

$$E = WR(\cos\beta - \cos\alpha)\,(\text{kg·m})$$

충격치 U는 흡수 에너지를 시험편의 단면적으로 나눈 값이다.

$$U = \frac{E}{A} = \frac{WR(\cos\beta - \cos\alpha)}{A}\,(\text{kg·m}/\text{cm}^2)$$

W : 펜듈럼 해머의 중량(kg)

R : 회전축의 중심에서 해머의 중심까지의 거리

β : 해머의 처음 높이 h_1에 대한 각도

α : 해머의 2차 높이 h_2에 대한 각도

시험편의 파단에 필요한 흡수 에너지가 크면 클수록 인성이 큰 재료가 되며, 작으면 작을수록 취성이 큰 재료가 된다.

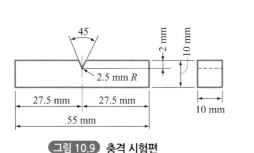

그림 10.9 충격 시험편

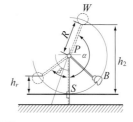

그림 10.10 샤르피 펜듈럼 충격 시험기

(6) 피로 시험 fatigue test

동적 시험의 한 가지 방법으로 시험편에 반복 하중을 두어서 견디는 최고 하중을 구하는 방법인데, 재료가 반복 응력을 받았을 때에는 인장 강도 또는 항복점에 도달하지 않는 힘에서도 파괴된다. 이것을 피로 파괴(fatigue destruction)라 한다.

반복 하중의 응력이 클수록 파단되기까지의 수명이 짧다. 즉, 피로 시험은 재료의 피로 한도 혹은 내구 한도로 시험하며, 시간 강도(어떤 횟수의 반복 하중에 견디는 응력의 극한치)를 구하는 방법이다.

반복 횟수($\log N$)에 관계없이 응력($\log S$)이 일정하게 되는 그 이하의 응력에서는 무한대로 횟수를 증가하여도 파괴되지 않는 응력이 있는데, 이를 피로 한도(fatigue limit)라 한다. 보통 반복 횟수는 10^7회까지 시험하면 피로 한도가 구해진다.

또한 피로 한도가 10^5회 기준으로 그 이상에서 파괴되면 고싸이클 피로, 이하에서 파괴되면 저싸이클 피로라고 한다.

2 용접성 시험

용접성(weldability)은 주어진 구조물을 용접할 때 재료의 접합 성능(joinability)과 용접 구조물의 사용 성능(performance)에 대하여 어느 정도 만족시킬 수 있는가 하는 정도를 표시하기 위하여 사용된다.

분 류	의 의	시험법	고려사항
공작상의 용접성	용접 시공의 균열, 기타 결함 발생에 대한 감도	용접부 최고 경도 시험 용접 균열 시험 등	재료 성질, 이음 형식 용접법, 품질관리, 검사 등
사용성능상의 용접성	구조물의 사용 시에 있어서 이음의 강도, 연성, 파괴 특성, 내식성 등의 성능에 대한 감도	용접 비드 굽힘 시험 노치인성 시험 용접인장 시험	부하의 크기, 종류, 사용 온도, 환경

그 외 용접성에 영향을 주는 요인으로서 용접 결함, 잔류 응력, 변형, 균열, 용접부의 열열향 등을 들 수 있으며, 인성이 큰 재질이나 탄소당량이 낮은 재질, 라미네이션(lamination)이 없는 재료를 선택하는 것이 바람직하다.

(1) 노치 충격 시험 notch impact test

용접물의 인성(toughness)을 알아보기 위한 것으로 충격치의 천이 온도(transition temperature)와 파면율을 구한다.

$$S = \frac{B}{A} \times 100$$

    S : 연성 파면율(%)
    A : 전파단 면적($B + C$)
    B : 연성 파면의 면적

노치 효과(notch effect)와 저온이 공존하여 취성 파괴가 일어나는 것을 저온 취성(low temperature brittleness)이라 한다.

노치가 붙은 시험편을 각 온도에서 파괴하면, 어떤 온도를 경계로 하여 시험편이 급격히 취성화하는 것을 알 수 있다. 이 온도를 천이 온도(transition temperature)라 하고, 그림 10.13과 같이 천이 현상이 어떤 온도 범위 내에서 생길 때에는 그 영역의 중심 온도를 천이 온도로 한다. 그리고 천이 온도가 높은 강을 노치 감도(notch sensitivity)가 민감하다 하고, 천이 온도가 낮은 강을 노치 인성(notch toughness)이 풍부하다고 한다.

또 천이 온도는 같은 조성의 강에서도 시험편의 형상이나 시험 방법이 다르면 다른 값을 나타내고, 일반적으로 시험편의 판 두께나 치수가 증가하거나 노치가 보다 날카롭게 되면 그것은 상승하는 것이 보통이다. 따라서 시험편에서 구한 천이 온도는 강의 노치 취성을 상대적으로 나타내는데 그치고, 실제의 구조물의 천이 온도는 시험편의 천이 온도에서 정확하게 계산할 수 없다.

일반적으로 많은 노치 취성 시험에서 시험편의 인성은 그림 10.14와 같이 2단으로 저하하는 것이 보통으로 되어 있다.

고온 쪽에서 인성의 저하는 상당히 급격히 일어나는 것이며, 그 온도를 파면 천이 온도(fracture transition temperature, T_{rf})라 한다. 저온 쪽에서 인성의 저하는 완만하게 일어나는 것이 보통이며, 이 온도를 연성 천이 온도(ductility transition temperature, T_{rd})라 한다.

또한 파면이 연성적일 때 시험편의 흡수 에너지는 매우 크지만, 취성인 경우는 작다. 따라서 흡수 에너지 곡선은 그림 중에 점선으로 구별한 바와 같이 파괴의 발생에 요하는 부분과 전파에 요하는 부분이 겹쳐져 있는 것으로 생각할 수 있다. 또 여기서 양 부분의 높이와 온도의 벗어남은 시험편의 형상이나 시험 방법 등에 따라서 여러 가지로 변한다.

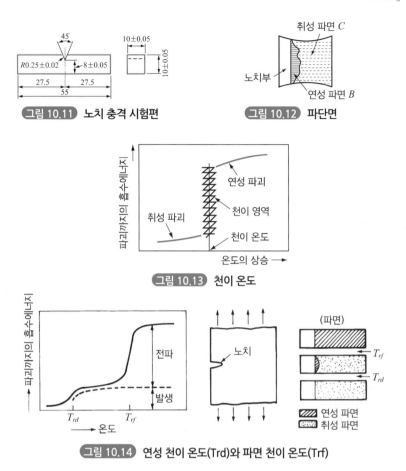

그림 10.11 노치 충격 시험편

그림 10.12 파단면

그림 10.13 천이 온도

그림 10.14 연성 천이 온도(Trd)와 파면 천이 온도(Trf)

(2) 비드의 취성 시험

비드의 취성 시험은 킨젤 시험(Kinzel test)과 리하이 시험(Lehigh test)이 있으며, 비드에 노치가 1개 있는 것은 킨젤 시험이며, 2개 있는 것은 리하이 시험이다. 최대 하중을 가해 굽힘 각도, 흡수 에너지, 파면 상태 등을 검사한다.

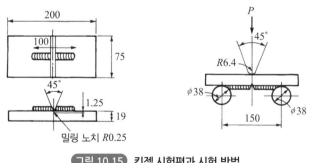

그림 10.15 킨젤 시험편과 시험 방법

(3) 용접부의 연성 시험

용접부의 연성 시험 종류는 용접부 최고 경도시험(KS B 0893), 용접 비드 굽힘 시험(KS B 0861), 용접 비드의 노치 굽힘시험(KS B 0862) 등이 있으며, 이러한 시험을 통하여 예열과 후열의 필요성을 결정하게 된다. 또한 용접 금속이나 열영향부의 연성을 비교하는 방법이 되기도 한다.

(4) 용접 균열 시험 weld cracking test

① 리하이 구속 균열 시험(Lehigh controlled cracking test)

시험편의 주위에 절단 슬릿(slit)의 깊이를 변화시키면 이 홈 용접에 대한 구속의 정도가 변화되기 때문에, 용접 조건이 일정할 때 비드에 균열이 발생하느냐 하는 것으로 균열 감수성을 비교한다.

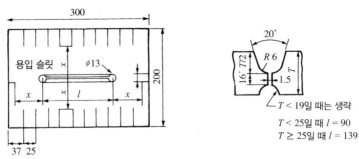

그림 10.16 리하이 구속 균열 시험편

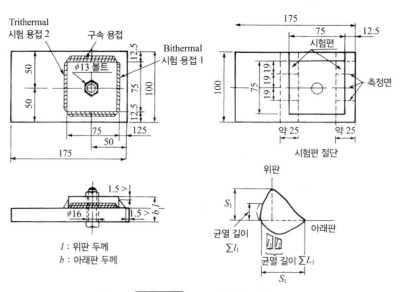

그림 10.17 CTS 균열 시험편

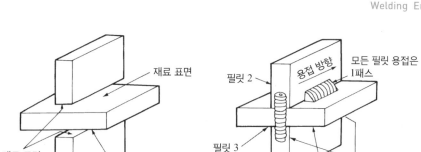

그림 10.18 십자형 균혈 시험

② CTS 균열 시험 (controlled thermal severity test)

열적구속도 시험이라고도 하며, 볼트와 양쪽 필릿 용접으로써 견고하게 결합시킨 겹치기 이음을 시험편 재료로 한다.

이 시험 비드 주변의 열흐름 상황은 2방향 열류와 3방향 열류가 되므로 비드에 발생하는 균열에 그 영향이 나타나게 된다. 따라서 아크 전류, 전압, 예열, 후열 용접 조건의 영향을 검토하는 데 편리한 시험 방법인 것이다. 시험편은 시험 용접 후 48시간 이상 경과하여 2개의 시험 용접을 기계 가공에 의하여 절단하고, 각 측정면을 연마 부식한 후에 10~100배 정도로 확대하여 균열의 유무와 길이를 조사한다.

③ 십자형 균열 시험 (cruciform cracking test)

지연 균열을 알아보기 위한 시험으로 십자형 필릿 용접에서 비드에 생기는 균열을 관측하는 것이다.

시험편을 3개 양쪽 T-이음이 되게 가접하고, 필릿 용접을 해서 냉각시키므로 평판에서의 냉각 속도보다 필릿에서는 더 빨리 냉각 수축되어 균열이 생기게 된다.

④ C형 지그 구속 맞대기 균열 시험 (KS B 0872)

이 시험은 피스코 균열 시험(FISCO cracking test)이라고 하며, C형 지그에 시험재를 볼트로

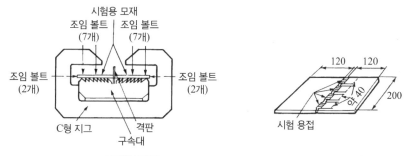

그림 10.19 피스코 균열 시험 지그와 시험편

고정한 뒤 4곳에 시험 비드를 놓고 냉각 후 용접부를 접고 파단하여 그 파단면의 균열 유무를 조사하는 시험이다.

⑤ 비드 균열 시험(bead cracking test)

고온 균열(hot cracking)은 응고점 바로 아래에서 발생하는 응고 균열(solidification cracking)이 대부분이며, 강의 경우는 300℃ 이상의 고온에서 발생하는 균열을 고온 균열이라 한다.

이 균열을 측정하기 위한 것이 바레스트레인트(varestraint) 시험이다. 이 시험 방법은 용접 중에 균열이 발생하는 응고 균열을 관찰하는 데 이용된다.

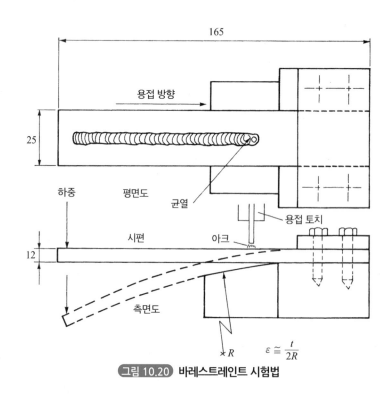

그림 10.20 바레스트레인트 시험법

⑥ 슬릿형 균열 시험(KS B 0858)

이 시험은 시험재에 가스 절단이나 기계 절삭으로 Y형의 홈을 만들고, 이 슬릿(slit)에 시험 비드를 놓은 뒤 일정 시간이 경과하고 나서 균열의 유무나 균열의 길이를 조사하는 시험이다.

이 균열 시험은 슬릿이 비스듬하게 되어 있으므로 루트(root)에 응력 집중이 크게 되는 매우 민감한 시험이다.

⑦ T형 필릿 균열 시험(T-fillet cracking test)

연강, 고장력강 및 스테인리스강 용접봉의 고온 터짐 시험에 쓰이는 것으로, 종판의 양단을 횡판에 가용접한 다음 편측의 필릿을 용접하고, 계속해서 반대측을 역으로 용접하여 시험편을 만든다. 두 번째 측면이 시험 비드가 된다.

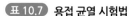
표 10.7 용접 균열 시험법

분류	구속 상태	균열 시험 방법	특　　징
저온균열시험	자구속형	슬릿형	초층 용접에 의한 균열을 대상으로 하나, 다층 용접에도 적용된다. 경사 Y형 용접 균열 시험
		H 형	상동, 구속 상태가 비교적 명확
		π 형	후판의 다층 용접 균열을 대상
		창틀형	후판의 다층 용접 횡균열을 대상
		크랜휘일드	다층 용접에 변형 균열, 특히 HAZ의 라메라 티어를 대상
		십자 필릿	1층 필릿 용접의 HAZ 균열을 대상
		CTS	상동, 영국에서 규격화되어 실용되고 있다.
	외부구속형	TRC(tension restraint control testing)	구조물의 용접 균열 발생 조건의 정량화가 가능, 정하중형 시험 방법
		RRC(resistance and restraint control)	상동, 정변위형 시험
		인플란트(inplant)	정하중 시험, 비교적 소형의 시험편을 사용하여 용접 균열 한계 응력을 구할 수 있다.
고온균열시험	외부구속형	휘스코(fisco)	맞대기 이음의 용접 금속 균열이 대상, C형 지그 구속, 맞대기 용접 균열의 시험 방법
		바레스트레인트(varestraint)	응고 과정에 있어서 재료의 고온 연성의 정량화를 가능케 함

⑧ 바텔비드 밑 균열 시험(Battelle bead under cracking test)

저합금강의 비드 밑 균열의 시험에 쓰이는 간단한 방법이며, 소형 시험편 표면에 소정 조건으로 비드를 붙이고, 24시간 방치한 다음 절단하여 균열을 검사한다. 결과는 비드 길이에 대한 균열 길이의 비(%)로서 표시하며, 보통 5개의 평균을 취한다.

이외에 리하이 구속 균열 시험(Lehigh restraint cracking test), 휘스코 균열 시험(Fisco cracking test) 등 여러 가지가 있지만, 용접 시험에 자세히 설명하였다.

⑨ 전개식 모서리 용접 균열 시험(angle expanding type cracking test for fillet welds)

2매의 시험판에 표면 또는 테두리 부분을 용접하면서 양쪽 시험판을 회전하여 용접 금속의 수축과 반대 방향 굴곡으로 비틀림을 주어 용접 금속의 고온 균열 감수성을 검사하는 시험이다.

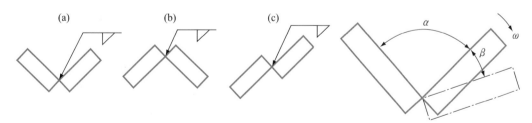

α : 용접 시작시 일정 각도,　β : 일정 전개 각도
ω : 일정 전개 각속도,　　　비고 : 점선은 용접 완료 후 위치임

그림 10.21 전개식 모서리 용접 균열 시험

⑩ 손가락형 용접 균열 시험(finger type weld cracking test)

고온 균열에 대한 시험으로 그림 13.4와 같이 몇 개의 짧은 모양의 시험판을 옆으로 나란히 놓고, 서로 강하게 조인 상태로 비드 용접을 하는 방법이다.

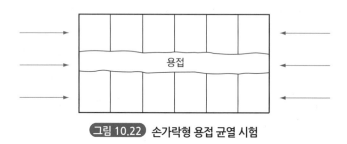

그림 10.22 손가락형 용접 균열 시험

⑪ 창문형 구속 용접 균열 시험(window type restraint weld cracking)

두꺼운 판으로 큰 창틀에 시험판을 구속하고, 횡 자세로 시험 용접하는 것이다. 주로 고장력강 용접의 횡 균열에 대한 감수성을 검사하기 위해 사용된다.

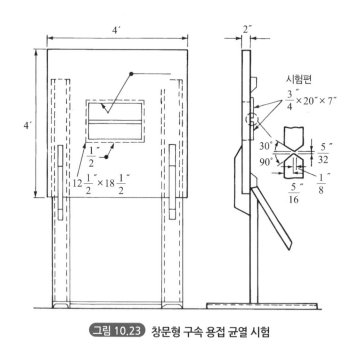

그림 10.23 창문형 구속 용접 균열 시험

⑫ 인플란트 균열 시험 inplant weld cracking test

지지판이 설치된 구멍에 삽입한 원주 노치가 부착된 환봉 시편 위를 노치 부분이 정확히 열영향부가 되도록 용접 비드를 하고, 용접 후 시편에 인장하중을 주어 열영향부에 균열이 발생되지 않을 때까지 인장 응력값을 구하는 시험이다. 강판의 저온 균열 감수성 평가에 사용된다.

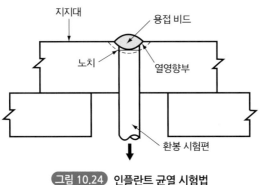

그림 10.24 인플란트 균열 시험법

3 화학적 시험과 조직 시험

(1) 화학 분석 chemical analysis

모재, 용접봉, 용착 금속 등에 대한 규정 또는 규격이 정해져 있을 때 혹은 결함의 원인이 되는 불순물을 함유하는가를 확인하기 위하여 화학 분석이 필요하다.

(2) 부식 시험 corrision test

용접물이 부식성 분위기, 예를 들면 바닷물, 산, 알칼리 또는 가스가 존재하는 분위기에서 사용될 때 이것과 같은 조건 또는 유사한 조건으로 내식성을 시험한다.

(3) 수소 시험 hydrogen test

용착 금속에 함유된 수소는 용접부의 균열, 기공 등 결함의 원인이 된다. 특히 연강, 저합금강의 용접을 할 경우에는 용착 금속 중에 수소(H_2)의 침입을 방지하는 것이 좋은 용접부를 얻는 데 중요한 일이다.

(4) 파면 시험 fracture test

용접봉의 작업성 또는 용접사의 기능을 조사하는 간단한 방법으로 널리 사용되고 있다. 필릿 용접한 L형 시편을 해머(hammer) 또는 프레스로서 굽힘 파단하고, 그 파단면의 용접 상태, 기공(blow hole)의 유무, 슬래그 함유 상태, 균열, 조직 등을 육안으로 검사하고 용접부의 건전성(soundness)을 시험한다.

(5) 현미경 조직 시험 micro structure test

현미경을 이용해 모재, 융합부, 용착 금속의 결정 조직, 비금속 개재물 등을 관찰한다. 시편을 연마하여 에칭액(etching solution)에 부식한 후 광학 현미경이나 전자 현미경을 이용해 배율 10배 이상으로 관찰한다.

(6) 유황 프린트 시험 sulphur print test

철강 중에 FeS 또는 MnS로 존재하는 유황(S)을 검출하는 육안 검사법이며, 시편을 매끈하게 연마한 후에 유화수소를 작용시키고 사진용 브로마이드(bromide) 인화지에 철강중의 유황 및 유화물을 인화하는 방법이다.

표 10.8 화학적 및 조직학적 시험법

	종류	목적	방법
화학적 시험법	화학 분석	① 용접봉의 심선, 모재, 용착 금속의 화학조성 분석 ② 불순물의 함유량 조사	화학 분석
	부식 시험	용접 구조물의 내식성 조사	부식성 분위기를 만들어 시험
	수소 시험	수소량의 측정	① 확산성 수소량 측정법 ② 진공추출법
화학적 시험법	화학 분석	① 용접봉의 심선, 모재, 용착 금속의 화학조성 분석 ② 불순물의 함유량 조사	화학 분석
	부식 시험	용접 구조물의 내식성 조사	부식성 분위기를 만들어 시험
	수소 시험	수소량의 측정	① 확산성 수소량 측정법 ② 진공추출법
조직학적 시험법	파면 시험	용접 금속과 모재의 파면 검사	육안 혹은 낮은 배율의 확대경을 사용
	육안 조직 시험	용접부의 용입 상태, 열영향부의 범위, 결함의 분포 상황 등을 조사	조직 시험 시험편을 만들어 육안으로 검사
	현미경 조직 검사	〃	시험편을 만들어 약 50~2,000배 현미경으로 검사
	유황프린트 시험	유황 및 유화물의 함유량과 분포 상태를 검출	묽은 황산에 담근 사진용 인화지를 시험편 단면에 밀착시킨 후 정착액으로 정착시킨다.

10.4 비파괴 검사

재료 또는 제품의 재질이나 형상 치수에 변화를 주지 않고 재료의 건전성을 시험하는 방법을 비파괴 검사(nondestructive testing or inspection, NDT or NDI)라 하고 용접물, 구조물, 압연재 등에 이용되고 있다.

1 육안 검사 visual inspection : VT

용접부의 외관을 검사하는 기공이나, 비드 모양, 균열 등 눈으로 볼 수 있는 검사이다. 비파괴 검사는 다음과 같은 것이 지켜져야 한다.
① 비드 파형이 균일하고, 기공, 슬래그 섞임, 균열 등이 없을 것
② 모재와의 접합이 양호하고, 표면에 언더컷, 오버랩 현상 등의 결함이 없을 것
③ 치수가 규정대로 유지되어 있을 것

2 누설 검사 leak inspection : LT

이 방법은 탱크나 용기의 용접부에 기밀, 수밀을 검사하는 방법으로, 보통 수압 또는 공기압으로 행하고 특수한 경우에는 할로겐 가스(halogen gas), 헬륨(He) 등이 사용된다.

가장 간단한 방법은 시험 용기 중의 압력을 외압보다 높게 하여 압력의 변화로 누설을 검사하든지 용기를 물이나 석유 속에 넣어 기포의 발생으로 누설 장소를 아는 방법이다.

표 10.9 비파괴 검사의 종류와 방법

종 류	목 적	방 법
외관 검사	① 작은 결함 검사 ② 수치의 적부 검사	렌즈, 반사경, 현미경 또는 게이지로 검사
누설 검사	기밀, 수밀 검사	정수압, 공기압에 의한 방법
침투 검사	작은 균열과 작은 구멍의 흠집 검사	① 형광 침투 검사 ② 염료 침투 검사
초음파 검사	내부의 결함 또는 불균형층의 검사	진동수 0.5~15 MHz를 사용하여 ① 투과법 ② 펄스 반사법 ③ 공진법
자기 검사	자성체의 결함 검사	자화 전류 500~5000 A를 사용
와류 검사	금속의 표면이나 표면에 가까운 내부 결함의 검사	금속 내에 유기되는 와류 전류(eddy current)의 작용을 이용
방사선 투과 검사	내부 결함 검사	① X선 투과 검사 ② γ선 투과 검사

3 방사선 투과 시험 : RT

X−선은 진공의 X−선관 내에서 고속의 전자가 표적(target)에 충돌함으로써 발생한다. X−

선관 안에는 전자를 방출하는 음극(cathode)과 그 전자가 향하여 튀어가는 양극(anode)이 있다. 음극에서 나온 전자는 관전압에 의해서 가속되고 양극에 충돌한다. 전자가 양극에 충돌하면 그 운동 에너지는 X-선과 열로 변한다. 이 X-선이 검사물을 통과할 때 그 흡수의 차를 투과 선상을 가진 필름의 농도차로써 기록한 것이다.

(1) 방사선 투과 시험의 원리

방사선 투과 시험에는 X-선 및 γ 선이 일반적으로 많이 사용되고 있다. X선 및 γ 선은 시험체를 투과하는 성질이 있다. 이 투과하는 정도는 재료를 구성하는 원소와 두께에 따라 다르다. 시험체 안에서 방사선의 강도를 I_1 및 I_2 라 하면, I_1 및 I_2 는 각각 다음 식으로 나타내어질 수 있다.

$$I_1 = I_0 \cdot e^{-ux}$$

$$I_2 = I_0 \cdot e^{-u(x-\Delta x)} \cdot e^{-u'\Delta x} = I_0 \cdot e^{-ux+(u-u')\Delta x}$$

여기서 I_0 는 결함이 없는 경우 조사선의 강도를 나타낸다. 또 μ 및 μ' 은 각각 물질 1 및 물질 2의 선흡수 계수를 표시한다. 시험체 안에 두께 Δx 의 이종 재료의 물질이 있는 경우 시험체를 투과한 방사선의 강도가 다르다. 또 동일 재료에서 방사선의 투과하는 두께가 다른 경우도 방사선의 강도가 다르다. 선흡수 계수 μ 는 방사선을 흡수하는 정도를 표시하는 것으로, 시험체를 구성하는 원소의 원자 번호에 따라 다르며, μ 값은 대부분의 경우 원자 번호가 클수록 크다.

(2) 투과 사진의 촬영

① 촬영 배치

강용접부의 방사선 투과 시험에 사용되는 방사선원은 X-선 또는 γ 선이다. X-선 장치로서는 휴대식 X-선 장치, 고정식 X-선 장치 등이 있으며, γ 선원으로서는 ^{192}Ir, ^{60}Co 등의 인공 방사선 동위 원소(RI)가 사용되고 있다.

투과도계 및 계조계는 투과 사진의 상질 및 촬영 조건을 관리하는 목적으로 사용된다. 상질의 평가는 식별 가능한 투과도계의 최소의 선경을 시험체 두께로 나눈 값을 백분율로 표시한 값(투과도계 식별도)으로 취급하며, 이 값이 작을수록 투과 사진의 상질이 좋다.

계조계는 시험체 두께가 20 mm 이하의 평판 맞대기 용접부의 시험에 사용된다. 계조계의 1 mm 두께의 차에 대응하는 농도차를 측정해서 상질을 평가한다. 농도차가 클수록 상질이 좋다.

X-선 필름은 통상 양면에 증감지를 밀착시킨 상태로 카세트 안에 끼워넣어 사용한다.

방사선 선원과 세선으로 되어 있는 투과도계 사이의 거리(L_1), 투과도계와 필름 사이 거리 (L_2), 용접물의 시험 유효 거리(L_3)의 관계는 결함상의 흐림, 균열의 검출 정도, 사진의 농도 등을 고려해 규정에 따라야 한다.

② 노출조건

ⓐ 노출 인자

X-선 필름에 도달하는 X-선의 강도는 관전압, 관전류 및 초점 필름 사이의 거리에 의해서 변화한다.

관전압, 초점 필름 사이의 거리를 일정하게 한 경우, 조사 X-선의 선량률은 관전압에 비례한다. 관전압, 관전류를 일정하게 한 경우는 초점 필름 사이 거리의 2제곱에 반비례한다. 따라서 동일 X-선 장치에서 다음 식에 나타낸 노출 인자가 일정하면 동일의 노출량이 되고 동일의 사진 농도가 얻어진다.

$$\text{노출 인자} = \frac{[\text{관전류}] \times [\text{노출 시간}]}{[\text{거리}]^2} = \frac{\text{mA} \times \text{min}}{\text{cm}}$$

노출 인자는 촬영 조건을 변경해서 같은 농도의 사진을 얻기 위한 조건을 구하는 데 편리하다.

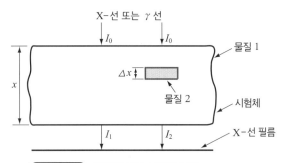

그림 10.25 방사선 투과 시험의 원리

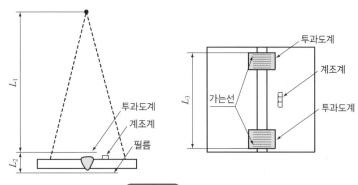

그림 10.26 촬영 배치도

ⓑ 노출 선도

X−선 장치의 경우는 노출 선도로부터 읽은 노출량에서 촬영하여 현상하면 노출 선도에 기재된 농도의 방사선 투과 사진을 얻을 수 있다.

그러나 X−선 장치의 형식이 다르면 같은 관전압이라도 출력이 다른 경우가 있으므로, 노출 선도를 장치마다 작성할 필요가 있다.

(3) 방사선 장치와 식별계

① 장 치

X−선기(X‐ray machines)는 크게 나누면 발전기(generator)와 컨트롤 박스 두 부분으로 구성되어 있다. 전자는 X−선광에 의한 피사체와 직접 관계되고, 후자는 촬영 조건, 즉 피사체의 재질, 두께, 사용 선원의 종류, 사용 필름의 종류, 증감지의 종류, 노출 조건 등의 조작원이 된다.

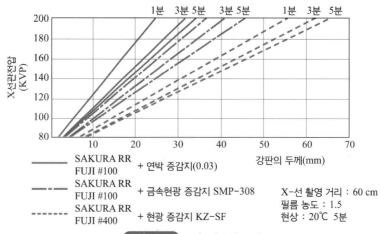

	SAKURA RR FUJI #100	+ 연박 증감지(0.03)
	SAKURA RR FUJI #100	+ 금속현광 증감지 SMP-308
	SAKURA RR FUJI #400	+ 현광 증감지 KZ-SF

X−선 촬영 거리 : 60 cm
필름 농도 : 1.5
현상 : 20℃ 5분

그림 10.27 노출 선도의 보기

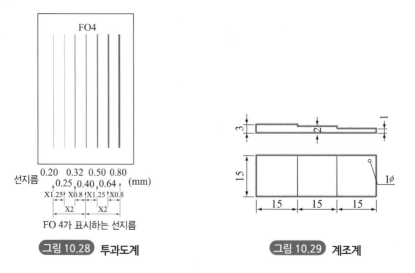

그림 10.28 투과도계

그림 10.29 계조계

② 투과도계(penetrameter)

방사선 사진의 상에서 결함의 크기를 표시하여 비교하기 위한 것으로, JIS Z 3104(강용접부의 방사선 투과 시험 방법 및 투과 사진의 등급 분류 방법)에서는 F02, F04, F08, F16, F12 및 F32형의 투과도계가 규정되어 있다. 투과도계는 7개의 선이 1조가 되며, F 기호 다음의 2자리의 숫자가 7개의 중앙선의 지름을 표시하고 있다. 또 7개의 선 양끝의 최소와 최대 선의 지름은 각각 중앙선 지름의 1/2 및 2배이다. 인접하는 선의 지름은 등비 급수로 되어 있고, 가는 쪽으로부터 굵은 쪽으로 1.25배, 굵은 쪽으로부터 가는 쪽으로는 0.8배이다.

③ 계조계(step wedge)

계조계형은 JIS Z 3104에서는 Ⅰ형과 Ⅱ형이 규정되어 있으며, 각각 두께의 차가 1 mm로 3단의 계단형이다. Ⅰ형은 두께가 1, 2 및 3 mm이고, 투과 사진상에서 Ⅱ형과 구별하기 위하여 1 mm 두께의 위치에 지름 1 mm의 드릴 구멍이 있다. Ⅱ형은 두께가 3, 4 및 5 mm의 계단이다.

계조계는 재료의 두께가 20 mm 이하의 평판 맞대기 용접부를 촬영할 때에 사용한다.

4 초음파 탐상 시험 : UT

(1) 원리

주파수가 약 20 kHz 이상의 높은 음은 인간의 귀로 들을 수 없기 때문에 초음파라고 한다. 이 초음파를 이용한 시험 방법에는 펄스 반사법, 투과법, 공진법 3가지가 있지만, 가장 널리 사용되고 있는 것은 펄스 반사법으로, 보통 초음파 탐상 시험이라고 하는 것이 이 방법이다.

펄스 반사법에서는 시험재의 표면으로부터 지속 시간이 극히 짧은 초음파 펄스를 내부로 전달하여 시험재 속의 결함에 의해서 반사되어 오는 초음파를 검출한다. 이것을 에코(echo)라고 한다. 이때 에코의 크기로부터 결함의 크기를 추정하고, 송신된 초음파 펄스가 수신되기까지의 시간을 측정하여 결함까지의 거리를 알 수 있다. 이것들은 초음파 탐상기의 브라운관에 표시된다.

초음파의 송수신에는 전압을 가하면 초음파를 발생하고 초음파를 수신하면 전압을 발생하는 작용을 하는 진동자 보호 케이스에 넣은 탐촉자를 사용한다. 한 개의 탐촉자에서 초음파의 송수신을 행하는 것이 많으며, 이것을 1탐촉자법이라 한다. 또 송신과 수신을 2개의 탐촉자를 이용하여 행하는 방법을 2탐촉자법이라 한다.

초음파를 시험재에 전달시키는 방향에 의해서 수직 탐상법과 사각 탐상법으로 분류된다. 수직 탐상은 시험재의 표면에 수직으로 초음파를 입사시키는 방법이다. 그림 10.30은 수직 탐촉자가 결함의 바로 위에 위치하는 경우를 표시한 것으로, 이때 브라운관상에는 그림

10.30(b)와 같은 탐상 도형이 나타난다.

결함 에코(기호 F)는 저면에서 반사된 저면 에코(기호 B) 앞에 나타나며, 그 높이로부터 결함 크기의 정도를, 저면 에코 및 결함 에코가 발생하는 점의 위치 W_B 및 W_F로부터 판 두께 및 결함의 깊이 위치를 추정할 수 있다.

결함의 치수가 초음파빔의 지름보다 작은 경우에는 결함의 바로 위에 수직 탐촉자가 위치했을 때 결함 에코의 높이는 최대가 된다. 결함의 치수가 초음파빔의 지름보다 큰 경우에는

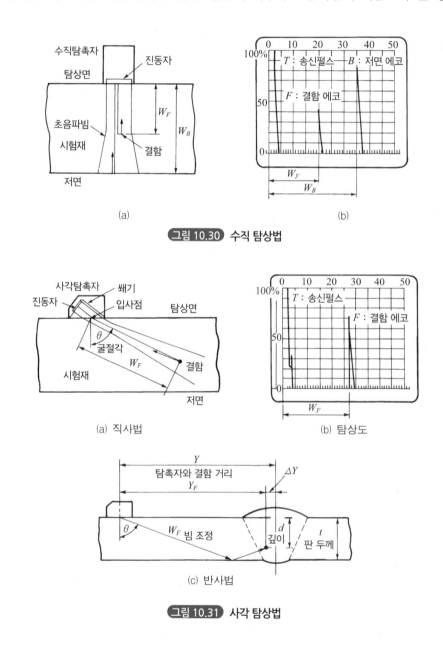

(a)

(b)

그림 10.30 수직 탐상법

(a) 직사법

(b) 탐상도

(c) 반사법

그림 10.31 사각 탐상법

저면은 결함의 그늘이 되므로 저면 에코가 나타나지 않는다. 이 경우 탐촉자를 탐상면을 따라서 이동시켜 결함 에코가 나타나는 탐촉자 위치의 범위를 측정하면 결함의 범위를 추정할 수 있다. 수직 탐상은 표면에 평행한 평면 모양 검출에 적합하며, 강판과 두껍고 큰 단강품, 필릿과 모서리 용접부의 시험에 적용된다.

사각 탐상은 탐상면에 대해서 비스듬하게 초음파를 입사시키는 방법으로, 그림 10.31(c)와 같은 탐상 도형이 나타난다. 사각 탐상에서는 초음파빔이 경사진 방향으로 진행되기 때문에 저면 에코는 나타나지 않는다. 결함 에코 F가 발생하는 점의 위치에 의해서 탐촉자의 입사점으로부터 초음파빔의 진행 방향에 따른 결함까지의 거리 W_F를 추정할 수 있다. 미리 사용하는 탐촉자의 입사점 및 굴절각 θ를 측정해 두면 결함의 위치를 구하는 것이 가능하다.

시험부를 직접 겨냥하는 방법을 직사법이라 하고, 저면에서 1회 반사시켜 결함을 측정하는 법을 반사법이라 하며, 탐촉자와 용접부 거리를 Y, 탐촉자와 결함 거리를 Y_F라 하면, 결함 위치는 다음과 같이 나타난다.

$$\text{탐상면상의 거리}: \Delta Y = Y - Y_F = Y - W_F \sin\theta$$

$$\text{깊이(직사법)}: d = W_F \cos\theta$$

$$\text{(1회 반사법)}: d = 2t - W_F \cos\theta$$

(2) 탐상장치

① 탐촉자(transducer)

초음파를 발생시키거나 수신하기 위해 압전 재료가 사용된다. 대표적인 것에는 수정으로 그림 10.32에 나타낸 것처럼 얇게 잘라내어 양면에 전극을 장치하고, 그 사이에 전압을 가하면 두께 방향으로 신축하는 성질을 갖고 있다. 수정판에 접촉 매질의 기름을 쳐서 시험재에 접촉시키면 시험재의 표면도 수정판의 신축에 따라 진동하여 초음파가 되어 시험재의 내부에 전해진다. 수신은 송신과 완전히 역의 과정으로 반사되어 온 초음파에 의해 수정판이 신축하여 전극 사이에 전압이 생긴다. 이 전압을 증폭하여 브라운관에 표시한다.

이 수정판과 같은 움직임을 하는 것을 진동자라 한다. 진동자를 케이스에 장치한 것을 탐촉자라 한다.

탐촉자는 용도에 따라 수직용과 사각용으로 나누어지며, 그림 10.33(a)는 수직용 수정 탐촉자의 예이며, 수정 진동자가 직접 금속면에 접촉할 수 있게 되어 있다. 탐촉자에는 수정의 뒤쪽에만 전극이 있어 수정 주위에 어스를 시키는 판이 있어서 수정의 뒤쪽에 전극과 금속 표면과의 사이에 전압이 가해지도록 되어 있다. 수정이 노출되어 있기 때문에 파손이나 마모를 받기 쉬우나 좁은 초음파 펄스의 송·수신을 할 수 있으므로 널리 사용되고 있다.

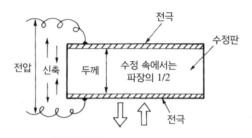

그림 10.32 초음파의 발생과 수신

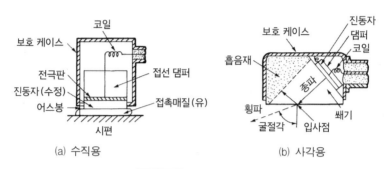

(a) 수직용   (b) 사각용

그림 10.33 탐촉자의 구조

표 10.10 탐촉자의 표시 방법(JIS Z 2344 – 1978)

표시 순서	내 용	종별과 기호
1	주 파 수	단위 MHz
2	진동자 재료	수정 : Q, 유산 리듐 : L, 티탄산 바륨계 자기 : B, 지르콘 티탄산 연계 자기 : Z, 압전 자기 : C
3	진동자의 크기	원판 : 지름, 단위 mm 2분할의 경우에는 분할전의 치수로 나타낸다. 각판 : 높이 X 폭, 단위mm
4	형 식	수직 : N, 사각 : A, 종파사각 : LA, 표면파 : S, 가변각 : VA, 수침 : I 다이아몬드 : W, 2분할 : D를 가함, 두께계용은 T를 가함.

예) 5 Q 20 N : 5 MHz, 수정 진동자, 지름 20 mm, 수직용

    세라믹스계의 진동자는 양면에 전극을 붙여서 사용하고 진동자면을 보호하기 위해 앞면(접촉면)에 보호판이나 시험재의 초음파 전달 효율의 향상도 겸한 보호막이 붙여져 있다.

    그림 10.33(b)는 사각 탐촉자의 예로서, 합성 수지 쐐기에 진동자를 장치한 구조로 되어 있어 진동자에서 방사된 종파의 초음파는 쐐기를 지나 쐐기와 시험재의 경계면에서 굴절하여 횡파의 초음파만이 시험재 속으로 전달된다. 경계면에서는 음파의 일부가 반사되어 쐐기 내에 남아있는 방해 신호의 원인이 되므로 반사음파에 해당하는 부분에 흡음 재료를 장치하여 흡수해서 소멸시키도록 하고 있다.

탐촉자의 주파수, 진동자 재료, 진동자의 형상 및 치수 등을 쉽게 알 수 있도록 표 10.10과 같이 표시 방법이 규정되어 있다.

② 초음파 탐상기

초음파 탐상기의 예를 그림 10.34에 나타내었다. 표시부에는 눈금판을 새긴 브라운관을 사용하며 횡축은 시간을, 종축은 에코의 크기를 나타낸다. 초음파의 전달 속도는 재료에 따라 정해져 있으므로 같은 재료로 치수가 정확한 것을 사용해서 눈금판의 횡축 좌단(0눈금)에 서 우단(50눈금)까지의 길이(이것을 측정 범위라고 한다)를 조정해 놓으면 결함 에코의 입상점 위치에서 초음파의 전달 방향에 따른 결함까지의 거리를 알 수 있다.

브라운관의 에코의 높이는 증폭의 정도(탐상기의 감도)를 높이면 커진다. 또 탐촉자에 가하는 전압을 높이면 에코의 높이가 높아지므로 탐상할 경우에는 탐상기의 탐상 감도 조정이 중요하다.

브라운관의 에코 높이 조정이나 측정 범위 조정은 통상 브라운관의 탐상 도형을 관찰하면서 탐상기 전면에 붙어있는 조정 다이얼에 의해 이루어진다.

ⓐ 시간축에 관계되는 다이얼

ⅰ) 측정 범위 다이얼(측정 범위 조정) : 측정 범위, 즉 브라운관의 횡축으로 나타낼 수 있는 거리의 최대치 또는 범위를 cm로 나타낸다.

ⅱ) 음속 조정 다이얼 : 탐상 도형의 에코 간격을 연속적으로 넓혔다 좁혔다 한다. 이것에 따라 측정 범위의 미세 조정을 한다.

ⅲ) 소인 지연 다이얼(영점 조정 다이얼) : 탐상 도형이 그대로의 상태로 좌우 평행 이동 한다. 시간축의 원점을 좌우로 이동시킨다.

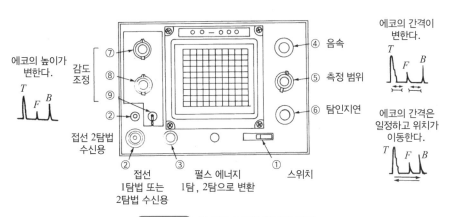

그림 10.34 탐상기 스위치 배치의 일례

ⓑ 종축에 관계되는 다이얼

    i) 펄스 에너지 또는 펄스 폭 다이얼 : 진동자에 가하는 펄스 전압 또는 진동자의 진동시간을 조정한다. 펄스 전압을 높이면 에코가 커지고 펄스 폭도 넓어진다.

    ii) 감도 조정(gain attenuator) 다이얼 : 수신한 초음파를 브라운관에 에코로 표시할 때 그 증폭 정도를 바꾸어 감도를 조정한다. 같은 결함 에코도 감도를 바꾸면 에코의 높이가 변화한다. 조정 다이얼의 눈금 커지면 에코가 높아지는 것을 게인형, 반대로 눈금값이 커지면 에코가 낮아지는 것을 어테뉴에이터형이라 한다. 눈금 값의 단위는 dB이다.

(3) 표준 시험편

같은 크기의 결함이라도 탐상기의 감도를 바꾸는 것에 따라 브라운관에 결함 에코가 검출되다 안되다 한다. 또 시험의 결과는 재현성이 있어야 한다. 그렇게 하기 위해서는 에코 높이 평가의 기준을 정해 탐상 감도의 조정을 할 필요가 있다. 한편 검출한 결함의 위치를 명백히 하려면 사각 탐상 실험에서는 사각 탐촉자의 입사점 및 굴절각을 알 필요가 있다. 이것을 한 번 측정해 보았더라도 사용 중에 쐐기가 마모해서 변할 때도 있으므로 시험 전후에 검사할 필요가 있다. 또 측정은 브라운관에 나타내는 에코로 하는데, 횡축은 시간축이고 초음파가 입사해서 원위치로 돌아오는 데까지의 시간을 나타내는 것으로, 시간축을 조정해 놓아야만 한다.

이들의 탐상에 필요한 탐촉자를 포함한 초음파 탐상기의 감도 조정이나 특성의 검정은 모두 표준 시험편을 사용하고 있다. 표준 시험편은 감도 표준 시험편과 장치 특성 검정용 표준 시험편의 두 개가 있다. 표준 시험편의 종류와 사용 목적을 표 10.11에 나타내고 있다.

표 10.11 표준 시험편의 사용 목적

표준시험편의 종류기호	탐상 양식	시험대상 물의 예	사 용 목 적	규격 번호
STB-C	수직	극후판 형 강 단조품	탐상 감도 조정 수직 탐촉자의 근거리 특성 측정	JIS Z 2345
STB-N1		후 판	탐상 감도 조정	JIS Z 2346
STB-A1	사각 수직	용접부관	사각 탐촉자의 입사점 및 굴절각의 측정 탐상기의 측정 범위 조정 탐상기의 종합 분해능 측정(수직법) 탐상 감도 조정	JIS Z 2347
STB-A2		용접부관	탐상 감도 조정 탐상기의 종합 분해능 측정	JIS Z 2348
STB-A3	사각	용접부	사각 탐촉자의 입사점 및 굴절각의 측정 측정 범위 조정 탐상 감도 조정	JIS Z 2349

5 자분 탐상 시험 : MT

자분 탐상 시험이란 강자성체의 표면 및 표면 근방의 결함을 탐상하는 방법 중 하나로, 시험편에 적절한 자장을 가해 결함부에 생긴 누설 자장에 따라 자분을 자화하고 결함부에 생긴 자극에 자분을 흡착시켜 자분 모양을 형성시킨다. 그리하여 형성된 자분 모양을 관찰하는 것에 의해 결함의 유무를 알아내는 시험 방법이다.

자분 탐상 시험을 적용할 수 있는 시험체는 일반적으로 강자성체라 불리는 것으로, 자화가 생기는 성질이 있어야 하므로 시험할 때 이 성질이 있는가를 확인할 필요가 있다. 강자성체는 작은 자석이 모인 것이라 생각할 수가 있어서 자화하기까지 이 작은 자석은 각각 제멋대로 방향을 향해 있으나, 자장 속에 넣어주면 정렬하여 같은 방향으로 향해 나란히 서게 되며, 새로운 자석이 된다. 즉, 자극이 나타나는데, 이 자극에 의해 자속이 발생한다. 이때 단위 단면적의 자속을 자속 밀도라 한다.

이렇게 시험체를 자화하는 것에 의해 시험체에 자속이 생기는데, 시험체 중에 자속의 흐름을 방해하는 것, 예를 들면 결함이나 기공(blow hole) 그 밖의 다른 종류의 결함이 있으면 자속은 결함을 우회하든지 공기 중에 누설하든지 하여 흐른다. 이 누설한 자속을 누설 자장이라 한다.

(1) 자분 탐상 시험의 종류

① 자화 시기에 의한 분류

연속법이란 자화 전류를 흘리면서 영구 자석이나 전자석을 시험편에 접촉시켜 자화하면서 자분의 적용을 완료하는 방법으로 모든 강자성체 재료에 적용된다.

잔류법이란 자화를 중지한 후 자분의 적용을 하는 방법으로, 일반적으로 보자력이 큰 재료에만 적용이 가능하다. 연속법보다 결함 검출 능력이 떨어진다.

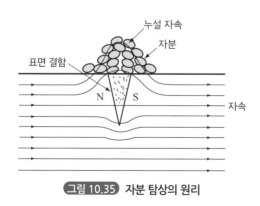

그림 10.35 자분 탐상의 원리

② 자분의 종류에 의한 분류

비형광 자분이란 백색, 회색, 흑색, 적색, 갈색 등 여러 가지 색을 가진 자분으로 형성된 자분 모양을 가시광선 밑에서 관찰하려고 할 때 사용하고, 색상에 의한 콘트라스트를 이용하여 자분 모양을 식별한다. 한편 형광 자분이란 자외선의 조사에 의해 빛을 발하는 도료에 도포시킨 자분으로, 암실에서 자외선을 조사하면서 관찰할 때 사용하고 명도에 의한 콘트라스트를 이용하여 자분 모양을 식별한다. 일반적으로 형광 자분은 비형광 자분에 비해 자분 모양의 식별성이 높다.

③ 자분의 분산매에 의한 분류

건식법이란 공기를 분산매로 하여 건조한 자분을 쓰는 방법이다. 습식법이란 등유 또는 물 등 적당한 액체에 자분을 혼합하여 쓰는 방법이다.

④ 자화 전류의 종류에 의한 분류

자화 전류의 종류는 직류, 맥류, 교류 등이 있으나, 표면 결함이나 내부 결함 또는 연속법, 잔류법 등에 따라 구분하여 적용한다. 보통 직류나 맥류가 많이 이용된다.

⑤ 자화 방법에 의한 분류

전류에 의해 발생하는 자장을 이용하는 방법과 영구 자석이나 전자석의 자장을 이용하는 방법이 있다. 또 전류를 사용하는 방법에는 시험체에 직접 전류를 흘리는 방법과 직접 흘리지 않는 방법이 있다. 자화 방법의 선택에 있어서는 다음과 같은 것을 고려할 필요가 있다.

ⓐ 자화의 방향과 예측되는 결함의 방향 : 자장의 방향이 결함의 방향과 직각일 때 결함이 가장 잘 검출된다. 따라서 각 시험 방법에 의한 자장의 방향을 이해하는 것이 중요하다.

ⓑ 시험품의 치수, 형상, 시험체가 클 경우 : 한 번에 자화하여 탐상하는 것이 불가능해진다. 이러할 때 분할하여 자화하는 방법이 취해진다. 또한 형상의 차이에 따라서도 자화의 방법을 변경시켜야 할 때가 있다. 시험면상에 필요한 자장의 방향과 강도를 고려하여 가장 효율적인 방법을 적용한다.

ⓒ 시험환경 : 시험 장소가 높은 곳, 좁은 곳 등이 있어 부득이하게 자화 방법을 정석으로 하지 못할 경우가 있다. 이러할 때 작업성은 떨어져도 결함의 검출 성능은 저하시키지 않도록 주의할 필요가 있다.

(2) 장치 및 재료

① 자화장치

자화장치에는 극간식 탐상기와 같이 자속을 직접 시험체에 투입하는 장치와 전류를 조정하여 전류에 의해 발생하는 자장을 이용하는 장치가 있다.

ⓐ 프로드(prode)식 자화장치

메이커에 의해 전류의 종류, 최대 사용 전류치, 통전 시간 등에 차이가 있는 장치가 시판되고 있다. 코일 등 부착물(attachment)을 장치하는 것에 의해 여러 가지 자화 방법이 적용된다.

ⓑ 극간식 자화장치

이 장치의 성능을 나타내기 위해서는 전자속과 자극 간의 거리가 필요하고, 전자속을 간접적으로 나타내는 것으로, 코일의 권수, 전류, 자극 단면적, 리프팅 파워(lifting power) 등이 있다.

그림 10.37에서 자극 간을 연결한 실선은 자장을 표시하고 화살표는 자장의 각 점에 있어서 자장과 직교하는 방향, 즉 가장 검출하기 쉬운 결함의 방향을 표시한다.

② 관찰장치

ⓐ 자외선 조사장치

블랙 라이트(black light)라고도 하며, 고압 수은등에 자외선 투과 필터를 취한 자외선 조사등과 안정기로 구성되어 있다.

ⓑ 백색등

비형광 자분과 형광 자분을 조명하여 결함의 유무를 관찰할 때 사용한다. 일반적으로 500룩스(lx) 정도가 필요하다.

③ 자기 계측기

자분 탐상 시험에서는 자장과 자속의 측정에 자기 계측기를 이용하지만, 이것에는 자속계, 가우스 미터, 마그넷 게이트 미터, 교류 자장 자속계, 간이형 자기 검출기, 자기 콤퍼스 등이 있다.

④ 자 분

자분에는 많은 종류가 있지만, 사용할 때는 시험편의 거칠기, 시험면의 색상, 예측된 결함의 종류와 크기, 시험 환경, 자화 조건 등에 의하여 선택한다.

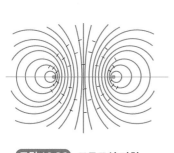

그림 10.36 프로드식 자화

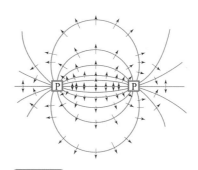

그림 10.37 극간법에 의한 자장의 방향

ⓐ 건식 자분과 습식 자분

건식 자분은 공기의 흐름을 캐리어(carrier)로 해서 이용하고, 일반적으로 습식 자분에 비해 입도가 큰 것($10 \sim 60 \mu\text{m}$)이 많다. 습식 자분은 물 또는 백등유에 혼합시켜서 액체를 캐리어로 이용하기 때문에 입도가 작은 것($0.2 \sim 10 \mu\text{m}$)이 많다. 그러나 습식 자분을 건식 자분으로 하고 또는 반대로 건식 자분을 습식 자분으로 해서 이용하기도 한다.

ⓑ 형광 자분과 비형광 자분

형광 자분은 환원 또는 전해 철분에서 형광제를 접착한 것으로, 주로 습식 자분으로 사용된다. 형성된 자분 모양은 자외선을 받고 일반적으로 황색의 강한 황록색으로 빛나는 것도 있다.

비형광 자분은 가시광선 하에서 자분 모양을 관찰하는 자분으로, 백색, 회색, 흑색, 적색 등 여러 색이 있고, 시험면의 색조에 따라 사용되고 있다. 많은 환원 또는 전해 철분에 안료 등을 접착하고 많은 색조로 한 것이 있지만, 자성 분말을 사용하는 것도 있다. 습식용, 건식용에 넓게 사용되고 있다.

ⓒ 특수 자분

특수한 용도에 사용하는 자분으로서 자성 분말에 착색한 열가소성 수지를 코팅하고, 형성된 자분 모양을 가열하여 시험편에 고정하고 박리하지 않도록 하는 고착 자분과 용접부 등 $300 \sim 400\,^{\circ}\text{C}$의 고온부에 적용해도 산화 변색을 하지 않도록 순철에 크롬, 알루미늄 또는 실리콘 등을 첨가한 금속에 의한 고온용 건식 자분 등이 있다.

(3) 표준 시험편

표 10.12 시험편의 종류와 사용 목적

시 험 편	규 격	사 용 목 적
A형 표준 시험편	JIS G 0565 - 1974	장치, 자분, 검사액의 성능 조사, 시험품 표면의 유효 자장의 강도와 방향조사 시험 조작의 적부 장치, 자분, 검사액의 성능 조사
B형 표준 시험편 C1형 표준 시험편	JIS G 0565 - 1974 NDIS 3301 - 77	A형 표준 시험편과 같음

6 침투 탐상 시험 : PT

(1) 침투 탐상 시험의 원리

침투 탐상 시험은 시험체 표면에 생긴 결함을 침투액을 이용하여 탐상하는 방법으로, 기본적으로는 전처리, 침투 처리, 세정 처리, 현상 처리, 관찰 등의 작업을 말한다.

침투 탐상 시험은 금속 이외에 비자성 재료에도 적용할 수 있고, 다공질과 표면이 아주 거친 것은 적용이 어려운 경우도 있다. 이 시험법이 다른 비파괴 시험에 비해 특징적인 것은 복잡한 형상의 시험체에서도 1회의 조작으로 시험체 전체의 탐상이 가능하고, 결함의 방향에 관계된 모든 방향의 결함 탐상을 할 수 있다는 것이다.

침투 탐상 시험에는 침투액이 결함 내부에 침투하는 것이 절대적으로 필요하고, 이 때문에 생긴 결함의 내부가 비어있을 필요가 있다. 또한 침투액도 침투성이 뛰어난 것으로 해야 한다. 침투성을 나타낸 인자로서 젖음성이 있다. 젖음성은 액체를 고체 표면에 적화(滴化)한 경우 액체가 기체를 밀어내서 퍼지는 성질의 것이 좋고, 일반적으로 접촉각이 작게 되면 젖음성이 좋은 것이다.

한편 침투액의 점성은 젖음성과 관계있다고 생각하지만, 젖음성과는 관계없이 침투성에만 관계하여 점성이 크면 침투 속도가 늦어진다.

일반적으로 액체의 점성은 온도가 낮게 되면 크게 되고, 저온에서는 탐상 침투 시간이 길어진다. 침투 처리 후 적절한 세정 처리를 행하고 남은 침투액을 제거한 후 시험면에 현상제를 도포하면 백색 현상 유막이 현상되어 침투액이 표면상에 모세관 현상에 의해서 나타난다.

(2) 침투 탐상 시험의 종류

① 관찰 방법에 의한 분류

형광 침투 탐상 시험은 어두운 곳에서 자외선 조사장치를 사용하여 결함부에 현상제나 유막에서 번져 나온 침투액의 형광물질을 여과하고, 그것에 의한 형광을 관찰하는 방법이다. 염색침투 탐상 시험은 백색광의 조명하에서 결함을 빨간 침투액에 의해 지시 모양으로 관찰하는 방법이다. 일반적으로 전자는 후자보다 미세한 결함을 보다 용이하게 알아낼 수 있다.

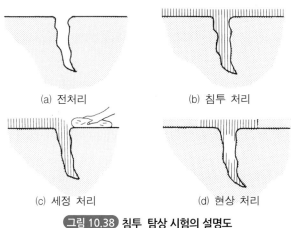

(a) 전처리   (b) 침투 처리

(c) 세정 처리   (d) 현상 처리

그림 10.38 침투 탐상 시험의 설명도

② 세정 방법에 의한 분류

수세성 침투액은 유용성 유기 염료를 첨가한 고침투성 광물유에 유화제를 첨가한 것으로, 일반적으로 다른 침투액에 비해 일부분이 점도가 높아서 침투 시간을 약간 길게 하는 것이 필요하다. 이 침투액은 수분을 넣으면 겔화하고 침투액의 성능이 열화하므로 수분의 혼입을 피해야 한다. 또한 수세성의 침투 탐상 시험은 작업성이 좋지 않아서 미세한 손상은 탐상이 어려운 것도 있다.

후유화성(後乳化性) 침투 탐상 시험은 침투액을 사용하여 침투 시간 경과 후 유화제를 사용하고, 적당한 유화 시간에 의해 잉여 침투액만 세정이 가능하므로 미세한 손상의 탐상에 적용하고, 유화 시간을 적절히 관리하는 것에 의해 비교적 넓고 얇은 결함의 탐상도 가능하다. 그 때문에 후유화성 침투 탐상 시험은 수세성과 용제 제거성 침투 탐상 시험에 비해 결함을 가장 잘 검출하는 시험 방법이다.

용제 제거성 침투 탐상 시험은 다른 침투 탐상 시험에 비해 휴대성이 좋은 방법이다. 또한 다량 부품 탐상에는 적합하지 않지만 큰 부품, 구조물의 부분 탐상에는 적합하다.

③ 현상 방법에 의한 분류

건식 현상법은 건조한 백색 미분말의 건식 현상제를 이용하는 방법으로, 후유화성 형광침투 탐상 시험과 수세성 형광침투 탐상 시험과 합쳐서 적용하는 것이 많다. 염색침투 탐상 시험의 경우는 시험체 표면의 색과 지시 모양의 색과의 콘트라스트가 낮게 보이므로 일반적으로는 그다지 이용하지 않는다. 건식 현상법에서는 결함의 지시 모양은 시간이 경과해도 번짐이 선명한 상을 나타내고, 근접한 결함도 분류하여 알아볼 수 있다. 습식 현상법은 물에 현상제를 분산시키는 것을 적용하는 방법으로, 수세성 침투 탐상 시험과 조합하여 적용하는 것이 많다. 한편 건조식 현상법은 휘발성의 유기 용매에 현상제를 분산시켜 현상제를 적용하는 방법으로, 용제 제거성 침투 탐상 시험과 조합하여 적용하는 것이 많다.

습식 현상법, 건식 현상법의 경우는 어느 쪽도 현상제가 건조한 후 시간 경과와 함께 결함의 지시 모양이 번지므로 현상제를 적용하여 그 경과에 주의를 해야 한다. 무현상법은 현상제를 적용하지 않고 현상하는 방법으로, 형광침투 탐상 시험에 이용하면 가장 좋은 결과를 얻을 수 있다.

실제의 시험에 있어서는 앞에서 말한 여러 종류의 침투액과 현상 방법과 조합하여 행하지만, 최근 많이 이용되고 있는 조합에 대해서 그 순서를 나타내면 표 10.15와 같이 된다. 이와 같은 시험 방법을 선택하는 경우에는 시험체의 중요성, 시험체의 재질과 크기 및 처리 수량, 시험면의 거칠기에 따라 예측된 결함의 종류와 크기, 전원과 수도의 유무, 탐상제의 성능, 작업성, 경제성 등을 고려해야 한다.

표 10.13에 침투 탐상 시험의 일반적인 적용 범위를 나타내었다. 또한 표면 거칠기에 따라

서 시험 방법을 결정하는 경우 표 10.15를 참고하면 좋지만, 반대로 예측된 결함 등 다른 인자도 고려하여 표면 거칠기를 조정하는 경우도 있다.

표 10.13 침투 탐상 시험 방법의 일반적인 적용 범위

대 상	수세성 형광 침투 탐상 시험	후유화 형광 탐상 시험	용제 제거 형광 탐상 시험	수세성 염색 침투 탐상 시험	후유화성 염색 침투 탐상	용제 제거성 염색 침투 탐상
미세한 결함, 폭이 넓은 얕은 결함		○			○	
피로 결함, 연삭 결함 등 폭이 아주 좁은 결함		○	○		○	○
소형 양산 부품	○			○		
거칠은 면의 시험품	○			○		
대형 부품과 구조물을 부분적으로 탐상하는 경우			○			○
시험 장소를 어둡게 하는 것이 어려운 경우				○	○	○
수도 및 전기시설이 없는 경우						○

표 10.14 시험 방법과 적절한 표면 거칠기

시 험 방 법	표 면 거 칠 기
수세성 침투 탐상 시험	70 S(▽ 정도) 이하
용제 제거성 침투 탐상 시험	50 S(▽▽ 정도) 이하
후유화성 침투 탐상 시험	6 S(▽▽▽ 정도) 이하

표 10.15 침투 탐상 시험의 순서

① 수세성 형광침투 탐상 시험 또는 수세성 염색침투 탐상 시험

전처리 → 침투 처리 → 세정 처리 → 현상 처리 → 건조 처리 → 관 찰 → 후처리

② 후유화성 형광침투 탐상 시험 또는 후유화성 염색침투 탐상 시험

전처리 → 침투 처리 → 유화 처리 → 세정 처리 → 현상 처리 → 건조 처리 → 관 찰 → 후처리

③ 용제 제거성 형광침투 탐상 시험 또는 용제 제거성 염색침투 탐상 시험

전처리 → 침투 처리 → 세정 처리 → 현상 처리 → 건조 처리 → 관 찰 → 후처리

(3) 장비 및 재료

시판되는 침투 탐상 시험의 장치 및 재료는 다양하지만, 시험체의 중요성, 시험체의 재질, 예측되는 결함의 성상, 작업환경, 경제성 등을 고려하여 시험 방법, 사용하는 장비 및 재료를 결정한다.

① 탐상제

저독성 탐상제는 유기 용제에 비하여 고가이다. 배수 처리면에서는 수질 오염 방지법에 적용이 있고, 물을 사용하는 세정 처리를 행하는 경우에는 사전에 조정할 필요가 있다.

ⓐ 침투액

침투액의 성분은 염색제, 용제, 계면 활성제 등이 있다.

ⓑ 세정액

에어졸 형태의 세정액은 용제 제거성 침투 탐상 시험에서 전처리와 세정 처리에 사용되고, 성분으로서 석유계 유기 용제(벤젠, 무연 가솔린 등) 또는 염소계 유기 용제(트리코올, 에틸렌 등)가 있다.

ⓒ 유화제

유화제는 후유화성 침투액에 물세정을 하도록 한 것이고, 계면 활성제에 용제를 첨가하고 있다. 사용 방법은 후유화성 침투액에 적용하며, 물에 희석하여 이용한다.

ⓓ 현상제

습식용, 속건식용, 건식용의 현상제가 있고, 어느 것을 사용하는가는 사용하는 침투액의 종류에 의해 결정되지만 작업성, 결함의 형상 등을 고려하여 사용한다.

연습문제 & 평가문제

연습문제

1 검사와 시험은 어떻게 다른가?

2 용접에서 생기는 결함을 열거하고 설명하시오.

3 인장 시험에서 오프셋법이란 어떤 것인가?

4 경도 시험의 종류와 방법을 간단히 기술하시오.

5 충격 시험은 재료의 어떤 성질을 알아보기 위한 것인가?

6 피로 한도란 무엇인가?

7 용접성이란 무엇이며, 어떤 시험 방법이 있는가?

8 충격 시험에서 천이 온도란?

9 용접 균열 시험에는 어떤 것이 있는가?

10 CTS 균열 시험은 어떻게 하는가?

11 비파괴 검사의 종류와 시험법을 간단히 기술하시오.

12 투과도계란 어떤 때 쓰이는가?

13 초음파 탐상의 원리를 설명하시오.

14 자분 탐상 시험의 원리를 설명하시오.

15 침투 탐상 시험의 원리를 설명하시오.

평가문제

1 다음의 용접부 비파괴시험 기호가 나타내는 시험 방법을 기술하시오.
(1) RT-W (2) UT-N (3) UT-A (4) MT-F (5) PT-D

2 다음에 나타내는 용접부 비파괴 검사 기호의 기본기호는 각각 어느 시험 방법을 나타내는가?
1. RT   2. UT   3. MT   4. PT   5. VT   6. LT

3 용접부에 발생하는 결함에서 내부 결함의 명칭을 5개 드시오.

4 용접 결함 중 블로우홀 방지 대책을 5항목 드시오.

5 그림에서 나타나는 용접 단면의 결함 종류는 무엇인가?

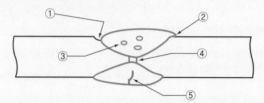

6 다음의 용접 결함을 방지하기 위해 관리해야 하는 항목을 다음 보기에서 2개씩 골라 기입하시오.
(1) 블로우홀
(2) 균열
(3) 용입 불량
(4) 오버랩
(5) 언더컷
보기 가. 용접 전류, 나. 용접봉, 다. 예열, 라. 가우징, 마. 용접 속도

7 용접 결함에 대해 설명한 것 중 옳은 것을 고르시오.
(1) 강용접의 경우 블로우홀의 원인은 주로 일산화탄소와 수소로, 질소도 경우에 따라서 관계가 있다.
(2) 블로우홀의 원인으로 용접부의 급냉은 관계없다.
(3) 고온 균열은 입계 저융점 불순물이 주요 원인으로, S, P 외에 C, Si, Ni 등이 균열을 촉진하는 원소로 알려져 있다.
(4) 저온 균열은 용접부에 침입한 수소와 저온에서 발생한 수축 응력이나 노치부의 응력 집중 등이 원인이 되어 용접 금속 또는 열영향부의 경화와 연성저하 등에 의해서는 발생하지 않는다.
(5) 지연 균열의 지연 시간은 확산성 수소가 균열 부분에서 모아지는 데 필요한 시간이라고 생각된다. 열영향부의 저온 균열, 특히 지연 균열 발생의 주요 인자는 모재의 화학성분, 수소량 및 구속 응력이다

8 다음 문장의 괄호 안에 아래의 보기에서 적당한 말을 골라 채우시오.

용접성이란 강 등의 용접 난이도를 나타내는 작업상의 (1)(협의의 용접성으로, (2)이라고도 함)과 완성한 용접 이음이 사용 목적에 충분히 견디는가 하는 (3)에 관한 용접성으로 나누어진다. 작업상의 용접성으로 고려해야 하는 것에는 용접 금속 및 (4)의 고온 및 (5)를 시작으로, 블로우홀, (6), 용접부의 형상이나 (7) 등을 들 수 있다. 한편, 사용성능상의 용접성에는 모재 및 (8)의 기계적 성질, 즉 연성, (9) 등 그 이용 목적에 따라 (10)강도, 고온 강도, (11) 등이 요구된다.

| 보기 | 가. 피로 | 나. 용접성 | 다. 사용 성능 | 라. 노치인성 | 마. 내식성 | 바. 외관 불량 |

사. 용접부   아. 슬래그함입   자. 저온 균열   차. 열영향부   카. 접합성

타. 이음성능   파. 인장   하. 신율   거. 균열 감수성   너. Lamellar Tearing

9 시험과 검사에 대하여 A와 B에 알맞은 단어를 쓰시오.

제품 또는 시험편에 대해 그 품질을 조사하는 것을 (A)이라 하고, 시험 결과를 판정 기준과 비교해서 합격, 불합격의 판정을 내리는 것을 (B)라고 한다. 그러므로 (A)에는 판정을 포함하지 않는 한편, (B)에는 판정을 포함한다.

10 용접부의 시험과 검사에는 용접 전, 용접 중 및 용접 후에 실시되는데, 그 내용을 간단히 설명하시오.

11 다음 문장의 괄호 안에 아래 보기에서 적당한 말을 골라 기호로 쓰시오.

용접부의 시험방법을 크게 나누면, (1)와 (2)가 된다. (3)는 주로 강도상의 성질을 조사하는 것을 목적으로 하고, (4)는 주로 표면 및 내부의 (5)을 조사하는 것을 목적으로 한다.

보기   a. 재료   b. 분석시험   c. 비파괴 검사   d. 현미경 시험

e. 파괴검사   f. 블로우홀   g. 결함

12 다음에 나타나는 사항을 검사하는 데 가장 적절하다고 생각되는 방법을 아래의 보기에서 골라 괄호 안에 기호로 답하시오.

(1) 용접 열영향부의 경화 (   )

(2) 언더컷 (   )

(3) 용접 금속 내부의 블로우홀(   )

(4) 패스간 융합 불량 (   ) 또는 (   )

(5) 모재의 라미네이션(   )

(6) 용접부의 노치인성(   )

(7) 용접 비드의 형상(   )

(8) 용접 열영향부의 취화 (   )

(9) 피트 (   )

(10) 적층법과 용접패스수 (   )

보기   a. 매크로 조직 시험 b. 방사선 투과 시험 c. 경도 시험

d. 초음파 탐상 시험 e. 충격 시험   f. 육안 검사

13 가장 적절한 검사 방법이 연결되어 있다. 이 중에서 검사 방법이 접합하지 않은 것을 모두 찾으시오.

(1) 용접 열영향부의 경화(충격 시험)

(2) 언더컷(육안 검사)

(3) 용접 금속 내부의 블로우홀(초음파 탐상 시험)

(4) 패스 간 융합 불량 (방사선 투과 시험) 또는 (초음파 탐상 시험)

(5) 모재의 라미네이션(초음파 탐상 시험)

(6) 용접부의 노치인성(충격 시험)

(7) 용접 비드의 형상(육안 검사)

(8) 용접 열영향부의 취화(충격 시험)

(9) 피트(경도 시험)

(10) 적층법과 용접 패스수(매크로 조직 시험)

14 다음 문장의 괄호 안에 적당한 말을 보기에서 골라 기호로 쓰시오.

1. 용접 열영향부의 경도 시험에서는 (a)경도 시험을 이용하여 하중 (b)로, 경도를 (c)에서 측정한다.

2. 용착금속의 수소량 측정에서는 각 시험편은 각각 용접 완료 후 (d)초 경과해서부터 빙수를 이용 급냉한 후 청결히 해서 (e)치환법에 의한 수소 포집기에 삽입한다. 이 조작에 요하는 시간은 용접 완료 후 (f)초 이내로 한다.

3. 경사 Y형 용접 균열 시험은 시험 비드 용접 후 (g)시간 이상 경과하고부터 시험 용접부에 대해 (h)에 나란한 (i)의 균열 유무 및 치수를 측정된 방법으로 조사하여 (j)를 산출한다. 용접부의 시험 방법을 크게 나누면, (k)와 (l)가 된다. (m)는 주로 강도상의 성질을 조사하는 것을 목적으로 하고, (n)는 주로 표면 및 내부의 (o)을 조사하는 것을 목적으로 한다.

보기 가. 브리넬, 나. 로크웰, 다. 비커스, 라. 3, 마. 5, 바. 10 kgf, 사. 24
아. 36, 자. 48, 차. 60, 카. 48, 타. 60, 파. 72, 하. 90
거. 0도, 너. 실온, 더. 수은, 러. 글리세린, 머. 아르곤, 버. 내면
서. 표면, 어. 단면, 저. 균열 길이, 처. 균열도, 커. 균열 감수성

15 다음에 나타나는 항목을 검사하는 데 가장 적절한 시험 방법을 아래 보기에서 골라 기호로 답하시오.

1. 개선 형상   2. 용접 표면 형상
3. 내부의 기공   4. 언더컷
5. 패스 간의 융합 불량   6. 표면 균열
7. 내부 균열의 확장   8. 고립된 슬래그함입

보기 a. 육안 검사   b. 방사선 투과 시험   c. 초음파 탐상 시험
d. 자분 탐상 시험   e. 침투 탐상 시험

16 다음에 나타나는 항목을 검사하는 데 가장 적절한 시험방법 중 틀린 것은?
(1) 언더컷(육안 검사)
(2) 표면 균열(자분 탐상 시험)
(3) 내부의 기공(침투 탐상 시험)
(4) 고립된 슬래그 함입(방사선 투과 시험)

17 다음 시험 방법 중에서 매크로 시험에 대해 올바르게 설명한 것을 고르시오.
(1) 용접 금속 및 용접 열영향부를 포함하는 이음의 인장 강도를 조사한다.
(2) 표면, 이면 및 측면휨의 3종류가 있고, 모재의 두께나 용접 방법에 의해 구분된다. 용접 금속 및 용접 열영향부를 포함하는 이음의 연성을 조사한다.
(3) 용접각부의 취성 파괴에 대한 특성으로 특정 온도에 있어서의 흡수 에너지(충격치) 또는 파면율이나 천이 온도를 구한다. 용접 금속 및 용접 열영향부 각부(본드부를 포함)가 대상이 된다.
(4) 용접부의 단면을 떼어내 연마, 탈지, 부식시켜 육안 또는 저배율 확대경을 이용하여 용입 상황, 내부 결함 등에서 균열의 유무, 열영향의 범위 등을 조사한다.

18 시험 방법에 대해서 형틀 굽힘 시험과 롤러 굽힘 시험의 차이에 대해서 올바르게 서술한 것을 고르시오.
(1) 시험편을 볼록한 곳 위에 두고, 오목한 것으로 시험편을 누른다.
(2) 롤러 굴곡 시험은 볼록틀 대신에 2개의 롤러를 이용하여 시험편을 롤러 사이로 밀어넣는다.
(3) 형굴곡 시험편에서는 오목틀을 이용하기 때문에 시험편의 두께가 규정되어 있는 것(KS에서는 1호 3.0~3.5 mm, 2호 5.5~6.5 mm, 3호 8.9~9.5 mm)에 비해 롤러 굴곡에서는 다른 두께의 시험편도 시험가능하다.
(4) 측면 굴곡 시험은 시험재의 두께에 관계없이 시험편의 두께를 고를 수 없으므로 형굴곡 시험에 의하는 것이 원칙이다.

19 용접부에 대해서 다음의 성질을 조사하려고 할 때 각각 알맞은 시험으로 올바르게 연결되지 않은 것을 고르시오.
(1) 용착 금속의 인장 강도의 부족 – 용착 금속의 인장 시험
(2) 용접 열영향부의 연성 – 굴곡 시험
(3) 용접 열영향부의 인성 – 샤르피 충격 시험
(4) 용접 열영향부의 경화 – 인장 시험
(5) 용접 열영향부의 균열의 발생 – 경사 Y형 용접 균열 시험

20 용접부에 대해 행해진 다음의 시험은 각각 무엇을 구하는 것을 주된 목적으로 하는지 각각의 시험 방법에서 올바르게 연결되지 않은 것을 고르시오.
(1) 샤르피 충격 시험 – 자른 부분의 인성
(2) 이음새 휘기 시험 – 크리프 강도
(3) 인장 시험 – 인장 강도
(4) 자른 부분 파면 시험 – 건전성

21 다음 문장에서 괄호 안의 단어로 적절하지 않은 것을 고르시오.

샤르피 충격시 험은 샤르피 시험기를 사용하여 시험편을 40 mm 폭인 두 개의 지지대로 유지하고, 또한 (1)을 지지대의 중앙에 두고 자른 부분의 배면을 해머로 (2)을 주고, 시험편을 파단해 (3)에너지, (4)율 및 (5)온도를 측정하는 시험이다.

(1) 자른 부분   (2) 충격   (3) 용접
(4) 파면   (5) 천이

22 다음 문장에서 괄호 안의 단어로 적절하지 않은 것을 고르시오.

> 매크로 조직이란 육안으로 직접 또는 (1)배율의 확대경으로 관찰 가능한 금속 및 합금의 조직을 말한다. 용접부의 매크로 조직 시험에는 이음새의 단면을 (2)하고 탈지처리를 하고 나서 (3)으로 부식해 녹는 상황, (4)의 유무, 열영향의 범위 등을 관찰한다.

(1) 저
(2) 연마
(3) 염산
(4) 용제

23 용접 구조물의 용접부 검사에 이용하는 방사선 투과 시험과 초음파 탐상 시험의 검출 특성, 경제성, 작업의 안전성에 대하여 간단하게 비교하시오.

24 용접부 내부 결함의 주된 종류를 4개 쓰고, 각각의 검출에 가장 적합한 비파괴 시험법을 표시하시오.

25 KS B 0845(강용접 이음부의 방사선 투과 시험 방법)에 대하여 제1종의 결함, 제2종 및 3종의 결함에 대해 각각 아는대로 쓰시오.

26 피로 파괴의 위험이 있는 용접 구조물에 방사선 투과 시험에 의해 KS B 0845에 의한 2급이 합격이라고 결정된 경우, KS에 결정되어 있지 않지만 비드 형태가 좋지 않거나 언더 컷이 있는 경우 그것에 대해 어떻게 대책을 세워야 하는지 서술하시오.

27 KS B 0845(강용접 이음부의 방사선 투과 시험 방법)에 대하여 투과 사진의 상질은 보통급 및 특급으로 나누어진다. 이것들의 적용 구분과 요구되는 투과도계 식별도에 대하여 서술하시오.

28 방사선 투과 시험에 의해 검출하는 결함의 종류를 4개 이상 드시오.

29 맞대기 용접의 내부 결함을 초음파 탐상으로 검사한다면 어떤 방법이 좋은가?

30 다음 용접부의 내부 결함을 검출하기 위해 어떤 비파괴 시험 방법이 좋은가?

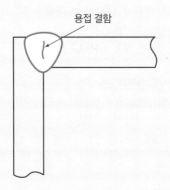

31 자분탐상법에서 같은 자화 조건이라면 자화 전류와 동일 방향의 긴 결함(그림 A)과 자화전류와 직각 방향의 긴 결함 (그림 B)과는 어떤 것이 검출되기 쉬운지 이유를 붙여서 서술하시오.

32 자분 탐상 시험에서 프로드법을 사용할 때 모재에 대하여 주의해야 하는 사항을 들고, 그 이유를 설명하시오.

33 600 MPa급 이상의 고장력강 용접부의 비파괴 검사에서 방사선 투과 시험 외에 자분 탐상 시험(또는 침투 탐상 시험)을 병행하는 이유는 무엇인가?

34 침투 탐상 시험을 할 때 안전관리상 주의해야 할 사항 중 틀린 것을 고르시오.
(1) 탐상제 안에는 인체에 해로운 유기용제가 포함되어 있으므로 그 증기를 다량으로 흡입하는 것을 피해야 한다.
(2) 탐상제는 에어졸식으로 캔에 든 것이 많아 LP 가스 등의 가연성 가스가 봉입되어 있는 수가 있으므로 환기 및 화기에 주의한다.
(3) 사용 후의 에어졸 캔은 폭발 우려가 없으므로 취급에 신경쓰지 않아도 된다.
(4) 현상제는 공기 중에서 미세분말을 풍기므로 흡입하지 않도록 주의한다.

35 다음의 설명 중 틀린 것을 고르시오.
(1) 내부 결함의 검출에 맞는 방법은 방사선 투과 시험과 초음파 탐상시험 이다.
(2) 초음파 탐상 시험에는 초음파의 진행 방향에 평행한 방향의 결함이 검출되기 쉽다.
(3) 표층부의 결함 검출에 맞는 방법은 자분 탐상 시험, 침투 탐상 시험 및 와전류 탐상 시험이다.
(4) 용접부의 블로우홀 검출에 최적인 시험법은 방사선 투과 시험이다.

36 다음의 보기 중에서 틀린 것을 고르시오.
(1) 방사선 투과 시험은 초음파 탐상 시험보다도 두꺼운 것까지 시험이 가능하다.
(2) 초음파 탐상 시험은 방사선 투과 시험보다도 두꺼운 것까지 시험이 가능하다.
(3) 방사선 투과 시험의 원리는 투과법이다.
(4) 초음파 탐상 시험은 반사법이 많이 이용되고 있다.

37 다음 문장의 괄호 안에 단어를 음미해 보시오.
(1) 방사선 투과 시험에서 방사선의 조사 방향에 대해서 약간 기울인 균열은 검출(하기 어려운) 결함이다.
(2) 초음파 탐상 시험에 대하여 초음파의 진행 방향에 직각인 균열은 검출(하기 쉬운) 결함이다.
(3) 자분 탐상 시험에서 극간법을 이용한 경우 양극을 잇는 선에 평행한 균열은 검출(하기 어려운) 결함이다.
(4) 침투 탐상 시험에 대하여 표면에 열려있지 않은 균열은 검출(할 수 없다).

38 다음 문장의 괄호 안에 단어를 음미해 보시오.
(1) 자분 탐상 시험에 극간법을 사용한 경우 검출하기 쉬운 결함은 양극을 잇는 선에 (수직)한 퍼짐을 가진 균열이다.
(2) 초음파 탐상 시험에 대하여 검출하기 쉬운 균열은 초음파의 진행 방향에 (수직)한 퍼짐을 가진 균열이다.
(3) 침투 탐상 시험에 대하여 검출할 수 있는 균열은 표면에 열려(있는) 것이다.

39 다음 문장의 괄호 안에 있는 말을 기억해 두시오.
(1) 용접 개선면의 라미네이션의 유무를 검사하기에는 (자분 탐상 시험) 또는 (침투 탐상 시험)을 적용하는 것이 좋다.
(2) 가우징 용접 전에 가우징이 적정하게 행해져 있는지를 체크하기에는 (자분 탐상 시험) 또는 (침투 탐상 시험)을 적용하는 것이 좋다.
(3) 두꺼운 판의 표면 맞대기 용접부에 방사선 투과 시험을 적용한 결과 보수해야 할 용접 불량이 발견되었다. 결함 제거를 위해 가우징을 어떤 면에서 해야 하는지를 확인하기에는 (초음파 탐상 시험)을 적용하는 것이 좋다.
(4) 맞대기 용접부를 용접보수 했을 때 내부 결함을 검사하기에는 (초음파 탐상 시험) 또는 (방사선 투과 시험)을 적용하는 것이 좋다.

40 다음 문장의 괄호 안에 있는 단어를 기억해 두시오.

고장력강의 용접부는 (지연 균열)을 발생하는 경우가 있으므로 비파괴 시험은 용접 완료 후 적어도 (24)시간 후, 가능하다면 (48)시간 후에 실시하는 것이 좋다. 그 경우의 자분 탐상 시험의 자화 방법은 (프로드법)이 아닌 (극간법)이 좋다.

41 다음은 각종 용접 결함의 검출에 맞는 비파괴 시험법이다.
(1) 층간에 들어간 긴 슬래그 혼입 – (방사선 투과 시험, 초음파 탐상 시험)
(2) 고장력강에 비드 표면에 열린 미세한 균열 – (자분 탐상 시험, 침투 탐상 시험)
(3) 오스테나이트계 스테인리스강에 비드 표면의 열려진 미세한 균열 – (침투 탐상 시험)
(4) 블로우홀 – (방사선 투과 시험, 초음파 탐상 시험)

(5) 판면의 수직에 내재한 균열 – (방사선 투과 시험, 초음파 탐상 시험)

(6) 판면의 경사에 내재한 균열 – (초음파 탐상 시험)

(7) 용접 불량 – (방사선 투과 시험, 초음파 탐상 시험)

42 다음 문장에서 괄호 안의 내용 중 올바른 것을 고르시오.

(1) 용접부의 방사선 투과 사진상에 (a. 블로우홀, b. 텅스텐 혼입, c. 슬래그 혼입, d. 균열)은 주변보다 검게 보인다.

(2) 용접부의 방사선 투과 시험에 이용한 투과도계는 (e. 결함의 수치, f. 사진 농도, g. 투과 사진의 상질)을 구하기 위해 이용된다.

43 다음 용접부의 방사선 투과 시험에 관한 문장에서 괄호 안의 내용 중 올바른 것을 고르시오.

(1) 투과 사진의 촬영에서 투과 사진의 상질을 관리하기 위해서 (가. 노출계, 나. 투과도계, 다. 전압계, 라. 전류계, 마. 계조계)를 사용한다.

(2) 투과 사진에 구비해야 할 조건으로 KS에는 (바. 재원, 사. 계조계의 농도차, 아. 용접살의 높이, 자. 투과 사진의 농도범위, 차. 투과도계 식별도)의 3개를 규정하고 있다.

44 다음 문장의 괄호 안에 들어갈 적당한 말을 보기에서 골라 넣으시오.

KS B 0845(강용접부의 방사선 투과 시험 방법 및 투과 사진의 등급 분류 방법)에 의하면,

1. 투과도계 식별도는 보통급에는 (1)% 이하, 특급에는 재료 두께 100 mm 이하의 경우 (2)% 이하가 규정되어 있다.

2. 사진 농도는 재료 두께 50 mm 이하의 경우 (3) 이상 (4) 이하의 농도 범위가 허가되어 있다.

3. 재료 두께가 20 mm 이하의 경우에는 (5)의 사용이 의무로 되어 있다.

보기	가. 1.0,	나. 1.5,	다. 2.0,	라. 3.5,	마. 4.0,
	바. 10,	사. 20,	아. 투과도계,	자. 선량계,	차. 계조계

45 KS B 0845(강용접 이음부의 방사선 투과 시험 방법)에 의하면 용접결함을 다음의 표에 나타난 것처럼 분류되어 있다. 표 중의 괄호 안에 들어갈 적당한 말을 보기에서 골라 넣으시오.

	결함의 종류
제1종	(1) 및 이와 유사한 둥근 결함
제2종	가는 (2) 및 이것과 유사한 결함
제3종	(3) 및 이것과 유사한 결함

보기	a. 터짐,	b. 기공,	c. 슬래그 개입,	d. 용접불량,
	e. 융합불량,	f. 언더 컷,	g. 텅스텐의 혼입,	h. 오버랩

46 다음 보기 중 맞는 것을 고르시오.

(1) 투과 사진의 농도가 높은 경우 필름 관찰기는 어두운 것이 좋다.

(2) 투과 사진을 관찰하는 경우 필름 수치에 적합한 고정 마스크를 사용하는 것이 좋다.

(3) 투과 사진의 농도가 높은 경우에는 밝은 장소에서 관찰하는 것이 좋다.

(4) 투과 사진상에서 구별할 수 있는 결함의 크기가 클수록 투과 사진의 감도가 높다고 표현한다.

47 다음은 초음파의 성질을 나타낸 것이다. 맞는 것을 고르시오.

(1) 초음파는 빛과 비슷한 직진성이 있다.

(2) 초음파는 다른 두 재료의 경계면도 잘 통과한다.

(3) 초음파의 음속은 주파수에 비례해서 변화한다.

(4) 초음파는 음의 다발(빔)로 되어 진행하기 때문에 거리(빔 노정)가 늘어나도 음은 감쇠 안 한다.

48 같은 크기의 결함이 있는 경우 초음파 탐상 시험에 의해 가장 발견하기 쉬운 결함은 다음 중 어느 것인가?

(1) 시험재 내부에 있는 구상 결함

(2) 초음파의 진행 방향에 평행한 균열

(3) 초음파의 진행 방향에 수직인 균열

(4) 이종 물질의 혼입

49 강의 V그루브 맞대기 용접부에서 초음파 탐상으로 가장 검출하기 쉬운 결함을 다음 중 고르시오.

(1) 블로우홀

(2) 루트부의 용접 불량

(3) 슬래그 혼입

(4) 표면의 미세한 기공

50 초음파 탐상기의 브라운관상에 보이는 탐상 도형에서 결함 에코의 위치로 다음 중 어느 것을 알 수 있는가?

(1) 결함의 수치

(2) 구상 결함과 균열의 구별

(3) 결함까지의 거리

(4) 재료 중에 대한 초음파의 감쇠 정도

51 다음 중 틀린 것을 고르시오.

(1) STB-A1은 초음파 탐상기의 횡축(거리 기준)의 조정에 사용한다.

(2) STB-A2는 초음파 탐상기의 종축(감도)의 조정에 사용한다.

(3) STB-G는 초음파 사각탐상의 감도 조정에 사용한다.

(4) STB-A3는 초음파 탐상기의 횡축(거리 기준)의 조정에 사용한다.

52 다음 문장 중 초음파 탐상 시험에 대하여 표준 시험편을 이용한 이유로서 틀린 것을 고르시오.

(1) 탐상 감도를 조정한다.

(2) 측정 범위의 조정을 한다.

(3) 탐촉자의 성능을 알아본다.

(4) 화면의 휘도조정을 한다.

53 용접부 초음파 탐상 시험을 할 때 기름 등의 접촉 매질을 이용하는 이유로서 맞는 것을 고르시오.
(1) 초음파를 효율 좋게 시험체에 전달하기 위해
(2) 시험체와 탐촉자와의 마찰을 줄이고 탐촉자의 마모를 막기 위해
(3) 탐촉자를 접촉시켰을 때 시험체 표면에 흠집이 생기지 않도록 하기 위해
(4) 시험체가 녹슬지 않도록 보호하기 위해

54 다음 문장은 브라운관상의 에코를 읽는 방법에 대하여 서술한 것이다. 맞는 것을 고르시오.
(1) 에코 높이는 에코의 끝에, 빔노정은 에코의 위로 올라가는 것을 횡축 기준으로 읽는다.
(2) 에코 높이, 빔노정과 같이 에코의 끝부분에 각각의 종축 및 횡축 기준으로 읽는다.
(3) 에코 높이는 에코의 끝에, 빔노정은 에코의 아래로 내려가는 것을 횡축 기준으로 읽는다.
(4) 에코 높이는 에코의 끝에, 빔노정은 에코 높이 10%의 곳의 횡축 기준으로 읽는다.

55 다음 문장은 초음파의 사각 탐상에 대하여 서술한 것이다. 다음 문장 중 틀린 것을 고르시오.
(1) 일반적으로 루트부의 용접 불량은 블로우홀보다 높은 에코 높이를 준다.
(2) 내부의 용접 불량은 루트부의 용접 불량보다 현저하게 낮은 에코 높이를 주는 경우가 있다.
(3) 균열은 평면상 결함이기에 언제든지 높은 에코 높이를 준다.
(4) 일반적으로 미세한 기공은 검출이 불가능하다.

56 다음 문장의 괄호 안에 있는 단어를 외어보시오.

자분 탐상 시험은 시험체에 흐르는 (자속)이 결함에 의해 차단되도록 같은 방향에 있는 것이 중요하다. 따라서 균열의 경우는 그 (방향)을 예측하고, 균열이 (직각)이 되도록 (자속)의 흐름이 시험체에 생기도록 해야 한다.

57 다음 재료 중 자분 탐상 시험에 의해 결함을 검출하는 것이 가능한 것은 어느 것인가?
(1) 탄소강   (2) 알루미늄
(3) 황동   (4) 18-8 스테인리스강(STS304)

58 대형 구조물 용접부의 자분 탐상 시험에 널리 사용되는 자화 방법은 다음 중 어느 것인가?
(1) 코일법
(2) 축통전법
(3) 극간법
(4) 자속 관통법

59 다음 문장은 자화 방향과 결함의 방향과의 관계에 대하여 서술한 것이다. 맞는 것을 고르시오.
(1) 극간법을 사용한 용접부의 종균열을 검출하는 경우에는 용접선에 평행하게 자극을 배치하면 된다.
(2) 극간법을 사용한 용접부의 횡균열을 검출하는 경우에는 용접선에 직각인 자극을 배치하면 된다.
(3) 플롯법을 사용한 용접부의 종균열을 검출하는 경우에는 용접선에 평행하게 전극을 배치하면 된다.
(4) 플롯법을 사용한 용접부의 횡균열을 검출하는 경우에는 용접선에 평행하게 전극을 배치하면 된다.

60 자분 탐상 시험에서 검출하기 쉬운 결함에 대하여 서술한 것 중 맞는 것을 고르시오.
　(1) 자속과 평행한 방향의 균열
　(2) 자속과 직각인 방향의 균열
　(3) 자화 전류와 평행한 방향의 균열
　(4) 자화 전류와 직각인 방향의 균열

61 자분 탐상 시험으로 검출하기 쉬운 결함을 다음 중 고르시오.
　(1) 슬래그 섞임
　(2) 블로우홀
　(3) 융합 불량
　(4) 표면 근처의 균열

62 다음 문장은 자분 탐상 시험의 자분에 관하여 서술한 것이다. 맞는 것을 고르시오.
　(1) 형광 자분의 경우는 시험면을 어둡게 하고 충분한 밝기의 자외선 조사 장치를 사용할 필요가 있다.
　(2) 자분은 탐상면의 색과 비슷한 것을 고르지 않으면 안 된다.
　(3) 검사액이라는 것은 자분을 검사하는 액체이다.
　(4) 자분은 시험체 전체에 많이 부착되는 것이 좋다.

63 다음 문장은 침투 탐상 시험을 이용하여 검사하는 목적에 대하여 서술한 것이다. 맞는 것을 고르시오.
　(1) 시험체 표면에 열린 결함이 존재하고 있는지를 조사해 그 성질 및 상태에서 시험체 전체의 품질을 추정 평가하기 위하여 행한다.
　(2) 시험체 표면 결함의 종류, 수치(길이폭 깊이) 및 형상을 정확하게 구해 재료의 강도를 결정하기 위해 행한다.
　(3) 시험체의 열린 결함에서 내부에 있는 결함이 추정되기 때문에 방사선 투과 시험 또는 초음파 탐상 시험의 대체 시험으로서 이용할 수 있다.
　(4) 시험체 표면의 결함 중 육안으로 검출할 수 없는 작은 결함은 침투 탐상 시험을 이용하여 검출할 수 없다.

64 다음 문장은 침투 탐상 시험의 대상이 되는 결함의 검출에 대하여 서술한 것이다. 맞는 것을 고르시오.
　(1) 표면에 열린 균열이 있으면 어떤 균열이라도 검출 가능하다.
　(2) 시험체 표면상에 어떤 결함이 있다면 모두 검출 가능하다.
　(3) 시험체 표면에 열려있고 또는 존재하고 있는 결함이지만 검출할 수 없는 경우가 있다.
　(4) 시험체 표면에 열려있는 또는 존재하고 있는 결함이 검출할 수 없는 것은 침투 탐상 시험기술이 나쁘기 때문이다.

65 두께 30 mm 강판의 용접 검사에서 그루브면에 라미네이션이 발견되었다면 다음 중 어떤 시험이 가장 적절할까?
　(1) 방사선 투과 시험
　(2) 초음파 탐상 시험(수직법)
　(3) 자분 탐상 시험
　(4) 침투 탐상 시험
　(5) 초음파 탐상 시험(사각법)
　(6) 화학 분석 시험

66 다음의 그림은 (1) 연강 및 (2) 고장력강의 응력 – 변형률 곡선을 나타낸다. 각 점의 명칭을 보기에서 골라 쓰시오.

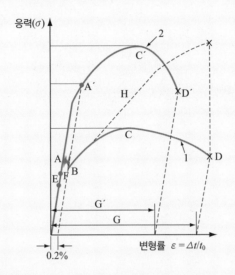

보기

가. 인강 강도,　나. 하항복점,
다. (공칭)응력,　라. 내력,
마. 파단점,　　바. 탄성 한계,
사. 신율,　　　아. 상항복점,
자. 비례 한계,　차. 진응력

67 취성 파면의 외관상 특징과 균열 전파 속도에 대해 간단히 서술하고 취성 파괴를 일으키는 데 필요한 조건 3항목을 드시오.

68 강의 취성 파괴에 있어서의 천이 온도란 무엇인가?

69 취성 파괴에 대하여 간단히 서술하시오.

70 취성 파괴의 방지에는 어떤 점에 유의해야 하는지 서술하시오.

Chapter **11**

용접 응력과 변형

11.1 용접 응력

    용접 과정에서 열에 의해 재료는 팽창, 수축을 하게 된다. 용착 금속이 냉각되면서 저온 상태의 체적으로 수축하려고 하지만, 인접되어 있는 모재로부터 제한을 받기 때문에 자유롭지 못하게 된다. 이 때문에 용접부에 응력이 존재하게 되는데, 이를 용접 잔류 응력(welding residual stress)이라 하고, 일반적으로 용접 응력(welding stress)이라 한다. 용접 응력은 구조물의 취성, 파괴 강도, 피로, 좌굴, 진동, 부식 등에 영향을 주는 중요한 요인이 된다.

    그림 11.1에 각 단면에서의 응력 분포와 온도 분포를 나타내었다. 단면 A−A에서는 열응력이나 온도가 거의 미치지 않고 있으며, 단면 B−B에서 용접 아크가 일어나는 곳으로 온도는 최고치에 달하며, 응력은 인장과 압축이 작용되는데, 이 부분의 팽창이 온도가 낮은 주위의 모재에 의하여 구속되기 때문이다.

    단면 C−C에서는 용접 금속과 용접부 근처에 있는 모재가, 냉각되어 주위의 인장 응력에 의하여 수축하려고 한다.

    용접이 진행됨에 따라 응력은 압축에서 인장으로 변한다.

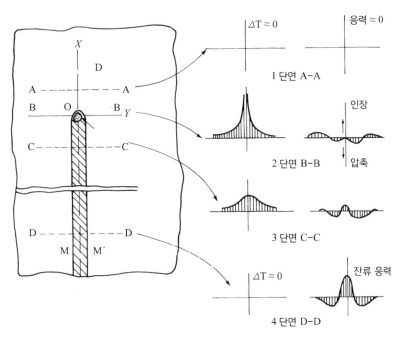

그림 11.1 용접 응력과 온도 분포

단면 D−D에서는 비드 부근의 높은 인장 응력과 그 양측은 낮은 압축 응력의 영역을 나타내고 있다. 이러한 과정을 통하여 용접할 때의 열응력은 실온에서부터 용융 온도에 이르기까지 넓은 온도 범위에서 소성 변형 및 복잡한 기구를 형성한다.

완전 구속된 맞대기 용접 이음에서의 잔류 응력은 다음과 같다.

① 구속된 상태에서 생기는 잔류 응력은 그 대부분 냉각 과정의 최종 단계에서 발생한다.

② 루트부의 잔류 응력은 외적 구속이 없는 경우에는 압축 응력으로 되지만, 구속이 있으면 인장 응력으로 되며, 그 단면 내에서의 잔류 응력 분포는 비교적 직선 분포에 가까우며, 크기는 외적 구속 정도에 비례한다.

11.2 용접 응력의 발생 요인

재료는 용접 중에 열이 가해지면 팽창하여 길이 l인 물체가 온도 변화 ΔT를 받아 늘어나게 된다. 이 늘어나는 길이를 Δl로 할 때

$$\Delta l = \alpha l \times \Delta T$$

가 되며, α는 선팽창 계수(coefficient of thermal expansion)이다.

팽창되는 모재를 구속하게 되면 여기에 열응력(σ)이 생기게 되며, 이는 훅의 법칙이 적용되어 다음과 같이 나타낸다.

$$\sigma = E \times \frac{\Delta l}{l} = \alpha E (T_1 - T_2) = \alpha E \cdot \Delta T$$

E는 세로 탄성 계수(modulus)이며, 연강에서는 온도가 높을수록 값이 작아진다.

용접 이음에서는 물체에 외력이 작용하지 않아도 용접부의 온도 변화에 의하여 응력이 발생하는데, 특히 냉각 시의 수축 응력이 크므로 완전히 실온으로 냉각되면 일정 크기의 응력이 잔류하게 된다. 이 응력을 잔류 응력(residual stress)이라 한다.

이와 같은 잔류 응력은 이음 형상, 용접 입열, 모재의 크기, 용착 순서, 외적 구속 등의 영향을 크게 받으며, 구조물에서의 잔류 응력은 다음과 같은 영향을 미친다.

① 용접 구조물에서는 취성 파괴 및 응력 부식이 된다.

② 박판 구조물에서는 국부 좌굴을 촉진한다.

③ 기계 부품에서는 사용 중에 서서히 해방되어 변형이 생긴다.

11.3 용접 응력의 영향

용접 이음에서 잔류 응력은 항상 존재하며 이는 용접물의 성능에 큰 영향을 주는 요인이 된다. 잔류 응력뿐 아니라 소성 변형도 받으며, 열영향에 의한 재질 변화, 크리프 변형 등 여러 가지가 복합적으로 작용되기도 한다.

연성이 풍부한 재료에서는 항복점 이하의 잔류 응력이 존재하면 소성 변형으로 어느 정도의 파괴를 방지할 수 있으나, 항복점 이상이 되면 영향을 주게 된다. 또한 용접부의 노치(notch)가 존재하면 노치부가 취성 파괴의 원인이 되어 균열이 전파된다.

용접부 부근에는 항복점에 가까운 큰 잔류 응력이 존재하므로 외부 하중에 의한 근소한 응력이 가산되기만 해도 취성 파괴가 생길 가능성이 있으며, 연강은 저온에서 연성이 상실되므로 선박, 교량, 압력 용기, 저장 탱크, 송급관 등의 구조물이 동계의 저온 정하중 아래에서 갑자기 유리나 도자기같이 파괴가 일어날 수 있다.

잔류 응력이 존재하면 피로 강도에도 영향을 주며, 재료의 부식 저항도 약화되어 부식이 촉진되는데, 이를 응력 부식 균열(stress corrosion cracking)이라 한다. 잔류 응력이 생긴 용접물을 부식 환경하에 방치하면 균열이 생기며, 침식되어 작은 노치가 생기기도 한다. 응력 부식은 재질이나 응력의 크기, 온도 등 환경에 영향을 받으며, 스테인리스강의 부식 균열이나 고장력강의 응력 부식 등이 대표적이다. 또한 고온에서 잔류 응력이 생긴 구조물을 오랫동안 두면 소성 변형 없이 균열이 발생하여 파괴되는 수가 있는데, 이를 시효 균열(season crack)이라 한다.

11.4 용접 응력의 측정

1 응력 이완법에 의한 측정

2차원적인 측정 방법으로 거너트(Gunnert)법이 많이 이용되는데, 이는 다음 그림 11.2와 같이 지름 9 mm 원주상에 4개의 작은 구멍을 수직으로 뚫고, 다시 그 주위를 9~16 mm 원주상의 면적을 수직으로 절단하여 잔류 응력을 해방시킨 다음, 제거 전후의 작은 구멍 사이의 거리를 거너트 변형도계로 측정하여 응력을 알아내는 측정법이다. 또는 스트레인 게이지(strain gauge)를 이용해서 전기적으로 시험편에 부착시켜 응력이 생기면 게이지에 전기 저항이 생겨 그 값을 측정하는 방법 등이 있다. 이와 같이 잔류 응력을 X – 선법을 제외하고는 기계 가공으로 응력을 해방하고, 이때 생기는 탄성 변형을 전기적 또는 기계적 변형도계를 이용하여 측정한다.

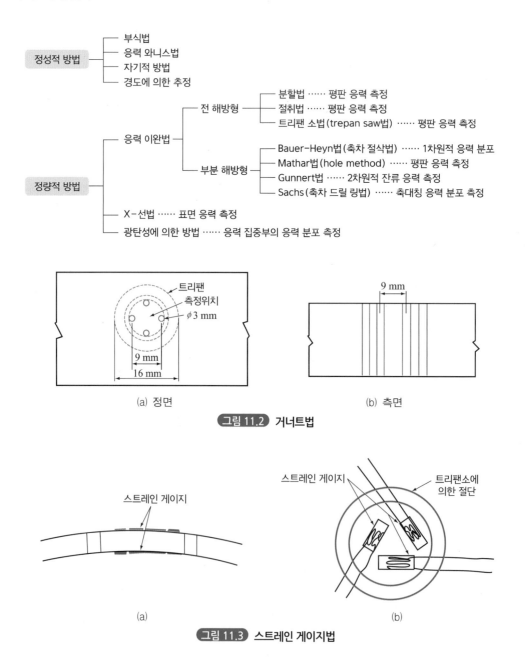

(a) 정면   (b) 측면

그림 11.2 거너트법

(a)   (b)

그림 11.3 스트레인 게이지법

2 국부 이완법에 의한 측정

응력이 잔류하는 물체의 일부에 작은 구멍을 뚫어 잔류 응력을 부분적으로 해방시키면 주위 부분이 다소 변형된다. 변형 게이지를 120° 간격으로 배치하여 구멍뚫기 전후에 있어서 응력값을 가지고 탄성 이론식을 이용해 계산한다.

11.5 용접 응력의 완화와 방지법

용접 후에 잔류 응력이 존재하는 원인은 용착 금속의 수축과 용접부의 모재 부분에서 생긴 압축 소성 변형이 대부분이다. 이 수축과 압축 변형을 원래 상태로 되돌리는 것이 필요한데, 인장된 부분을 압축하고 압축된 부분을 인장시켜 평형을 이루는 방법이다.

용접부와 그 부근에 소성 인장을 주든지 소성 압축을 가하는 방법과 이 두 가지를 동시에 가해 응력을 완화하는 방법이 있다.

응력과 변형은 서로 상반 관계가 있어 구속을 크게 하면 변형은 작아지지만, 잔류 응력이 커져 용접 균열이 되기 쉽기 때문에 구조물의 강도상 두꺼운 판을 시공할 때는 구속을 적게 하여 잔류 응력을 작게 하고, 강도가 중요하지 않은 얇은 판의 구조물에서는 변형이 작게 생기는 시공을 해야 한다.

1 용접 응력의 완화법

(1) 응력 제거 풀림 stress - relief annealing

금속은 고온이 되면 항복점이 감소하게 되며, 잔류 응력이 있는 용접물에서도 적당한 고온에서 크리이프에 의해 소성 변형이 생겨 인장과 압축이 상쇄되는 응력 이완이 생긴다.

잔류 응력의 완화는 유지 온도가 높을수록, 유지 시간이 길수록 크리이프가 일어나기 쉬우므로 잔류 응력이 현저히 감소된다.

응력 제거 풀림은 응력 제거뿐만 아니라 열영향부의 연성이 증가하는 야금학적 효과도 있으며, 다음과 같은 이점도 있다.

① 용접 잔류 응력의 제거
② 치수 비틀림의 방지

표 11.1 고온에서의 성질(연강)

온 도 (°C)	항복점 (kg/mm^2)	인장 강도 (kg/mm^2)	연 신 (%)
20	27.4	42.1	48
150	25.6	47.1	28
260	22.5	47.4	29
370	28.2	41.8	36
480	13.7	28.8	45
590	8.8	14.8	57
700	4.2	7.4	69

③ 응력 부식에 대한 저항력 증대

④ 열영향부의 탬퍼링 연화

⑤ 용착 금속 중의 수소 제거에 의한 연성의 증대

⑥ 충격 저항의 증대

⑦ 크리이프 강도의 향상

(2) 노내 응력 제거법 furnace stress relief

용접물을 노내에 넣고 가열한 다음 서서히 냉각시키는 방법이다. 제품에 온도차가 나지 않게 균일하게 가열하여 냉각 시에도 서서히 유지 시간과 냉각 시간을 적당히 조절해야 한다.

(3) 국부 응력 제거법 local stress relief

용접물이 대형일 때는 노내 풀림이 불가능하므로 부분적으로 가열, 풀림을 하는 방법이 이용된다.

전기나 가스를 이용하여 균일하게 가열한 다음 서서히 냉각시키는 것이지만, 온도가 불균일하면 잔류 응력이 남게 되므로 가열부의 온도 유지가 균일하게 되어야 하며, 속도도 일정하게 유지되어야 한다.

표 11.2 각종 금속의 응력 제거 풀림 온도와 유지 시간

금 속	온도(°C)	유지 시간(h) (판 두께 25 mm당)
(회주철) ·······································	430~500	5~1/2
(탄소강)		
C 0.35% 이하, 19 mm 미만 ·····················	보통, 응력 제거 불필요	···
C 0.35% 이하, 19 mm 이상 ·····················	(590~680)	1
C 0.35% 이하, 12 mm 미만 ·····················	보통, 응력 제거 불필요	···
C 0.35% 이하, 12 mm 이상 ·····················	(590~680)	1
저온 사용 목적의 특수킬드강 ·······················	(590~680)	1

(계속)

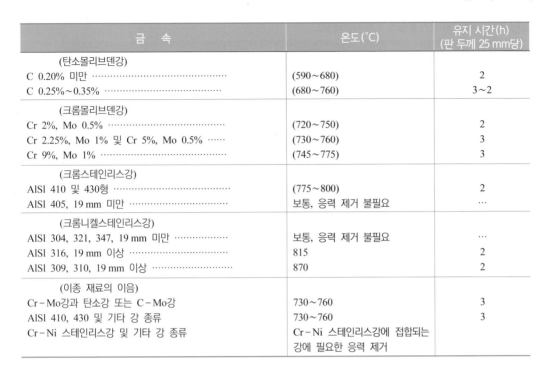

금 속	온도(℃)	유지 시간(h) (판 두께 25 mm당)
(탄소몰리브덴강) C 0.20% 미만 ································	(590~680)	2
C 0.25%~0.35% ································	(680~760)	3~2
(크롬몰리브덴강) Cr 2%, Mo 0.5% ····························	(720~750)	2
Cr 2.25%, Mo 1% 및 Cr 5%, Mo 0.5% ······	(730~760)	3
Cr 9%, Mo 1% ······························	(745~775)	3
(크롬스테인리스강) AISI 410 및 430형 ··························	(775~800)	2
AISI 405, 19 mm 미만 ····················	보통, 응력 제거 불필요	…
(크롬니켈스테인리스강) AISI 304, 321, 347, 19 mm 미만 ··············	보통, 응력 제거 불필요	…
AISI 316, 19 mm 이상 ····················	815	2
AISI 309, 310, 19 mm 이상 ················	870	2
(이종 재료의 이음) Cr-Mo강과 탄소강 또는 C-Mo강	730~760	3
AISI 410, 430 및 기타 강 종류	730~760	3
Cr-Ni 스테인리스강 및 기타 강 종류	Cr-Ni 스테인리스강에 접합되는 강에 필요한 응력 제거	

(4) 저온 응력 완화법 low - temperature stress relief

용접선의 양축을 가스 불꽃으로 가열한 후 즉시 수냉함으로써 용접선 방향의 인장 응력을 완화시키는 방법이다.

용접선 양측의 압축 응력 부분을 가열하여 용착부에 인장 열응력이 생기며, 이에 의하여 잔류 응력이 완화된다.

(5) 피닝법 peening

용접부를 구면상의 피닝 해머로 연속적인 타격을 주어 표면층에 소성 변형을 주는 법으로, 용착 금속부의 인장 응력을 완화시킨다. 응력 완화 이외에도 변형의 경감이나 균열 방지 등에도 이용되나, 피닝의 효과는 표면 근처밖에 영향이 없으므로 판 두께가 두꺼운 것은 내부 응력이 완화되기 어렵고, 용접부를 가공 경화시켜 연성을 해치기도 한다.

피닝의 목적은 비드 표면층에 성분 변화를 주게 되어
① 용접에 의한 수축변형을 감소시킨다.
② 용접부의 잔류 응력을 완화시킨다.
③ 용접 변형을 방지한다.
④ 용접 금속의 균열을 방지한다.

표 11.3 노내 응력 제거 풀림의 유지 시간과 온도

기호	강재	종	화학 성분					유지 온도	유지 시간
			C	Mn	Si	Cr	Mo		
SB	보일러용 압연 강재		0.15 ~0.30	0.90 이하	0.15 ~0.30			625±25℃	두께 25 mm에 대하여 1 h
SM	용접 구조용 연강재		0.15 ~0.30	0.30 ~0.60	0.15 ~0.30			625±25℃	두께 25 mm에 대하여 1 h
SS	일반 구조용 연강재		0.15 ~0.30	0.30 ~0.60	0.15 ~0.30			625±25℃	두께 25 mm에 대하여 1 h
S–C	기계 구조용 탄소강		0.05 ~0.60	0.30 ~0.60	0.15 ~0.30			625±25℃	두께 25 mm에 대하여 1 h
SC	탄소강 주강품		0.05 ~0.60	0.30 ~0.60	0.15 ~0.30			625±25℃	두께 25 mm에 대하여 1 h
SF	탄소강 단강품		0.05 ~0.60	0.30 ~0.60	0.15 ~0.30			625±25℃	두께 25 mm에 대하여 1 h
STB	보일러용 강관	1~5종	0.08 ~0.20	0.25 ~0.80	0.10 ~0.50		0~ 0.65	1~5종 625±25℃	두께 25 mm에 대하여 1 h
		6, 7, 8종			0.10 ~0.50	0.80 ~2.50	0.20 ~1.10	6, 7, 8종 725±25℃	두께 25 mm에 대하여 2 h
STT	고온 고압 배관용 강관	1, 2종	0.10 ~0.20	0.30 ~0.80			0.10 ~0.65	1. 2종 625±25℃	두께 25 mm에 대하여 1 h
		3, 4, 5종			0.10 ~0.75	0.80 ~6.00	0.20 ~0.65	3, 4, 5종 725±25℃	두께 25 mm에 대하여 2 h
STP	압력 배관용 강관		0.08 ~0.30	0.25 ~0.80	0.35 이하			625±25℃	두께 25 mm에 대하여 1 h
STS	특수고압 배관용강관		0.08 ~0.30	0.30 ~0.80	0.10 ~0.35			625±25℃	두께 25 mm에 대하여 1 h
STC	화학공업용강관	1, 2종	0.08 ~0.18	0.25 ~0.60	0.35 이하			1, 2종 625±25℃	두께 25 mm에 대하여 1 h
		3, 4종			0.10 ~0.75	0.80 ~6.00	0.20 ~0.65	3, 4종 725±25℃	두께 25 mm에 대하여 2 h

2 용접 응력의 방지

(1) 용착 금속량의 감소

용착량을 적게 하면 수축에 따른 변형이 적고 잔류 응력도 적어진다. 용착 금속의 중량을 줄이기 위해 용접 홈의 각도를 가능한 작게 하고, 루트 간격도 좁혀서 용접부에 발생되는 구속을 경감시키는 것이다. 즉, 열량이 적게 퍼지게 하고 열응력이 작게 생기도록 시공해야 한다.

(2) 용착 순서

용착법에 따라 잔류 응력과 변형이 달라지는데 대칭법, 후퇴법, 직선 비드법, 비석법(skip) 등의 순서로 잔류 응력이 작아진다.

그러나 직선 비드는 대칭법이나 후퇴법보다 변형이 심하며, 잔류 응력이나 변형을 고려한 다면 비석법이 가장 좋다.

(3) 용접 순서

용접 부재의 작업 순서를 달리하므로 크기나 형상에 따른 수축 변형이 달라져 용접부의 잔류 응력을 작게 하는 방법이다.

그러므로 용접부가 완전 용입이 되도록 포지셔너(positioner)를 이용해 용접 순서를 변경할 수 있게 한다.

(4) 예열

용접부의 열원은 열응력을 유발시켜 응력이 잔류하게 되는데, 이를 경감시키기 위해 용접 부를 예열한 후 용접하면 용접 시 온도 분포의 구배(gradient)가 적어져 냉각 시 수축 변형량도 감소하고 구속 응력도 경감된다.

예열의 목적은
① 열영향부와 용착 금속의 경화를 방지하고 연성을 증가시킨다.
② 수소의 방출을 용이하게 하여 저온 균열을 방지한다.
③ 용접부의 기계적 성질을 향상시키고 경화 조직의 석출을 방지한다.
④ 용접에 의한 변형과 잔류 응력을 적게 한다.
⑤ 용접부의 온도 분포, 최고 도달온도 및 냉각속도를 변화시킨다.

11.6 용접 변형

용접 과정에서 용융 시 가열과 냉각되는 동안 용착 금속과 모재 사이에 수축과 팽창이 생겨 용접물이 뒤틀리는 현상을 용접 변형(welding distortion)이라 한다.

용접 이음에 있어서는 팽창, 수축의 힘이 용착 금속과 모재에 다같이 가해진다. 용착 금속 이 냉각되면서 저온 상태의 체적으로 수축하려고 하지만 이 때문에 용접부 속에 잔류 응력이 남게 되는데, 용접부가 상온에 도달하게 되면 용접부의 잔류 응력은 항복점과 거의 같게 존재한다. 만약 이와 같은 힘을 막기 위하여 구속을 풀어 준다면 이 잔류 응력은 일부 해방되면서 모재를 변화되게 하는데, 이것이 용접 변형이다.

용접 변형을 나누어 보면 다음과 같다.

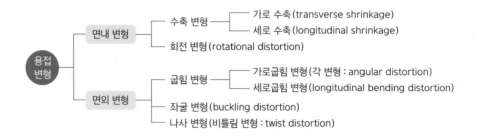

11.7 변형 발생과 그의 영향

잔류 응력을 해방시키면 변형이 생기게 되는데, 이것은 용접부에 인접하는 모재의 수축 작용에 의해 장력이 생기기 때문이다. 용접부의 용융 부분과 모재 사이의 온도차로 인하여 불균일한 팽창이 되고, 모재가 구속되어 있을 때에는 조직이 변동되며, 이와 같이 발생된 내부 응력으로 인하여 변형이 생기게 된다.

이때 팽창과 수축의 정도는 가열 면적과 비례하고, 구속된 상태의 팽창과 수축은 모재의 변형과 잔류 응력을 생기게 한다. 맞대기 용접 이음에서 개선부의 용착 금속은 용융 상태에서는 자유로 팽창할 수 있지만, 냉각될 때는 이음부가 일체가 되어 수축한다고 하면 자유 이음의 가로 방향 수축량의 절댓값은 근사적으로 용접 직후 재료의 열팽창량과 같게 된다. 입열량은 용착 금속량에 비례하기 때문에 용접 홈의 단면적이 크면 용착 금속량이 많아져 가로 수축량이 크게 된다. 따라서 같은 판 두께라도 루트 간격이 클수록, 또한 X형 홈보다 V형의 홈의 수축이 크다.

다층 용접(multi-pass welding)에서는 패스수나 용착 금속량의 증가로 가로 방향의 수축도 증가하며, 수축량에 영향을 미치는 것으로는 루트 간격 및 홈의 형상이다.

회전 변형은 첫층 용접에서 가장 크게 생기며, 다음 층부터는 비교적 적게 생긴다. 이것은 입열량과 용접 속도에 의한 것으로, 판폭이 좁고 길이가 긴 부재의 맞대기 용접에서 많이 나타난다.

V형 홈 용접 이음 및 한면 홈 용접 이음에서는 각 변형이 한 방향으로만 일어나며, 양면 홈인 X, H 등에서는 이면 용접에서 각 변형이 반대 방향으로 일어나므로 어느 정도 상쇄되어 전체적인 각 변형은 적어진다. 박판의 경우는 표면, 이면의 온도 차이가 적기 때문에 각 변형량도 작아진다.

각 변형은 후판의 경우에 첫 패스나 두 번째 패스 정도에서는 그다지 크지 않으나 세 번째부터는 급격히 증가한다. 이것은 루트부의 첫 패스를 지점으로 하여 2층 이상의 가로 수축 응력이 판을 회전시켜 주기 때문이다.

그러나 이후 상층으로 진행됨에 따라 강성이 증가하기 때문에 각 변형의 증가율은 감소된다. 각 변형량은 V형 개선이 제일 크게 나타난다. 아울러 양면 홈 개선에서는 표면, 이면을 비대칭(6 : 4 또는 밑면 따내기 경우는 7 : 3)으로 하는 것이 좋다.

후판 용접 이음을 할 때 특히 주의할 것은 각 변형에 의한 루트 균열로, 그 방지 대책으로는 클램프나 스트롱 백 등에 의한 각 변형의 발생을 방지하는 것이 필요하다.

홈 각도 60°인 V형 홈 용접에서 전류와 용접봉에 따른 각 변형량을 실험하면 전류가 크고, 사용 용접봉의 지름이 큰 쪽이 각 변형이 적어진다.

좌굴(buckling) 변형은 박판이나 중판의 중앙부를 용접하면 세로 수축에 의한 수축 응력 때문에 파도 모양의 변형이 생김을 말한다. 교량이나 철골의 빔 등에서 원주 용접을 하면 세로 수축이 생겨 나타나기도 하고, 각 변형에 따라 판의 휨 변형도 발생하는데 일반적으로 이러한 경우도 좌굴 변형이라 한다.

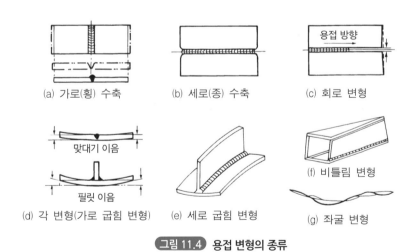

(a) 가로(횡) 수축 (b) 세로(종) 수축 (c) 회로 변형

(d) 각 변형(가로 굽힘 변형) (e) 세로 굽힘 변형 (f) 비틀림 변형 (g) 좌굴 변형

맞대기 이음 필릿 이음

그림 11.4 용접 변형의 종류

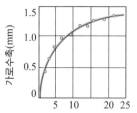

층 수	가로수축 (mm)
7	3.25
9	3.66
10	3.96
12	4.42
15	4.62

판두께 : 14 mm, 90 ˚ V,   루트간격 : 3 mm
봉지름 : 4 mm,   용접전류 : 160~250A

(a) 용착 금속량에 따른 가로 수축 　　　 (b) 가로 수축에 미치는 층수의 영향(연강)

그림 11.5 용착량에 따른 수축

표 11.4 수축량에 미치는 용접 시공 조건의 영향

시공조건	효　　　　　과
루트 간격	루트 간격이 클수록 수축이 크다.
홈의 형태	V형 이음은 X형 이음보다 수축이 크다. (단 대칭 X형은 오히려 좋지 않음 – 즉, 6 : 4 또는 7 : 3이 좋다.)
용접봉 지름	지름이 큰 쪽이 수축이 작다.
운봉법	위빙을 하는 쪽이 수축이 작다.
구속도	구속도가 크면 수축이 작다.
피복제의 종류	별로 크지 않다.
피 닝	피닝을 하면 수축이 감소한다.
밑면 따내기 (프레임 가우징)	밑면 따내기(치핑)에서는 수축이 변화하지 않으며, 재용접을 하면 밑면 따내기 전과 대략 비례하여 증가한다. 프레임 가우징을 하면 열이 가해지므로, 가우징 자체에 의하여도 수축한다. 이후는 비례하여 증가한다.
서브머지드 아크 용접	가로 수축이 훨씬 적고, 손 용접의 약 1/3 정도이다. (단 이때는 I형 이음의 경우이며, 용착량도 약 1/3로 되어 있다.)

11.8 용접 변형의 방지

　　맞내기 용접 이음에서의 홈 용접 시공은 비대칭 X형 및 H형 홈으로 하여 가능한 지름이 큰 용접봉을 사용하고, 용착 단면적을 작게 하는 것이 좋다.

　　비대칭형에서 앞, 뒷면의 용착량 비율을 6 : 4(뒷면 따내기 경우는 7 : 3) 정도로 하고, 용접

하기 쉬운 쪽을 용착부의 단면적이 큰 쪽으로 하고, 어려운 쪽을 작은 쪽이 되도록 하면 용접 작업이 쉬워진다.

회전 변형의 방지 대책으로는 다음과 같은 것이 있다.

① 용접이 시작될 때 회전 변형이 일어나기 쉬우므로 주의를 요한다.

② 가접을 완전하게 하거나 미리 수축을 예측하고 그만큼 벌려 놓는다.

③ 필요에 따라 용접 끝부분을 구속한다.

④ 길이가 긴 경우는 두 명 이상의 용접사가 이음의 길이를 정하여 놓고 동시에 용접한다.

⑤ 대칭법, 후퇴법, 비석법(skip method) 등의 용착법을 이용한다.

⑥ 맞대기 이음이 많은 경우 길이가 길고 용접선이 직선일 때, 또 제작 갯수가 많은 부재는 큰 판으로 맞대기 용접한 후 기계적으로 절단 가공하면 회전 변형을 감소시킬 수 있다.

일반적으로 각 변형의 방지 대책으로는 다음과 같은 것이 있다.

① 개선 각도는 작업에 지장이 없는 한도 내에서 작게 하는 것이 좋다.

② 판 두께가 얇을수록 첫 패스측의 개선 깊이를 크게 한다.

③ 판 두께와 개선 형상이 일정할 때 용접봉 지름이 큰 것을 이용하여 패스 수를 줄인다.

④ 용착 속도가 빠른 용접 방법을 선택한다.

⑤ 구속 지그를 활용한다.

⑥ 역변형 시공법을 이용한다.

필릿 용접에서 대칭형의 단면에서도 변형이 발생하는데, 이것은 처음에 용접한 측과 나중에 용접한 측의 강성에 의한 것으로, 이것을 방지하기 위해서는 나중에 용접하는 측의 각장을 크게 하여 세로 수축 변형을 균형되게 하는 것이 바람직하다.

변형을 경감시키기 위해 시공상으로 주의할 사항은 집중적인 용접 이음이 되지 않게 하며, 이음부의 가공, 조립 정밀도 등을 정확하게 하고, 지그를 사용하여 구속이 큰 부분에서부터 구속이 없는 자유단 쪽으로 용접을 한다.

연습문제 & 평가문제

연습문제

1   용접 응력의 발생 원인을 설명하시오.

2   용접 응력의 영향은 무엇인가?

3   용접 응력의 측정법을 간단히 설명하시오.

4   용접 응력의 완화법은 어떤 것이 있는가?

5   용접 응력의 방지법을 설명하시오.

6   용접 변형이란?

7   용접 변형의 방지법을 설명하시오.

평가문제

1   용접에 의한 뒤틀림, 변형을 감소시키기 위해 유효한 공법을 드시오.

2   용접에 의한 변형은 구조물 제작에는 큰 장애가 된다. 용접 시 변형 방지법을 써보시오.

3   다음 문장은 용접 변형 방지에 대해 서술한 것이다. 올바른 것을 고르시오.
    (1) 용접 입열량은 변형에 관계없으므로 무시해도 좋다.
    (2) 피닝은 변형 방지에 효과가 있다.
    (3) 용접 순서는 대부분의 경우 변형에 크게 영향을 준다.
    (4) 역변형을 가하는 것은 변형 방지에 효과가 있다.

4   양 끝을 구속받는 연강재의 봉이 있다. 이 봉을 균일하게 가열할 경우 내부에 발생하는 응력이 항복점에 달하기 위한 온도 상승은 몇 ℃인지 계산하시오. 단 항복 응력은 $\sigma_Y = 400\,\mathrm{MPa}$, 영률은 $E = 210\,\mathrm{GPa}$, 선팽창 계수는 $\alpha = 1 \times 10^{-5}/℃$이다.

5   T형 필렛이음에서 후렌지의 좁은 쪽(A)과 넓은 쪽(B) 중 최종적으로 웹플레이트는 어느 방향으로 세로휨이 생기는가?

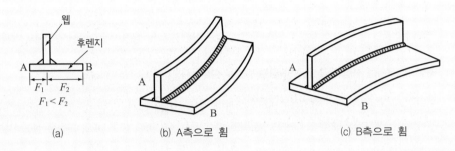

웹

후렌지

$F_1 < F_2$

(a)   (b) A측으로 휨   (c) B측으로 휨

6 그림의 점선으로 표시되는 강판을 아래 보기로 아크 용접할 경우 변형의 상태를 수축 변형을 고려해서 실선으로 그리시오.

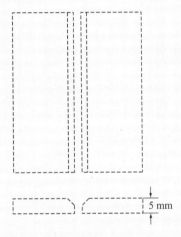

5 mm

7 구속이 없는 상태에서 용접되는 맞대기 용접 이음의 잔류 응력에 대해 다음 각 항의 분포 상태를 각각 개념적으로 도시하시오.
(1) 용접선에 직각인 선(CD)상에 있어서 용접선 방향의 잔류 응력 분포
(2) 용접선(AB)상에 있어서의 용접선 방향의 잔류 응력 분포
(3) 용접선(AB)상에 있어서의 용접선에 직각 방향의 잔류 응력 분포
(4) 용접선에 직각인 선(CD)상에 있어서의 용접선에 직각 방향의 잔류 응력 분포

8 T이음의 A-A단면상에 용접선 방향의 잔류 응력의 개략의 분포형상을 도시하시오.

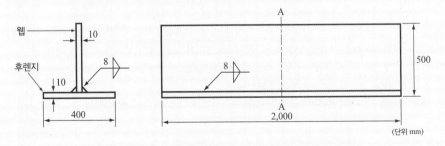

웹   10

후렌지

8

10

400

A

8

500

A

2,000

(단위 mm)

9 겹치기 이음의 경우 연속 용접과 단속 용접의 장단점을 강도 및 용접 변형이라는 관점에서 설명하시오.

10 용접 후 생기는 용접 잔류 응력의 경감 방법을 설명하시오.

11 그림 (a)에서 중앙 부재를 균일하게 가열 냉각할 때 중앙 부재에 발생하는 열응력의 온도에 따른 변화의 상황을 그림 (b)에 도식적으로 표시했다. 열응력의 이력 곡선 AB, BC, CD, DE의 과정을 설명하시오.

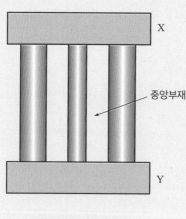

(a) 중앙부재의 온도(℃)

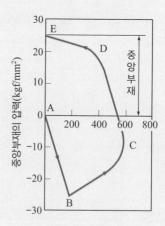

(b) 열응력 모형(600℃로 가열, 냉각)

12 다음 설명 중 틀린 것을 고르시오.
(1) 횡수축은 용접선에 직각인 방향으로 발생하는 수축으로, 맞대기 용접 이음에서 반드시 발생하는 가장 기본적인 수축이다.
(2) 맞대기 용접 이음의 용접선 방향의 잔류 응력의 값은 용접선상에서는 인장 항복 응력에 달하고, 용접선에 연하는 분포에서는 판 가장자리에 접근함에 따라 절감되어 0이 된다.
(3) V형 그루브(홈) 용접 이음에서는 상층에서 진행됨에 따라 각 층의 용접 금속량이 많아지는 것을 생각하면 굵은 용접봉으로 소수의 층으로 올리기보다는 가는 용접봉으로 다수의 층으로 올리는 것이 각변형을 감소시킨다.
(4) 용접에 의해 열원이 이동하기 때문에 용접되지 않는 부분의 루트 간격이 용접의 진행에 따라 변화해서 열렸다 닫혔다 하는 현상을 회전 변형이라고 한다.

13 용접의 잔류 응력 및 변형의 경감에 대해 용접 시공상 고려해야 하는 일반적인 원칙 중 틀린 것은?
(1) 잔류 응력 및 변형은 용접 입열의 증가에 따라 증대하므로 용접 입열을 되도록 크게 한다.
(2) 열을 일부분에 집중시키면 구속이 크므로 되도록 열을 분산시킨다.
(3) 적절한 용착 방법과 용접 순서를 선택한다.
(4) 일반적으로 면 내의 수축은 구속 응력을 작게 하므로 되도록 자유롭게 해서 수축량을 미리 예측한다.

14 용접 잔류 응력을 저하시키는 방법을 기계적, 열적 방법으로 간단하게 설명하시오.

15 다음 용접 잔류 응력의 영향에 대해 설명한 것 중 올바른 것을 고르시오.
(1) 용접 이음부의 인장 강도(연성 파단 강도)는 용접 잔류 응력이 있으면 낮아진다.
(2) 용접 이음부의 피로 강도에는 용접 잔류 응력은 전혀 영향을 주지 않는다.
(3) 용접 이음부의 취성파괴는 용접 잔류 응력이 있으면 발생하기 쉽다.
(4) 박판의 용접 구조물에 있어서의 좌굴은 용접 잔류 응력에 의해 발생하기 쉬운 경우가 있다.
(5) 용접 이음부의 응력 부식 균열은 잔류 응력이 있으면 일어나기 쉽다.

16 다음 사항 중에서 용접 잔류 응력에 관계가 있는 사항을 고르시오.
(1) 응력 부식 균열
(2) 압력 용기의 내압에 의한 연성 파괴 강도
(3) 용접 열영향부의 조직
(4) 용접 구조물의 변형
(5) 용접 구조물의 취성 파괴

Chapter

12

용접 야금

12.1 금속의 구조

1 금속 결정의 격자 구조

모든 물질은 여러 가지 성질이 모든 방향에 대하여 같은, 즉 무향성인 등방질(isotropic substance)과 어떤 성질은 무향성이지만 다른 성질은 유향성인 부등방질 또는 이방질 (anisotropic substance)로 크게 분류할 수 있다. 자연 상태에 있는 기체 및 액체는 모두 등방질 이지만, 고체에는 아스팔트나 유리 등과 같은 등방질과 금속이나 수정 등과 같은 부등방질이 있다. 비정질은 등방질이며, 모든 결정은 부등방질이다.

철과 같은 금속은 체심 입방 격자(body centered cubic lattice, bcc)로 그림 12.1(a)와 같고, 스테인리스강이나 알루미늄 등은 면심 입방 격자(face centered cubic lattice, fcc)로 그림 12.1(b)와 같이 나타낸다. 그림 12.1(c)는 조밀 육방 격자(hexagonal close packed lattice, hcp)로 Be, Mg, Ca, Zn, Ti 등이 여기에 속한다.

체심 정방 격자(body centered tetragonal lattice, bct)는 밑면은 정방형으로 In, Sn 등이 이러 한 구조를 가지고 있다.

2 평형 상태도

평형 상태도(equilibrium diagram)는 액상, 고상 등의 각 상이 온도에 대하여 변화하는 모양 을 표시한 것이며, 야금학의 기초로서 대단히 중요한 것이다. 특히 용접 야금학을 배우는데에 는 용접 현상이 비평형(non-equilibrium)에서 생기므로 그 현상을 해명하기 위하여 반드시 평형 상태도를 이해해야 한다.

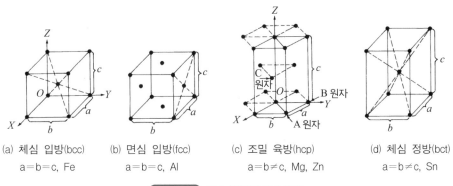

(a) 체심 입방(bcc)　　(b) 면심 입방(fcc)　　(c) 조밀 육방(hcp)　　(d) 체심 정방(bct)
a=b=c, Fe　　　　　a=b=c, Al　　　　　a=b≠c, Mg, Zn　　　a=b≠c, Sn

그림 12.1 금속 결정의 원자 배열

물질의 집합 상태에는 기상, 액상, 고상이 있다. 대부분의 금속에서는 고체 상태이며, 보통으로 변태(transformation)가 생겨서 다른 상으로 변화한다. 변태점의 위와 아래에서는 결정의 구조나 성질이 다르다. 고체 상태의 합금(alloy)에 나타나는 상의 종류는 순금속, 고용체(solid solution) 및 금속 간 화합물(inter-metallic compound) 3가지가 있다. 상의 조성(composition)을 나타내는 물질을 성분(component)이라 한다. 순금속에서의 성분은 금속 자신이다. 합금의 경우에는 일반적으로 그 합금을 구성하는 금속 원소를 성분으로 생각한다. 다만 특수한 경우에는 안정한 금속 간 화합물을 하나의 성분으로 생각하는 경우도 있다. 성분의 수가 1, 2, 3, … 되는 물질계를 각각 1성분계, 2성분계, 3성분계, … 라고 한다.

성분의 수와 상의 수의 관계는 상률(phase rule)로써 정한다. 상률은 열역학의 일반적인 법칙으로서 중요하다.

(1) 2원계(2성분계) 상태도

2성분계(secondary system)의 평형 상태도는 횡축에 조성을 취하고, 종축에 온도를 취하여 작성한다. 조성의 표시법은 횡축의 왼쪽 끝을 A금속, 오른쪽을 B금속으로 하고, 왼쪽에서 오른쪽으로 향하여 B금속의 양(weight percentage[wt %])을 취한다. 즉, 상태도에서의 온도 T에서 2가지 상 α(또는 금속 A)와 β(또는 금속 B)가 평형으로 있는 경우 그 두 가지 상의 혼합물인 조성 x의 합금 α상(A)과 β상(B)과의 양비는 다음 식으로 표현된다.

$$\frac{\alpha \, 상(\text{A})의 \, 양}{\beta \, 상(\text{B})의 양} = \frac{\overline{x\beta}}{\overline{x\alpha}} \, 또는 \, \frac{\overline{xB}}{\overline{xA}}$$

이것은 온도 T에서 x점을 기준으로 천칭(balance)에 놓인 것과 같이 평형이 된다고 하여 천칭의 법칙(lever relation)이라고도 한다.

2성분계의 평형 상태도의 형식에는 다음과 같은 것이 있다.

① 전율 고용형

이것은 액체, 고체 어떤 상태에서도 2성분이 완전히 녹아서 합쳐지는 경우이다. 그림 12.2에서 2개의 곡선 중 온도가 높은 쪽을 액상선이라 하고, 고체가 정출하기 시작하는 온도를 표시한다. 온도가 낮은 쪽은 고상선이며, 완전히 고체가 되는 온도를 표시하고 있다. 고용체로 있는 것은 고체의 상태로 금속 A원자와 B원자가 서로 녹아서 합쳐지는 것을 표시하고 있다. Ag-Au, Ag-Pd, Cu-Ni, Au-Pt, Ir-Pd, Cr-Fe 등은 이 계에 속하는 대표적인 합금이다.

② 공정형

이 형식에는 2가지가 있다. 하나는 그림 12.3(a)와 같이 액체 상태에서는 완전히 녹지만, 고체 상태에서는 전혀 녹지 않는 경우 또는 그림 12.3(b)와 같이 용해도(solubility)에 제한이

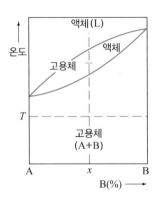

그림 12.2 전율 고용형 상태도

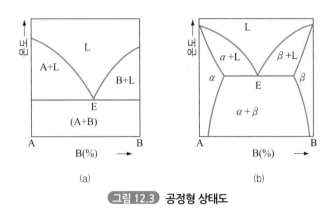

(a)   (b)

그림 12.3 공정형 상태도

있는 α 고용체와 β 고용체의 공정(eutectic reaction)을 하는 경우이다. 두 형식 모두 E점을 공정점(eutectic point)이라 하고, 그 온도를 공정 온도(eutectic temperature)라 한다. 또한 여기서 생기는 조직을 공정 조직(eutectic structure)이라 한다.

공정점의 조성을 가진 합금을 공정 합금(eutectic alloy)이라 하고, 공정 조직만으로 된다. 공정 합금은 일반적으로 그 합금계 중에서 가장 낮은 융점을 나타낸다.

공정 온도에서는 A와 B(또는 α와 β 고용체)가 동시에 정출하기 때문에 조직은 Al−Sn, Sn−Zn과 같이 조밀하게 융합되어 서로 얇은 층이 되거나 흰 바탕에 검은 점이 있는 것으로, Cd−Zn, Bi−Zn, Pb−Sn, Cr−Ni 합금 등이 여기에 속한다.

③ 포정형

액체 상태로 완전히 녹고, 고체 상태에서 일부분이 녹는 형으로서 그림 12.4(a)와 같은 포정 반응(peritectic reaction)을 포함하는 경우이다. 이것은 온도에서 액체 C + β 고용체 F ⇌ α 고용체 D되는 반응을 하는 것이며, 초정의 β 고용체가 액체 C와 접촉하고 있는 면에서 생기기

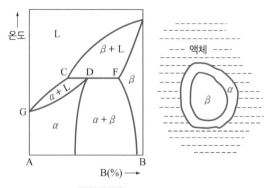

그림 12.4 포정형 상태도

시작하므로, 그림 12.4(b)와 같은 β 고용체의 외측에서 α 고용체가 둘러싸는 것 같이 되므로, 이 반응을 포정 반응이라 한다. D점은 포정점(peritectic point)이다.

포정 반응만을 포함한 2성분계 합금의 상태도는 존재하지 않지만, 복잡한 상태도의 일부분에 포정을 포함하는 것은 매우 많다. Fe-C, Au-Fe, Cd-Hg 합금 등은 그 대표적인 것이다.

④ 편정형

액체, 고체의 어느 상태에서도 일부분밖에 녹지 않는 경우의 상태도는 그림 12.5와 같이 된다. 그림에서 DF 사이 조성의 합금은 액체 M ⇆ β, 고용체 F + 액체 D되는 반응을 일으킨다. 이것은 공정 반응과 비슷하지만, 한쪽이 결정(고체)이므로 편정 반응(mono-tection reaction)이라 하고, M점을 편정점(monotection point)이라 한다. 또 DM 사이의 조성의 합금은 편정 온도(monotectic temperature) 이상이며, DGM의 액상선에 의하여 액체가 L_1 과 L_2 의 2상으로 나뉜다.

예컨대, 조성 x 의 합금은 a점의 온도에서 농도 α 되는 액체 L_1 과 b되는 농도의 액체 L_2 가

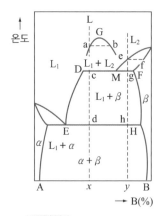

그림 12.5 편정형 상태도

공존한다. 이와 같은 a와 b의 액체를 공액 용액(conjugate solution)이라 한다. Ag‒Ni, Bi‒Zn 합금 등은 이형의 상태도를 나타낸다.

⑤ 기 타

Pb‒Zn, Pb‒Si와 같이 액체 상태에서 일부분이 녹고, 고체 상태에서 전혀 녹지 않거나 또는 고체, 액체 어느 상태에서도 녹지 않는 형태도 있다.

이상과 같은 평형 상태도는 기본형으로 이것들이 복합적으로 나타나게 되며, 용접에서는 급열, 급랭으로 인해 비평형 상태에서 이루어진다.

(2) 다원계(다성분계) 상태도

3성분(ternary), 4성분계(tetragonaly) 등 다성분계(polygonaly system)는 실용적으로는 중요하지만, 상태도가 복잡하게 되어 2차원적인 지면 위에 표현하는 것이 곤란하다. 그래서 일반적으로 특정한 온도에서 단면의 양상을 표시한 등온 상태도 또는 1성분의 조성을 고정한 절단면 상태도(sectional diagram)가 실용적으로 많이 사용된다.

3성분계의 조성은 정삼각형 내의 1점으로 표시된다. 즉, 그림 12.6(a)의 p점에서 각 변에 평행한 선을 긋고, 그 교점을 d, e, f 라 하면, pd + pe + pf 는 항상 1변의 길이와 같다. 따라서 p점으로서 A, B, C의 조성을 표시할 수 있고, A : B : C = pd : pe : pf 로 된다. 또 p점을 통하여 변 BC에 평행한 직선상에서는 상대하는 성분 A의 조성은 일정하며, B와 C의 비율만 변화한다. 절단면 상태도는 이 직선 위에 온도축을 취한 것이며, 3성분계 상태도를 실험적으로 구할 때에는 이와 같은 단면을 수없이 많이 만들어서 이들을 종합하는 방법을 취한다.

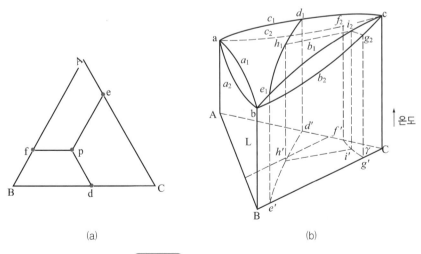

그림 12.6 3성분계의 평형 상태도

그림 12.6(b)에서 성분 A에 어느 농도를 주면 이것은 3각형의 한 면 BC에 평행한 선으로 표시되고, 선 $d'e'$과 만나는 점 h'이 결정되어 h'과 평행으로 있는 고용체 γ의 조성(i')도 구해진다.

(3) 고용체

합금과 같이 이종 원자가 첨가되어 고용체가 만들어질 때, 이 첨가 원자(용질 원자, solute)와 모체 원자와의 원자 반지름 등의 유사성 여하에 따라서 모체 결정 격자 중에 들어가는 위치가 달라지게 된다. 예를 들어, 철에 소량의 Ni을 가한 경우 철의 원자 반지름은 1.23Å, Ni은 1.22 Å이라는 대략 같은 값이므로 원자가 철의 원자가 있던 위치에 그대로 교대한 형상으로 들어가는 데 그다지 곤란하지 않다. 이와 같이 용체 원자가 바뀌는 것을 치환형 고용체(substitutional solid solution)라 한다.

이것에 비하여 탄소나 질소 등과 같이 원자의 반지름이 작은 원자는 철의 원자와 치환하지 않고, 그림 12.7(b)와 같이 철의 원자가 배열하고 있는 틈에 들어간다. 이것을 침입형 고용체(interstitial solid solution)라고 한다.

어떠한 경우에도 용질 원자의 분포는 불규칙적이나 통계적으로 균일하게 되어 있을 뿐이다. 침입형 고용체는 용질 원자가 모체 원자와 비하여 특히 작은 것, 즉 H, C, N, O, B 등을 금속에 소량 가했을 때 생긴다. 이 경우 탄소나 질소와 같이 원자의 반지름이 비교적 큰 원자가 침입하면 모체 금속의 원자 배열에 변형이 생겨서 경화 현상이 나타난다. 그러나 수소와 같이 원자의 반지름이 작은 것에서는 그 작용은 적고, 수소 원자는 모체 금속의 격자 사이를 비교적 자유롭게 이동할 수 있으므로 확산도 활발하다.

침입형, 치환형의 어느 것의 고용체에 있어서도 그 결정 구조는 모체 금속과 같다. 이와 같은 고용체를 1차 고용체(primary solid solution)라고 한다. 성분의 금속이 어느 것이나 다른

(a) 치환형 고형체   (b) 침입형 고형체

그림 12.7 고용체의 경우

결정 구조를 가진 고용체가 생기는 경우도 있으며, 이와 같은 것을 중간 고용체(intermediate solid solution)라고 한다. 성분의 금속 원자가 서로 화학적 흡수력에 의해서 대략 화학식으로 표시되는 성분 비율로 새로운 화합물을 만들 수가 있다. 이것을 금속 간 화합물(intermetallic compound)이라 한다.

(4) 금속 조직

금속은 일반적으로 많은 결정립이 집합한 것이므로 조직으로서 관찰할 수 있다. 조직의 관찰은 결정 구조와 함께 금속의 성질과 밀접한 관계가 있기 때문에 금속 재료의 시험 연구상 가장 중요한 일이다.

금속 조직에는 2종류가 있다. 육안 또는 작은 배율의 확대경으로 식별할 수 있는 매크로 조직(육안 조직, macrostructure)과 현미경으로 식별되는 마이크로 조직(현미경 조직, microstructure)이 있다. 이 경우 광학 현미경에 의한 것을 photo-microstructure라 하고, 일반적으로 50~2000배의 배율로 관찰한다. 그 이상의 배율로 조직을 조사하려면 전자 현미경을 사용한다. 이 경우의 조직을 전자 현미경 조직(electron-microstructure)이라 하고, 보통으로는 레플리카법(replica method)에 의한다. 그러나 최근에는 수천 Å 두께의 박막 시료에 전자선을 직접 투과하여 관찰하는 투과 전자 현미경 조직(transmission electron-microstructure, TEM)이 있다.

12.2 철강 재료

1 철의 변태

철에는 체심 입방 격자의 α철(또는 δ철)과 면심 입방 격자의 γ철의 2가지 동소체가 있다. 따라서 철은 다음과 같이 변태한다.

$$\alpha \, 철\,(\mathrm{bcc}) \leftrightarrows \gamma\,(\mathrm{fcc}) \leftrightarrows \delta\,철\,(\mathrm{bcc})$$
$$A_3\,910\,^{\circ}\mathrm{C} \qquad A_4\,1390\,^{\circ}\mathrm{C}$$

α철 $\leftrightarrows$ γ철의 변태를 A_3 변태, γ철 $\leftrightarrows$ δ철의 변태를 A_4 변태라 한다. 이들의 변태는 결정 구조의 변화를 일으키므로, 변태할 때 급격히 팽창 또는 수축을 한다. 즉, α철 → γ철에서는 크게 수축하고, γ철 → δ철에서는 팽창한다. γ철 → α철, δ철 → γ철에서는 이것과 반대의 변

화가 일어난다.

A_3 변태점 및 A_4 변태점을 여기에서는 910℃ 및 1390℃로 표시하며, 이 온도는 평형 상태를 고려한 경우의 것이다. 보통으로 철을 가열 또는 냉각하는 경우는 무한히 느린 속도로 가열 또는 냉각할 수 없으므로, 그 변태는 가열 시에는 상기보다 약간 높은 온도에서 일어나고, 냉각 시에는 낮은 온도에서 일어난다. 이와 같은 경우, 가열 시의 A_3 변태를 Ac_3 변태 (chauffage), 냉각 시의 그것을 Ar_3 변태(reproidissement)라고 하여 구별한다. 또 평형 상태의 A_3 변태를 Ae_3 변태(equilibrium)라고도 한다.

또 실온에서 철은 강자성이지만, 그 자성은 온도와 함께 점점 저하하여 770℃ 부근에서 급격히 줄어든다. 이 급격한 변화를 자기 변태(magnetic transformation) 또는 A_2 변태라 하고, 변태 온도 770℃를 퀴리점(Curie point)이라 한다. A_2 변태는 결정 구조의 변화가 따르지 않는 변태이므로, A_3 변태, A_4 변태와는 성질이 다르다.

2 Fe-C계 평형 상태도

Fe-C계에는 여러 가지 상이 있지만, 기본적인 상은 페라이트(ferrite), 오스테나이트 (austenite), 시멘타이트(cementite) 3상이 있다.

페라이트는 α 철에 탄소를 고용한 것이며, 그 최대 탄소의 고용량은 약 0.02%(723℃)이고, bcc에 α 상(α -phase)이라 하기도 한다.

오스테나이트는 γ 철에 탄소를 고용한 것이며, 최대 탄소 고용량은 약 2.06%(1147℃)이다. 이것은 fcc이며, γ 상(γ -phase)이라고도 한다.

시멘타이트는 Fe과 C가 일정한 비율로 결합한 금속 간 화합물(intermetallic compound)이다. 화학식은 Fe_3C이며 C를 6.68%까지 포함한다. 평형 상태도에서 페라이트 ⇆ 오스테나이트의 변태는 그림의 GS~GP 사이에서 생긴다. 이 변태를 α 철 ⇆ γ 철의 변태와 같이 A_3 변태라 한다. 단 Fe-C계에서의 A_3 변태는 철의 경우와 달라서 어떤 온도 범위에 걸쳐서 진행한다. 냉각시를 생각하면 GS선에서 이 A_3 변태가 시작하여 GP선에서 끝나는 것이다. 보통 GS를 A_3선이라 한다.

C양이 S점 이상인 경우는 그림 12.8의 ES~KS선 사이에서 오스테나이트 ⇆ 시멘타이트의 변태가 일어난다. 냉각 시를 생각하면 ES선에서 오스테나이트에서 시멘타이트가 석출하기 시작한다. 보통 ES선을 Acm선이라 하고, 이 변태를 Acm 변태라고도 한다.

그림 12.8의 PK선에서 공석 변태(eutectoid transformation)의 상변화가 일어나며, 이 공석 변태는 A_3 변태나 Acm 변태와는 다른 오스테나이트가 페라이트와 시멘타이트의 혼합 조직인 공석 조직으로 변하는 변태이다. 공석 조직을 펄라이트(pearlite)라 하고, 전형적으로는 페라이

트와 시멘타이트가 층상으로 나란한 조직이다. 공석 변태는 PK선으로 표시되는 일정 온도 723℃에서 일어나고, A_3 변태 온도 구간은 가지지 않는다.

PK선을 A_1선이라 하고 그 온도를 A_1점이라 한다.

공석 조직은 항상 일정하며 0.8% C(S)이다.

그림 12.9를 이용하여 0.2% C강의 변태를 살펴보면 온도 a_1 까지 냉각하여 A_3 선에서 만나므로 그 점에서 오스테나이트에서 페라이트로 변태가 시작한다. 이 변태는 a_3 에 도달할 때까지 계속된다. 탄소의 농도는 GS선으로 표시되며 r_1, r_2 로 변한다. 이 변태가 끝나는 a_3 온도에

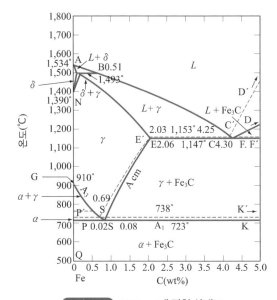

그림 12.8 고FE－C계 평형 상태도

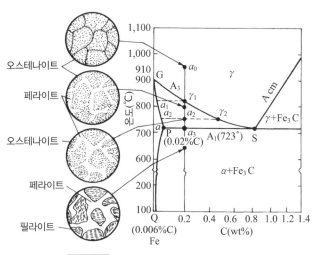

그림 12.9 오스테나이트의 펄라이트 변태

서는 0.8% C(S)가 되며 석출한 페라이트는 GP선에 따라 변한다.

온도 a_2에서 오스테나이트와 페라이트의 비는 $\overline{a_1 r_1} : \overline{a_2 r_2}$로 표시된다. 즉, 오스테나이트 약 45%에 대하여 페라이트는 약 55%이다. 마찬가지로 a_3에서도 $\overline{p a_3} : \overline{a_3 s} = 25 : 75$로 오스테나이트와 페라이트의 양을 나타낼 수 있다.

결국 0.2% 탄소강을 온도 a_0에서 서서히 냉각하면 온도 a_3까지의 사이에 75%만 페라이트로 변태하고, 나머지 25%가 오스테나이트의 상태 그대로 남는다. 이 나머지 오스테나이트의 조성은 위와 같이 S, 즉 0.8% C이다. 다시 말해 온도 a_3는 공석 변태점이므로 나머지 25%의 오스테나이트는 이 온도에서 공석 변태가 생겨서 전부 펄라이트로 된다. 공석 변태점 이하에서는 변태를 일으키지 않으므로 그대로 냉각되어 결국 0.2% 탄소강의 상온에서의 최종 조직은 75%의 초석 페라이트와 25%의 펄라이트로 되는 조직으로 된다.

3 강의 항온 변태

강을 오스테나이트의 상태에서 급랭하면 A₃ 변태나 A₁ 변태는 모두 저지되어서, 저온에서 마르텐사이트 변태만이 생긴다. 그러나 강을 γ상 영역에서 급랭하여 마르텐사이트 변태가 생기는 것보다 높은 온도로 그대로 유지하면 지금까지와 다른 상태의 변태가 생긴다. 이런 변태를 과냉 오스테나이트의 항온 변태(isothermal transformation)라고 한다.

이 변태는 유지하는 온도에 따라서 그 모양이 변한다. 이것을 표시한 것이 항온 변태도(isothermal transformation diagram)이다. 보통으로는 세로축에 유지 온도를 취하고, 가로축에 유지 시간을 취하여 각 온도에서의 변태 개시 및 종료 시간을 표시한다. 따라서 항온 변태도를 TTT도(time-temperature transformation diagram)라고 한다.

공석강을 γ상 영역에서 급랭하여, 550℃로 항온으로 유지하면 약 1초에서 변태하기 시작한다. 유지 시간의 경과와 함께 오스테나이트는 점점 변태하여 약 10초 후에 변태를 완료한다.

그림 12.10에서 곡선 Ps-Bs를 변태개시 곡선, Pf-Bf 곡선을 변태완료 곡선이라 한다.

그림 12.10에 나타난 바와 같이 공석강에서는 550℃ 부근에서 가장 빨리 변태가 생기고, 그보다 고온에서나 저온에서는 늦어진다. 변태가 가장 빨리 생기는 부분, 즉 그림에서의 돌출부를 보통 코(nose)라고 한다. 공석강의 항온 변태에서 코보다 고온에서는 오스테나이트는 펄라이트로 변태한다. 펄라이트는 고온에서 생길수록 조대(粗大)하며, 페라이트와 시멘타이트의 조직 간격이 넓고, 저온으로 됨에 따라서 펄라이트는 미세하게 되어 페라이트와 시멘타이트의 조직 간격이 좁아진다.

코(nose)보다 저온에서 항온 유지한 경우는 베이나이트(bainite) 조직이 된다.

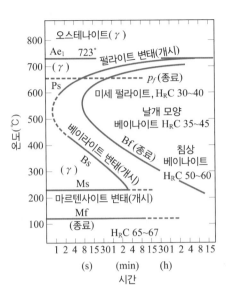

그림 12.10 공석강의 항온 변태도(0.8 C, 0.70% Mn강, 오스테나이트화 온도 900℃, 오스테나이트 입도 No.6)

표 12.1 펄라이트 변태와 베이나이트 변태

	펄라이트의 변태	베이나이트의 변태
생성 기구	시멘타이트를 핵으로 하고 핵발생 및 성장으로 생성	페라이트를 핵으로 하고, 확산으로서 지배되는 일종의 미끄럼 변태
모상과의 결정학적 관련성	오스테나이트에 대하여 있다.	오스테나이트에 대하여 없다.
변태에 따르는 용질 원자의 분배	변태에 따르고; C원자, 합금 원자가 함께 이동하여 분포를 바꾼다.	C원자만이 이동하고, 합금 원소 원자는 모상 그대로 받는다.
조직 내에 포함된 탄화물	변태 초기에는 반드시 시멘타이트가 나타나지만, 후기에는 조성에 의한 특수 탄화물 등으로 변한다.	변태 온도역의 고온부에서는 시멘타이트, 저온부에서는 천이 탄화물의 존재
변태에 대한 오스테나이트 입도의 영향	입도가 곱게 되면 변태는 촉진	비교적 무관계
변태에 대한 탄화물 형성 원소의 영향	변태를 심하게 억제한다.	펄라이트 변태에 대할수록 저지 효과는 크지 못하다.
변태에 대한 고용 원소의 영향	변태를 억제한다.	펄라이트 변태와 같은 정도

항온 변태 곡선은 강에 가하는 합금 원소의 종류에 따라서도 변한다. 이 경우 변화의 타입을 합금 원소의 종류와 양에 따라서 크게 구분하면 다음의 3가지로 된다.

① 강 중에서 탄화물을 형성하지 않는 원소, 예컨대 Ni, Si, Cu 등이 첨가된 경우 : 그림 12.11에서 3.4%의 Ni강의 항온 변태도를 표시하며, 같은 C량의 탄소강에 비하여 변태 개시

곡선 및 종료 곡선은 긴 시간 쪽에 이행하지만 곡선의 형상은 변하지 않는다.

② 탄화물 형성력이 약한 원소를 포함한 경우 또는 탄화물 형성력이 중 정도이며, 그 양이 소량에서는 효과가 적은 원소를 포함하는 경우 : Mn 또는 소량의 Cr을 포함한 경우가 그렇다. 그림 12.12에서 1.85% Mn강의 항온 변태도를 나타내었다. 이 경우는 변태 개시 곡선 및 종료 곡선이 긴 시간 쪽으로 처지는 동시에, 변태 종료 곡선이 2단으로 나뉜다. 이 곡선 중 고온 쪽은 펄라이트 변태 종료 곡선, 저온 쪽은 베이나이트 변태 종료 곡선이다.

③ 탄화물 형성력이 큰 원소를 첨가한 경우 또는 탄화물 형성력이 중 정도의 원소를 다량으로 첨가한 경우 : Mo, W, V 등 또는 다량의 Cr을 첨가한 강에서는 변태 개시 곡선 및 종료 곡선이 어느 것이나 2단으로 나누어지고, 펄라이트 변태가 심하게 늦어진다. 베이나이트 변태

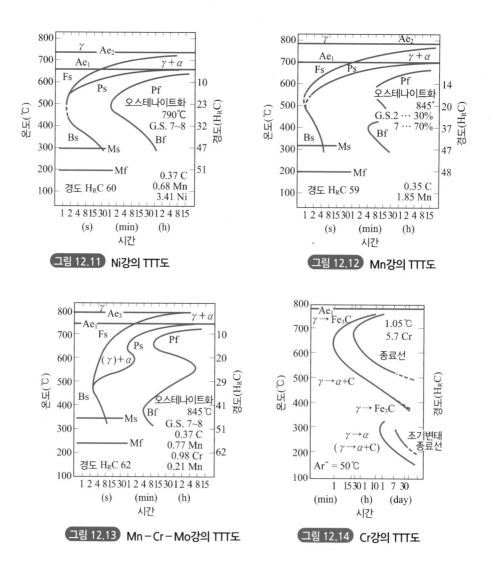

그림 12.11 Ni강의 TTT도

그림 12.12 Mn강의 TTT도

그림 12.13 Mn-Cr-Mo강의 TTT도

그림 12.14 Cr강의 TTT도

는 그림 12.13 및 그림 12.14에 표시한 바와 같이 심하게 늦어지는 경우와 그렇지 않은 경우가 있다.

4 연속 냉각 변태

항온 변태와 같은 일정한 온도가 아니고, 냉각 도중에서 변태의 진행 상황은 연속 냉각 변태도(continuous cooling transformation diagram : CCT도)로서 알 수 있다. 강의 CCT도는 γ상 영역에서 여러 가지 속도로 냉각한 경우의 변태 개시 및 종료점, 변태에 따르는 조직의 종류나 변태량 등을 종합적으로 표시한 것이며, 통상 열분석 열팽창 시험, 자기 분석법 등과 조직검사로서 작성된다.

그림 12.15는 공석강의 CCT도를 표시한 것이며, Ps-C, Pf-C의 기호로 표시한 굵은 선이 CCT 곡선이다. Ps-C는 냉각 과정에서 펄라이트 변태의 개시를, Pf-C는 펄라이트 변태가 끝나는 것을 표시하는 선이다. 또 CCT 곡선은 그림 중에 표시한 TTT 곡선 Ps-I, Pf-I와 비교하여 알 수 있는 바와 같이 TTT 곡선보다 약간 오른쪽 아래, 즉 저온 긴 시간쪽으로 이행한다. 물론 마르텐사이트 변태의 온도는 변하지 않는다.

공석강을 γ 상 영역에서 200℃/s 이상의 속도로 냉각하는 경우 Ps-C선과 만나지 않으므로 펄라이트 변태는 생기지 않고, 230℃ 부근에서 마르텐사이트 변태만이 생긴다. 200℃/s의 냉각 속도를 한계 냉각 속도라 하여 임계 냉각 속도(critical cooling rate)라 한다. 임계 냉각 속도는 강의 담금질성에 크게 영향을 미친다. 냉각 속도가 50℃/s보다 늦으면 냉각 도중에서 Ps-

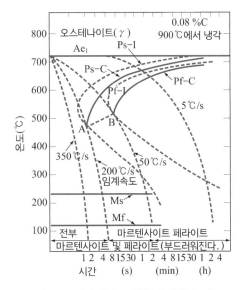

그림 12.15 공석강의 CCT도(900℃에서 냉각, 그림 중의 냉각 속도는 700℃를 통과할 때의 속도)

C, Pf−C 곡선을 횡단하므로 오스테나이트가 모두 펄라이트로 변태한다. 따라서 펄라이트 중의 페라이트의 시멘타이트 분포 상태는 냉각 속도에 따라서 변하고, 냉각 속도가 느리고 보다 고온이며, Ps−C선을 가로지르는 경우일수록 조립(組粒) 펄라이트로 되고, 냉각 속도가 크고, 보다 저온에서 Ps−C선을 횡단할 경우에는 미세 펄라이트로 된다. 냉각 속도가 50~200℃/s의 경우는 다음과 같이 변태한다.

오스테나이트는 Ps−C선을 가로지르는 온도이며, 펄라이트로 변태하기 시작하지만, AB선을 가로지르는 온도까지 냉각되면 그 점에서 펄라이트에의 변태가 중단되고, 더 냉각하면 미변태 그대로의 오스테나이트가 230℃ 부근까지 강하하여 마르텐사이트로 변태한다.

그림 12.16은 Cr−Mo강의 CCT도이다. 여기서도 마찬가지로 냉각 속도에 따른 각각의 상변태량을 표시하고 있다. 용접 금속 또는 용접 열영향부의 냉각 속도에서 CCT도를 이용하면 어떤 조직으로 변태하는지를 추정할 수 있다.

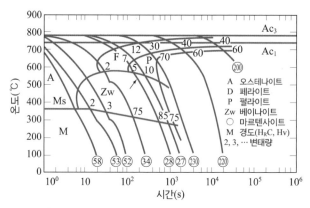

그림 12.16 Cr−Mo강의 CCT도(오스테나이트화 온도 850℃)

12.3 용접 금속과 가스

1 수 소

수소가 용융강 중에 용해할 때는 분자 상태가 아니고, 해리하여 원자 상태(H) 또는 프로톤(proton, H^+)으로 되고, 그 용해도는 수소 분압의 평방근에 비례한다.

용해도가 고상, 액상 다 함께 온도의 상승에 따라서 증가하는 것은 용해가 흡열 반응 때문이며, 수소와 수소 화합물을 만드는 금속, 예를 들어 Ti, Zr 등에서는 온도의 상승과 동시에 수소의 용해도는 반대로 감소한다. 또 변태점에서도 불연속이며, fcc의 γ철은 bcc의 α 철이나 δ철보다 다량의 수소를 용해한다. 이 용해도는 철 중에 포함하는 성분, 즉 강의 종류에 따라서 여러 가지로 다르고, 냉간 가공 등에서 생기는 격자 결함에 따라서도 용해도는 변화한다.

수소 원자는 Fe 원자에 비하여 매우 작기 때문에 상당히 자유롭게 결정 격자 사이를 확산할 수 있다. 강 중에서 수소의 확산 속도는 강 중의 C가 증가할수록, 또 가공도가 클수록 감소한다. 이것은 결정 격자 사이에 침입 고용하고 있는 C원자나 기공 때문에 생기는 격자 결함이 수소의 확산을 방해하기 때문이다. 수소의 확산 속도는 조직이나 온도에 따라서도 변화한다. 예컨대, 600℃에 대하여서는 α강 중에서의 확산 속도는 같은 온도에서 γ강 중의 그것보다 수십 배나 빠르다. 이것은 오스테나이트가 fcc이며, 원자 간격이 bcc의 페라이트보다 작고, 수소의 이동이 곤란하기 때문이다.

이와 같이 강 중에서 수소의 용해도 및 확산 속도는 강의 응고나 변태에 따라서 여러 가지로 변화하므로, 용접에서 수소는 여러 가지 특이 현상을 초래하는 원인으로 된다.

(1) 용접 금속 중의 수소

수소의 강에 대한 용해도는 응고 직후에 용융 상태의 약 1/4로 감소한다. 이 때문에 일단 용해한 수소는 용접 금속의 응고와 동시에 확산하여 외부로 빠져나간다. 그러나 용접부의 냉각 속도가 빠른 경우는, 예를 들어 아크 용접부에서는 1000℃ 정도까지 냉각된다면 걸리는 시간은 수초이고, 이 온도에서 강은 오스테나이트이기 때문에 수소의 확산이 어렵다. 따라서 이 온도에서 수소의 방출량은 매우 적다.

온도의 저하와 함께 강은 오스테나이트 → 페라이트의 변태를 한다. 변태하여 페라이트로 되면 수소의 용해도는 약 50% 감소하고, 동시에 수소의 확산 속도는 매우 증대하므로 상당한 수소가 용접 금속에서 방출되기 시작한다. 이 수소의 방출 속도는 냉각 속도에 영향을 받는다. 예컨대, 응고 시에 30 cc/100 g의 수소량이 있는 용접 금속의 냉각 과정에서 각 온도에서의 수소량과 수소의 표시하는 내부 압력을 나타내면 그림 12.17과 같다. 그림에서 400℃ 이하에서는 냉각 속도의 상위에 의한 수소량 및 수소 내부 압력의 차가 크다. 이런 상황에서 수소의 방출량은 400℃ 이하에서의 냉각 속도에 따라서 영향을 받는 것을 알 수 있다. 냉각이 빠르면 수소는 냉각 중에 약 1/6밖에 방출되지 않고, 내부 압력도 높아지는 데 반하여, 냉각이 늦어지면 대부분의 수소가 외부에 방출되어 내부 압력도 낮아진다.

그림 12.18은 냉각 속도가 같으며, 응고하였을 때 수소량이 다른 경우의 일례이다. 수소량이 낮은 경우 냉각 후에 생기는 수소의 내부 압력은 매우 낮다. 즉, 수소의 내부 압력을 작게 하려면 용접 금속 중의 수소량을 적게 하고, 냉각을 늦게 하면 된다.

한편 γ계 용접 금속은 변태하지 않으므로 저온에서도 수소가 확산하지 않기 때문에 실온까지 잔류하는 수소가 상당히 많아진다.

강의 결정 격자 내에 용입한 원자 상태의 수소가 확산 도중에서 강 안의 공공(孔空)이나 미소한 균열 또는 비금속성 개재물의 주변 등 비교적 큰 빈틈에 달하면, 여기서 결합하여 분자 상태(H_2)로 된다. 수소는 이 상태로 되면 벌써 Fe 원자의 간극을 통하여 확산하는 것이 곤란하게 된다. 또 원자 상태 그대로 있어도 결정의 전위 등의 격자 결함 중에 구속되어 실온에서 확산할 수 없는 것도 있다. 이들을 비확산성 수소(non-diffusible hydrogen)라 한다.

이것에 대하여 결정 격자 내를 자유로이 확산할 수 있는 원자 상태 또는 이온 상태의 수소를 확산성 수소(diffusible hydrogen)라 한다. 확산성 수소는 용접 후 실온에서 장시간 방치하면 거의 전부가 외부로 방출된다.

한 번 비확산성 수소로 된 것도 실온에서 장시간 방치하거나 또는 가열하여 적당한 시간을 유지하면, 분자 상태의 수소가 지벨트의 법칙에 따라서 다시 격자 내에 용해하여 확산성 수소로 되어 점점 외부로 방출된다.

용접 금속이 냉각할 때 확산성 수소는 외부로 방출되지만, 그 일부는 모재에도 확산된다. 이것이 비드 밑 균열의 원인이 되는 수소이다. γ계 용접 금속에서는 수소의 용해도가 크므로 외부로의 확산 방출을 거의 하지 않는 동시에, 열영향부에도 수소는 잘 확산되지 않으므로(fcc에서는 수소의 확산 속도가 작다) 비드 밑 균열이 생기는 일은 없다.

(2) 수소의 영향

수소는 저온 균열의 주원인 중 하나이지만, 용접 금속 내에 침입한 수소는 그 밖에도 용접

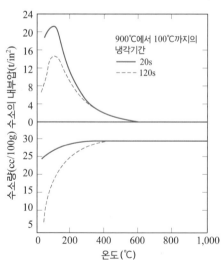

그림 12.17 서로 다른 냉각 속도에 대한 수소압, 수소량의 변화

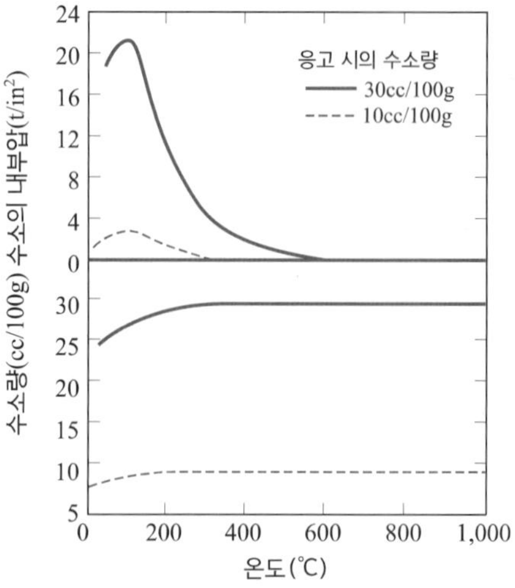

그림 12.18 수소 함유량이 다른 경우의 수소압, 수소량의 변화(냉각 속도 20 s/900℃~100℃)

부에 여러 가지 결함을 초래한다. 여기서는 주로 수소가 이들의 결함을 야기하는 기구를 간략히 설명한다.

① 비드 밑 균열

비드 밑 균열(bead under cracking)은 용접 비드 바로 아래의 열영향부에 나타나는 균열이다. 이것은 용접 금속에서 열영향부에 확산된 수소가 중요한 원인이며, 급랭 상태에서 수소는 외부에 방출되지 못하고, 용접 금속 중에 다량으로 잔류하고, 모재쪽에 있어서는 본드(bond)에 근접하고 있는 부분까지만 확산되므로, 이 부분에 수소가 집중하여 거기서 수소 취성화(hydrogen embrittleness)가 생겨서 내부 응력과의 상호작용에 의해 균열이 발생하는 것이다.

통상 비드 밑 균열은 열영향부가 경화하고 있는 경우(마르텐사이트의 형성 등에 의한 전위나 공공(孔空) 등의 격자 결함이 많은 곳에 수소는 집중하기 쉽다)에 발생하기 쉽다. 또한 이 균열은 용접부의 냉각 조건에 따라서 영향을 받고, 보통으로는 CCT도에서 Ms점 부근(약 300℃ 부근)에서의 냉각 속도에 따라서 좌우된다.

② 은점

은점(fish eye)은 용접 금속부를 파단하였을 때 그 파단면에 나타나는 물고기 눈 모양의 점이며, 수소가 존재하는 경우에만 생긴다. 수소가 용접 금속 내의 공공이나 비금속성 개재물 주위에 집중하면 여기서 취성화가 생기고, 시험편을 파단하면 국부적인 취성화 파면으로서 관찰되는 것이다.

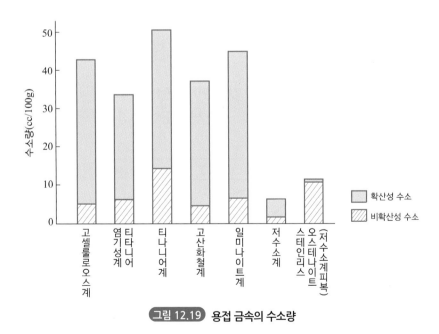

그림 12.19 용접 금속의 수소량

용접 직후는 수소의 집중이 아직 생기지 않으므로 용접부를 파단하여 은점의 발생은 별로 보이지 않지만, 일정 시간 경과 뒤 파단하면 수소의 집중이 생기기 때문에 은점은 증가한다. 또 시간이 경과하면 수소는 다시 용해하며, 용접부 표면에서 외부에 달아나려고 하므로 은점 도 감소하여 전혀 발생하지 않게 된다. 또 은점은 용접부에 어느 정도 이상의 변형이 가해져 나타나기도 한다.

③ 수소취화

강은 수소를 포함하면 취성화되며, 취성화의 정도는 수소량과 함께 증가하는 것이 보통이 다. 보통 실온에서 취성을 나타내는 시험편을 매우 낮은 온도, 예컨대 액체 질소(약 −183℃) 의 온도로 냉각한 경우, 수소가 존재하고 있는 데에도 불구하고 이 시편은 취성을 나타내지 않는다. 그러나 이 시편을 실온으로 되돌리면 다시 취성을 나타내게 된다. 또 온도를 올리면 수소는 확산하여 외부로 방출되기 때문에 취성이 나타나지 않게 된다.

수소를 포함한 시험편에 하중을 가하는 경우 하중 속도가 매우 빠를 때는 취성이 나타나지 않지만, 통상의 인장 시험 정도의 하중 속도(변형 속도)에서는 취성을 나타낸다.

이와 같은 현상은 현재로서는 일단 수소 확산의 지연(delay)으로 설명되고 있다. 즉, 옛날부 터 설명되고 있는 압력설에서는 결함에 집중한 분자 상태의 수소가 매우 높은 압력을 나타내 게 되고, 이것에 의한 내부 응력이 취성의 원인이 된다고 한다. 인장 시험 등에서 강은 소성 변형을 나타내어 그 도중 수소가 집중하고 있는 결함은 점점 크기가 증가하고, 수소의 압력은 감소하지만, 그곳을 향하여 다른 데서 수소의 새로운 확산이 생기므로 수소에 의한 높은 압력 이 생기게 되어서 수소취성을 나타낸다. 따라서 온도가 매우 낮을 때 또는 변형 속도가 빠를 때에는 이와 같은 확산이 잘 생기지 않기 때문에, 즉 수소 압력이 저하하므로 취성은 생기지 않게 된다.

전위론에서 이 현상을 설명하면 다음과 같이 된다. 통상 원자 상태의 수소는 전위나 공공 등 격자 결함의 주위에 모이기 쉽다. 그리고 소성 변형 등이 생긴 경우에는 그 도중에서 전위

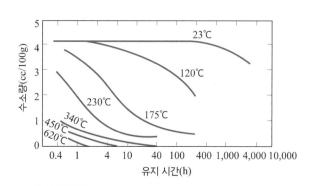

그림 12.20 가열에 의한 용접 금속의 수소량 감소 예

등이 이동함에 따라서 수소도 이동하고, 공공에 유입하여 국부적으로 또는 일시적으로 과포화 상태로 되어 수소의 압력이 증가하기 때문에, 공공의 주위에 취성화가 생기거나 또는 냉간 가공 등에 따라서 균열을 발생시키게 한다. 이것에 비하여 극히 저온의 경우나 변형 속도가 빠른 경우에는 수소의 이동이 전위의 이동에 뒤따르지 못하기 때문에 이와 같은 취성을 나타내지 않는다.

④ 미세 균열

수소를 많이 포함하는 용접 금속 내에는 0.01~0.1 mm 정도의 미세 균열이 다수 발생하여 용접 금속의 굽힘 연성을 감소시킨다. 이 미세 균열은 비금속성 개재물의 주변이나 결정입계의 열간 미소 균열 등에 수소가 집적한 결과 생기는 것이며, 합금 성분이나 냉각 조건 등에도 영향을 받지만, 일반적으로는 수소가 많을수록 미세 균열은 많이 발생한다.

⑤ 선상 조직

용접 금속의 파면에 매우 미세한 주상정이 서릿발 모양으로 서 있고, 그 사이에 광학 현미경으로 보이는 정도의 비금속성 개재물이나 기공을 포함한 조직이 나타나는 일이 있다. 이것을 선상 조직이라 하고, 수소의 존재가 원인으로 되어 있다.

선상 조직이 생기기 위해서는 미세한 주상정이 발달하게 하는 냉각 조건 및 강보다도 고용점의 비금속성 개재물이 존재하는 것이 필요하다. 물론 수소의 존재는 불가결의 조건이며, 냉각 과정에서 수소가 융해도의 변화로서 확산하여 개재물의 주위에 모여서 미세한 기공을 만들고, 주상정의 사이에 틀어박혀진 것이 선상 조직의 생성 원인으로 된다.

(3) 산소와 질소의 영향

① 담금질 시효(석출 경화)

강을 저온에서 뜨임하면 시간의 경과와 동시에 경도가 증가하는 경우가 있다. 이것은 담금질할 때 과포화로 고용한 질소나 탄소가 각각 질화물이나 탄화물로 되어 석출하고, 이른바 석출 경화를 일으키기 때문이다. 산소는 고체의 철에는 거의 고용하지 않으므로 응고 후의 석출 현상은 일어나지 않지만, 산소는 질소의 확산을 도와서 질화물의 생성을 쉽게 함으로써 석출 경화를 조장하는 경우가 있다.

② 변형 시효

냉간 가공한 강을 저온으로 뜨임하면 경화, 즉 변형 시효(strain aging)를 일으키는 경우가 있다. 이 변형 시효에는 질소가 크게 영향을 미친다.

그림 12.21은 10% 상온 가공을 한 후 시효시킨 경우 강의 충격치에 미치는 질소 및 탄소의 영향을 표시한 것이다. 질소의 증가와 함께 충격치의 저하율은 증가하고, 같은 질소량에서는

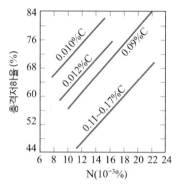

변형 시효에 의한 충격치의 저하와 질소량의 관계

탄소량의 증가에 따라서 저하율은 감소한다. 산소도 변형 시효를 조장시키지만, 그 영향은 질소보다 적다.

용접 금속은 급랭되므로 응고 금속의 수축 때문에 상당한 내부 응력이 남아 있으므로 질소, 산소량이 많은 것과 상응하여 용접 금속은 변형 시효를 일으키는 경우가 많다.

강을 냉간 가공하면 전위 기타의 격자 결함이 증가한다. 질소가 많이 고용되어 있으면 가공에 따라서 점점 그것이 전위의 이동을 방해하기 때문에, 시간의 경과와 동시에 강의 경도가 증가한다. 이것이 이른바 변형 시효이다. 그러나 Al이나 Ti 등이 첨가된 강에서는 질소는 이런 질화물로 고정되기 때문에 질소에 의한 시효 현상은 잘 생기지 않는다.

③ 청열 취성

저탄소강을 저온에서 인장 시험을 하면 200~300℃의 온도 범위에서 인장 강도는 매우 증가하고, 연성의 저하를 나타내는 경우가 있다. 이 현상을 청열 취성(blue shortness)이라 한다. 이것은 변형 시효와 같은 이유에 의해서 일어난다고 생각해도 된다.

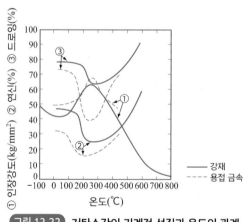

그림 12.22 저탄소강의 기계적 성질과 온도의 관계

그림 12.22에 저탄소강의 인장 강도와 시험 온도의 관계를 표시하였지만, 용접 금속과 같이 가스 성분을 포함한 것은 현저한 청열 취성을 나타내고 있다.

청열 취성의 원인은 질소이며, 산소는 그것을 조장하는 작용이 있다. 탄소도 다소 영향을 미친다. Al, Ti 등 질화물 형성 원소를 첨가하면 취성은 나타나지 않는다. Mn, Si 등도 취성의 방지에 약간은 도움이 된다. 취성을 나타내기 시작하는 온도는 질소량과 함께 저하하고, 질소량의 증가에 따라서 취성화의 정도가 커진다. 보통 용접 금속은 모재보다 취성화 정도는 크다.

④ 저온 취성

금속의 충격 시험 등에서는 시험 온도의 저하와 함께 충격치 등이 급격히 저하하는 온도, 즉 천이 온도가 존재하고, 이것이 실용 온도 부근에 있으면 여러 가지 해를 초래한다. 강에서는 특히 그 경향이 있다. 이와 같이 저온에서 나타내는 재질의 열화, 즉 취성화를 저온 취성이라 한다. 따라서 저온 취성의 정도는 천이 온도의 고저에 따라서 평가할 수 있다.

저온 취성에 산소나 질소가 현저하게 영향을 미치는 것은 옛날부터 알려져 있고, 강에서는 탈산이 불충분한 림드강은 천이 온도가 일반적으로 높고, 킬드강은 림드강에 비하여 낮다. Al, Ti 등으로 강력하게 탈산 및 탈질을 행한 강은 천이 온도가 매우 낮아진다.

천이 온도는 결정 입도에도 영향을 받고, 결정 입도가 커지면 천이 온도는 상승한다. 강력하게 탈산, 탈질한 강에서는 산화물이나 질화물에 따라서 결정핵도 증가하고, 이런 미세 화합물은 결정입내, 입계에 산재하여 조립화를 방지하기 때문에 이와 같은 강의 천이 온도는 일반적으로 낮다.

⑤ 풀림 취성

강을 900℃ 전후로 풀림하면 충격치가 매우 저하하는 경우가 있다. 이 현상을 풀림 취성이라 한다.

풀림 취성의 원인은 결정립의 성장과 결정입계에 석출하는 시멘타이트(cementite)에 의한 것이다. 산소, 질소가 많으면 결정립은 성장하기 쉽고, 탄소가 많으면 시멘타이트의 석출이 매우 심하게 되므로, 풀림 취성을 방지하려면 이런 원소의 함유를 가능한 적게 해야 한다. 또 풀림 중의 질화물의 석출도 취성화에 관계하고 있다.

⑥ 적열 취성

일반적으로 강은 가열하면 연화하므로 가공이 쉽게 되지만, 불순물이 많은 강은 열간 가공 중 900~1200℃의 온도 범위에서 갈라지는 경우가 있다. 이것을 적열 취성(hot-shortness)이라 한다. 적열 취성의 주원인은 유황(S), 즉 저융점의 FeS의 형성에 의한 것으로 되어 있지만, 산소가 존재하면 강에 대한 FeS의 용해도가 감소하므로 산소도 취성화의 한 가지 원인이라 할 수 있다.

Mn의 첨가는 MnS이나 MnO을 형성하여 이것들의 용점은 비교적 높으므로 이와 같은 취성화를 방지하는 작용이 있다.

⑦ 결정 입도

일반적으로 금속 결정립의 크기는 응고 시에 결정핵이 발생하기 쉬운 것과 그 성장 속도에 지배된다. 이 핵발생에 대하여 질화물, 탄화물, 산화물 등의 비금속성 개재물은 그 종류, 크기, 형상, 수 등이 크게 영향을 미친다. 핵의 성장 속도에 대해서는 이와 같은 물질보다도 오히려 합금 원소의 영향이 크다.

일반적으로 산소의 존재는 결정립을 크게 하는 동시에 가열에 의한 결정립의 성장을 촉진한다. 질소도 일반적으로는 결정립을 크게 하는 것이라고 할 수 있지만, 미세한 질화물로 되어 분포하고 있는 경우에는 이것이 결정립의 성장을 방해하므로, 반대로 결정을 미세화하는 작용이 있다.

12.4 용접부의 조직

가열 속도가 크면 용접 금속은 물론, 용접 열영향부도 크게 영향을 받게 된다. 용접열에 대한 조직 변화를 강을 예로써 설명하기로 한다. 강의 용접 열영향부를 조직별로 나누면 표 12.2와 같다. 또한 강의 상태도와 용접 열사이클을 모형적으로 나타내면 그림 12.23과 같다.

그림 12.23에서 x 라고 표시되는 탄소를 함유한 강이 용접 중에 가열되는 경우 A₃점 이상 부분은 어떤 순간 오스테나이트 조직으로 변화한다. 단 그 가열 온도의 고저에서 결정립 성장

표 12.2 강의 용접 열영향부의 조직

명 칭	가열온도 범위	적 요
(1) 용접 금속	용융 온도 (1500℃) 이상	용융 응고한 범위, 덴드라이트 조직을 나타낸다.
(2) 조립역	>1250℃	
(3) 혼립역 (중간 입자역)	1250~1100℃	조대화한 부분, 경화하기 쉽고 균열 등이 생긴다. 조립 및 세립의 중간이며, 성질도 그 중간 정도
(4) 세립역	1100~900℃	
(5) 일부 용해역	900~750℃	재결정으로 미세화, 인성 등 기계적 성질 양호
(6) 취화역	750~200℃	펄라이트만이 용해, 구상화, 가끔 고탄소 마르텐사이트가 생기고, 인성은 저하 열응력 때문에 취성화를 나타내는 경우가 있다. 현미경적으로 변화가 없다.
(7) 모재원질역	200℃~실온	열영향을 받지 않는 모재 부분

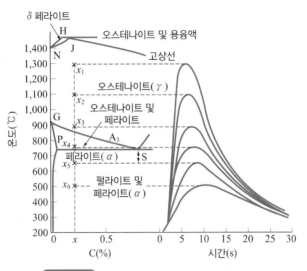

그림 12.23 강의 상태도와 용접 열사이클의 관계

의 정도가 현저하게 다르고, x_1으로 표시하는 용융 온도 부근으로 가열된 곳에서는 결정립이 이상하게 성장하여 조대화하기 때문에 얻어지는 조직은 조립역(coarse grained region)에 해당한다.

A_3점 바로 위의 x_3의 온도 범위로 가열된 곳은 결정립의 성장이 적고, 세립역(fine grained region)을 형성한다. 가열 온도가 이것들의 중간에 해당하는 x_2 부근에서는 결정립도 그 중간 정도 또는 거친 입자와 가는 입자가 혼합한 조직을 나타내므로 혼합 입자 또는 중간 입자역 (medium grained region)에 해당한다.

A_3점과 A_1점 사이의 온도 영역, 예컨대 x_4에서는 오스테나이트화하지 않는 페라이트와 펄라이트만이 오스테나이트화한 부분의 혼합 조직에서 냉각된 일부 고용역(partially resolved region)에 해당하고, 특이한 조직을 나타낸다. 보통으로는 펄라이트의 구상화(spherodize)가 잘 관찰되므로, 구상화역이라 한다.

A_1점에 달하지 않는 부분은 변태가 생기지 않으므로 조직의 변화는 거의 나타나지 않는다. 그러나 이 부분도 엄밀하게는 열영향을 받고 있으며, 저탄소강 등에서는 석출이나 열변형 등의 눈에 보이지 않는 변태가 생기기 때문에 약 200℃에서 A_1 변태점에 달하기까지의 낮은 가열 범위를 특히 취화역(embrittled zone)이라 하여 모재원질부와 구별한다.

강의 용접 열영향부의 조립역은 결정 입도가 조대화하는 외에 가열 온도에서의 냉각 조건에 따라서 조직은 현저하게 달라진다. 냉각 속도가 매우 작은 경우는 비교적 고운 페라이트와 펄라이트의 혼합 조직이며, 냉각 속도가 커짐에 따라서 고운 페라이트는 치밀하게 되고, 거친 베이나이트, 마르텐사이트라는 모양으로 점점 단단한 조직으로 된다.

저탄소강에서는 보통 조대한 망상 페라이트 또는 침상으로 발달한 페라이트 및 펄라이트 조직을 나타내지만, 현저하게 급랭된 경우에는 마르텐사이트가 생기는 경우가 있다. 고탄소강이나 저합금강 등 경화성이 큰 강에서는 마르텐사이트나 베이나이트가 생기는 경향이 크다. 용접 열영향부에 마르텐사이트 등의 단단한 조직이 생기면 균열 등의 결함이 생기기 쉬우므로 이런 것들을 가능한 적게 해야 한다.

1 CCT도에 의한 조직의 예측

용접 열영향부의 조직은 주로 강의 성분과 냉각 조건에 따라서 결정되기 때문에 CCT도에서 강의 조직을 예측할 수 있다.

예컨대, 그림 12.24는 50 kg/mm^{2}급 고장력강의 CCT도이다. 그림에서 냉각 곡선(R_1)은 가장 서냉한 경우이며, 최초로 곡선과 만나는 730℃ 부근에서 페라이트가 67% 생기고, 이어서 605℃ 부근에서 나머지 오스테나이트는 전부 펄라이트(33%)로 변하고, 비교적 부드러운 조직(Hv 176)으로 되는 것을 표시하고 있다. 이것보다 약간 빠른 냉각 곡선(R_3)에서는 페라이트, 펄라이트가 생긴 다음 490℃ 부근에서 중간 단계 조직(Zw 또는 베이나이트)이 생기고, 경도는 Hv 223으로 된다. 더 빠른 냉각 곡선(R_6)에서는 오스테나이트에서 페라이트가 석출되지 않고, 직접 중간 단계 조직(19%)이 400℃ 부근에서 생기고, 나머지 오스테나이트는 약 380℃에서 전부가 마르텐사이트(81℃)로 변한다. 이 경우 경도는 Hv 409로 된다. 가장 급랭된 경우(냉각 곡선 R_8)는 이미 중간 단계 조직도 생기지 않고, 과냉 오스테나이트는 직접 380℃에서 100℃ 마르텐사이트로 변태하여 경도도 Hv 469로 된다.

그림 12.24에서 e, p, f, z의 각 냉각 곡선은 임계 냉각 곡선(critical cooling curve)이다. 즉, e 냉각 곡선보다 느린 냉각 조건에서 조직은 페라이트와 펄라이트만으로 되어 있다. 이것과 p 냉각 곡선의 사이에서는 페라이트와 펄라이트 외에 베이나이트가 생긴다. p 냉각 곡선보다 빠른 냉각 조건에서는 펄라이트가 생성하지 않는다. f 냉각 곡선보다 빠른 냉각 조건에서는 마르텐사이트만이 생긴다.

이런 곡선에서 f 냉각 곡선과 500℃에 만나는 점 cf의 시간 눈금 $c'f$는 초석 페라이트가 나타나는 한계의 냉각 시간(800℃에서 500℃)을 나타내므로, 이것을 페라이트 생성 임계 냉각 시간이라 한다. 마찬가지로 C_z', C_p'을 각각 베이나이트 및 펄라이트 생성 임계 냉각 시간이라 한다. 또 연속 냉각 곡선은 가열 온도에 따라서 현저하게 영향을 받는다. 통상 가열 온도가 높을수록 곡선은 장시간 쪽으로 이행하므로, 완만한 냉각 조건에서도 마르텐사이트가 생기기 쉽고 단단해지는 경향이 있다.

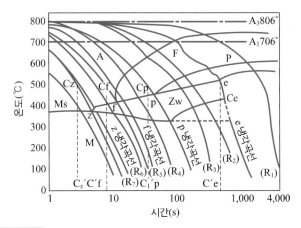

그림 12.24 50 kg/mm²급 고장력강의 CCT도, 최고 가열 온도 1300℃

2 용접 열영향부의 경도

강의 용접 열영향부는 여러 가지 조직을 나타내므로 경도도 여러 가지로 변한다. 그림 12.25는 강의 용접 열영향부 단면의 경도 분포이다. 용접 금속에 근접한 조립역에서 경도는 최고의 값을 나타내고, 멀어짐에 따라서 점점 모재의 값에 가까워진다. 저탄소강에서는 냉각 속도가 상당히 빨라도 마르텐사이트의 생성이 적으므로 그다지 단단하지 않지만, 고장력강이나 고탄소강에서는 경도의 증가가 현저하다.

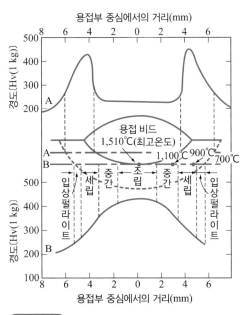

그림 12.25 고장력강의 용접 열영향부의 경도 분포

그림 12.25의 본드 부근의 최곳값을 용접 열영향부의 최고 경도(H_{max})라 하고, 강의 용접성을 판정하는 중요한 값으로 한다. 이 H_{max}이 높은 것은 마르텐사이트가 많은 것을 표시하므로, 이 값에서 균열이나 연성 저하를 예측할 수 있다. 물론 경도만으로 강의 용접성의 가부를 결정할 수는 없지만, 어느 것이나 H_{max}을 낮게 하는 것은 용접 열영향부의 성질을 개선하기 위해서는 바람직한 일이다.

일반적으로 최고 경도는 용접 열사이클 중의 냉각 속도(통상 540℃에서의 값이 사용된다)와 함께 증가하지만, 이 값은 또 강재 성분에 따라서도 영향을 받는다. 성분을 표시하려면 등가탄소량(carbon equivalent, C_{eq})을 사용하는 것이 편리하며, 옛날부터 여러 가지 실험식이 제안되고 있다. 대표적인 식은 다음과 같다.

Dearden, O'Neill의 식

$$C + 1/6\,Mn + 1/15\,Ni + 1/5\,Cr + 1/4\,Mo + 1/14\,V + 1/13\,Cu$$

기하라, 스즈끼, 다무라의 식

$$C + 1/6\,Mn + 1/24\,Si + 1/40\,Ni + 1/5\,Cr + 1/4\,Mo$$

Winterton의 식

$$C + 1/6\,Mn + 1/20\,Ni + 1/10\,Cr + 1/50\,Mo + 1/10\,V + 1/40\,Cu$$

스즈끼, 다무라의 식

$$C + 1/9\,Mn + 1/40\,Ni + 1/20\,Cr + 1/8\,Mo + 1/10\,V + (1/30\,Cu)$$

(단 Cu > 5%의 경우)

이상은 어느 것이나 각 성분의 영향을 C의 효과로 환산하여 그 비로 표시한 것이다. 이 등가 탄소량과 최고 경도 사이에는 일반적으로 직선 관계가 성립한다. Dearden, O'Neill의 식과 최고 경도 H_{max}의 관계는 다음과 같이 표시된다.

$$H_{max} = 1200 \times C_{eq} - 200$$

기하라의 식에서는

$$H_{max} = (666 \times C_{eq} + 40) \pm 40$$

스즈끼 식에서는

$$H_{max} = (1666 \times C_{eq} - 166) \pm 40$$

등의 실험식이 있다.

3 열영향부의 기계적 성질

용접 열영향부의 기계적 성질 등을 상세하게 조사하는 경우, 실제의 열영향부에서는 그 폭이 매우 좁으므로 충분히 큰 시험편을 채취해서 조사하는 것은 어렵다. 그래서 열사이클 재현 장치라는 특수한 것으로 실제의 열영향부가 받는 열사이클을 특정 크기의 시험편으로 재생하여 인장 성질이나 노치 인성을 조사하는 방법이 행해지고 있다.

지금 여러 가지의 열사이클을 받는 중에 강의 인장 성질 변화를 표시하면 그림 12.26과 같다. 이것은 시험편을 각종 열사이클 도중의 각 온도에서 급속히 인장 파단하여 각 온도와 인장 성질의 관계를 구한 것이다. 인장 강도는 가열 온도의 상승과 함께 저하하고, 최고 가열 온도에서 최소의 값을 나타내며, 냉각 시에는 온도의 강하와 함께 점점 그 강도가 증가하고, 실온에서는 열이력을 받으므로 원래의 강도보다 오히려 증가하고 있다. 연신이나 드로잉은 강도와 거의 반대이며, 열사이클을 받은 것의 연성은 앞의 것보다 저하하고 있다. 이 최종적인 인장 성질은 용접 열영향부의 조직, 즉 열사이클을 주는 경우 최고 가열 온도, 그 온도에서의 유지 시간, 가열 또는 냉각 속도 등에 따라서 지배된다.

용접 열영향부의 인장 성질에 대한 최고 가열 온도의 영향은 그림 12.27과 같다. 열사이클의 조건에 따라서 여러 가지로 다르지만, 일반적으로 인장 성질의 변화는 조직에서도 추정할 수 있는 바와 같이 A_1점 이상에서 나타나고, A_3점 이상으로 가열되면 성질은 급격히 변화한다. 그것은 오스테나이트화한 다음 급랭되어 마르텐사이트나 베이나이트가 생기기 때문이다.

그림 12.27에 나타난 바와 같이 가열 온도가 높은 조립역에서 인장 강도는 최댓값을 표시하지만, 1300℃ 이상의 열사이클을 받는 것에서는 강도가 오히려 저하한다. 이것은 과열에서 결정립이 매우 조대화하기 때문이다. 연신이나 드로잉, 충격치 등은 강도와는 반대로 가열 온도의 상승에 따라서 점차 저하하고, 조립역에 들어가면 급격히 저하한다. 여기서 알 수 있는

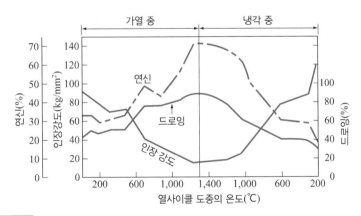

그림 12.26 0.45 % 탄소강이 용접 열사이클을 받은 경우 열사이클 중의 기계적 성질 변화

바와 같이 강의 용접 열영향부의 조립역은 강도는 높지만 연성이 부족하므로, 이와 같은 곳이 이음 중에 있으면 용접 균열이나 파괴의 원인이 된다.

그림 12.28은 저탄소강 및 고장력강에서 재현 열영향부의 인장 성질과 냉각 조건과의 관계이다. 일반적으로 냉각 속도가 증가하면 경도나 강도가 증가하고, 연신이나 드로잉은 저하한다. 저탄소강에서는 용접에 의한 경화가 작으므로 변화는 비교적 적지만, 그래도 연신이나 드로잉은 모재에 비하여 상당히 저하하는 것이다. 고장력강에서는 그 변화가 급격하면 연성이 현저하게 저하한다. 이것은 냉각 속도의 증가와 함께 마르텐사이트가 생성되지 않게 하려면 용접할 곳을 예열하여 냉각 속도를 줄이면 된다. 또 후열하면 마르텐사이트가 뜨임되어 연한

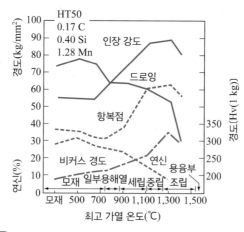

그림 12.27 재현 열영향부에서 기계적 성질에 미치는 최고 가열 온도의 영향

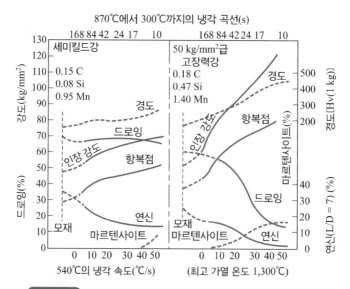

그림 12.28 재현 열영향부 조직의 기계적 성질과 냉각 속도의 관계

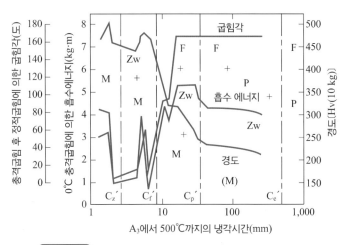

그림 12.29 강용접 시험편의 냉각 시간과 기계적 성질의 관계

조직으로 변화하므로 예열하는 경우와 마찬가지로 연성을 회복할 수 있다.

그림 12.29는 강의 조직과 연성의 관계를 CCT도와 관계시킨 것이다. 이것에 의하면 초석 페라이트가 생성하는 임계 냉각 시간 $C'f$ 이상에서 굽힘 강도의 급격한 증가가 나타난다. 따라서 $C'f$ 는 경화하기 쉬운 강의 용접성의 척도라고도 할 수 있다. $C'f$ 는 각 강재에 따라서 다르지만, 냉각 시간을 $C'f$ 이상으로 하는 것이 용접 조건을 선택하는 데 필요하다.

또 용접 열영향부의 연성을 직접 조사하는 방법으로 비드 놓기 시험편의 굽힘 시험이 행해지고 있다.

4 열영향부의 취화

용접 열영향부는 여러 가지 열사이클을 받으므로 용접 재료의 종류에 따라서는 연성, 인성 또는 내식성 등이 현저하게 저하하는 경우가 있다. 이런 재질의 저하는 용접 열영향부의 취성화(embrittlement)로 알려져 있고, 이것에는 경화나 조립 취성화, 석출 취성화 외에 강에서는 수소 취성화나 흑연화 등이 있다.

일반적으로 저탄소강의 용접부 중심에서부터 충격치 변화는 그림 12.30과 같으며, 본드에 접근한 부분과 비교적 저온의 열영향을 받은 부분의 천이 온도가 상승한다.

본드에 접근한 영역을 조립역의 취성화라 하고, 열영향부를 취성화 영역이라고 한다.

조립역은 본드에 근접한 용접부 끝의 기하학적 불연속 부분에 해당하므로 야금적 취성화와 역학적 취성화가 중첩하고 있다고 할 수 있다. 이 영역은 주로 담금질 경화와 조립화로서 인성이 모재에 비하여 저하한다.

탄소강이나 저합금강 등에서는 냉각 속도가 증가할수록 마르텐사이트 양이 많아지고 현저하게 경화한다. 그러나 같은 마르텐사이트는 Ms점이 비교적 높으므로, 용접 열사이클 냉각과정에서 그 Ms점 이하의 온도에서 뜨임되어 인성이 개선되는 것이다. 이 현상을 Q템퍼(Q tempering)라 한다. 따라서 C량이 낮은 저합금강 등에서는 냉각 속도가 증가하여 마르텐사이트 양이 증가하여도 노치 인성의 저하는 그다지 나타나지 않는다. 보통의 마르텐사이트, 즉 고탄소 마르텐사이트는 Ms점이 낮고, 일반적으로 냉각 중에 뜨임되지 않으므로 고탄소계의 강재에서는 마르텐사이트 양의 증가에 비례하여 용접 열영향부의 취성화는 현저하게 된다.

한편 취성화 영역에서 인성의 저하는 저탄소강에 대하여 잘 알려져 있으며, 이 부분은 A1 점 이하로 가열된 곳이므로 광학 현미경으로는 어떤 조직 변화도 나타나지 않는다. 이 취성화의 원인은 석출 경화와 변형 시효의 중첩 효과에 의한 것이며, 강 중의 C, O, N가 영향을 미치고 있다.

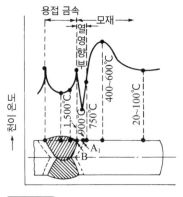

그림 12.30 용접부의 천이 온도의 분포

연습문제 & 평가문제

연습문제

1   금속의 격자 구조에 대하여 설명하시오.

2   평형 상태도란?

3   철-탄소 평형 상태도를 그리고 설명하시오

4   강의 항온 변태란?

5   강의 CCT도에 대하여 설명하시오.

6   용접 금속과 가스는 어떤 관계가 있는가?

7   용접부의 조직에 대하여 설명하시오.

8   용접 열영향부의 경도는 재료에 어떤 영향을 주는가?

9   용접부의 천이 온도란?

평가문제

1   용접 구조용 압연 강재에 대해서 간단히 서술하시오.

2   강재 규격에 SS재(일반 구조용 압연 강재)와 SM재(용접 구조용 압연 강재)가 있다. 강도상 중요한 용접 구조물에는 어떤 것을 사용해야만 하는가? 그 이유를 설명하시오.

3   KS에 의한 압연 강판의 SS41과 SM41과의 화학 성분과 기계적 성질의 차이에 대해 설명하시오.

4   고장력강의 용접 본드부 취화를 방지하기 위한 사항을 기술하시오.

5   고장력강에는 조질형과 비조질형이 있다. 이 둘의 장단점을 간단히 표로 설명하시오.

6   고장력강 HT50, HT60, HT80, HT100의 화학 성분과 기계적 성질의 차이에 대해 설명하시오.

7   저온용강에 대해서 다음의 항목에 답하시오.
(1) 저온이란 몇 ℃ 이하를 말하는가?
(2) 대표적인 저온용 강 5종류를 드시오.
(3) 대표적인 저온용 Ni강 3종류의 사용 온도를 나타내시오.

(4) 저온용 강에게 있어 가장 필요한 성질은 무엇인가.

8 주철품과 주강품에서 용접상 곤란한 것은 어떤 것인가? 그 이유를 설명하시오.

9 다음의 문장에서 괄호 안에 들어갈 알맞은 말을 아래에서 골라 쓰시오.

고장력강을 열처리에 의해 분류하면, 압연 제어압연, (1) 및 (2) 등이 있는데, 일반적으로는 (3)재를 조질고장력강이라 하며, 그 이외를 비조질고장력강이라고 한다. 조질고장력강의 용접 후 뒤틀림 잡기 등 열간가공이나 (4)할 시에는 (5)온도 이하에서 실시할 필요가 있다.

보기 가. 풀림(annealing),　나. 불림(normalizing),　다. 담금질(quenching),
　　　라. 뜨임(tempering),　마. 고용화 열처리,　　　바. 용접 후 열처리,
　　　사. 담금질–뜨임,　　아. 고합금,　　　　　　자. 저합금

10 다음의 문장에서 괄호 안에 들어갈 올바른 말을 보기에서 골라 선택하시오.

(1) 일반적으로 조질고강력강은 비조질고강력강보다 인장 강도가 (　), 항복비가 (　).
　　1. 크고–크다,　2. 작고–크다,　3. 크고–작다,　4. 작고–작다
(2) 강판에는 이방성이 있으며, 늘이기, 쪼개기는 (　)으로 당기는 경우가 동력소비가 적다.
　　1. 압연 방향, 2.압연 방향에 직각인 방향,
　　3. 압연 방향에 반대 방향,　4. 판의 두께 방향
(3) 조질고장력강의 노치인성은 일반적으로 비조질고장력강보다 좋고, 일반적으로 탄소는 노치인성을 (　), 니켈은 그것을 (　).
　　1. 좋게 하고–좋게 한다,　2. 좋게 하고–나쁘게 한다,
　　3. 나쁘게 하고–좋게 한다,　4. 나쁘게 하고–나쁘게 한다.

11 저온에서 이용되는 강종의 순서로 맞게 나열된 것을 선택하시오.
(1) 오스테나이트계 스테인리스강–고장력강–9% Ni 강–3.5% Ni 강–보일러용 강
(2) 오스테나이트계 스테인리스강–9% Ni 강–3.5% Ni 강–고장력강–보일러용 강
(3) 보일러용 강–오스테나이트계 스테인리스강–9% Ni 강–3.5% Ni 강–고장력강
(4) 9% Ni 강–3.5% Ni 강–오스테나이트계 스테인리스강–고장력강–보일러용 강

12 저온용 강과 저온인성을 개선하는 작용이 올바르게 연결되지 않은 것을 고르시오.
(1) 불림형 알루미늄강 – 미량 원소에 의한 세립화
(2) 담금질–뜨임형 알루미늄 – 합금 원소에 의한 세립화
(3) 2.5% Ni 강 – 합금 원소에 의한 페라이트의 인성 향상
(4) 9% Ni 강 – 합금 원소와 마르텐사이트화

13 용접용 강재에서 원소와 가장 관계가 깊은 말을 서로 연결하시오.

C	가. 탈산
Mn	나. 경화성
Al	다. 저온 인상
Ni	라. 내산화성
Cr	마. S에 의한 고온 균열 방지

14 강의 용접 열영향부의 영역을 3부분으로 나누고, 각각의 특징을 설명하시오.

15 용접부의 냉각 속도는 고장력강 용접부의 성질에 큰 영향을 주는데, 냉각 속도는 무엇에 의해 결정되는가?

16 용접 열영향부 조직의 명칭과 가장 관계가 깊은 말을 오른쪽에서 골라 괄호 안에 기호를 넣으시오.

1. 용접 금속 ( )   가. 200℃ 실온
2. 모재원질부 ( )   나. 담금질 또는 변형 시효에 의한 취성을 나타냄
3. 조립역 ( )   다. 재결정에서 세분화, 인성 등 양호
4. 세립역 ( )   라. 900℃ ~ 750℃
5. 취화역 ( )   마. >1250℃
6. 입상펄라이트역 ( )   바. 조립과 세립의 중간으로 성질도 중간 정도
7. 혼립역 ( )   사. 덴드라이트 조직

17 다음 문장에서 용접 열영향부의 결정조대화를 방지하는 데 도움이 되는 사항을 각각 괄호 안에서 선택하시오.

(1) 용접 입열을 (a. 크게, b. 작게) 한다.
(2) 위빙의 폭을 (a. 넓게, b. 좁게) 한다.
(3) 용접 속도를 (a. 크게, b. 작게) 한다.
(4) 예열 온도를 (a. 높게, b. 낮게) 한다.
(5) 아크 전압을 (a. 높게, b. 낮게) 한다.

18 다음 용어를 간단히 설명하시오.

(1) 연속 냉각 변태선도(CCT diagram)
(2) 임계 냉각 속도

19 강 용접 금속에서 생기는 블로우홀의 생성 원인과 그 방지법에 대해 설명하시오.

20 조질(담금질-뜨임) 고장력강의 용접에서 입열량의 상한을 제어하는 이유를 간단히 설명하시오.

21 저합금강의 용접에서 용접 입열의 제한을 두는 이유는 무엇이며, 저온용 저합금강의 경우 입열 제한치는 어느 정도인가?

22 Local Brittle Zone 취화를 방지하기 위해서 고려해야 할 사항을 서술하시오.

23 다음 용착금속의 원소와 가장 관계가 깊은 말을 우측에서 골라 괄호 안에 기호로 답하시오.

(1) C   (   )   가. 고온 균열

(2) Mn (   )   나. 경화성

(3) S   (   )   다. 저온인성

(4) Ni (   )   라. 내산화성

(5) Cr (   )   마. S에 의한 고온 균열 방지

(6) Si (   )   바. 저온 균열

(7) P   (   )   사. 고온 강도

(8) Cu (   )   아. 탈산

(9) Mo (   )   자. 저온취성

(10) H (   )   차. 내후성

24 다음 문장에서 괄호 안에 들어갈 적당한 말을 보기에서 골라 기호로 기입하시오.

> (1) 연강의 노치인성을 높이고 천이 온도를 낮추기 위해서는 (a) 함량을 낮게, (b) 함량을 높게 하는 것이 효과적이다.
> (2) 구조 용강재로는 탈산이 (c)될수록 노치인성이 우수한 경향이 있고, 결정립이 (d)할수록 저하하는 경향이 있다.
> (3) 강재를 담금질 경화시키면 노치인성은 경화에 동반하여 (e)하는 것이 보통인데, 이것을 되달구면 (f)해서 그냥 압연한 것보다 (g)해진다.
> (4) 일반적으로 용접 본드부의 인성은 (h) 때문에 모재보다 (i)하지만, 인장 강도는 (j)하지 않는다.

[보기]   가. 향상   나. 조립화   다. 양호   라. 진행
             마. 망간   바. 탄소   사. 저하   아. 세립화

25 블로우홀은 용접 금속 중의 CO_2, H_2 등의 가스가 잠재해 있을 동안에 용융 금속이 응고해서 발생하는데, 그 방지 대책을 설명하시오.

26 용접 후 열처리의 원리와 탄소강의 열처리 온도(유지 온도), 유지 시간에 대해 설명하시오.

27 강재의 용접 후 열처리(응력 제거 풀림)의 경우 주의해야 할 점을 설명하시오.

28 용접 후 열처리(PWHT)의 목적이 아닌 것을 고르시오.
(1) 잔류 응력의 증가   (2) 용접 열영향부의 현저한 경화부의 연화
(3) 유해수소의 방출   (4) 노치인성의 개선
(5) 치수 정밀도의 유지

29 다음 문장은 강재의 용접 후 열처리에 대해 서술한 것이다. 아래의 보기에서 적절한 말을 골라 괄호 안에 넣으시오.

잔류 응력이 있는 용접부를 적당한 고온으로 유지하면 잔류 응력은 거의 소실된다. 그 정도는 (1)가 높을수록, 또 유지 시간이 (2)수록 현저하다. 연강으로는 (3)℃ 이상에서 두께 (4)mm당 (5)시간 유지해서 (6)하는 것이 보통이다. 2¼ Cr – 1Mo강으로는 (7)℃ 이상에서 두께 25 mm당 1시간 가열한다. 보통은 대형의 (8)에 넣어 균일하게 가열한다.

보기	가. 500	나. 600	다. 680	라. 짧다	마. 길
	바. 냉각	사. 온도	아. 가열로	자. 담금질	차. 담금질
	카. 급냉	타. 서냉	파. 공냉	하. 풀림(annealing)	거. 30 mm
	너. 25	더. 1	러. 3		

30 탄소강 판을 용접한 후 용접 후 열처리를 실시할 경우의 최적 온도와 유지 시간에 대해 바르게 짝지은 것을 고르시오.

(1) 약 200℃ – 두께 13 mm당 1시간

(2) 약 400℃ – 두께 50 mm당 1시간

(3) 약 600℃ – 두께 25 mm당 1시간

(4) 약 800℃ – 두께 100 mm당 1시간

31 조질고장력강을 용접 후 열처리(응력 제거 풀림)하는 방법으로 옳은 것은?

(1) 유지 시간은 길수록 좋다.

(2) 가열 온도는 재료의 풀림(annealing) 온도를 넘지 않도록 한다.

(3) 고온 단시간 유지가 좋다.

(4) 되도록 온도를 낮게 해서 시간을 길게 하는 것이 좋다.

32 용접 후 응력 제거를 요하는 부분을 한 번에 가열로 내에 넣을 수 없을 경우 가열이 중복되는 부분을 몇 mm 이상으로 해서 가열로 밖으로 나오는 부분의 온도 구배를 완화시키는 것이 좋은가?

(1) 100 mm   (2) 500 mm   (3) 1,000 mm   (4) 1,500 mm

33 두께 16 mm의 강판을 맞대기 용접할 경우 3 pass로 용접하는 방법과 5 pass로 용접하는 방법 중 어느 쪽이 용접부의 충격치가 높은가를 설명하시오.

Chapter 13

용접 균열

13.1 용접 균열의 종류

용접 균열(weld cracking)은 용접부에 발생한 응력이 커서 그 부분의 소성 변형능이 그것을 극복하지 못한 경우에 생기는 것이다. 따라서 응고나 냉각 시에 석출이나 변태 등에 의해서 용접부의 연성이 현저하게 저하하는 경우 과대한 응력이 생기는 조건에서는 용접 균열이 생긴다. 이와 같은 용접 균열은 용접에 따르는 재질의 변화, 즉 야금적 원인과 응력의 발생 등 역학적 요인에 관련하여 생기기 때문에 균열 현상의 규명에는 야금, 역학의 상호 지식을 필요로 한다.

용접 균열은 발생하는 부위에 따라 용접 금속 균열(weld metal cracking)과 열영향부 균열 또는 모재 균열(HAZ or base metal cracking)로 대별된다. 보통은 그 발생 장소 외에 형상이나 원인별로 분류된다.

용접 금속 균열은 주로 응고 시 수축 응력에 기인하는 것이며, 비드의 가로방향 수축 응력에 원인하는 세로 균열(longitudinal cracking), 세로 응력에서 생기는 가로 균열(transverse cracking), 양자를 혼합한 반달모양 균열(arched cracking)이 있다. 크레이터 균열은 크레이터(crater)의 급랭과 특이한 형상에 원인하는 것이며, 세로, 가로 및 별모양 균열(star cracking)이 있다.

열영향부 균열의 대부분은 열영향부의 조립화와 급랭에 의한 경화에 원인하므로, 고장력강이나 저합금강 등의 경화하기 쉬운 것에 많다. 자경성이 현저한 저합금강에서는 비드 밑 균열(bead under cracking)이나 토우 균열(toe cracking)이 생기기 쉽다. 또 내열합금에서는 조립계의 노치에 원인하는 노치 균열(notch extension cracking)이 잘 나타난다.

이상의 균열은 육안(eye check) 또는 염료 침투 시험이나 자기 탐상(magnetic inspection) 등으로 검출되며, 이런 것을 일반적으로 매크로 균열(macro cracking)이라 한다. 이것에 대하여 현미경으로 검출되는 균열을 마이크로 균열이라 한다. 저탄소강의 용접 금속 중에 생기는 마이크로 균열(micro fissure)이나 Al 합금에 많이 나타나는 공정용해 균열 등이 그 예이다. 이 외에 S의 편석이 많은 강재의 용접부에 나타나는 유황 균열(sulfur cracking) 등이 있다.

용접 균열은 그 발생 시기에 따라 고온 균열(hot cracking)과 저온 균열(cold cracking)로 구분된다. 고온 균열은 용접부가 고온으로 있을 때 발생한 균열이며, 주로 결정 입계에 생기고, 표면에 산화가 심하다. 이것에 대하여 저온 균열은 결정입내, 입계의 구별이 생기고, 표면에 산화가 적다. 예컨대, 크레이터 균열은 고온 균열이며, 비드 밑 균열은 전형적인 저온 균열이다. 그러나 그 발생 온도 범위에 대해서는 매우 애매하며, 엄밀하게는 이런 구별은 하기 어렵다. 경험적으로 저온 균열은 강의 마르텐사이트 변태에 관련하므로 탄소강이나 저합금강에서 많이 생기고, γ계 스테인리스강이나 A1 합금 등에 생기는 균열은 대부분 고온 균열이다.

고온 균열은 고상선 온도 이상에서 생긴다 하여 응고 균열이라 하며, 고상선 부근 온도에서 결정입계의 잔류 응력으로 생긴다.

고상선 온도 이하에서는 변형시효 균열로 냉각 중이나 용접 후 열처리 등에서 발생한다.

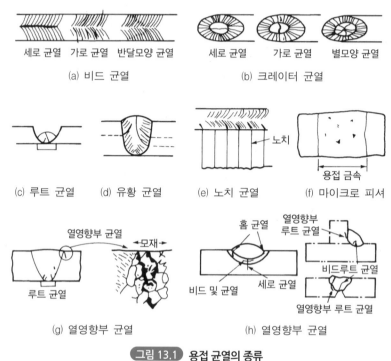

그림 13.1 용접 균열의 종류

1 용접 균열의 종류와 발생 원인

(1) 용접 균열의 종류

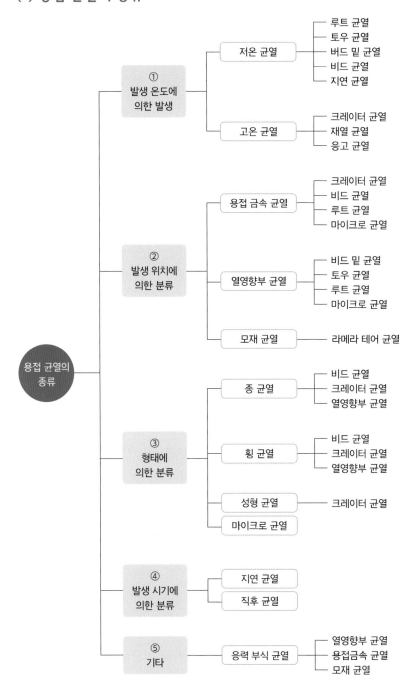

(2) 용접 균열을 그림으로 표시하면

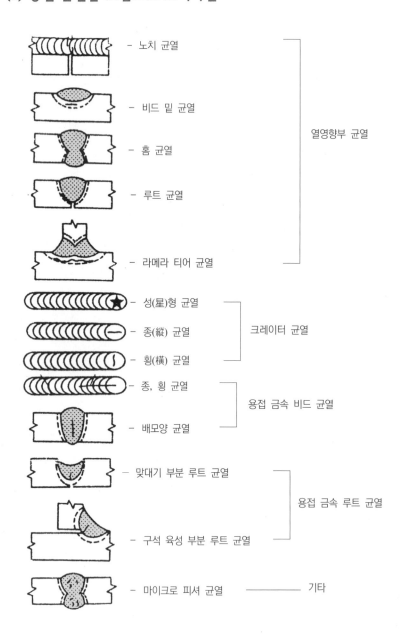

- 노치 균열
- 비드 밑 균열
- 홈 균열
- 루트 균열
- 라메라 티어 균열

열영향부 균열

- 성(星)형 균열
- 종(縱) 균열
- 횡(橫) 균열

크레이터 균열

- 종, 횡 균열
- 배모양 균열

용접 금속 비드 균열

- 맞대기 부분 루트 균열
- 구석 육성 부분 루트 균열

용접 금속 루트 균열

- 마이크로 피셔 균열 ──────── 기타

13.2 용접 균열의 발생 요인

용접 결함 중 균열은 발생 시기, 발생 위치, 발생 방향, 발생 형태, 발생 원인 등에 의하여 그 유형을 달리하며, 균열은 용접 금속의 응고 직후에 발생하는 고온 균열과 약 300℃ 이하로 냉각된 후에 발생하는 저온 균열이 있다.

또한 부재 내부의 잔류 응력과 외부의 구속력에 의한 균열, 재질의 성분과 개재물에 의한 균열 등이 있는데, 가장 대표적인 발생 요인으로는 수소(H_2)를 들 수 있다. 근본적으로 균열(crack)은 용접부에 발생하는 응력이 용접부의 강도보다 커질 때 발생되며, 재료의 불량, 뒤틀림, 피로, 노치, 외부의 구속력 등에 의하여 한층 심화된다.

이러한 균열은 용접부에 발생하는 결함 중 가장 치명적인 것으로, 아무리 작은 균열이라도 점점 성장하여 마침내는 용접 구조물의 파괴 원인이 되므로, 균열의 방지책 및 보수 방법을 알아두는 것이 바람직하다.

1 고온 균열의 유형

(1) 유황 균열 sulfur crack

유황 균열은 강 중의 황(S)이 층상으로 존재하는 유황 밴드(sulfur band)가 심한 모재를 서브머지드 아크 용접할 때 나타나는 균열이다. 유황 밴드 부분으로부터 용융, 금속 내부를 향해 균열이 진행되며, 근래에는 제강 기술의 발달, 용접 재료의 연구 등으로 큰 문제는 없으나, 이러한 결함 발생 시 와이어(wire)와 플럭스(flux)의 성질을 고려하여 저수소계 용접봉으로 수동 용접하는 것이 바람직하다.

(2) 라미네이션 균열 lamination crack 과 델라미네이션 dellamination crack

라미네이션 균열은 모재의 결함에 기인되는 것으로 모재 내에 기포가 압연되어 발생되는 유황 밴드와 같이 층상으로 편재해 강재의 내부적 노치를 형성한 것으로 불순물과 수소원을 포함하고 있다.

델라미네이션 균열은 라미네이션 균열 끝부분에 다른 구속 및 응력에 의해 새로운 균열이 발생하는 것을 말한다. 따라서 라미네이션 균열이 있을 경우 사용 재료를 교체하여 사용한다.

(3) 크레이터 균열 crater crack

크레이터 균열은 용접 비드(bead)의 종점 크레이터에서 흔히 보는 고온 균열의 일종으로서, 합금 원소가 많은 고장력 재료에 자주 나타난다. 이것은 아크가 급히 끊으면 비드의 후단에 비드가 남는데, 이 크레이터에 불순물이나 편석이 남기 쉽고 냉각 중에 발생되기 쉽다.

(4) 고온 균열의 특징

① 용접 금속 내에서 종 균열, 횡 균열, 크레이터 균열 형태로 많이 나타난다.

② 발생 시기는 대부분 응고 과정에서 일어나며, 응고 후에도 진전된다.

③ 균열은 보통 결정입계를 통과한다.

④ 균열이 용접부 표면까지 진전되면 공기와 산화 작용으로 구별이 어렵다.

⑤ 비교적 대입열량의 용접에서 발생하기 쉽다.

표 13.1 용접 균열의 발생 원인

발생 원인					
작 용 력		재 질			
외 력	내 력	모재부	용 착 금 속		
			개재물 취화	조 직	기 타
	용접 응력 변태 응력	수소 취화 급랭 경화 템퍼링 취화 시효 경화 고온 취화 저온 취화 가공 경화 부식 취화 재질 결함	산소 취화 질소 취화 수소 취화 유황 취화 기 공	주상정 선상 조직 조대 결정립 입계 취화 급랭 경화	템퍼링 경화 시효 경화 저온 경화 가공 경화 부식 경화 그 밖의 용접 결함

2 저온 균열의 유형

(1) 루트 균열 root crack

저온 균열에서 가장 주의해야 하는 균열 결함으로 맞대기 용접의 가접, 첫층 용접의 루트 근방의 열영향부에 발생하는 균열이다. 원인으로는 열영향부의 조직, 용접부에 함유된 수소량, 작용하는 응력 등에 의하여 나타난다. 이러한 결함은 수소를 신속히 방산시켜야 하며, 용접봉의 건조, 예열, 후열 등의 순서를 엄수하는 것이 필요하다.

(2) 힐 균열 heel crack

힐 균열은 필릿(fillet) 시 루트 부분에 발생하는 저온 균열이며, 모재의 수축팽창에 의한 뒤틀림이 주요 원인이다. 이러한 결함은 수소량 감소와 탈산에 효과가 있으며, 이 외에 용접 금속의 강도를 낮추거나 입열을 적게 하는 것이 좋다.

(3) 토우 균열 toe crack

맞대기 이음, 필릿 이음 등의 경우에 비드 표면과 모재의 경계부에 발생되며, 반드시 벌어져 있기 때문에 침투 탐상 시험으로 검출되며, 용접 시 부재에 회전 변형을 무리하게 구속하거나 용접 후 각 변형을 주면 발생된다. 가장 큰 요인으로는 언더컷에 의한 응력 집중이므로 언더컷이 발생하지 않도록 해야 하고, 예열하거나 강도가 낮은 용접봉 사용이 효과적이다.

(4) 라메라 테어 균열 lamella tear crack

라메라 테어 균열은 T이음, 모서리 이음 등에서 강의 내부에 평행하게 층상으로 발생되는 균열이다. 주원인은 모재의 비금속 개재물에 의한 것으로 예열, 수소량 억제 등을 꾀하며, 동시에 부재에 회전 변형을 구속하거나 패스를 적게 하는 용접법을 택하면 효과가 있다.

(5) 비드 밑 균열 bead under crack

비드 바로 밑에서 용접선에 아주 가까이 비드와 거의 평행되게 모재 열영향부에 생기는 균열이며, 고탄소강이나 저합금강 같은 담금질 경화성이 강한 재료에 발생하기 쉬우며, 마르텐사이트의 생성을 방지하고 저수소계 용접봉을 사용하는 것이 바람직하다.

표 13.2 구조용강의 균열 분류

발생 형태		비드 밑 균열	토우 균열	루트 균열	힐 균열	라메라 균열	마이크로 균열	횡 균열	자동 용접의 종 균열	크레이터 균열
발생 시기	고온 균열 — 용접 금속의 응고 과정 혹은 직후								○	○
	저온 균열 — 200℃~실온	○	○	○	○	○	○	○		
	재열 균열 — 500~600℃에 가열 중		○							
발생 위치	용접 금속			○			○	○	○	○
	열영향부	○	○	○	○	○				
	모재의 원질부					○				
주된 발생 원인	재료의 조성, 조직, 용접 조건 등	○	○	○	○	○			○	○
	구속 응력 변형도			○		○		○		
	용접 변형		○	○	○	○			○	
	확산성 수소	○	○	○		○	○	○		

표 13.3 강구조물의 제작 시 용접 균열의 발생 빈도

이음 형식	균 열 발 생 의 시 기			계 (%)
	고온 균열 (%)	저온 균열 (%)	용접 중 혹은 용접 후 수일 중에 발견된 균열 (%)	
모서리 이음	3	2	4	9
T 이음	5	22	3	30
십자 이음	2	40	3	45
경사 이음	0	6	3	9
맞대기 이음	0	4	3	7
합 계	10	74	16	100

(6) 마이크로 피셔 균열 micro fissure crack

용착 금속에 다수의 현미경적 균열이 저온에서 발생하면 용착 금속의 굽힘 연성이 현저하게 감소하게 되고, 이것을 마이크로 피셔 균열(micro fissure)이라 한다. 이 균열은 용착 금속을 200℃ 이하에서 냉각 속도를 느리게 함으로써 감소시킬 수 있다.

또한 저수소계 용접봉에서는 마이크로 균열이 매우 적으므로 마이크로 피셔 균열의 발생은 수소의 영향으로 생각된다.

* 저온 균열의 특징

① 저온 균열은 용착 금속의 확산성 수소가 관여된다.
② 균열은 결정입내를 횡절하는 수가 많다.
③ 균열 발생은 열영향에 의해 용접 금속에서 생긴다.
④ 저합금강의 비드 균열, 토우 균열, 루트 균열 등이 있다.

* 지연 균열

강의 저온 균열은 용접 후 2~3시간 안에 발생하는 것이 보통이지만, 며칠 경과 후 발생하는 경우도 많다. 강이 실온으로 된 후에도 생길 수 있는 변화에는 잔류 오스테나이트의 분해와 수소의 확산이 있지만, 수소의 확산이 이 종류의 균열에 크게 영향을 미치므로, 이런 것을 총칭하여 지연 균열(delayed cracking)이라 한다.

지연 균열은 용접 금속이나 열영향부에서도 생긴다. 비드 밑 균열이나 루트 균열 등의 수소에 기인하는 것은 모두 이 지연 균열이라는 현상으로도 표시할 수 있다. 지연 균열의 특징은 균열이 어떤 잠재기(incubation period)를 거쳐서 발생하는 것이며, 이 지연 시기(delayed time)을 결정하는 인자로서, 1) 수소 농도, 2) 강재 성분, 3) 구속력을 말할 수 있다. 물론 이런 인자

사이에 상호작용이 있는 수소 농도는 그 부분의 수소에 의한 내부 압력에 영향을 미치는 것이고, 강재 성분은 열영향부의 마르텐사이트 양, 즉 연성에 영향을 미치는 것이다. 특히 고탄소 마르텐사이트는 연성이 나쁘기 때문에 균열이 생기는 한계의 수소량을 낮추어야 한다.

지연 균열에는 구속에 의한 응력이 크게 관계하고, 수소량이 많을수록, 열영향부의 연성이 낮을수록, 작은 구속 응력으로 균열이 발생하게 된다.

지연 균열은 용접물이 저온에 있으면 있을수록 발생 시기가 늦어지는 것을 알 수 있다. 저온으로 될수록 수소의 확산이 잘 생기지 않으므로 지연 균열의 주원인이 수소의 확산에 의한 것이라고 할 수 있다.

13.3 용접 균열 감수성

1 저온 균열 감수성

강의 열영향부에 생기는 저온 균열은 일반적으로 담금질 경화성이 큰 강일수록 발생하기 쉽다. 이러한 저온 균열 감수성을 추정하는 기준으로 열영향부의 최고 경도는 강의 탄소당량과 냉각 조건 등에 의존하기 때문에 동일 강의 종류에서 강의 탄소당량이 높은 강일수록 저온 균열 감수성이 높다고 하는데, 오늘날에는 균열 감수성지수(Pw)가 제안되고 있다.

종래의 탄소당량(Ceg)

$$Ceg = C + \frac{Si}{24} + \frac{Mn}{6} + \frac{Ni}{40} + \frac{Cr}{5} + \frac{Mo}{4} + \frac{V}{14}(\%)$$

근래의 고장력강 균열 감수성 지수(Pw)

$$Pw = Pcm + \frac{H}{60} + \frac{K}{40} + 10^8$$

$$Pcm : C + \frac{Si}{30} + \frac{Mn}{20} + \frac{Cu}{20} + \frac{Ni}{60} + \frac{Cr}{20} + \frac{Mo}{15} + \frac{V}{10} + 5B(\%)$$

H : 용착 금속 100 g당 확산성 수소량(cc)

K : 단위 면적에 작용하는 힘의 크기(kg/mm²), 구속도라고도 함

근래의 고장력강에 있어서 동일한 강의 종류에서 Pcm의 값이 낮을수록 저온 균열 감수성이 낮다.

2 라멜라 테어 감수성

이것은 비교적 후판의 십자 이음이나 T 이음의 다층 용접에 있어서 강판이 판 두께 방향에 큰 구속을 받는 경우에 잘 발생한다. 라메라 티어의 발생 형태는 압연강에 존재하는 층상의 비금속 개재물, 용접부의 확산성 수소, 강판 두께 방향의 구속 응력 변형도 등에 의한다.

이러한 감수성은 강판의 황(S) 함유량에 따른 두께 방향의 수축률 값의 대, 소에 의하여 평가한다. 즉, 강판의 두께 방향 구속도 분포가 낮은 것이 제안되고 있다.

3 고온 균열 감수성

용접 입열이 큰 용접이나 피복 아크 용접에서 용접 금속의 주상정 회합부에서 발생하기 쉽다. 일반적으로 용융 금속의 응고 과정에서 어떤 온도 범위에서는 연성이 현저히 저하되는데, 이 구간에서 고온 균열이 발생되며, 액상선과 고상선의 온도 범위가 작은 재질일수록 고온 균열 감수성이 낮다. 여기에 영향을 주는 것이 유황(S)이며, C, Ni, P 등이 있다.

4 재열 균열 감수성

구조용강이나 압력용기강 등의 용접에서 용접 후 500~600℃ 정도의 온도로 후열 처리 (PWHT)를 하면 열영향부의 조립역에 입계 균열을 생기게 한다. 보통 응력 제거 풀림 균열 (SR 균열)이라 한다. 이 균열은 다층 용접에 의하여 열영향부가 반복 사이클을 받는 경우에도 발생되며, 재열 균열(reheat cracking)이라 한다.

이러한 균열에 영향을 미치는 원소는 Cr, Mo, V 등이며, 다음 지표로 강의 재열 균열 감수성을 나타낸다.

$$\Delta G\,(\%) = Cr + 3.3\,Mo + 8.1\,V - 2$$

$$Psr\,(\%) = Cr + Cu + 2\,Mo + 10\,V + 7\,Nb + 5\,Ti - 2$$

$\Delta G > 0, Psr > 0$의 경우에는 응력 제거 풀림에 의하여 용접 끝단부의 응력 집중부에 균열이 발생되기 쉽기 때문에 재열 균열 감수성이 높다고 한다.

13.4 용접 균열 방지법

(1) 가조립과 가접

① 가접시는 각, 구석, 끝부분 등 응력 집중 부분은 피할 것
② 가접시 비드는 길게 할 것(30~50 mm)
③ 강판의 끝에서 용접하지 않도록 엔드탭(end tap)을 부착할 것

(2) 예열

① 온도 점검 등 예열 온도 점검을 철저히 할 것
② 예열은 온도 강하를 예상하여 약간 높게(약 50℃)할 것
　(단 너무 높게 되지 않도록 주의한다.)
③ 층간 온도에 주의하고, 이것이 너무 높지 않도록 주의할 것

(3) 용접 재료

① 균열이 쉬운 재료 용접시는 저수조계 용접봉 또는 탄산가스 용접을 시행할 것
② 용접봉 건조는 충분히 행할 것
③ 와이어 끝부분에 녹이나 기름이 묻지 않도록 할 것

(4) 용접 시공

① 용접 조건(전류, 전압, 용접 속도 등)을 정확히 할 것
② 용접 속도를 빨리 하여 입열량을 낮추어 주면 다층 비드 밑부분 균열 방지에 효과적이다.
③ 처음 층 비드는 가능한 크게 할 것
④ 단속(斷續) 비드에서 균열이 생기면 연속비드로 바꿀 것
⑤ 비드 순서를 사전에 숙지할 것 – (비석법, 후퇴법, 대칭법 등)
⑥ 크레이터를 주의깊게 처리할 것
⑦ 비드의 끝부분은 조심하여 작업할 것
⑧ 균열이 쉬운 재료 용접 시 냉각 속도를 천천히 하기 위해 용접부를 석면 등으로 보호하면 효과가 있다.

용접 금속의 수축에 의한 인장 응력 때문에 균열이 발생되는데, 용접 금속의 형상, 크기,

이음 형식, 구속의 정도 등이 영향을 미치게 된다.

용접 금속의 균열 방지에는

① 적당한 용접봉과 모재의 선택

② 적당한 용접 설계

③ 적당한 예열과 후열

④ 적당한 용접 조건과 용접 순서

⑤ 응력 이완법

등을 들 수 있으며, 수소 원소도 균열에 나쁜 영향을 미치게 되는데 수소량을 감소시키기 위해서는

① 용접봉의 건조와 모재의 수분을 제거

② 예열과 후열로 수소의 확산을 피한다.

③ 습기가 많은 곳에서는 용접을 피하는 것이 바람직하다.

용접봉을 선택하는 내균열성이 높은 저수소계가 좋으며, 피복제가 염기성인 것이 내균열성이 크다. 용접법으로는 GTAW, GMAW, EBW가 좋고, 국부 응력을 작게 하기 위해 냉각 시간을 길게 하는 것이 바람직하다. 또한 균열 감수성이 낮은 재료를 사용해야 한다.

① 피복 아크 용접에서는 용접봉을 충분히 건조시키고, 저수소계 용접봉을 사용하며, 예열, 피이닝을 한다. 후퇴법이나 블록법을 써서 용착 금속의 양이 앞, 뒷면에 평형이 되게 하고 후열 처리를 해서 냉각 속도를 서서히 한다.

② 잠호 용접에서는 망간량이 많은 심선을 사용하며, 모재의 예열, 용접 속도의 감소, 용접 전류와 전압을 적당히 조절한다.

③ 고장력강 용접에서는 합금 원소의 첨가에 의하여 급랭 경화성이 연강에 비해 대단히 심하고, 보통 아크 용접으로는 급랭 때문에 용접 금속에 인접한 모재의 열영향부에 경도가 높고, 취약한 마르텐사이트 조직이 생기기 쉬워 비드 균열이나 토우 균열을 일으키는 수가 있다. 이럴 때는 연성이 부족해서 갈라지기 때문에 용접봉과 용접 시공에 특별한 주의가 필요하다.

④ 내열강 용접에서는

ⓐ 가접시 균열, 기공, 모재의 경화 등이 생기기 쉬우며, 지그나 고정구를 이용하여 홈 속에 가접하는 것을 가능하면 피하는 것이 좋다.

ⓑ 용접시 층간 온도는 예열 온도 이하로 내려가지 않도록 한다.

ⓒ 후판의 경우 용접 개시부터 완성까지 중단하지 말고, 용접 후 즉시 열처리에 들어가는 것이 좋다.

ⓓ 용접을 중단할 때는 250℃로 30분 정도 가열하여 용접부의 수소 가스가 방출할 수 있도록 한다.

ⓔ 후판 용접 도중 중간 응력 제거 열처리를 실시하는 것은 균열이 발생할 수 있으므로 좋지 않다.

ⓕ 용접 후 열처리의 이점
   a. 용접부 확산성 수소의 제거
   b. 잔류 응력의 제거
   c. 열영향부의 연화
   d. 고온 특성의 개선

⑤ 스테인리스강의 용접에서는

ⓐ 응력 부식 균열은 유화물, 염소 이온을 함유한 부식 분위기 속에서 어떤 값 이상의 응력을 받고 있을 때 생긴다.

ⓑ 일반적으로 스테인리스강은 상당히 광범위한 응고 온도역을 가지고 있기 때문에, 결정 입계에는 저용점의 산화물, 유화물 또는 규산염이 액상으로 몰려 응고할 때 순간 응력이 이 부분으로 집중하여 균열이 발생한다.

⑥ 대형 주강품에서는 용접할 부분의 질량이 크기 때문에 냉각 속도가 빨라지고, 페라이트 결정립의 지름이 커져서 심한 취화를 일으키고 나아가서 균열이 발생된다. 방지책은 예열하거나 입열량이 많은 용접법을 이용하는 것이 효과적이다.

⑦ 동 및 동합금의 용접에서는 일반적으로 응력 부식이 되기 쉽다. 잔류 응력이 있는 상태에서 고온으로 긴 시간 방치하면 소성변형 없이 균열이 발생하는 시효 균열(season crack)이 되고, 이를 위해서는 응력을 제거하는 풀림이 필요하다.

ⓐ 후판의 용접에서 모재의 탈산이 불충분하면 산화동이 환원되어 수증기가 발생하고, 결정입계에 미세한 기공 또는 미세한 균열이 생긴다.

ⓑ 방지책으로 예열이 필요하지만, 열팽창 계수가 크기 때문에 구속이 강하면 균열이 발생하기 쉽다.

ⓒ 수축 응력을 감소시킬 피이닝 및 후열을 해줄 필요가 있다.

ⓓ 수소의 흡입을 막기 위해 GMAW, GTAW 용접의 채택이 좋다.

ⓔ 모재의 균열은 산소 함량의 과대에서 비롯된다.

ⓕ 용접부의 균열은 용접봉이나 모재에 탄소량이 과대하든가 피이닝의 불충분, 구속 방법의 부적당, 전류 과대, 후열 등의 미흡에서 생긴다.

연습문제 & 평가문제

연습문제

1 용접 균열의 종류와 발생 요인을 열거하시오.

2 고온 균열과 저온 균열에 대하여 설명하시오.

3 균열 감수성이란?

4 용접 균열 시험법의 종류와 시험법에 대하여 설명하시오.

5 용접 균열의 방지법에는 어떤 것이 있는가?

평가문제

1 강재의 용접에서 저온 균열을 방지하는 방법을 열거하시오.

2 저온 균열을 방지하기 위해 주요한 대책을 드시오.

3 용접 구조용 고장력강의 비드 밑 균열의 원인과 그것을 방지하기 위해 용접 시공상 유효한 방법을 열거하시오.

4 용접 금속의 응고 균열 방지책으로 틀린 것을 찾고, 그 이유를 서술하시오.
(1) 비드 없는 형태가 안 되도록 용접 조건을 적절히 선정한다.
(2) 재료의 성분을 적절히 설정한다.
(3) 대입열로 용접한다.
(4) 큰 크레이터를 만들지 않도록 한다.
(5) 용접 이음매의 형태, 치수를 적절히 설정한다.

5 고장력강이나 Cr–Mo강 등의 재열균열은 SR균열로도 불린다. 재열균열을 만들 염려가 있는 재료의 PWHT 나 후열을 행할 때 필요한 대책을 열거하시오.

6 피복 아크 용접을 행할 때 스패터가 많이 나온다. 생각되는 원인을 열거하시오.

7 용접부 균열 등의 결함을 제거할 때 주의해야 하는 점을 서술하시오.

8 고장력강의 저온 균열을 방지하기 위해서는 용접부 안에 존재하는 수소의 양을 되도록 줄이는 것이 중요하다. 다음에서 수소량을 줄이는 것이 가능한 방법을 선택하시오.
(1) 가 – 일미나이트계 용접봉을 사용   나 – 저수소계 용접봉을 사용
(2) 가 – 예열 온도를 낮게 한다.   나 – 예열 온도를 높게 한다.
(3) 가 – 용접 후 서냉한다.   나 – 용접 후 급냉한다.

    (4) 가 - 용접 전류를 크게 한다.   나 - 용접 전류를 작게 한다.
    (5) 가 - 용접 속도를 크게 한다.   나 - 용접 속도를 작게 한다.

9   다음의 각 항목 a, b 중 용접부에 저온 균열이 발생하기 어려운 쪽의 기호를 선택하시오.
    (1) 강재의 탄소당량   a.낮다.   b.높다.
    (2) 후판   a.작다.   b.크다.
    (3) 구속   a.작다.   b.크다.
    (4) 용접 금속의 강도   a.낮다.   b.높다.
    (5) 용접봉의 건조 온도   a.낮다.   b.높다.
    (6) 용접봉 굵기   a.작다.   b.크다.
    (7) 예열 온도   a.낮다.   b.높다.
    (8) 용접 입열   a.작다.   b.크다.
    (9) 대기 중의 습도   a.낮다.   b.높다
    (10) 후열   a.실시   b.미실시

10   다음의 조건에서 a, b 중 어느 것이 용접 균열을 발생시키기 쉬운가?
    (1) a - 용접봉을 건조시킨다.   b - 건조하지 않는다.
    (2) a - 라임티타니아계 용접봉을 사용   b - 저수소계 용접봉을 사용
    (3) a - 예열 실시   b - 예열 미실시
    (4) a - 용접 입열량을 크게 한다.   b - 용접 입열량을 작게 한다.
    (5) a - 50킬로 고장력강   b - 연강
    (6) a - 판두께가 크다.   b - 판두께가 작다.
    (7) a - 루트 간격이 크다.   b - 루트 간격이 작다.
    (8) a - 강재의 C, P, S의 함유량이 낮다.   b - 강재의 C, P, S의 함유량이 높다.
    (9) a - 우천(습도가 높다)   b - 청명한 날씨
    (10) a - 기온이 높다.   b - 기온이 낮다

11   왼쪽 용접 균열의 방지책으로 관련이 깊은 것을 선으로 연결하시오.
    (1) 저온 균열   a S함유량이 작은 강재를 사용한다.
    (2) 응고 균열   b 용접부를 매끈하게 마무리한다.
    (3) 재열 균열   c 용접 비드가 배형이 되지 않도록 용접 조건을 선정한다.
    (4) 라멜라티어링   d 예열, 후열을 적절히 실시한다.

12   용접용강재의 탄소당량이 무엇인지 간단히 설명하시오.

13   다음에서 화학 성분이 다른 3종류의 강을 용접에 의한 경화성이 높은 순으로 나열하시오. 그 이유를 서술하시오(단위: %).

번호 \ 화학성분	C	Si	Mn
가	0.15	0.45	1.20
나	0.18	0.40	0.90
다	0.12	0.48	1.50

14 발생 온도에 의해 고온과 저온으로 용접 균열을 분류하고 원인을 간략하게 쓰시오.

15 강재 용접에서 수소에 의한 지연 균열이라 하는 저온 균열이 발생하는 경우가 있는데, 그것에 대해 간략하게 설명하시오.

16 저합금강의 용접 열영향부에 발생하는 재열균열(SR균열) 발생의 조건을 4개 드시오.

17 용접 후 열처리 시 발생하는 재열균열이라고 하는 것은 어떤 것인가 설명하시오.

18 강용접부의 고온 균열(응고 균열)의 방지를 위해서 재료의 조성으로 고려해야 할 사항을 3개 드시오.

19 오스테나이트계 스테인리스강의 용접 금속에 있어서 고온 균열에 대해 영향을 주는 요소를 5항목 드시오.

20 고장력강의 용접에 의한 저온 균열의 발생 원인을 들고, 그 방지대책을 설명하시오.

21 저함금강의 용접 열영향부에 발생하는 저온 균열의 발생 조건과 방지 방법에 대해 서술하시오.

22 다음 문장의 괄호 안에 들어갈 적당한 말을 보기에서 골라 번호를 기입하시오.

> 균열 감수성과 강재 성분의 관계에 대해서는 (a)에 대체되는 강재의 (b) PCM을 이용하여 수소량 및 (c)을 더한 새로운 (d) PC가 이용된다.
>
> $$(e) = (f) + 1/60(g) + 1/600t(\%)$$
> $$PCM = (h) + 1/30(i) + 1/20(j) + 1/20Cu + 1/60Ni + 1/20Cr + 1/15Mo$$
> $$+ 1/10V + 5(k)(\%)$$
>
> 여기서 H는 용접 금속의 수소량(ml/100 g), (l)는 판의 두께(mm)이다.

보기   가. t,   나. C,   다. 탄소당량,   라. 강판두께   마. 용접 저온 균열 감수성 조성,
       바. Mn,   사. B   아. 용접 저온 균열 감수성 지수,   자. Si,   차. Pc,
       카. H,   타. 입열량   파. 구속,   하. 응력 집중,   거. PCM

23 다음 문장의 괄호 안에 적당한 말을 넣으시오.

　　강 용접부에 발생하는 저온 균열의 발생 원인에는 ① 열영향부의 (a), ② 용접부의 (b) 및 ③ 용접부에 발생하는 (c)이 있는데, 이것들의 악영향을 최소화하는 것이 균열 방지에 필요하다.

(1) 강재 (d)의 선정 : 강의 (e)이 늘어날수록 용접 열영향부에 경화조직이 생성되어 저온 균열의 발생경향은 커진다.

(2) 수소량의 저감 : 저온 균열의 주요 원인은 용접부의 (f)이며, 고장력강에서는 미량의 수소도 균열에 영향을 주게 되므로, 되도록 수소를 적게 하는 것이 필요하다.

(3) 냉각 속도의 감소 : 용접 시 냉각 속도의 감소는 열영향부의 경화조직생성을 적게함과 동시에 용접부에서의 수소 확산 방출을 돕는다. 따라서 (g)을 늘리고 예열 온도를 높임으로써, 냉각속도를 감소시키는 것은 저온 균열의 방지에 효과적이다.

(4) 용접부의 (h) 저감 : 저온 균열에는 용접부에 생기는 (i)이 중요하다. 일반적으로는 판의 두께가 크거나 이음형상이 복잡할수록 (j)은 증가하고 균열이 발생하기 쉽다.

24 고온 균열의 발생 원인과 대책에 대해서 간단히 설명하시오.

(1) sulphur crack

(2) crater crack

(3) 라미네이션 균열

25 좌측의 항목과 우측의 설명 중 관계있는 것끼리 선으로 연결하시오.

(1) Lamellar Tearing　　　(a) 지름 0.1~1 mm 정도의 구상으로 용접 금속 표면에 나타나는 피트나 세장형이 있다.

(2) 용접 본드부 취화　　　(b) 응고 온도 범위에서 연성이 낮을 때 발생하는 수축력에 의해 발생한다.

(3) 재열 균열　　　　　　(c) 조질강의 용접 열영향부 조립역의 인성 저하

(4) 지연 시간　　　　　　(d) 용접 후 열처리 등 일정한 온도 범위에서 조대화한 열영향부의 입계에서 발생하는 균열

(5) 고온 균열　　　　　　(e) 강판의 층상개재물이 원인으로 판의 두께 방향으로 박리상으로 발생하는 열영향부 균열

(6) 블로우홀　　　　　　(f) 확산성 수소가 균열 부분에 모으는 데 필요한 시간

26 다음 a, b 중에서 용접부에 고온 균열이 발생하기 어려운 것을 고르시오.

(1) 강재 및 용접 재료의 P, S　　　　　　　(a. 크다, b. 작다)

(2) 강재 및 용접 재료의 C, Ni, Si　　　　　(a. 크다, b. 작다)

(3) 용융 금속의 탈산, 탈질, 탈류, 탈인　　　(a. 실시, b. 미실시)

(4) 라미네이션 균열은 비드폭이 비드 길이에 비해 (a. 과소, b. 과대)

(5) 판의 두께　　　　　　　　　　　　　　(a. 크다, b. 작다)

(6) 루트 간격　　　　　　　　　　　　　　(a. 크다, b. 작다)

(7) Mn의 첨가　　　　　　　　　　　　　(a. 실시, b. 미실시)

(8) 구속 응력　　　　　　　　　　　　　　(a. 크다, b. 작다)

27 다음 항목 a, b 중에서 용접부에 균열이 발생하기 어려운 것을 고르시오.

(1) 강재의 탄소당량   a. 낮다. b. 높다.
(2) 판의 두께   a. 작다. b. 크다.
(3) 구속   a. 작다. b. 크다.
(4) 용접봉의 강도   a. 낮다. b. 높다.
(5) 용접봉의 건조 온도   a. 낮다. b. 높다.
(6) 봉의 직경   a. 작다. b. 크다.
(7) 예열 온도   a. 낮다. b. 높다.
(8) 용접 입열   a. 낮다. b. 높다.
(9) 대기 중의 습도   a. 낮다. b. 높다.
(10) 후열   a. 실시 b. 미실시

28 양끝을 닫은 원통이 내압을 받고 있는 상황에서 그림과 같이 균열이 발생한 경우 (a)와 (b) 중 어느 것이 더 위험한지를 판정하시오. 단 내압, 균열의 길이, 원통의 치수는 동일하다.

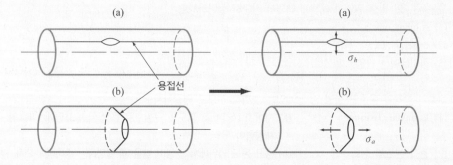

29 저사이클피로는 어느 정도의 응력값에서 몇 회 정도의 반복수로 파괴를 일으키는 현상인가를 간결하게 설명하시오.

30 강재의 피로 한계란 무엇인지 간단히 설명하시오.

31 다음의 문장은 반복 하중에 의한 재료의 피로 파괴 현상에 대해 서술하고 있다. 괄호 안에 들어갈 적절한 말을 보기에서 골라 기입하시오.

> 일반적으로 반복 응력을 걸어 일정 횟수에 도달하면 균열이 발생하고, 그것이 회수가 진행됨에 따라 마침내 (1)한다. 이 현상을 재료의 (2)라고 한다. 회전 혹은 진동하는 기계부재, (3), 철도교량, 내압이 변동하는 (4) 등에게는 (5)한 현상이다. 실제로 구조물이 파손되는 경우는 정하중에 의한 것보다 (6) 또는 충격 하중에 의한 경우가 많다.

[보기] 가. 인장 나. 휨 다. 파단 라. 피로 마. 실율 바. 주행차량
    사. 압력 용기 아. 박스게더 자. 과혹 차. 중대 카. 경미 타. 반복하중

32 파괴인성치 KIC가 150 kgf/mm²로 같은 2종류의 강판이 있는데, 항복점은 각각 36 kgf/mm², 50 kgf/mm²이다. 충분히 큰 이 강판들이 항복점의 응력이 직각인 방향으로 존재하는 관통균열에서 취성파괴가 발생되지 않기 위한 한계균열 길이를 구하시오. 단 응력장은 평면 변형장이며 균열 길이는 mm 단위로 소수점 첫째 자리까지 구하시오.

33 취성 파괴의 평가에 이용되는 파라미터 K와 Kc와의 상이점 및 양자의 관계를 간단하게 설명하시오.

34 다음의 문장에서 괄호 안의 말 중 옳은 것을 고르시오.

취성 균열이 강재 안에서 전파될 때 그 속도는 매초 (1. a 3~30, b 30~300, c 300~2,000)m이며, 온도가 (2. a 높을, b 낮을)수록 전파되는 강의 인장 응력이 (3. a 높을, b 낮을)수록, 인성이 (4. a 높을, b 낮을)수록 전파 속도가 크다.

35 용접 강구조물에 발생하는 취성 파괴의 기본적인 특성으로 다음과 같은 사항을 들 수 있다. 각 사항에 대해 옳은 것을 고르시오.
(1) 취성 파괴는 구조물의 온도가 (1. a 높을, b 낮을) 경우 발생하기 쉽다.
(2) 취성 파괴의 파면은 판표면에 대해 거의 (2. a 수직이며, b 45도 경사이며) 판 두께의 영향은 (3. a 거의 없다, b 크다).
(3) 취성 파괴는 또 (4. a 안정, b 불안정) 파괴라고도 하며, 전파 속도는 아주 (5. a 빠르, b 느리)므로 큰 사고가 날 가능성이 (6. a 크다, b 작다).

용접 열영향

14.1 용접 입열

금속을 용접한 경우 용접부는 용접 금속(weld metal)과 열영향부(heat affected zone, HAZ)가 생긴다.

용접 금속은 용융점 이상으로 가열되어 녹고 나서 다시 응고한 부분이며, 주조 조직과 같은 수지상 조직을 나타낸다. 용융 용접에서는 대기 중의 가스와 용가재에 의한 영향을 많이 받고, 용가재(filler metal)가 용착된 것이므로 이 부분을 용착 금속(deposited metal)이라고도 한다. 열영향부는 결정립의 조대화가 생기고 열영향부와 용접 금속 경계를 용접 본드(weld bond)라 하는데, 이 영역은 천이 영역(transition region)으로 기계적 성질에 큰 영향을 미친다.

용접부 외부에서 주어진 열량을 용접 입열(welding heat input)이라 한다. 아크 용접에서 아크가 용접의 단위 길이당 발생하는 전기적 열에너지 H는

$$H = \frac{60\,EI}{v}\,[\text{J}/\text{cm}]$$

로 주어진다. 여기서 E는 아크 전압[V], I는 아크 전류[A], v는 용접 속도[cm/min]이다. 또 전기적 에너지 외에 플럭스의 화학적 에너지에 의한 발열도 있으며, 전기적 에너지에 비하여 작으므로 고려하지 않는 것이 보통이다. 또 아크열은 통상 용접봉이 녹은 용적슬래그 또는 아크플라스마라 하는 고온 가스류를 매체로 하여 모재에 운반되지만, 그중 어떤 것은 대기 중에 복사열이나 대류 등으로도 잃는다. 따라서 실제로 용접에 주어지는 열량은 그중의 일부이며, 이것을 열효율(heat efficiency)이라 한다. 지금 열효율을 η라 하면, 위의 용접 입열 H는 엄밀하게는 $H = EIt\eta$로 표시된다.

한편 저항 용접에서의 용접 입열 H는

$$H = I^2 R t k$$

로 주어진다. 여기서 R은 용접 재료 간의 접촉 저항, I는 전류[A]이며, t는 통전 시간, k는 손실 계수이다.

14.2 용접부의 온도 분포

아크 용접에서 순간적으로 큰 열원이 주어지면 그 열원을 중심으로 시간의 경과와 함께 모

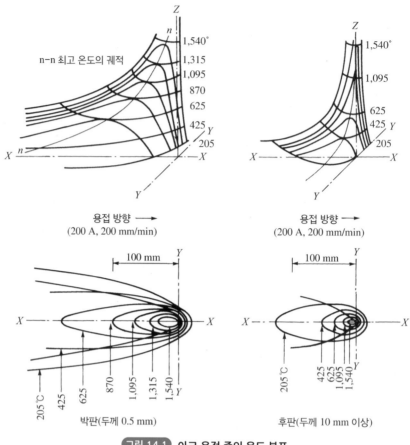

그림 14.1 아크 용접 중의 온도 분포

재에 온도 구배(temperature gradient)가 생기게 된다.

그림 14.1은 모재 위에 용접 비드(weld bead)를 놓은 경우의 온도 분포를 표시한 것이며, 이 그림은 열원의 위치에서 본 경우의 온도 분포 상태를 표시하고 있다. 즉, 등온선으로 나타낸 최고 온도 궤적이 용접 열원 근처에서 경사도가 심해짐을 알 수 있다.

그림의 오른쪽은 비교적 두꺼운 판의 온도 분포이며, 같은 용접 조건에서도 판 두께 방향으로 열류가 보다 더 빨리 전해지고 있다. 그림에서 용접 조건이 같은 경우는 후판보다 박판쪽에 생긴 열영향부의 폭이 매우 넓어지는 것을 알 수 있다.

아크 용접에서 용접 모재에 축적된 열에너지는 일부는 대류나 복사로 대기 중에서 잃게 되지만, 대부분은 이와 같이 넓고 차가운 모재의 좌우 및 판 두께의 방향으로 열류로 되어 전도한다. 따라서 그림과 같은 온도 분포는 보통의 열전도와 같은 이론 계산으로 구할 수 있다.

마찬가지로 열사이클이나 냉각 속도도 구할 수 있다. 그러나 용접의 경우는 현상이 복잡하며, 매우 짧은 시간 내에 국부적 변화가 생기기 때문에 실제의 계산에서는 여러 가지 가정을

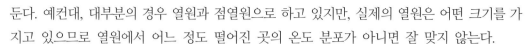

둔다. 예컨대, 대부분의 경우 열원과 점열원으로 하고 있지만, 실제의 열원은 어떤 크기를 가지고 있으므로 열원에서 어느 정도 떨어진 곳의 온도 분포가 아니면 잘 맞지 않는다.

또 용접 비드의 시작이나 끝 등의 이른바 비정상(등온선이 형을 바꾸지 않고 일정한 상태로 이동하는 상태를 준정상, 그렇지 않은 경우를 비정상이라 한다)의 부분도 계산이 곤란하다. 또 이론 계산에서 가장 중요한 열전도나 비열, 밀도 등의 정수는 온도에 따라서 매우 변화하지만, 이들을 온도의 함수로 풀기 어려워지므로 편의상 어떤 온도 범위의 평균값을 취하여 계산하고 있다.

14.3 용접 열영향부의 열사이클

열영향부의 열사이클(weld thermal cycle)에 중요한 인자는 1) 가열 속도, 2) 최고 가열 온도, 3) 최고 온도에서의 유지 시간, 4) 냉각 속도 등이며, 이들은 계산으로도 구할 수 있지만 직접 실측하는 경우도 있다.

아크 용접에서 열사이클은 보통 4~5초 동안 짧은 시간에 급열되어 냉각되기 때문에 용접의 야금적 현상이 복잡하게 된다. 그림 14.2는 판 두께 20 mm의 저탄소강 모재에 지름 4 mm 연강피복봉으로 비드 용접했을 때 열영향부의 열사이클 곡선을 나타낸다.

시간은 온도 계측 위치의 바로 위를, 아크가 통과하는 순간을 $t = 0$으로 한다. 본드부에서는 수초 사이에 융점(melting point)에 도달하여 2~3초 사이에 용융 상태에 있으며, 그 후 수십 초 사이에 500℃까지 냉각되어 약 1분 후에는 200℃ 정도까지 냉각한다. 대부분의 금속은 급랭되면 열영향부가 경화되고, 이음 성능에 나쁜 영향을 주게 된다. 온도 구배의 대소는 용접 이음의 모양과 재료에 따라 다르며, 냉각 속도(cooling rate)도 다르게 된다. 냉각 속도는 같은 열량을 주었다고 하더라도 확산되는 방향이 많을수록 냉각하는 속도는 커진다. 얇은 판보다 두꺼운 판의 냉각 속도가 커지며, 평판 이음보다 모서리 이음이나 T형, +자형 이음 때가 냉각 속도가 커지게 된다. 냉각 속도가 커지므로 응력이나 변형이 커지게 된다. 냉각 속도를 완만하게 하고, 급랭을 방지하는 방법으로 예열을 들 수가 있다. 일반적으로 열이 전달되는 정도를 표시하는 것을 열전도율(heat conductivity)이라 하는데, 전도율이 클수록 냉각 속도가 크게 된다.

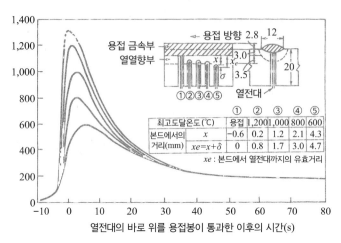

(판 두께 20 mm, 170 A, 28 V, 150 mm/min, 용접봉 φ4 mm)

그림 14.2 강 용접에서 위치에 따른 열사이클

14.4 열영향부의 냉각 속도

탄소강이나 저합금강 등에서 열영향부 중 가장 가열 온도가 높은 영역(약 1200℃ 이상)은 조립화나 경화되기 쉽고, 용접 균열이나 기계적 성질이 저하할 염려가 있는 것으로 알려져 있다. 또 스테인리스강이나 Al 합금, Ni 합금 등 많은 비철 합금에서, 고온 가열 영역은 조립 화와 냉각 조건에 따라서 석출에 의한 취성화 등이 생긴다. 따라서 용접에서는 고온 가열 영역에서의 냉각 속도가 열영향부의 재질 저하에 어떻게 영향을 미치는가를 알고, 용접 결함과의 관련성을 표시하기 위하여 여러 가지로 실측되고 있다.

열영향부의 냉각 속도는 같은 재료에 대해서도 열영향부에서의 측정 위치와 용접 입열, 판두께, 이음 형상, 용접 개시 직전의 모재의 온도 등에 따라 현저하게 다르다. 충분히 긴 용접 비드의 중앙부는 열적으로는 준정상이며, 어느 부분을 취하여도 그 열사이클은 변하지 않지만, 용접 비드의 시작과 끝 또는 극단으로 짧은 비드는 비정상이며, 복잡하기 때문에 일반적으로는 측정되기 어렵다.

또 냉각 속도를 표시하는 경우 편의상 어떤 일정한 온도에서 열사이클 곡선의 구배로 표시하고 있다. 철강의 용접에서는 보통 700℃, 540℃ 및 300℃를 통과하는 냉각 속도의 값(℃/s)을 취하고 있다. 이 중 540℃는 철강의 변태조직량이나 경도 등이 이 범위의 값으로 대략 결

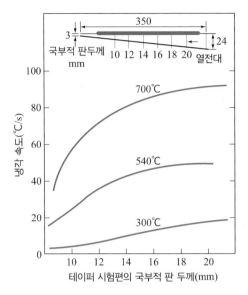

그림 14.3 판 두께와 냉각 속도의 관계(170 A, 28 V, 270 mm/min, φ4 mm)

정되므로 가장 많이 사용되고 있다. 300℃에서의 값은 영국의 Cottrell 등에 따라 많이 사용되고 있는 값이며, 특히 저온 균열과의 관련을 중시하는 경우에 유효하다고 한다. γ계 스테인리스강이나 Ni기 합금 등의 내열합금에서는 700℃ 정도의 비교적 높은 값이 중요하며, 많은 비철 합금에서는 재결정 온도 부근에서의 값을 대신하고 있다.

1 모재 치수 및 판 두께의 영향

재질과 모재의 크기가 다르면 냉각 속도도 다르며, 같은 조건에서 용접 비드를 놓아도 열영향부의 냉각 조건이 다르게 된다. 예컨대, 탄소강이나 저합금강 등 열전도도가 작은 재료에서는 판 두께 20 mm 정도의 경우에 100 mm 이하 길이의 용접 비드를 놓는 한, 540℃에서의 냉각 속도는 최저 75 × 200 mm 정도의 크기의 시험판으로 측정하면 이것을 그대로 실제적으로 적용할 수 있다. 단 300℃ 정도 이하에서의 냉각 상황이나 용접 입열의 대소 또는 예열의 유무 등에 따라서 150 × 300 mm 정도 큰 것이 사용되고 있다.

시험판의 크기가 일정한 경우 냉각 속도는 판 두께에 따라 영향을 받고, 판 두께와 함께 냉각 속도는 증가한다. 그러나 판 두께가 25 mm 이상으로 되면 그 이상 판 두께가 증가하여도 냉각 속도는 그다지 변하지 않는다. 판 두께에 따라서 냉각 속도가 변화하는 것을 이용하여 그림과 같이 용접선 방향으로 두께를 경사시킨 테이퍼 시험편이 고안되어, 열영향부의 경도 측정이 행해지고 있다. 이 시험편을 사용하면 용접 입열 등을 여러 가지로 바꾸어도 같은 변화를 1개의 용접 비드에서 간단하게 구할 수 있다.

2 모재 온도의 영향

모재 초기 온도가 높을수록 열사이클은 완만하게 되고 냉각 속도는 감소한다. 그림 14.4와같이 예열은 600℃ 정도 이하의 비교적 낮은 온도 범위에서 냉각 속도를 매우 작게 하는 효과가 있다. 용접 직전에 모재를 미리 가열하는 것은, 특히 경화하여 균열 등의 결함이 생기기 쉬운 재료, 예컨대 고탄소강이나 저합금강 등의 냉각 속도를 경감하는 수단으로서 매우 중요하다.

또한 일반적으로 용접성이 좋다고 생각되는 연강도 두께 약 25 mm 이상의 두꺼운 판이 되면 급랭되기 때문에, 또 합금 성분을 포함한 강 등은 경화성이 크기 때문에 열영향부가 경화하여 비드 밑 균열(under bead cracking) 등을 일으키기 쉽다. 이러한 경우에는 재질에 따라 50~350℃ 정도로 홈(groove)을 예열하고, 냉각 속도를 느리게 하여 용접할 필요가 있다.

연강이라도 기온이 0℃ 이하로 떨어지면 저온 균열을 일으키기 쉬우므로 용접 이음의 양쪽 약 100 mm 나비를 약 40~70℃로 예열하는 것이 좋다. 또 주철과 고급 내열 합금(Ni기 또는 Co기)에서도 용접 균열을 방지하기 위하여 예열을 시켜야 한다.

예열에는 일반적으로 산소-아세틸렌, 산소-프로판 또는 도시가스 등의 토치를 이용하여 가열하며, 용접 제품이 작을 때에는 전기로 또는 가스로 안에 넣어서 예열하는 수도 있다.

예열 온도의 측정에는 표면 온도 측정용 열전대(thermocouple)로 온도를 측정하는 수도 있으나, 측온 초크(chalk)를 이용하여 측정하는 방법이 현장에서는 많이 이용된다.

3 용접 입열의 영향

열영향부의 냉각 속도에 영향을 미치는 용접 조건에는 용접 전류, 아크 전압 및 용접 속도

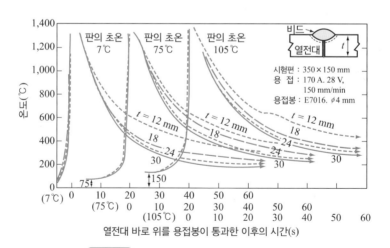

그림 14.4 판 두께와 예열 온도에 대한 열사이클

등을 들 수 있다. 이 중 다른 조건이 같은 경우에는 용접 전류가 낮을수록, 용접 속도가 클수록 냉각 속도는 증가한다. 용접 조건의 영향은 용접 입열에 따라 다른데, 같은 용접 입열의 경우에는 처음 층의 냉각 속도가 최종 층보다 빠르며, 평판보다 필릿인 경우 냉각 속도가 빠르게 된다.

용접법에 따라서도 달라지는데, 가스 용접에서는 아크 용접에 비해 열의 집중이 적으므로 용접부 전체의 가열 온도 범위가 넓어지고, 냉각 속도는 아크 용접보다 훨씬 작아진다.

일렉트로 슬래그 용접과 같은 용접 입열이 큰 용접에서는 냉각 속도가 더 작아진다. 저항용접에서는 반대로 냉각 속도가 커진다. 저항 용접에서는 판 두께가 작은 쪽이 냉각 속도가 빨라지는데, 이는 열이 전극에서 전도되어 잃어버리기 때문이다.

강의 대표적 용접법에 있어서 열영향부가 임계 온도(약 700~800℃) 부근까지 냉각하는 속도는

가스 용접 ·············· 30~110℃/min(0.5~2℃/sec)

아크 용접 ·············· 110~5600℃/min(2~100℃/sec)

점 용접 ·············· 2800~44800℃/min(50~800℃/sec)

정도이다.

연습문제 & 평가문제

연습문제

1 용접부의 열영향에는 어떤 것이 있는가?

2 용접부의 냉각 속도와 모재의 관계는 어떤 관계가 있는가?

3 용접부의 입열량을 적게 하기 위한 방법에는 어떤 것이 있는가?

평가문제

1 조질고장력강판의 시공에서 서브머지드 아크 용접의 경우 용접 전류 600 A, 용접 전압 30 V로 용접 입열을 36 kJ/cm로 하기 위해 용접 속도를 몇 cm/min으로 하는 것이 좋은가?

2 용접 종료 직후에 행하는 후열의 목적을 쓰시오.

3 용접 입열(H)의 특성을 간단히 설명하시오.

4 강의 아크 용접부 단면의 경도 분포를 정성적으로 설명하시오. 그것에 나타나는 최고 경도가 강의 용접성 판정의 지표로 중요한 이유에 대해 설명하시오.

5 다음 문장은 용접 입열과 냉각 속도에 대해 서술하고 있다. 괄호 안에 적당한 말을 보기에서 골라 기입하시오.

> 용접 아크의 열에너지는 근사적으로는 (1)을 환산한 값이다. 여기서 아크의 이동 속도, 즉 (2)를 v(cm/min)라 하면, (3)에서 들어가는 단위 용접 거리당 열량 H는 $H = \dfrac{I(4)}{(5)} \times 60 (\text{J/cm})$으로 주어진다. 여기서는 (6)(A), V는 아크 전압(V)이며, H는 (7)이라고 한다. 예를 들면, 용접 전류 170 A, 아크 전압 (8) V, 용접 속도가 15 cm/min이면, 용접 입열은 1700 J/cm가 된다.

보기 가. 용접 입열,　　나. 25,　　다. V,　　라. 아크,　　마. 전기적 입력,
　　　바. v,　　사. 용접 전류,　　아. 용접 속도

6 용접 열영향부(HAZ)의 저온 균열에 영향을 끼치는 인자는 강재 성분, 냉각 속도, 확산성 수소량, 구속 등이 있다. 이것들의 상호작용에 대해 설명하시오.

7 고장력강 열영향부에 있어서 수소에 의한 지연 균열에는 잠복 시간과 균열 발생 한계 응력이 있다. 잠복 시간과 균열 발생 한계 응력과의 관계가 수소량과 예열 온도에 의해 어떻게 변하는지를 설명하시오.

8 용접 시 실시하는 예열의 목적을 간단히 설명하시오.

9 가열 온도에 따라 강의 열영향부 조직을 순서대로 나열하시오.

보기 가. 세립역 나. 구상펄라이트역 다. 조립역 라. 용융 금속
마. 혼립역 바. 모재원질부 사. 취화역

Chapter 15

용접 시공

15.1 용접 시공관리

용접 시공(weld procedure)은 설계서 및 사양서에 따라 요구하는 이음의 품질을 고능률 구조물로 제작하는 방법으로, 각종 용접 방법을 유용하게 이용하여 구조물 및 그 부재에 고유의 기능과 목적에 알맞는 특성을 갖도록 제작될 수 있어야 한다. 따라서 용접 시공은 기술관리, 품질관리, 공정관리, 능률관리, 안전관리, 원가관리 등의 용접에 관련된 각종 관리를 총괄적으로 고찰하여 결정하여야 하므로, 설계자는 시공에 관한 충분한 지식을 가져야 하며, 최신 용접 기술 및 시공기술을 습득해야 한다.

1 시공관리의 정의

용접 구조물의 설계도에 따라 조립 순서, 용접 공사량, 설비 능력, 소요 인원 등의 전체 공정을 계획하여 상세한 용접 시공계획을 세울 때는, 다음과 같은 특성을 충분히 고려해야 할 필요가 있다.

① 용접 구조물의 품질을 지배하는 것은 구조 설계 및 재료 선택을 포함하는 용접 시공이므로 용접 시공의 중요성이 대단히 크다.

② 사람, 기계, 재료, 작업 방법이라고 하는 4 M의 요소가 각각 완전하게 관리됨으로써 정상적인 생산관리가 된다. 용접 시공의 계획 및 관리에 있어서도 4 M의 요소가 완전히 균형이 이루어져야 한다.

③ 제품의 용접 품질에 미치는 인자가 많을 뿐만 아니라 복잡하기 때문에 용접 시공법을 결정하는 기준의 설정이 어려우므로, 용접기술자의 경험과 지식에 맡겨야 하는 것도 많다.

또한 관리가 잘 되어 있다고 하는 상태는 우선 ① 정확한 계획, ② 계획의 실시, ③ 실시된 결과를 확인, ④ 확인된 결과가 나쁘면 수정, ⑤ 이상의 동작을 최초의 계획과 비교하여 수정을 요하는 부분이 있으면 계획을 변경하고 재차 그 계획을 실시한다.

2 설계 품질과 제조 품질

품질은 설계 품질과 제품 품질로 구별된다. 설계 품질이란 고객이 요구하는 제품을 만들어내는 제조자의 목표라고 할 수 있다.

설계 품질이 구비해야 할 조건은 그 제품의 기능이 매수자의 요구에 맞춰져야 하기 때문에 설계자는 공장의 공정 능력(현장의 공작정도 능력, 작업 속도, 용접사의 기량 등)을 충분히 파악한 다음 설계해야 한다. 용접 구조물을 제작하기 위한 설계 품질에는 다음과 같은 것들이 있다.

① 용접 이음의 강도, 연신율, 인성, 경도, 피로 강도 등의 기계적 성질
② 화학 조성, 결정립의 크기
③ 내식성, 내후성
④ 용접 이음의 형상 및 치수
⑤ 용접 이음의 내부 결함 및 허용 범위
⑥ 용접 시공의 비용
⑦ 용접 시공의 공기

등이 있으며, 용접 시공 과정에서 공해의 발생을 예방할 수 있어야 하며, 사용자의 안전과 위생에 대한 문제도 있어야 한다.

품질 관리(QC)라고 하는 것은 제조 품질을 허용된 범위 내에서 얼마나 좋게 만들었나 하는

것을 관리하는 것이다. 즉, 고객의 요구에 맞는 품질의 제품을 경제적으로 만들어내는 방법의 체계라 할 수 있다.

일반적으로 방법의 체계는 제조상 여러 요소에 관련되는 것으로 다음과 같이 볼 수 있다.

3 용접관리 체계

용접은 제품의 수준에서 납품에 이르는 생산 공정의 하나로 그림 15.1과 같은 관리체계 중에서는 생산관리의 한 분야이다. 일반적으로 용접관리는 생산관리와 연구개발관리를 포함하고 있으며, 생산관리와 연구개발관리는 경영관리를 구성하는 하나의 요소이다. 그러므로 용접관리를 실시하기 위해서는 경영관리에 관한 이해도 필요하다.

실제의 생산공장에서의 용접관리 체계는 경영 방침과 목표가 제시되어 각 부문에 목표가 세분되어 용접에 관한 목표도 설정된다.

이 경우 목표는 생산성과 품질에 대한 것을 나타내고 있다. 따라서 생산성과 품질상의 목표를 달성하기 위해서는 관리 대상이 되는 공정, 시공, 재료, 비용, 설비, 기능자의 기량, 기술 등에 대하여 계획을 세워 명령, 실시, 정보수집, 분석 등의 관리활동을 해야 한다. 이와 같은 각각의 관리대상에 대한 활동을 개별관리라고도 본다.

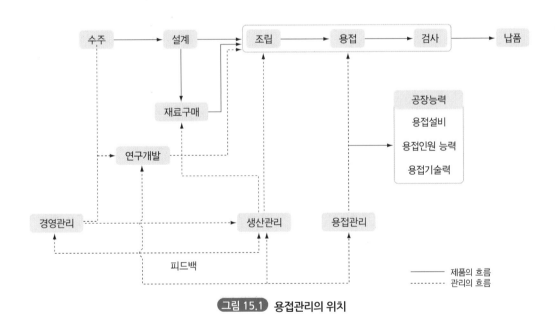

그림 15.1 용접관리의 위치

15.2 용접 시공계획

용접 설계나 사양서가 부적당하면 용접 시공이 매우 곤란하게 되어 그 성공을 기대하기 힘들다. 따라서 용접 설계자는 시공에 관하여 충분히 이해함과 동시에 최선의 용접 기술과 시공 방법을 항상 익혀두어야 한다. 용접 구조물의 제작은 다음과 같은 과정으로 이루어진다. 단 ( ) 내는 생략될 수도 있다.

계획 → 설계 → 제작도 → 재료 조정, 시험(교정) → 현도 작업 → 마킹 → 재료 절단 → (변형 교정) → 홈가공 → 조립 → 가접 → (예열) → 용접 → (열처리) → (변형 교정) → 다듬질 → 검사 → (가조립) → (도장) → 수송 → 현장 설치 → 현장 용접 → 검사 → (도장) → 준공 → 검사

용접 공사를 능률적으로 하여 양호한 제품을 얻기 위해서는 공정, 설비, 자재, 시공 순서, 준비, 사후 처리, 작업관리 등에 알맞는 시공 계획을 세워야 한다.

1 작업 공정 설정

일반적으로 용접의 공사량과 설비 능력을 기본으로 하여 전체의 공정이 결정되고 상세한 용접의 공정계획이 세워지게 된다. 즉, ① 공정표, 산적표를 만들고, ② 공작법을 결정하고, ③ 인원 배치표 및 가공표를 만든다.

공정표에는 완성예정일, 재료 및 주요 부품의 구매 시기를 표시하고, 작업 구분별로 공정표를 모아서 용접 소요공수의 산적표를 만들어, 가능한 산적이 평탄하게 되도록 공사량의 평균화를 도모한다. 다음에 각 구조의 설계도에 따라 상세한 공작법을 세운다.

여기에는 가스 절단의 조건과 용접홈 및 용접 조건의 결정, 용접법의 선택, 용접 순서의 결정, 변형제거 방법의 선정 및 열처리 방법의 결정이 필요하다.

최후에 각 구조물의 블록별 인원 배정표를 만든다. 이것은 설비 능력을 고려하고 공사 중 필요 인원의 변동이 적도록 조립 관계자와 상호 협의할 필요가 있다. 그림 15.2에 용접 품질보증을 위한 특성 요인을 나타냈는데, 그림에서와 같이 종합적인 관리가 필요하다.

2 설비계획

구조물을 용접으로 조립 생산할 때는 공장설비를 용접 시공에 적절하게 시설해야 한다.

대량생산은 물론이고 최소 한도의 경우에도 가능한 자동화시킬 필요가 있다. 흐름 작업(flow process)이 비교적 곤란한 조선소에서는 부분 조립(소조립)과 대조립의 흐름 공정을 가진다.

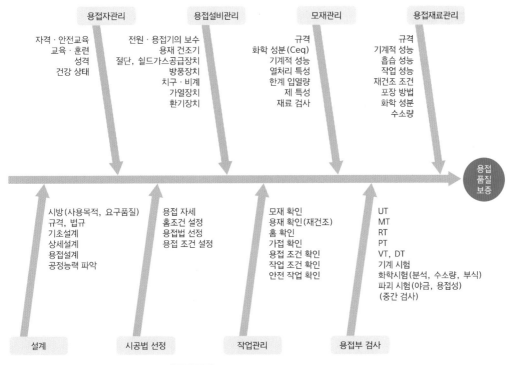

용접자관리
- 자격 · 안전교육
- 교육 · 훈련
- 성격
- 건강 상태

용접설비관리
- 전원 · 용접기의 보수
- 용재 건조기
- 절단, 쉴드가스공급장치
- 방풍장치
- 치구 · 비계
- 가열장치
- 환기장치

모재관리
- 규격
- 화학 성분 (Ceq)
- 기계적 성능
- 열처리 특성
- 한계 입열량
- 제 특성
- 재료 검사

용접재료관리
- 규격
- 기계적 성능
- 흡습 성능
- 작업 성능
- 재건조 조건
- 포장 방법
- 화학 성분
- 수소량

용접
품질
보증

설계
- 시방(사용목적, 요구품질)
- 규격, 법규
- 기초설계
- 상세설계
- 용접설계
- 공정능력 파악

시공법 선정
- 용접 자세
- 홈조건 설정
- 용접법 선정
- 용접 조건 설정

작업관리
- 모재 확인
- 용재 확인(재건조)
- 홈 확인
- 가접 확인
- 용접 조건 확인
- 작업 조건 확인
- 안전 작업 확인

용접부 검사
- UT
- MT
- RT
- PT
- VT, DT
- 기계 시험
- 화학시험(분석, 수소량, 부식)
- 파괴 시험(야금, 용접성)
- (중간 검사)

그림 15.2 품질보증을 위한 특성 요인도

설비로서 중요한 것은 용접 구조물의 구성 부재의 반입과 용접 후 제품의 반출이 가능한 운반 설비, 수평 정도가 좋은 정반, 용접장치, 절단장치, 그라인더 등의 설비와 치공구류가 용접공장에 필요하다. 설비계획에서 중요한 것은 다음과 같다.

① 과밀되지 않는 적당한 넓이의 공장

② 일련의 공정(부재반입 → 조립 → 용접 → 검사 → 교정 → 도장 → 반출)을 무리없이 수행할 수 있는 컨베이어 설비 또는 작업 공정별의 작업원 배치

③ 공장 내의 환경위생면에서의 배려가 필요(자연환기 또는 강제환기 등에 의하여 흄(fume)의 농도 5 mg/m^3 이하로 한다. 탄산가스, 아르곤 가스를 보호 가스로 이용하여 용접할 경우 산소가 부족하지 않도록 해야 한다).

④ 정반은 충분한 단면적을 갖도록 해야 하며, 전기적으로는 도체로 하여 용접기의 어스측에 결선할 수 있도록 한다.

⑤ 용접용 2차 케이블 또는 가스 호스 등이 잘 정돈되어 발에 걸리지 않게 한다.

⑥ 각종 가스 파이프는 가스 종류에 따라 정해진 색으로 정리하고, 가스 흐름의 방향을 표시해 놓으며, 가스밸브의 위치를 쉽게 찾을 수 있게 한다.

3 품질보증계획

(1) 제품 책임 product liability

제조자는 주문자와 협의하여 사양서를 결정함과 동시에 물품 금액, 납입 조건 등을 계약하여 그 계약 범위 내에 품질을 보증하지 않으면 안 된다.

품질보증(quality assurance)을 하기 위해서는 부품 공정 및 최종 제품에 이르기까지 누가 어떻게 관리하여 책임질 수 있을까 하는 품질보증의 체계가 필요하다.

용접의 경우는 용접기술자 능력 및 개성이 명백하여 쉽게 한계를 정할 수가 없지만, 다음과 같은 항목에 대한 책임 또는 관리점을 정하는 것이 좋다.

① 모재 재질의 선정과 구매
② 개선 형상의 선정과 가공
③ 용접 재료의 선정 및 검사 방법
④ 용접 재료의 보관관리 및 사용관리에 대한 책임
⑤ 용접작업자의 기량관리, 실제 공사에서 작업자의 기록 유무, 품질의 기록, 책임의 판정
⑥ 용접 시공에 대한 기준 선정의 책임
⑦ 용접기의 정비 및 보관 등에 대한 책임
⑧ 공사관리 감독에 대한 책임
⑨ 시험 및 검사에 대한 책임

(2) 품질보증

① 강을 종류별로 색으로 표시
② 가공자, 가접자 및 용접자를 제품에 기명한다.
③ 작업자의 작업 능력 및 기량의 정도를 안전모 또는 완장 등으로 표시
④ 중요 이음부에 대한 용접자의 기록과 보관
⑤ 비파괴 검사 성적을 개인별로 그래프 또는 표로 나타내고 항상 확인하여 기록한다.
⑥ 표면 및 이면에 대한 굴곡 시험의 실시 및 책임자 기명
⑦ 균열, 용입 불량만을 검사하는 초음파 탐상기의 사용

15.3 용접 준비

1 일반적 준비

용접 제품이 잘 되고 못 되고 하는 것은 용접 전의 준비가 잘 되고 못 되는 데 따라서 크게 영향을 받는다. 준비 사항으로는 재료, 용접봉, 용접사, 지그, 조립 및 가조립, 용접홈의 가공과 청소 작업 등이 있으며, 준비가 완전하면 용접은 90% 성공한 것으로 볼 수 있다.

(1) 용접 재료

용접은 극히 짧은 시간에 행해지는 야금학적 조작이므로 모재 및 용접봉의 선택이 매우 중요한 문제이다. 따라서 모재의 화학 성분 및 이력을 조사하여 여기에 적당한 용접봉을 사용해야 한다. 만약 모재의 재질을 사전에 제조이력서(mill sheet : 강재 제조번호, 해당 규격, 재료 치수, 화학 성분, 기계적 성질, 열처리 조건 등을 기재) 등으로 확인할 수 없을 경우는 가능한 사전에 화학 분석 및 기계 시험을 하는 것이 바람직하다. 그리고 각종 용접성 확인 시험과 시공법 시험을 해야 한다. 화학 분석을 할 수 없을 때는 간단한 불꽃 검사로서 강의 탄소량을 추정하는 방법도 있다.

(2) 용접사

용접사의 기능과 성격은 용접 결과에 중요한 영향을 미친다. 용접사는 구조물의 중요도에 따라 소정의 검사로 등급을 정해 놓는 것이 좋다.

(3) 용접봉의 선택

용접봉의 선택 기준은 모재의 재질, 제품의 모양, 용접 자세 등 사용 목적에 다음과 같은 점을 고려하여 선택한다.

① 용접성(용접한 부분의 기계적 성질)
② 작업성(사용하기 쉬운가의 여부)
③ 경제성(경비)

연강의 용접에서는 용접성은 큰 문제가 되지 않으므로 작업성과 경제성을 고려하는 것이 좋으며, 특수강의 용접에서는 용접성을 가장 먼저 생각하고 작업성과 경제성을 고려하는 것이 좋다.

저수소계 용접봉은 피복제 중의 보호 가스 발생 성분에 유기물을 사용하지 않는 대신 탄산 석회($CaCO_3$)를 사용하고 있다. 이것은 아크 분위기에서 CO 가스를 발생한다. 또한 유기물이 거의 없고 수소 가스가 적어 혼입된 수소의 분압을 낮추어 주므로 그림 15.3과 같이 다른 용접 봉에 비하여 용착 금속 중의 수소량은 극히 적다. 그리고 그림 15.4와 같이 용접 금속 중 산소 량도 적고 염기성이 높은 피복 성분이므로 내균열성이 우수하며, 충격치가 양호하다.

따라서 내균열성과 높은 노치인성을 필요로 하는 이음에서 반드시 사용해야 할 용접봉이지만, 용접봉이 습기가 차면 용착 금속 중의 수소량이 증가하여 수소에 의한 기공, 은점 등의 용접 결함이 생기기 쉽다. 저수소계뿐만 아니라 다른 용접봉도 일반적으로 습기에 민감하므로 보관하는 장소는 지면보다 높고 건조한 장소를 택하고, 진동이나 하중이 가해지지 않게 해야 한다. 건전한 용접부를 억기 위해서는 용접봉의 적정한 보관 및 재건조가 중요하나, 용접봉은 제조할 때부터 사용할 때까지 상당 기간 방치하는 경우가 많으므로 흡습되기 쉽다. 일반적으로 용접봉의 종류에 따라 흡습 상태가 다르다.

2 용접장비의 준비

용접을 시작하기 전에 사양서, 도면을 숙지하여 용접하고자 하는 물체의 모양 및 구조 등을 충분히 이해하고 난 다음, 용접에 필요한 공구 및 기기를 준비한다. 또한 용접기의 정비도 확인한다. 용접용 공구에는 치핑 해머, 와이어 브러시, 정(chisel), 플라이어 등이 있으며, 측정 공구로서는 용접 게이지, 틈새 게이지, 자(scale), 전류계 등이 있다.

공구의 준비가 부족하거나 용접기의 기능이 불량하면 용접불량 및 작업능률이 저하되므로 항상 공구 및 용접기의 정비를 해야 한다. 용접기의 정비에는 전류조정 핸들의 기능 상태,

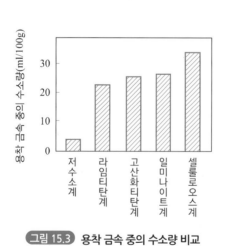

그림 15.3 용착 금속 중의 수소량 비교

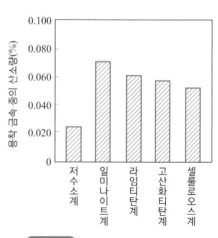

그림 15.4 용착 금속 중의 산소량 비교

1차 및 2차 케이블의 접속단자 조임 상태 및 절연 등을 항상 점검해야 하며, 용접봉 홀더의 용접봉 물림 상태도 점검하는 것이 좋다.

(1) 용접용 케이블

용접기에 사용되는 전선(cable)에는 전원(교류)에서 용접기까지 연결해 주는 1차측 케이블과 용접기에서 모재나 홀더까지 연결하는 2차측 케이블이 있다.

1차측 케이블은 용접기의 용량이 200, 300 및 400 A일 때는 각각 5.5 mm, 8 mm, 14 mm가 적당하며, 2차측 케이블은 각각의 단면이 50 mm^2, 60 mm^2 및 80 mm^{2}가 적당하다.

또한 2차 케이블 대신 철판, 스크랩, 파이프, 앵글 등으로 이어나가면 전력의 손실을 초래할 뿐만 아니라, 작업 중 아크가 불안정하게 되어 용접부의 용입이 불량하고 기타 용접결함이 생기기 쉽다.

그러므로 정규의 접지선을 설치하고 정지판으로 견고하게 피용접물에 조여 놓는 것이 필요하며, 정리정돈을 잘하여 전선에 걸려 넘어지지 않도록 해야 한다.

(2) 정반

고정 정반은 부재의 정밀도 유지 및 변형 방지를 위한 구속을 주목적으로 한다. 소형 구조물에서는 그림 15.5와 같이 판상에 구멍을 뚫고 봉 및 볼트 너트 등으로 고정하는 것이고, 대형 구조물에서는 형강이나 평강을 평행하게 콘크리트 바닥에 고정시킨 조재 정반이나 격자상으로 조립한 격자 정반을 이용한다.

이와 같은 것들은 수평면을 기준으로 하는 수평 정반이지만, 곡면을 기준으로 하는 구조물용으로는 수평 정반상에 다수의 지주를 세운 곡면 정반이 있다. 곡면 정반에서 구조물의 변형방지 구속법은 부재 위에 중량물을 올려 놓는 방법과 부재를 턴버클(turn buckle) 등으로 인장시켜 기준정반에 고정시키는 방법이 있다.

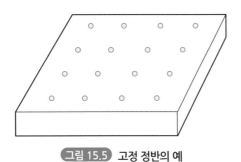

그림 15.5 고정 정반의 예

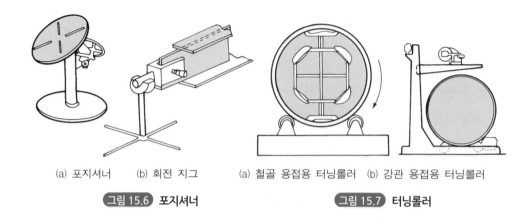

(a) 포지셔너   (b) 회전 지그   (a) 철골 용접용 터닝롤러 (b) 강관 용접용 터닝롤러

그림 15.6 포지셔너   **그림 15.7** 터닝롤러

(3) 용접용 포지셔너

용접은 위보기, 수평 및 수직 자세의 용접보다 아래보기 자세로 용접하는 것이 능률이 향상되고 품질이 양호하게 된다. 이와 같은 목적에 이용되는 것이 용접 포지셔너(welding positioner)이다. 가공물을 회전 테이블에 고정 또는 구속시켜 변형을 적게 하는 방법도 있다. 회전 테이블은 회전할 뿐만 아니라 경사도 어느 정도 가능하므로 용접하기 가장 쉬운 자세에서 용접할 수 있다. 그림 15.6(a)는 포지셔너를 나타냈고, 그림 15.6(b)는 회전 지그를 나타내었다.

(4) 터닝롤러

터닝롤러(turning roller)도 아래보기 자세의 용접에 의한 능률과 품질의 향상을 위한 목적으로 사용되는데, 대표적 사용에는 그림 15.7(b)와 같이 강관용이 많다. 이것은 터닝롤러에 의한 파이프의 원주 속도와 용접 속도를 같게 조정하여 관의 맞대기 용접 이음부의 내외면 용접을 자동 용접으로 시공할 수 있다.

또한 그림 15.7(a)와 같이 I형 또는 +형의 철골을 원형 지그에 고정하여 터닝롤러에 올려놓고 아래보기 자세의 용접이 가능하게 한 것도 있다.

(5) 용접 매니퓰레이터

용접 능률을 향상시키는 것에는 용접에 의하여 능률을 향상시키는 방법과 용접장치에 의하여 향상시키는 방법이 있다. 용접 매니퓰레이터(welding manipulator)는 후자에 속한다. 이것을 포지셔너나 터닝롤러와 조합시켜 용접을 아래보기 자세화하여 품질의 향상을 얻고자 하는 경우도 있다.

용접 매니퓰레이터는 용접기의 토치를 매니퓰레이터의 빔(beam) 끝에 고정시켜 놓고 직선 용접을 자동 용접으로 시공할 수 있게 한 것이다.

형식에는 파이프의 내면 심(seam)을 용접할 수 있게 만든 프레임형(flame type)과 외면을 용접할 수 있는 아암(arm)형으로 대별된다. 최근에는 양자의 기능을 겸비하거나 컴퓨터에 의한 프로그램으로 용접할 수 있는 고급 매니퓰레이터도 있다.

(6) 지그의 설계

용접 지그(welding jig)는 일반 지그와 같이 장착과 이탈이 간편해야 하고, 대량 생산에서 정밀도가 틀리지 않아야 할 뿐만 아니라, 용접 변형이나 과도한 구속이 생기지 않게 해야 한다. 즉, 용접 후의 수축 여유를 미리 치수에 고려함과 동시에 용접 변형도 지장이 없는 방향으로 하고, 어느 부분에는 미끄럼 운동이 허용되는 조임 방식을 취하도록 하여 조임이 너무 심해 균열이 발생하는 일이 없도록 주의해야 한다.

용접 지그는 작업의 성질에 따라 가접 지그와 본 용접 지그로 구분하여 사용하는 것이 좋다. 전자는 치수의 정확성을 주목적으로 하며, 후자는 모든 용접을 아래보기 자세의 용접을 할 수 있도록 회전 지그로 하든가 또는 단지 포지셔너를 지그 겸용으로 하든가 한다. 그리고 용접 지그는 용접 구조물을 정확한 치수로 항상 아래보기 자세로 용접, 조립, 가접 및 본 용접을 할 수 있게 고정 또는 구속하는 데 사용하는 기구를 말한다. 일반적으로 지그를 선택하는 기준은 다음과 같다.

① 용접할 물체를 튼튼하게 고정시켜 줄 크기와 힘이 있어야 한다.
② 용접 위치를 유리한 용접 자세로 할 수 있어야 한다.
③ 변형을 막아 줄 수 있게 견고하게 잡을 수 있어야 한다.
④ 용접 물체와의 고정과 분해가 용이해야 한다.
⑤ 용접할 간극을 적당하게 받쳐 주어야 한다.
⑥ 청소에 편리해야 한다.

1) 가접용 지그

가접용 지그는 부재와 부재를 소정의 위치에 고정시켜 가접(tack weld)하기 위한 것으로, 지그만으로 고정하여 가접없이 직접 본 용접을 하는 것도 있다.

그림 15.8에 가접용 지그의 사용 예를 나타내었다. 그림 15.8(a)는 맞대기 용접 이음용 가접 지그로서, 양 모재를 고정하고 쐐기를 뒷면 받침과 양 모재를 밀착시키게 한 것이다.

그림 15.8(b)는 겹치기 용접이음용 가접 지그로서, 양 모재를 쐐기로 밀착시켜 가접한다. 그림 15.8(c)는 T 이음에서 사용하는 가접 지그를 나타낸 것으로, 앵글을 이용하여 T 이음의 수직판과 수평판을 직각으로 고정하여 가접하는 것이다.

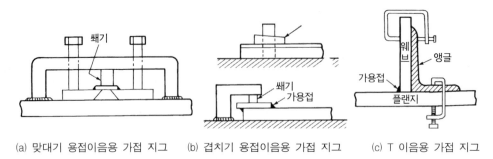

(a) 맞대기 용접이음용 가접 지그　　(b) 겹치기 용접이음용 가접 지그　　(c) T 이음용 가접 지그

그림 15.8　가접용 지그의 사용 예

2) 변형용 지그

용접은 가공물에 다량의 열을 받게 하므로 팽창과 수축에 의하여 열변형이 발생한다. 이와 같은 변형은 용접 순서, 용접법 및 소성 역변형 등으로 방지하는 방법이 있다. 또한 용접물을 구속시켜 주어 변형을 억제하는 방법(탄성 역변형)도 있는데, 여기에 사용되는 지그를 역변형 지그라 한다.

3) 특수용접 지그

상기 이외의 용접용 지그로서는 편면(한 면) 용접용 뒷받침 지그가 있다. 그림 15.9(a)는 편면 자동용접용 지그로서 영구자석을 이용하여 소모식 뒷댐판재를 이음의 뒷면에 밀착시켜 주는 것을 나타냈으며, 그림 15.9(b)는 고정식 편면 자동용접용 이면장치로서, 이면에서 확실하고 간단하게 밀착시켜 주는 지그이다.

(7) 장비보수 및 유지관리

용접기를 장시간 사용할 때 그 기능을 유지하기 위해서는 평상시의 보수점검이 필요하다.

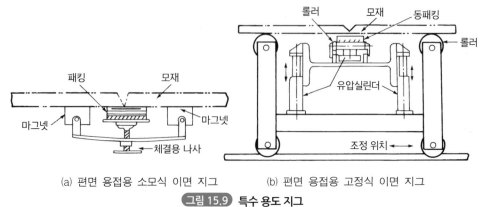

(a) 편면 용접용 소모식 이면 지그　　　　(b) 편면 용접용 고정식 이면 지그

그림 15.9　특수 용도 지그

용접기로서 구비해야 할 조건은 다음과 같은 것이 있다.

① 전류 조정이 용이하고, 용접 중 일정한 전류가 흘러야 한다.

② 아크 발생이 쉬울 정도의 무부하 전압이 유지되어야 한다.
   (교류 70~80 V, 직류 50~60 V)

③ 단락되었을 때 흐르는 전류가 너무 높지 않아야 한다.

④ 사용 중에 온도 상승이 적어야 하며, 아크가 안정되어야 한다.

⑤ 역률(power factor)과 효율(efficiency)이 좋아야 한다.

⑥ 가격이 저렴하고, 취급이 쉬워야 하며, 유지비가 적게 들어야 한다.

일반적으로 용접기의 점검 및 보수 시에는 다음과 같은 사항을 지켜야 한다.

① 습기나 먼지 등이 많은 장소에 용접기 설치를 피하고 환기가 잘 되는 곳을 선택한다.

② 정격사용률 이상으로 사용하면 과열되어 소손이 생긴다.

③ 탭 전환은 반드시 아크 발생을 중지한 다음 시행한다.

④ 2차측 단자의 한쪽과 용접기 케이스는 반드시 접지(earth)한다.

⑤ 2차측 케이블이 길어지면 전압이 강하되므로 가능한 지름이 큰 케이블을 사용한다.

⑥ 가동 부분, 냉각 팬(fan)을 정기적으로 점검하고 주유한다(회전부, 베어링, 축 등).

⑦ 탭 전환부의 전기적 접촉부는 샌드 페이퍼(sand paper) 등으로 자주 닦아 준다.

⑧ 용접 케이블 등의 파손된 부분은 절연 테이프로 감아 준다.

⑨ 1차측 탭은 1차측의 전류, 전압을 조절하는 것이므로 2차측의 무부하 전압을 높이거나 용접 전류를 높이는 데 사용해서는 안 된다.

이상의 주의사항 이외에 다음과 같은 장소에 용접기를 설치해서는 안 된다.

① 옥외에서 비바람이 치는 장소

② 수증기 또는 습도가 높은 장소

③ 휘발성 기름이나 가스가 있는 장소

④ 먼지가 많이 나는 장소

⑤ 유해한 부식성 가스가 존재하는 장소

⑥ 폭발성 가스가 존재하는 장소

⑦ 진동이나 충격을 받는 장소

⑧ 주위 온도가 −10℃ 정도 이하로 낮은 장소

3 개선 준비

(1) 개선부의 확인 및 보수

용접하기 전 용접 이음부의 상태가 올바른 것인가를 사전에 확인하는 것은 용접사 또는 검사원이 하는 중요한 작업이다.

용접 이음부의 루트 간격, 루트 면, 홈 각도에는 수동 용접과 자동 용접에 따라 허용 한계가 있다.

일반적으로 수동 용접에서는 정밀도가 조금 낮아도 되지만, 자동 용접인 서브머지드 아크 용접에서는 용락을 방지하기 위하여 그림 15.10에서와 같이 제한한다.

이음홈의 엇갈림(stagger)이 과대하게 되면 용접 결함이 생기기 쉽고, 이음부에 굽힘 응력이 생기므로 허용한도 내로 교정해야 한다. 특히 이음부의 루트 간격이 너무 클 때 맞대기 용접이음의 경우에는 그림 15.11과 같이 (a) 간격 6 mm, (b) 간격 6~15 mm, (c) 간격 15 mm 이상으로 나누어 (a)의 경우는 한쪽 또는 양측에 덧붙여 용접한 다음 깎아내어 정규홈으로 만든 다음 용접한다. (b)의 경우는 판 두께 6 mm 정도의 뒷댐판을 대고 용접한다. 이 경우 뒷댐판을 떼어내고 뒷면 용접을 해도 되나, 그대로 남겨 두어도 된다. (c)의 경우에는 판을 전부 또는 일부(약 300 mm 길이)를 교환한다.

필릿 용접 이음의 경우 그림 15.12와 같이 간격이 커지면 다음과 같이 보수한다. 즉, (a) 간격이 1.5 mm 이하이면 그대로 규정된 다리 길이로 용접한다. (b) 간격 1.5~4.5 mm의 경우에는 그대로 용접해도 되나 벌어진 만큼 다리 길이를 증가시킬 필요가 있다. (c) 간격이 4.5 mm

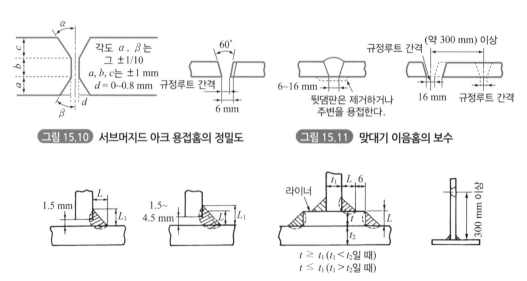

그림 15.10 서브머지드 아크 용접홈의 정밀도   **그림 15.11** 맞대기 이음홈의 보수

$t \geq t_1 (t_1 < t_2$일 때$)$
$t \leq t_1 (t_1 > t_2$일 때$)$

그림 15.12 필릿 용접 이음부의 보수

(a) 무리하게 걸치게 하여 용접한다.　(b) 쇠붙이로 메우고 용접한다.　(c) 쇠붙이로 메우고 용접한다.

그림 15.13 해서는 안 될 불량보수의 예

이상일 때는 라이너(liner)를 넣거나 부족된 판을 300 mm 이상 잘라내어 교환한 후 용접한다.

이상과 같은 보수 방법 대신에 그림 15.13과 같이 금속조각을 채워 넣는 속임수를 써서는 안 된다. 이와 같이 하면 반드시 결함이 생겨 이음 강도가 부족하게 된다.

(2) 홈의 청소

이상과 같이 하여 용접 이음부에 대한 홈의 확인 및 보수가 끝나면 다음 이음 부분을 깨끗하게 청소한다. 용접 이음 부분에 부착되어 있는 수분과 녹, 스케일, 페인트, 기름, 그리스, 먼지, 슬래그 등이 있으면 용접 결함(기공, 균열, 슬래그 혼입 등)의 원인이 된다.

이와 같은 것을 제거하고자 할 때에는 와이어 브러시(wire brush), 연삭기, 쇼트 블라스트(short blast) 등을 사용하거나 화학약품을 사용하면 편리하다. 특히 다층 용접시 매 패스마다 용접하기 전에 전층의 슬래그를 제거해야 한다.

자동 용접으로 시공할 때에는 큰 전류로서 고속 용접을 하기 때문에 유해물의 영향이 크다.

용접하기 전에 가스 불꽃으로서 용접홈의 면을 80℃ 정도 가열하여 수분이나 기름 등을 제거하는 방법도 있다. 이 방법은 비교적 간단하고 유효하므로 수동 용접 때도 이용한다.

4 조립 및 가접

조립(assembly)과 가접(tack welding)은 용접공사에 있어 중요한 공정 중의 하나로, 그 양부는 용접품질에 직접적인 영향을 미친다. 조립 순서는 용접 순서 및 용접 작업의 특성을 고려하여 계획하고, 용접 불능의 개소가 없도록 해야 하며, 불필요한 변형 또는 잔류 응력이 남지 않도록 미리 검토한 다음 조립 순서를 결정한다.

(1) 조립 순서

일반적으로 용접 구조물은 다음과 같은 사항을 고려하여 조립 순서를 결정한다.

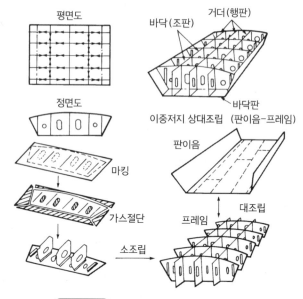

평면도

정면도

거더 (행판)

바닥 (조판)

바닥판

이중저지 상대조립 (판이음-프레임)

판이음

마킹

가스절단

소조립

프레임

대조립

그림 15.14 화물선 2중바닥의 조립 순서 예

① 구조물의 형상을 유지할 수 있어야 한다.
② 용접 변형 및 잔류 응력을 경감시킬 수 있어야 한다.
③ 큰 구속 용접은 피해야 한다.
④ 적용 용접법, 이음 형상을 고려한다.
⑤ 변형 제거가 쉬워야 한다.
⑥ 작업 환경의 개선 및 용접 자세 등을 고려한다.
⑦ 장비의 취급과 지그의 활용을 고려한다.
⑧ 경제적이고 고품질을 얻을 수 있는 조건을 설정한다.

(2) 가접

가접은 본 용접을 하기 전에 이음부 좌우의 홈 부분을 잠정적으로 고정하기 위한 짧은 용접이나 균열, 기공, 슬래그 섞임 등의 용접 결함을 수반하기 쉬우므로, 원칙적으로 본 용접을 하는 용접홈 내에 가접하는 것은 좋지 않다. 만약 부득이 한 경우에는 본 용접 전에 깎아내도록 해야 한다. 가접 시 주의해야 할 사항은 다음과 같다.
① 본 용접과 같은 온도에서 예열한다.
② 본 용접자와 동등한 기량을 갖는 용접자로 하여금 가접하게 한다.
③ 용접봉은 본 용접 작업 시에 사용하는 것보다 약간 가는 것을 사용하며, 간격은 판 두께의 15~30배 정도로 하는 것이 좋다.

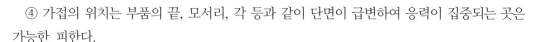

④ 가접의 위치는 부품의 끝, 모서리, 각 등과 같이 단면이 급변하여 응력이 집중되는 곳은 가능한 피한다.

⑤ 가접비드의 길이는 판 두께에 따라 변화시키는데, ⓐ $t \leq 3.2\,\text{mm}$ 에서는 30 mm 정도, ⓑ $3.2 < t \leq 25\,\text{mm}$ 에서는 40 mm, ⓒ $25\,\text{mm} \leq t$ 에서는 50 mm 정도로 한다.

⑥ 큰 구조물에서는 가접 길이가 너무 작으면 용접부가 급랭 경화해서 용접 균열이 발생하기 쉬우므로 주의해야 한다.

⑦ 가접은 길이가 짧기 때문에 비드의 시발점과 크레이터가 연속된 상태가 되기 쉽고, 용접 조건이 나빠질 염려가 있으므로 주의해야 한다.

또한 조립 도면에 표시된 치수를 정확히 지키려면 가접에 의한 수축을 생각해서 그림 15.15에서와 같이 끼움쇠를 이용하는 것이 좋다. 또 뒤틀림 교정용 지그를 사용하면 편리하다. 그리고 이음면의 어긋남(편심)에 주의해야 하는데, 그림에서와 같은 치수를 엄수해야 한다.

그림 15.16은 가접의 위치 선정을 나타낸 것으로, 부재의 가장자리, 모서리, 중요강도 부위 등 응력이 집중할 곳은 피해야 한다.

15.4 본 용접

본 용접을 할 때에는 용접 순서, 용착법, 운봉법, 용접봉의 선택, 용접 조건 등을 조사하여 용접부에 결함이 남지 않게 하는 동시에 용접 변형이 적고 능률이 좋은 상태가 될 수 있도록 노력해야 한다. 용접 작업을 무사히 성공시켜 기대하는 용접 이음부를 얻을 수 있을까 하는 것은 미리 설정된 용접 조건을 정확하게 실행하는 것에 달렸다.

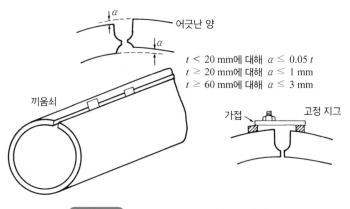

어긋난 양

$t < 20\,\text{mm}$ 에 대해 $\alpha \leq 0.05\,t$
$t \geq 20\,\text{mm}$ 에 대해 $\alpha \leq 1\,\text{mm}$
$t \geq 60\,\text{mm}$ 에 대해 $\alpha \leq 3\,\text{mm}$

끼움쇠

가접　고정 지그

그림 15.15 정확한 맞대기 이음부의 고정법

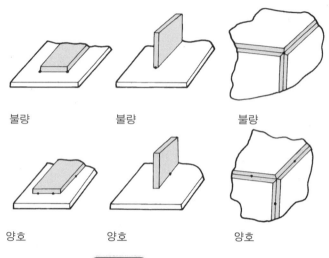

불량   불량   불량

양호   양호   양호

그림 15.16 가접 위치 선정의 예

1 용접 시공 기준

(1) 용착법과 용접 순서

1) 용착법

하나의 용접선을 용접할 경우 모재의 구속 상태, 판 두께, 온도 또는 변형에 대한 허용 오차 등을 고려하여 적당한 용착법(welding sequence)을 선택해야 한다. 용접 이음에 이용되는 용착법을 크게 나누면 다음 3가지로 분류된다.

① 용접 순서에 의한 분류
  ⓐ 전진법 : 한끝에서 다른 쪽 끝을 향해 연속적으로 진행하는 방법으로서, 용접 이음이 짧은 경우나 변형, 잔류 응력 등이 크게 문제되지 않을 때 이용된다.
  ⓑ 대칭법 : 중앙으로부터 양끝을 향해 대칭적으로 용접해 나가는 방법으로서, 이음의 수축에 의한 변형의 비대칭 상태를 원하지 않을 때 이용된다.
  ⓒ 비석법(skip method) : 짧은 용접 길이로 나누어 용접하는 방법으로서, 다른 용착법보다 잔류 응력이 적게 되는 방법이다.

② 용접 방향과의 관계에 의한 분류
  ⓐ 전진법(progressive method) : 용접 방향과 용착 방향이 일치하는 방법으로서 잔류 응력이나 변형은 일반적으로 커진다. 짧은 이음, 1층 용접 및 자동 용접의 경우에 많이 이용되는 것으로 고능률로 용접할 수가 있다.
  ⓑ 후퇴법(후진법 : backstep method) : 용접 진행 방향과 용착 방향이 반대가 되는 방법

으로, 잔류 응력이 약간 작아지고 능률이 떨어진다.

③ 다층 용접에서 층을 쌓는 방법에 의한 분류

   ⓐ 덧붙이법(덧살올림법 : build - up method) : 각 층마다 전체의 길이를 용접하면서 쌓아 올리는 방법으로서 가장 일반적인 방법이다.

   ⓑ 블록법(block method) : 하나의 용접봉으로 비드를 만들 만큼 길이로 구분해서 한 부분씩 홈을 여러 층으로 완전히 쌓아 올린 다음, 다른 부분으로 진행하는 방법이다.

   ⓒ 캐스케이드법(단계법 : cascade method) : 한 부분의 몇 층을 용접하다가 이것을 다음 부분의 층으로 연속시켜, 전체가 단계를 이루도록 용착시켜 나가는 방법이다.

블록법이나 캐스케이드법은 변형 및 잔류 응력을 줄이기 위해 부분적으로 용접해 나가면서 점차적으로 연속시킴으로써 전체의 용접을 마무리짓는 방법들이다. 그림 15.17에 여러 가지 용착법의 예를 나타내었다.

2) 용접 순서

용접 순서를 결정하는 기준은 가능한 용접 변형이나 잔류 응력이 적게 되도록 해야 한다. 그러나 변형을 방지하는 것과 구속에 의한 균열을 방지하는 것과는 서로 반대되는 경향을 갖고 있기 때문에 용도나 목적 등에 따라 균형있게 정해야 한다.

일반적으로 용접 순서를 결정할 때는 다음과 같은 사항을 주의하면서 정하면 된다.

① 조립에 따라 용접해 가는 경우 순서가 틀리면 용접이 어렵거나 불가능하게 되어 공수가 많이 들게 되므로 조립하기 전에 철저한 검토가 필요하다.

② 동일 평면 내에 이음이 많이 있을 경우 수축은 가능한 자유단 끝으로 보낸다. 이것은 구속에 의한 잔류 응력을 작게 해 주는 효과와 전체를 가능한 균형있게 수축시켜 변형을 줄이는 효과가 있다.

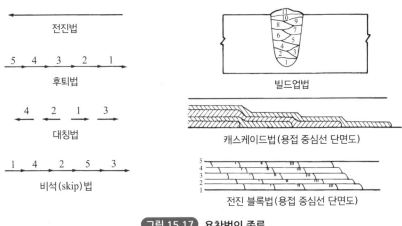

그림 15.17 용착법의 종류

③ 중심선에 대해 대칭을 벗어나면 수축이 발생하여 변형되거나, 굽혀지거나, 뒤틀리는 경우가 있으므로 가능한 물품의 중심에 대하여 항상 대칭적으로 용접을 진행한다.

④ 가능한 수축이 큰 이음을 먼저 용접하고, 수축이 작은 이음은 나중에 한다. 이것은 내적 구속에 의한 잔류 응력을 작게 해 주는 효과가 있다(그림 15.18(a) 참조).

⑤ 용접선의 직각 단면 중립축에 대해 용접 수축력의 모멘트가 영(zero)이 되도록 하여 용접 방향에 대한 굽힘을 줄인다.

⑥ 리벳과 용접을 병용하는 경우에는 용접을 먼저 하여 용접열에 의한 리벳의 풀림을 피한다.

이 방법은 선박이나 대형 용접 구조물에 잘 이용된다. 블록과 블록 사이의 용접은 앞에서 논한 기준으로 용접 순서를 정해야 한다. 그림 15.18에 용접 순서를 정하는 예를 나타내었다.

그림 15.18(a)는 외판과 골재의 현장 이음의 용접 순서로서, 외판 A와 골 B 및 외판 A′과 골 B′을 각각 먼저 용접하고, 양 블록을 접합시키는 경우이다. 수축이 커도 1차 강도 부재에 있는 외판의 맞대기 이음 ①을 먼저 하고, 2차 강도 부재에 있는 골재 플랜지부 ②, 다음에 웨브 ③, 최후에 필릿 이음부 ④를 용접한다.

그림 15.18(b)는 구를 제작할 때 용접 순서를 나타낸 것으로, 대칭 용접으로 순서를 정하고 있다. 그림 15.18(c)~(h)는 맞대기 이음부가 교차할 경우의 용접하는 순서를 나타낸 것이다. 어느 것이나 이음의 길이 방향의 수축 변형을 완전히 구속하지 않기 위한 순서 및 용접 방법을 나타내었다. 그림 15.19는 H형강 및 가로, 세로 격판의 용접 순서를 나타내었다.

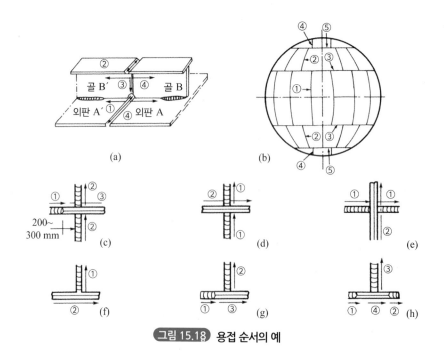

그림 15.18 용접 순서의 예

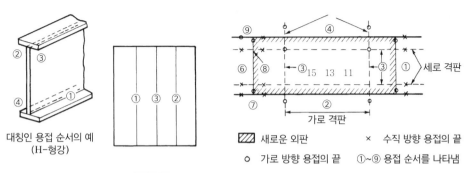

그림 15.19 H형강 및 가로 세로 격판의 용접 순서

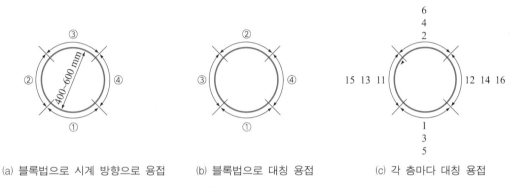

그림 15.20 원형공사의 용접 순서 예

그림 15.20은 대형 파이프(연강) 용접 이음에 대한 용접 순서를 나타낸 것으로, (a)는 블록 법으로서 시계 또는 반시계 방향으로 용접하는 것이고, 그림 (b)는 같은 블록법으로 대칭으로 용접한 것이다. 그림 (c)는 각 층마다 대칭으로 용접하는 것으로 이 방법을 이용하면 각 변형이 일어나기 어렵다. 단 고장력강 등의 균열이 쉬운 재료에서는 바람직하지 못하다. 어느 방법이나 균열은 거의 볼 수 없는 용접 순서이다.

(2) 용접 조건의 결정

1) 아크 전압

아크 전압은 용접봉의 종류(피복제의 종류, 분위기 등)에 따라 약간 다르지만, 동일 피복계통에서는 아크 길이와 직선 관계가 있다. 아크가 길이가 길어지면 아크가 불안정하게 되어 용융 금속이 산화, 질화가 되기 쉬워 용접 금속 중에 개재물이 많게 되며, 열집중도 나빠져서 스패터(spatter)가 많게 된다. 일반적으로 아크 길이는 사용 용접봉의 지름 정도로 하는 것이 좋다. 정전압 특성을 갖는 반자동 용접 및 자동 용접에서의 와이어 공급 속도는 전류를 높게 조정해도 전압은 거의 일정하다.

2) 용접 전류

용접 전류는 피용접물의 재질, 형상, 크기, 이음 형식, 용접 자세, 봉의 종류 및 지름 등에 따라 결정한다. 모재가 열의 양도체일 때, 용접부의 열용량이 클 때는 열이 급격히 확산되므로 높은 전류가 필요하다. 고합금을 용접할 경우는 합금 원소의 손실을 적게 하기 위하여 낮은 전류로 하는 것이 좋다. 오스테나이트계 내열강 등과 같이 용착 금속의 고온 균열이 생기기 쉬운 경우도 낮은 전류가 좋다. 열영향부(HAZ)의 경화가 큰 합금강은 가능한 전류를 크게 하여 냉각 속도를 완만하게 해주어야 한다. 이 경우는 후열도 필요하다.

3) 용접 속도

용접 속도는 용접봉의 용융 속도, 즉 봉의 종류 및 지름, 용접 전류, 개선 형상, 모재의 재질, 이음부의 정밀도, 위빙(weaving)의 유무 등에 따라 결정한다.

전류, 전압을 일정하게 하고 용접 속도를 증가시키면 당연히 단위 길이당의 용착량이 감소하지만, 용입량은 최적 속도에서는 증가되고 그 이상에서는 감소한다. 속도가 빨라질수록 단위 길이당의 입열량은 적게 되어 냉각 속도가 빨라지므로 열영향부의 경화 현상이 크게 된다. 그러나 열간 균열이 생기는 확률이나 합금 원소의 입계석출에서 내식도의 저하는 작게 되므로 그 조절이 필요하다. 일반적으로 용접 비드의 외관을 손상시키지 않을 정도로 빠르게 하는 것이 좋다. 고속 용접을 하면 용접 변형도 작아진다.

4) 극성(polarity)

극성은 피복제의 성질, 모재의 열전도율, 열용량 등에 따라 정한다. 비피복봉으로 위보기 자세의 용접을 할 때는 양이온 흐름보다도 고속에서 에너지가 큰 전자의 충격을 이용하는 의미에서 용접봉을 (-)로 접속하는 것이 작업이 쉽다.

또한 모재의 융점이 높다든가, 열용량이 클 때도 용접봉(-), 즉 정극성(DCSP)이 좋다. 반대로 모재의 융점이 낮을 때 박판 쪽과 같이 열용량이 작을 때는 역극성(DCRP)이 좋다. 모재의 용입을 작게 하고 싶을 때, 예를 들어 오스테나이트계 스테인리스강이나 표면 경화 육성의 경우도 역극성이 좋다. 피복 용접봉의 경우는 제조회사에서 지정하고 있는 극성을 따르지만 불투명한 경우에는 양 극성을 비교하여 결정하는데, 용융 속도가 낮을 때는 모재의 발열량이 크게 되므로 그 모재의 성질에 맞추어 결정한다.

5) 용입량

충분한 용입을 얻는다는 것은 용접 강도상 필요하다. 용입량은 피복제의 성질, 전류의 극성, 전류의 강도, 속도, 전압 등에 관계된다. 깊은 용입은 높은 아크 전압을 이용해야 하지만, 이것은 동일 피복봉이라도 전압이 높으면, 아크 길이가 길어져 열의 집중이 나빠지고 폭이 넓어 용입이 낮게 된다.

6) 용접 자세

구조물을 용접할 경우 가능한 안정된 자세를 갖도록 주위의 환경 개선을 해야 한다. 가장 능률이 좋은 용접 자세는 아래보기 자세이다. 따라서 무리하게 수직 또는 위보기 자세의 용접은 가능한 하지 말아야 한다. 포지셔너 등을 이용하여 용접하기 좋은 자세에서 용접할 수 있도록 해야 한다.

(3) 비드의 시단과 종단 처리법

모재가 예열이 되어 있지 않은 것을 아크 발생 후 즉시 용접하면, 모재와 융합하지 않아 용입 부족이나 기공이 발생될 염려가 있다.

특히 저수소계 용접봉은 점도가 높기 때문에 용접 시단부에 기공이 발생하기 쉽다.

용접의 종단에 생기는 크레이터 부분은 결함이 생기기 쉬운 곳이다. 따라서 운봉 기술에 의하여 크레이터 부분을 채워야 한다.

맞대기 용접 이음에서는 시판과 종단부에 적당한 크기의 연장판을 모재에 가접하고 연장판 위에서 시작하여 연장판 위에서 용접이 끝나게 한다. 필릿 용접이음의 경우에는 돌림 용접에 의하여 양단을 그림 15.21과 같이 하는 것이 좋다.

(4) 이면 따내기와 이면 용접

일반적으로 맞대기 용접 이음의 제1층 용접은 이면이 완전히 시일드(차폐)가 되지 않고 급랭되므로 각종 결함이 생기기 쉽다. 따라서 이 부분을 완전히 제거하고 이면에서 용접해야 하는 경우가 많다. 이면 따내기는 세이퍼(shaper) 또는 밀링(milling) 등을 이용하는 기계절삭

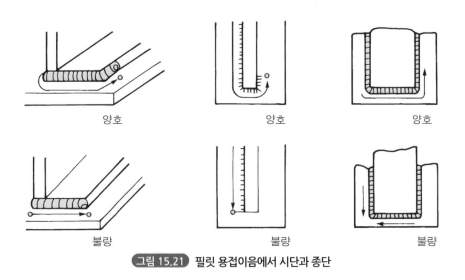

| 양호 | 양호 | 양호 |
| 불량 | 불량 | 불량 |

그림 15.21 필릿 용접이음에서 시단과 종단

법과 불꽃에 의한 가우징(gouging), 아크 에어 가우징(arc air gouging)법이 있는데, 아크에어 가우징이 가장 널리 이용되고 있다.

이면 따내기는 그림 15.22에서와 같이 용접 금속이 완전히 나올 때까지 깎아낼 필요가 있는데, 경우에 따라서는 표면 용접의 부근까지도 깎아낼 경우도 있다.

이면 따내기를 적게 하기 위해서는 루트 면, 루트 간격을 설계 도면에 따라 정확하게 유지한 후 적정한 용접 조건으로 결함이 없는 건전한 제1층 용접을 할 필요가 있다.

(5) 이종재의 용접 시공

용접 구조물을 제작할 경우에는 재질이 다른 재료를 용접할 경우가 많다. 이 경우 그의 시공 조건이 문제가 된다.

일반적으로 이종재의 용접은 다음과 같은 경우에 사용된다.

① 단일 금속 사이의 이음 : 오스테나이트계와 크롬-몰리브덴강과의 접합 등

② 클래드(crad)강 : 연강, Cr-Mo강 위에 스테인리스 및 티탄 클래드 재를 접합시키는 것 등

③ 표면 경화 육성용 : 마모, 부식 및 열저항에 의하여 파손된 모재의 표면을 사용에 알맞는 특수 용도의 합금으로 용착시킨다.

④ 라이닝(lining)재의 접합 : 보통 구조용강 저합금강 등으로 만들어진 용기 등을 부식으로부터 보호하기 위하여 내면에 내식 재료를 전면 또는 부분적으로 접합시키는 것

(6) 이종재 이음의 문제점

이종재 용접 이음에서는 특성이 다른 재료를 용접하기 때문에 여러 가지 문제가 발생할 경우가 많다.

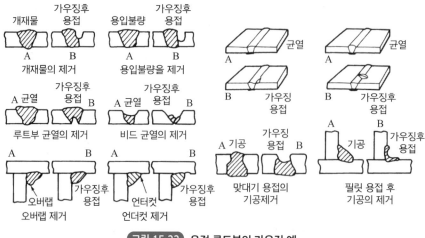

그림 15.22 용접 루트부의 가우징 예

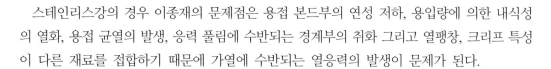

스테인리스강의 경우 이종재의 문제점은 용접 본드부의 연성 저하, 용입량에 의한 내식성의 열화, 용접 균열의 발생, 응력 풀림에 수반되는 경계부의 취화 그리고 열팽창, 크리프 특성이 다른 재료를 접합하기 때문에 가열에 수반되는 열응력의 발생이 문제가 된다.

15.5 용접 자동화

(1) 용접용 센서(sensor)의 정의

용접 결과에 영향을 주는 내적·외적 상황을 검출, 신호화하고 이 신호를 근거로 용접 작업의 감시, 조작 및 제어하는 데 사용되는 장치이다.

(2) 센서의 기능

용접 자동화에 요구되는 가장 중요한 사항은 용접선에 대하여 용접 토치를 정확히 일치시키는 것이다. 용접 구조물이 크기 때문에 실제 용접 공정에서 용접 위의 보정 시간이 용접 전체공정의 대부분을 차지하고 있다. 실례로 토치의 높이 조정, 위빙폭의 조정, 토치의 중심 위치를 조정하기 위한 시간은 전체 용접 공정 시간의 55.6%나 된다. 따라서 생산성과 위치 정밀도를 향상시키기 위한 로봇을 사용한 용접 공정의 자동화가 대두되었다.

1) 용접 초기점 탐색 기능

용접 경로를 실제 공작물의 위치를 감지하고 감지된 위치 정보를 이용하여 티칭(teaching)한 용접 경로를 실제의 용접 경로로 변경함으로써 토치를 용접할 시작점에 정확히 일치시킨다.

2) 용접선 추적 기능

용접 경로가 용접물의 가공 오차, 열변형 등의 원인 때문에 실제 용접선과 정확히 일치하지 않으므로 용접 경로를 용접 진행 중에 실시간(real time)으로 보정하는 기능이다. 용접선의 위치정보를 측정하여 토치가 항상 용접선의 중앙에 위치하도록 용접 경로를 변경한다.

아크 불안정에 의한 용접품질의 저하를 방지하기 위하여 용접 토치가 일정하도록 제어함으로써 아크가 안정되도록 한다.

3) 기타 기능

공정 변수의 제어를 통하여 용착량, 용입 깊이를 제어한다.

(3) 센서의 분류

① 측정 원리에 의한 분류

 ⓐ 접촉 방법 : tactile sensor – guiding roller type

         stylus type

       touch sensor – wire touch type

         probe touch type

 ⓑ 비접촉 방법 : vision sensor – CCD camera type

         optical fiber type

        arc sensor – weaving type

         rotating type

        electro magenetic sensor

       기타 센서 : ultrasonic sensor, 공압 센서

② 측정 위치에 따른 분류

direct sensing type : 측정 센서 위치와 토치 위치가 동일한 위치인 측정 방법

preview sensing type : 측정 센서가 토치의 위치보다 선행 위치인 측정 방법

③ 센서의 적용 범위

종류	기능	원리	장점	단점	기타
tactile sensor	용접 초기점 검출 용접선 추적	기계적 안내부가 토치의 선행부에 접촉하여 일정 거리를 두고 용접선을 따라 이동하면서 안내부의 변화를 전기신호 변화로 바꾸어 측정함으로써 용접선 중심으로부터 토치의 벗어남을 보정한다.	기구부와 제어부가 간단. 전기 노이즈가 적다. 저가/실시간 측정 가능. 용접 공정/조건에 관계없이 측정 가능	정밀도가 낮다. 기구부의 마모가 심함. 적당한 안내부가 필요. 복잡한 형상 용접선 추적 곤란. 용접 속도 제한.	유연성 저하로 특정 목적의 용접에만 사용
touch sensor	용접 초기점 검출	전극(와이어, probe)과 모재에 전압을 건 다음 전극을 모재 방향으로 모재에 터치할 때까지 천천히 이송하여 모재가 터치하는 순간 전극과 모재의 전압 변화로 감지하며, 전극이 터치할 때까지 이송 거리로 용접부의 모재 위치를 알아낸다.	기구부와 측정 방법이 간단. 저가. 전기노이즈가 적다.	실시간 용접선 추적 불가능. 정밀도가 낮다. 측정 시간이 길다. 용접 열변형시 보정 불가능	용접선의 위치 변화가 크거나 용접 변형의 경우 arc sensor 병용

(계속)

종류	기능	원 리	장 점	단 점	기 타
vision sensor	–	발광부로부터 강한 광원(laser)을 토치선행부 용접선에 투사하여 용접선에 맺혀진 투사 형상을 수광부로 받아들여 용접선의 위치와 실시간을 인식	용접 공정에 무관으로 측정 가능. 용접 중 열변형 보상 가능. 용접선 위치 및 형상 정보 인식 가능. 정밀도가 높다. 철, 비철 금속 가능. 초기점 검색 가능. 급격한 형상 추적	노이즈에 취약. 시스템 복잡/고가. 영상처리 복잡/처리 시간이 길다. 주위 형광에 영향을 받는다. 토치에 센서가 위치하여 무거워진다	
arc sensor (weaving type)	–	용접 중에 팁·모재 간격이 변하면 아크 발생의 물리적 현상에 의하여 아크 전류와 전압이 변한다. 용접 토치를 용접선의 개선에 따라 강제 위빙시키면서 아크 전압과 전류를 측정함으로써 간극 변화를 인식하여 토치의 정도를 인식할 수 있다. 토치가 중심에 위치하도록 로봇 운동을 제어함으로써 용접선을 추적	아크 발생 물리 현상을 이용함으로써 추가 센서와 기구가 필요 없음. 저가. 실시간 측정 가능. 노이즈 영향이 적다. 아크 안정성 제어 가능. 용접과 추적 동시 가능	위빙이 있는 경우에만 가능. 용접이 진행되는 경우에만 가능. 용접 속도와 위빙 주파수에 제한. 초기점 검출 불가능. 비철금속의 제한. 두께가 6.4 mm 이상에만 가능	
arc sensor (rotating type)	–	위빙 아크 센서와 동일한 측정원리로 아크 발생의 물리적 현상을 이용한 것. 고속 회전 아크 센서는 로봇의 손목 부위에 고속회전 기구부를 설치하여 토치의 회전 운동을 발생시킨다.	실시간 측정 가능. 위빙운동 불필요. 용접 속도가 빠르다. 노이즈 영향이 적다.	추기기구 불필요. 고가. 스패터량 증가. 용접 조건에 따라 센서의 영향. 초기검출 불가	
electro. magnetic sensor	–	금속체가 발진 코일에 의한 자력선을 받으면 금속체에 와전류가 발생하는 현상을 이용, 센서의 높이와 조인트에 대한 센서의 상대적 자세각의 정보로 용접선을 추적한다.	기구가 간단. 저가. 실시간 측정 가능	정밀도가 낮다. 아크열과 자기장의 노이즈에 취약	

(4) 센서의 선정

1980년대 이후로 아크 용접 자동화를 달성하기 위한 여러 센서 시스템이 개발되어 실제 산업현장에서 성공적으로 적용되고 있다. 그러나 아직까지 모든 용접에 적용 가능한 센서 시스템은 아직 개발되지 않고 있다.

용접 자동화를 성공적으로 달성하기 위해서는 작업 대상에 적당한 센서 시스템을 선정해야 한다.

	고려사항	아크센서	비전센서
1	추적할 용접선 형태	직선은 가능하나 코너는 곤란	코너부도 가능
2	치공구에 고정된 용접부 위치 공차	터치 센서의 병용 시에만 위치 보정 가능	위치 보정 가능
3	용접부의 재질	재질에 관계하나 적용 어려움 없음	용접부의 재질에 무관
4	용접 중의 열변형에 의한 변형	변형 보상 가능	가능하나 아크 센서보다 보상 능력이 떨어짐
5	아크열, 스패터 등의 노이즈	노이즈에 강함	노이즈에 취약
6	시스템 가격	저 가	고 가

연습문제 & 평가문제

연습문제

1 품질관리란 무엇인가?

2 품질보증을 위한 용접 시공계획은 어떤 것이 있는가?

3 용접장비에는 어떤 것이 있는가?

4 용접 지그는 왜 필요한가?

5 가접은 꼭 필요한 것인가?

6 용접 조건 설정 방법을 열거하시오.

7 용접 자동화는 왜 필요한가?

8 용접에 이용되는 자동화 센서에는 어떤 것이 있는지 설명하고, 그것의 용도와 특징을 설명하시오.

평가문제

1 용접 시공에서 품질보증을 위한 특성 요인을 설명하시오.

2 용접품질에 영향을 미치는 관련 공정을 5개 이상 드시오.

3 수동 용접에서 품질관리상 주의해야 하는 중요 항목을 들고 설명하시오.

4 용접 시공 전에 꼭 검사해야 하는 것을 설명하시오.

5 용접 시공관리를 행할 때 중요한 관리 항목을 5개 이상 설명하시오.

6 용접 담당자가 SM58급, 판두께 38 mm 강판을 사용하는 중요 구조물의 용접 시공에 관해 시공 계획을 세운 것이다. 다음은 그중의 일부를 발췌한 것인데, 틀린 부분이 몇 군데 보인다. 틀린 부분을 찾아서 맞는 수치, 문구를 수정하시오.
(1) 피복 아크 용접봉은 E4301에 해당하는 것을 사용한다. 용접봉의 건조 온도는 200~250℃로 한다.
(2) 예열 온도는 50℃ 이상으로 하고, 용접선의 양쪽 측면 약 50~100 mm의 단위를 약간의 온도로 가열한다. 또 예열 온도는 접속선의 바로 위에서 온도를 체크하여 계측한다.
(3) 임시로 붙이는 용접의 비드 길이는 최소 10~20 mm로 한다.

7 실외 또한 현장 용접에서 날씨에 관련한 가공상의 관리로 주의해야 할 사항을 서술하고 간단히 설명하시오.

8 연강재를 탄산가스 아크 용접하는 것이 피복 아크 용접하는 경우보다 어떤 점이 경제적인가 설명하시오.

9 용접 경비에서 용접봉비, 용접 작업비, 용접 소비 전력비를 견적할 때 필요한 항목을 각각 2개씩 서술하시오.

10 용접품질에 관해 ( )안에 알맞은 말을 넣으시오.

> 용접 구조물의 품질은 그 용도와 (1)에 대응하여 품질로 결정되며, 용접을 하는 (2)에 의해 실현된다. 적절한 (3)에 의해 (4), (5) 등에 기준하여 작성한 (6)에 따라서 시공을 정확히 하는 것이 기본이다. 시험 검사는 품질에 귀중한 정보를 제공하며, (7) 향상에 크게 공헌하지만, (8)를 만들어내는 것은 어디까지나 (9)이다.

11 다음의 문장의 ( )안에 적당한 단어를 넣으시오.

> 피복 아크 용접봉, 플러스 등에는 흡습방지를 위해 (1), (2), (3)에 신중한 배려와 엄중한 관리가 필요하다. 통상의 피복 아크 용접봉은 습도가 높은 곳에서는 사용 전에 (4)~(5)℃ 정도로 건조하는 것이 채용되어 있다. 저수소계 용접봉은 보통 (6)~(7)℃의 온도에 (8)분 건조한다. 건조 후 바로 사용하지 않을 때는 (9)~(10)℃의 온도로 유지한 보관용기에 넣어 두고, 여기에서 꺼내어 사용한다.

12 다음 보기 중에서 용접의 공정 능력에 관계하는 것을 고르시오.
⎣보기⎦ (1) 용접 개선 정도 (2) 용접 재료의 기계적 성질 (3) 용접 조건의 설정 유지
 (4) 용접 자세 (5) 침투 탐상 시험 (6) 각장의 흐트러짐

13 용접 시공관리에 대하여 다음 항목 가운데 올바른 것을 고르시오.
(1) 용착 속도 $= \dfrac{\text{소비 용접봉의 중량}}{\text{아크 타임}}$
(2) 오스테나이트계 스테인리스 강철의 개선 검사를 자분 탐상으로 행한다.
(3) 저수소계 용접봉은 사용 전 100~150℃의 온도에서 30~60분간 건조한 것을 사용한다.
(4) 언더컷을 막기 위한 하나의 방법으로 전류를 내리는 것은 효과가 있다.
(5) 용접 구조물의 취성 파괴를 방지하기 위하여 재료 선택 시 항복비가 낮은 것을 사용한다.
(6) 용접부의 변형 및 균열을 방지하기 위해서는 구속이 엄격한 지그를 이용한다.
(7) 용접관리의 준비로 도면, 사양서를 충분히 체크할 필요가 있지만, 요구품질을 실현할 수있을지 공정 능력의 확인을 해야만 한다.
(8) 표면 결함을 검출하기 위해서 법규, 규격, 사양서 등에 준한 검사 외에 자체 검사로서 육안에 의한 체크가 중요하다.

14 압력 용기는 용접 시공 때 각종 법규에 준거하여 제작해야만 한다. 아래의 A군과 B군으로 관계있는 것을 각각 선으로 연결하시오.

A군	B군
1. 원자력 압력 용기	a. ASME Sec Ⅰ
2. 보일러 드럼	b. ASME Sec Ⅲ
3. 화학기계(리액터 등)	c. ASME Sec Ⅷ
	d. 전기사업법
	e. 고압가스취급법
	f. 노동안전위생법

15 조립 작업의 양부는 제품의 치수 정도를 직접 좌우할뿐 아니라 용접 작업의 난이도에 영향을 미친다. 조립 지그를 제작함에 있어서 어떤 성능의 것이 바람직한지 그 요점을 설명하시오.

16 용착법에는 전진법, 후퇴법, 대칭법, 비석법 4가지 방법이 있는데, 간단히 그림으로 나타내시오.

17 맞대기 용접에서 앤드 탭의 역할에 대해서 간략히 기술하시오.

18 태크 용접에 관한 규정으로 "인장 강도의 규격치가 50 kgf/mm² 이상의 강재료 및 두께 25 mm 이상의 강재의 태크 용접에는 저수소계 용접봉을 사용하지 않으면 안 된다"고 쓰여 있다. 왜 이 강재에 대하여 저수소계 용접봉을 사용하지 않으면 안 되는지 그 이유를 간단히 설명하시오.

19 다음 표는 태크 비드의 표준 길이의 예를 든 것이다.
(1) 태크 길이는 강판 두께가 두꺼울수록 길게 하도록 규정되어 있다. 그 이유를 설명하시오.
(2) 수동 용접, 가스 쉴드 아크 용접의 경우, 비드 길이는 서브머지드 아크 용접의 경우보다 적은 수치로 되어 있다. 그 이유를 설명하시오.

판두께 t (mm)	표준 비드 길이(mm)	
	아크 수동 용접, 가스 쉴드 아크 반자동 용접, 셀프 쉴드 아크 반자동 용접의 경우	소모 노즐식 일렉트로 아크 용접, 서브머지드 아크 자동 용접의 경우
$t \leq 3.2$	30	40
$3.2 < t < 25$	40	50
$25 \leq t$	50	70

태그 비드의 표준 길이

20 페인트가 칠해져 있는 고장력 강판을 용접하는 경우에 해야만 하는 적당한 처치를 다음 중 골라 그 이유를 간단히 설명하시오.
(1) 페인트는 그대로 놔두고 용접해도 상관없다.
(2) 예열 온도는 조금 높게 하면 페인트를 그대로 놔두고 용접해도 된다.
(3) 두꺼운 페인트는 버너에 태운 후에 와이어 브러시 등으로 충분히 소거하거나, 그라인더 등으로 소거한 후에 용접한다.
(4) 버너에 태우고 페인트의 색이 변하면 그대로 용접해도 된다.

(5) 비드의 표면을 와이어 브러시 등으로 충분히 청소하면 페인트는 그냥 있는 대로 용접해도 된다.

(6) 두께가 얇은(두께 20 μm 이하) 숍 프라이머 도장된 강판의 피복 아크 용접에는 핏트, 블로우홀은 발생하기 어려우므로 그대로 용접해도 된다.

21 고장력 강판에서 아크 스트라이크가 금지되어 있는 이유와 아크 스트라이크 방지를 위한 조치를 간단히 설명하시오.

22 압력 용기의 용접에서 2¼ Cr－Mo강 등의 Cr이 들어간 저합금 강제의 압력용기 용접을 행하는 경우 탄소강의 용접과 다른 주의해야 할 점을 설명하시오.

23 고장력 강판, 저온용 강판에 용접으로 붙인 지그 등을 제거할 때는 어떻게 하는 것이 좋은가?

24 그림과 같이 평판 용접을 하는 경우 맞는 용접 순서는 어느 것인가? 다음 중에서 정답인 것을 고르시오.

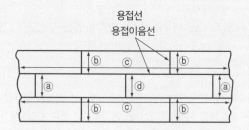

(1) d－a－b－c　　(2) b－a－d－c　　(3) c－a－d－b　　(4) c－d－a－b　　(5) d－b－c－e－d

25 다음 용접 가공에 관한 문장의 괄호 안에 맞는 말을 기입하시오.

> 용접 구조물은 많은 용접 이음으로 만들어지지만, 이들 이음의 용접을 하는 순서를 정하는 것이 (a)이다. 이것은 제품의 (b)가 상하지 않고, 큰 (c)의 발생을 방지하는 관점에서 정해진다. 하나의 이음은 많은 용접 비드로서 만들어지지만, 이들 비드의 상호 놓는 순서 또는 놓는 방법을 정하는 것이 (d)이다. 이것은 (e)과 (f)을 방지하는 입장에서 정해진다. 또한 하나의 비드를 놓는 것에는 많은 운봉법이 있지만, 이것들을 크게 구분하면 (g)과 (h)가 있다. 같은 아크 전류와 전압이라면 전자 쪽이 (i)이 적고, (j)에 의한 고장력강의 용접에 자주 사용된다.

26 태그 용접 시의 주의사항에 관해 설명하시오.

27 다음 문장은 피복 아크 용접봉에 관해 용접 전류가 적정 범위를 벗어난 경우의 영향에 대해 서술하고 있다. 이것을 가. 용접 전류가 강할 경우와 나. 약할 경우의 영향에 관해 나눠서 각 괄호 안에 기호로 기입하시오.
(1) 언더컷이 발생한다. 　　　　　(　)
(2) 용해가 부족하게 된다. 　　　　(　)
(3) 스팩터가 두드러진다. 　　　　(　)
(4) 용접부가 과열되어 약해지기 쉽다. 　(　)
(5) 오버랩이 발생한다. 　　　　　(　)

(6) 용접봉이 적열한다.　　　　　　(　　)

(7) 비드폭이 좁아지고 부풀어 오른다.　　　(　　)

(8) 블로우홀이 두드러지게 발생한다.　　　(　　)

(9) 용접봉의 용융 속도가 빨라진다.　　　(　　)

(10) 슬래그 끌어당김이 발생하기 쉽다.　　　(　　)

28　다음 문장에서 올바른 것을 고르시오.

(1) 태크 용접의 예열은 본용접 때의 예열온도에 비해 20~30℃ 낮게 예열하는 것이 좋다.

(2) 예열 온도의 측정은 이음매로부터 50~100 mm(또는 판두께의 3배) 정도 떨어진 곳에서 실행하는 것이 보통이다.

(3) 전기저항체의 발열에 의해 가열하는 방법은 가스 버너에 의한 방법에 비해 비용이 높아지지만, 용접부가 균일하게 가열되는 것과 가열 온도가 꽤 정확히 제어되는 이점이 있다.

(4) 예열은 피용접부재의 재질에 관계없이 높을수록 좋다.

(5) 예열은 피용접부재를 예열 온도까지 가열하는 것에 의미가 있기 때문에, 온도 계측 시기에 소정의 온도가 된다면 아크 발생 시기가 벗어나서 저온이 되어도 좋다.

29　다음 문장의 (　)안에 보기에서 적당한 단어를 골라 기입하시오.

　　예열은 급냉에 의해 모재 열영향부의 (1) 또는 이것에 기초를 둔 (2)의 방지를 목적으로 행해지고 있다. 예를 들면, 80 kg급 고장력강으로 널판 두께가 25 mm를 넘는 경우에는 예열 온도를 (3) 이상으로 할 필요가 있다. 다층으로 쌓아올린 용접에 있어서 패스 사이의 온도 제한으로는 하한온도와 상한온도를 준비하는 것이 있다. 하한온도의 제한은 (4)의 방지를 목적으로 하지만, 상한온도의 제한은 용접 금속 또는 열영향부의 (5)나 낭비되는 것을 방지하는 것을 목적으로 하고 있다.

　보기　연화 , 경화 , 취화 , 저온 균열 , 응고 균열 , 재열 균열 , 50℃ , 100℃

30　길이가 5 m인 300 ×500 mm 사각봉을 맞대기 용접할 때 이 용접에 의해 발생될 예상되는 변형의 종류를 나열하고, 그 대책을 쓰시오.

31　용접 전류가 너무 낮거나 또는 전류가 너무 높은 경우의 용접 결함 발생에 대해 서술하고, 더불어 이종금속의 용접에 의한 전류관리상 주의할 점을 간결하게 서술하시오.

32　슬래그 혼입의 방지책을 드시오.

33　융합 불량을 방지하는 방법을 드시오.

34　언더 컷을 방지하는 방법을 드시오.

35　용접 조건이 부적당하면 용접부의 결함 발생 원인이 된다. 탄산가스 반자동 아크 용접의 경우 다음과 같이 조작을 행했을 때 주로 어떤 결함이 발생하는가?

(1) 용접 전류가 낮다.

(2) 아크가 너무 짧다.

(3) 용접 전류가 너무 높다.

(4) 용접 속도가 너무 빠르다.

(5) 쉴드 가스가 부족하다.

36 고장력강의 용접 이음매에 결함이 발견되었다. 결함제거와 용접보수에 관해 서술하시오.

37 고장력강을 피복 아크 용접한 곳에 균열이 발생했다면 결함 부분을 보수 용접하기 위한 순서를 쓰시오.

38 용접 열처리 후, 압력 용기에 극히 얕은 표면 상처가 발견되었다. 그 보수를 하려면 밑에 있는 어느 것이 좋은 지 이유를 붙여 설명하시오.

(1) 용접으로 보수하고 용접 후 열처리는 행하지 않는다.

(2) 용접으로 보수하고 용접 후 열처리를 행한다.

(3) 용접으로 보수하고 즉시 300℃×1시간 정도후 열을 행한다.

(4) 그라인더로 상처만 제거한다.

39 다음에 나타나는 용접 결함이 발생하는 원인은 무엇인가? 각각의 결함에 대해 발생 요인을 보기에서 하나씩 골라 기호로 쓰시오.

(1) 블로우홀

(2) 언더컷

(3) 횡균열

(4) 라멜라티어링

(5) 용입 불량

(6) 비드 밑 균열

(7) 슬래그함입

[보기] 가. 용접작업자의 기량, 용접 자세   나. 개선의 청결, 용접봉의 흡습

   다. 용접봉의 종류, 모재의 재질, 구속

40 다음 A군과 B군에서 가장 관계가 깊은 항목을 각각 선으로 연결하시오.

A군	B군
1. 과대입열	a. 블로우홀 발생
2. 용접봉의 흡습	b. 열영향부의 경화
3. 쉴드 부족	c. 확산성 수소
4. 판두께 증가	d. 노치인성 저하
5. 탄소당량 증가	e. 구속도 큼

41 흡습한 용접봉을 사용한 경우 용접부에 발생하기 쉬운 현상을 다음의 항목에서 고르시오.

가. 비드 형상이 좋아진다   나. 균열이 발생하기 쉽다.   다. 슬래그 함입이 많아진다.

라. 오버랩이 많아진다.   마. 블로우홀이 커진다.   바. 용락이 발생하기 쉽다.

사. 은점이 발생하기 쉽다.   아. 뒤틀림이 증가한다.

42 다음 문장은 블로우홀의 방지 대책에 대해 서술하고 있다. 올바른 것을 고르시오.

(1) 적정한 아크 길이를 유지해야 한다.

(2) 개선면에 얼마간의 녹이 껴있어도 용접 전류를 크게 해서 용접하면 가스는 부상하여 기공이 없어진다.

(3) 아크 길이를 길게 하여 용접하면 가스는 부상하기 쉬우므로 좋다.

(4) 가스 쉴드 아크 용접에서는 쉴드 가스를 과대하게 흘리면 쉴드가 흩트러지므로 좋지 않다.

(5) 용재가 조금 흡습하고 있어도 용접 입열이 크게 되는 용접 조건을 선정하면 좋다.

43 다음의 문장은 융합 불량에 대해 서술하고 있다. 올바른 것을 고르시오.

(1) 용입이 충분히 얻어지는 조건에서 용접을 실시하는 것이 좋다.

(2) 개선 각도가 좋아도 전류를 높게 하는 것이 좋다.

(3) 위빙을 실시하면 효과가 있다.

(4) 가스 쉴드 아크 용접에서 와이어의 목표 위치가 빗나가 있어도 위빙의 폭을 크게 하면 문제는 없다.

(5) 비드 표면을 깔끔하게 정형하고 다음 층을 용접하는 것이 좋다.

44 후판 고장력강의 피복 아크 용접에서 횡방향 용접 이음의 시작부에 미세한 용접 균열을 발견했다. 이 경우의 원인이라고 여겨지는 사항을 아래의 보기에서 5개를 골라 기호로 답하시오.

보기 가. 과대 입열　　　　　나. 과소 입열　　　　　다. 루트 간격의 과소
　　　 라. 예열 부족　　　　　마. 용접봉 건조 부족　　바. 과대전류
　　　 사. 탄소당량 과대　　　아. 저수소계 용접봉 사용　자. 고온 다습

45 고장력강의 후판 용접부에 대해 다음 용접 결함의 보수 방법을 나열하시오.

(1) 아크스트라이크의 적

(2) 오버랩

(3) 언더컷(깊이 0.9 mm)

(4) 균열

(5) 비드 표면의 요철

46 용접 금속에 특히 노치인성이 요구되는 경우 다음의 용접법에 있어서 적당하다고 생각되는 용접 재료(종류) 및 용접 조건을 설명하시오.

(1) 피복 아크 용접

(2) 서브머지드용접

(3) 불활성 가스 메탈 아크 용접

47 용접 설계 및 시공 계획에서 기본적인 사항을 항목별로 각각 5개 나타내시오.

48 용접 구조물의 설계 및 시공 계획에 대해서 고려해야 하는 점을 설명하시오.

49 그림에 나타나는 T 이음의 목두께는 어디인가? 각각 그림에 기입하시오.

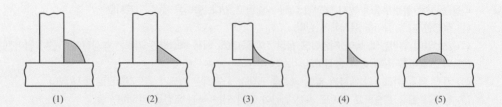

(1)   (2)   (3)   (4)   (5)

50   그림과 같은 구조로 현장 맞대기 용접을 실시할 때 스크랩을 두는 이유는 무엇인가? 간결하게 설명하시오.

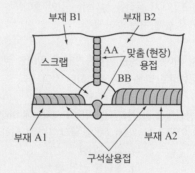

51   그림과 같이 두께 20 mm와 30 mm 강판의 맞대기 용접(V개선, 피복 아크 용접)을 실시할 경우 어떤 개선 형상으로 해야 하는가? 그림으로 나타내시오.

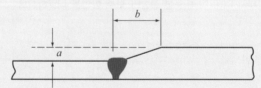

52   플랜지의 두께 19 mm(t_2), 웹의 두께 10 mm(t_1), T형 필렛 용접을 하는 경우의 필요 최소 각장을 다음 식에 의해 구하시오. 단 두께(t_1) 이상으로 할 필요는 없다.

$$S \geq \sqrt{2t_2}$$

53   그림의 이음은 불량 이음의 예이다. 각각에 대해 불량이라고 생각되는 부분을 수정하시오.

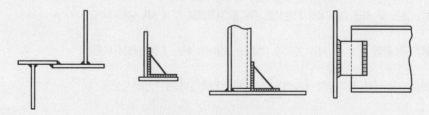

54 다음의 문장에서 올바른 것을 고르시오.

(1) 용접의 덧붙이는 유효 목두께에 포함된다.

(2) 원칙적으로 T이음은 웹의 양측을 용접한다.

(3) 안덧판은 목두께에 포함되지 않으므로 어떠한 재질이라도 좋다.

(4) 용접 변형을 제어하면 잔류 응력도 작아진다.

(5) 주강과 압연 강재와의 용접에는 아크 용접을 이용하는 것이 좋다.

(6) 용접 잔류 응력은 용접부의 취성 파괴에 영향을 끼치지 않는다.

(7) 부재에 부가물을 용접해도 피로 강도는 저하되지 않는다.

55 그림의 이음들 중에 스크랩을 필요로 하지 않는 것을 고르시오.

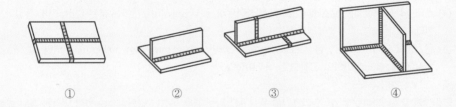

①   ②   ③   ④

56 그림의 응력 전달 방법에서 옳지 않은 이음은 어떤 것인가?

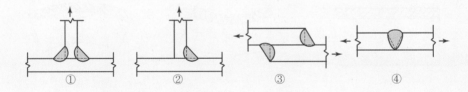

①   ②   ③   ④

57 용접 입열 (J/cm)를 계산하는 식의 용접 전류 (A), 용접 전압 (V), 용접 속도 (cm/min)로 나타내시오. 또 다음에 나타나는 용접법을 용접 입열이 큰 순으로 기호로 넣으시오.

(1) (가) 수평 용접   (나) 상진 용접   (다) 하향 용접

(2) (가) 피복 아크 용접   (나) 일렉트로가스 아크 용접   (다) 서브머지드 아크 용접

58 용접 가공 방법 확인 시험의 목적을 간결하게 서술하시오. 또한 확인시험을 다시 하지 않으면 안 되는 중요한 변화 조건을 들고 그 내용을 설명하시오.

59 강구조물의 용접 방법 확인 시험에서 인장 시험편이 모재 인장 강도의 약 90%로 용접 금속의 중앙부에서 파단했다. 이 경우의 대책으로 잘못 설명된 것은?

(1) 파단면에 현저한 결함이 없다면 용재의 강도 부족이 의심된다.

(2) 새롭게 용접 시공 요령서를 재작성하여 확인 시험을 새로 한다.

(3) 같은 시공 방법에 의한 확인 시험의 재시험은 받지 않아도 된다.

(4) 다른 인장 시험편도 같은 경향을 나타내면 파단면에는 현저한 결함이 없는 것으로 한다.

(5) 용재 및 용접 조건을 체크하여 문제점을 규명한다.

60 용접 가공 방법 확인시험에 대하여 서술한 것 중 틀린 것은?

(1) 충격 시험을 행할 때는 용접 금속과 용접 열영향부에 대하여 행한다.

(2) 확인 시험의 결과에 의해서 용접 가공 방법이 변경되기도 한다.

(3) 용접부에 요구되는 품질성능이 얻어질지 어떨지를 확인하는 시험이다.

(4) 확인 시험에는 주로 파괴 시험이 행해진다.

(5) 시험재의 용접은 실제의 공사에 종사하는 용접작업자 전원이 행해 합격하지 않으면 안 된다.

61 다음 문장에서 틀린 것은?

(1) 시험재가 판의 경우의 시험은 하향 용접으로 이루어진다.

(2) 시험재가 관의 경우의 시험은 수평 고정관 용접으로 이루어진다.

(3) 용접 방법을 변경할 때에는 확인 시험을 다시 한다.

(4) 스테인리스 강철에는 오스테나이트계, 페라이트계 및 마르텐사이트계의 구분은 없고, 전부 동일하게 취급한다.

(5) 탄소강의 규격은 최소 인장 강도 49 kgf/mm^2 미만, 49 kgf/mm^2 이상 56 kgf/mm^2 미만 및 56 kgf/mm^2 이상 63 kgf/mm^2 이하의 그룹으로 나누어진다.

62 연강판에 오스테나이트계 스테인리스강을 육성 용접하는 경우 육성한 강판이 상온까지 냉각된 후의 변형 형상은 어떻게 되는가?

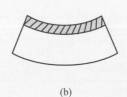
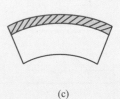

63 판 두께 30 mm의 강판을 그림과 같은 그루브로 용접한 경우 가장 각변형이 일어나기 쉬운 것은?

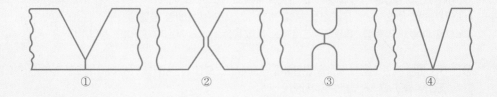

64 판 두께 20 mm 정도의 연강판을 구속없이 맞대기 용접을 할 경우 용접에 의해 발생하는 각변형을 되도록 작게 하기 위해서는 그루브의 형상을 어떻게 해야 적절한가?

(1) $h_1/h = 1/3$

(2) $h_1/h = 1/2$

(3) $h_1/h = 2/3$

(4) $h_1/h = 1$

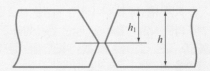

부록

A ASME CODE

A.1 용접 규격의 적용 ASME CODE SECTION IX을 중심으로

(1) 머리말

오늘날 용접은 조선공업이나 항공, 교량 등 대형 플랜트에 이르기까지 없어서는 안 될 중요한 작품 중의 하나이다. 이러한 공정에서 표준(standard) 또는 규격(specification)이 필요하게 되는데, 우리의 형편은 아직도 미국의 규격을 그대로 따르고 있는 실정이다. 외국에서는 벌써 오래 전부터 규격을 정해 적용해 오고 있으며, 이러한 규격은 세계적으로 인정받고 있다.

우리 나라는 한국표준규격(Korean Standard)에 용접의 극히 일부분인 용접기기, 용접봉, 용접시험 방법 등이 정해져 있으며, 그 외에는 선진국의 규격을 그대로 이용하고 있는 현실이다.

이것은 외국의 규격이 공인된 점도 있겠지만 국내에는 아직 용접 시공에 대한 규격이 없기 때문인데, 현장의 기술자나 기능공은 표준이나 규격을 따르지 않고 경험에 의해 작업하는 것이 보통이다. 그러나 지금은 주문자들의 요구에 의해 외국의 규격을 따르지 않을 수 없게 되어 있다.

이러한 관점에서 세계적으로 많이 이용되는 미국기계학회(American Society of Mechanical Engineers, ASME) 규격 Section IX을 조명하여 용접 규격의 전반적인 이해를 돕고자 한다.

(2) 미국기계학회 규격

세계적으로 가장 많이 쓰이는 규격으로 미국기계학회의 코드가 이용된다. ASME 코드의 성립 과정은 1880년에 각종 기술과 개발, 기술자의 육성, 안전성과 경제성을 기본으로 하는 통일 규격의 제정 등을 목적으로 미국기계학회가 창립되었다. 1887년 The American Boiler Manufacturers의 설립과 1900년대 초에 미국에서 발생한 보일러의 사고로 보일러의 안전규제를 위해 규격이 제정되었다.

1907년 Massachusetts 주에서, 1908년에는 Ohio 주에서 보일러의 규격을 제정하고, 1911년 ASME에 보일러 및 압력용기에 대한 위원회가 발족되었다. 1916년 National Board of Boiler and Pressure Vessel Inspector가 편성되고, 1915년 최초로 ASME CODE가 발행되었다. 1937년 Section IX – Welding Qualification이 발간되어 개정 또는 보완되어 오늘날 세계적으로 인

국내에서는 1987년도부터 ASME CODE를 참조하여 전력산업기술기준사업이 시작되어 현재 1995년도판, 2000년도판, 2001년도 추록, 2002년도 추록을 발간하였다. 자세한 내용은 전력산업기술기준(www.KEPIC.or.kr)을 참고하기 바람.

정받는 용접의 규격이 되었다.

ASME의 Boiler and Pressure Vessel Code는 현재 11 Section, 22권으로 되어 있으며, 석유화학, 발전소 등 플랜트 건설에 중요한 규격으로 사용되고 있다.

(3) ASME 코드의 적용 범위

1) Section Ⅰ. 발전용 보일러

발전용 대형 보일러로부터 내경이 16인치 이하의 소형 보일러에 이르기까지 크기와 종류가 여러 가지가 있다.

Power Boiler란 15 psi를 초과하는 압력의 수증기 또는 다른 증기를 발생하고, 이것을 외부에 공급하는 보일러로서, 발전용 대형 보일러와 산업용 중형 보일러 및 소형 보일러도 포함된다.

2) Section Ⅱ. 재료 규격

ASME CODE로 제조되는 모든 보일러 및 압력 용기의 철강 및 비철금속 재료는 원칙으로는 이 재료 규격에 제시되어 있는 재료여야 한다. 여기에는 아래의 3개 부문으로 되어 있다.

① Part A : 철강
② Part B : 비철
③ Part C : 용접 재료

여기서 Part A와 Part B는 미국재료시험협회(ASTM)의 기준으로 되어 있는 보일러 및 압력 용기에 적합한 재료를 선정한 것이다. 한편 Part C는 미국용접학회(American Welding Society, AWS) 규격을 기본으로 작성된 것이다.

여기서는 SFA-NO.로 표시되어 있고, 각 SFA-NO.마다 그것에 포함되는 AWS의 각 등급 용접 재료의 화학 성분, 피복 종류, 용접 자세, 전류의 형태 및 제조 방법, 표시 방법 및 포장 방법이 규정되어 있다. 또한 각 SFA-NO.에 해당하는 용접 재료에 대해서는 그 용접 재료의 시험이 요구되고 있다. 즉, SFA-5.1은 탄소강 피복 아크 용접봉으로서, ① 용착 금속의 화학 성분 분석, ② 기계적 시험(용착 금속의 인장, 항복점, 신율, 충격, 용접부의 R/T, 용접부의 횡방향의 인장과 길이 방향의 굽힘 시험, 필릿 용접의 파괴 시험)이 요구되고 있다.

3) Section Ⅲ. 원자력 발전소용 기기

방사능 물질로 열에너지를 발생시키는 원자력 플랜트에 있어서 열에너지의 발생 시스템과 컨트롤 시스템, 그것이 충분히 기능을 발휘하기 위해서 필요한 부속 시스템 및 안전 시스템에 사용되는 반응로, 그 외의 각종 압력 용기, 탱크, 각종 배관 및 그 부속품, 노심 및 기기의 지지 구조, 이 기기를 포함하는 격납 용기에 관한 규격이며, 콘크리트 반응로 및 격납 용기도 포함한다.

한편 적용 조건으로는 새로이 제조하는 기기에 적용하는 것이며, 기계적 응력과 열응력을 고려하고 있지만 사용 중에 받는 방사선과 부식에 의한 재료의 열화에 관해서는 규정되어 있지 않으므로, 이것은 사용 조건, 수명 등을 고려해서 설계시에 반영해야 한다.

4) Section IV. 가열 보일러

물 및 증기의 가열 보일러이며, 압연 또는 단조재로 제조한 것과 주철로 제조한 것 및 음료 수용 가열기로 나누어진다. 또 사용 조건으로는 증기 보일러에서는 압력이 15 psi 이하, 물 보일러에서는 압력이 160 psi 이하 또는 온도가 2500 °F 이하의 것이 이 Section에 포함된다. 이 범위를 초과하는 것은 Section Ⅰ에 따라 제조해야 한다.

5) Section Ⅴ. 비파괴 시험

용기 코드의 각 Section에는 소재와 용접부의 건전성을 검사하기 위해서 각각에 적합한 각 종의 비파괴 시험이 요구되지만, 그 경우는 전부 Section Ⅴ에 규정되어 있는 방법에 따라서 비파괴 시험을 행한다. 그러나 그 경우에 어떠한 범위를 비파괴 시험할 것인가 또는 그 결과, 합부를 어떻게 판정할 것인가는 각 구조물의 중요도에 따라 다르므로 이것에 대해서는 Section Ⅴ에는 규정이 없고, 각 용기의 제작에 따라 각각 규정되어 있다.

Section Ⅴ에 규정되어 있는 비파괴 시험은 다음과 같다.

방사선 투과 시험(R/T), 초음파 탐상 시험(U/T), 액체 침투 탐상 시험(P/T), 자분 탐상 시험(M/T), 와류 탐상 시험(E/T), 육안 검사(V/T), 누설 시험(L/T).

한편 비파괴 시험기술자는 해당 section에 지정되어 있는 경우는 SNT-TC-1A에 따라 자격이 있는 기술자여야 한다. SNT-TC-1A란 미국비파괴검사협회(American Society for Nondestructive Testing, ASNT)에서 발생한 비파괴 시험 기술자의 인정에 관한 추천 기준이며, 관련 코드의 Section에서, 예컨대 R/T 기술자에 대해서 이것이 요구된 경우 그 기술자는 이 SNT-TC-1A에 따라 인정을 받은 자이어야 한다. 비원자력 압력 용기 및 보일러에서는 R/T와 U/T 기술자에 대해서만 이것이 요구되지만, 실제로는 각 제조자가 자주적으로 M/T, P/T에 대해서도 이것을 적용하기도 한다. 원자력 용기에 대해서는 전 비파괴 시험기술자에 대해서 이것이 요구되고 있다.

6) Section Ⅵ. 가열 보일러 취급 규격

가열 보일러의 취급에 대한 규정이다.

7) Section Ⅶ. 발전용 보일러 취급 규격

발전용 보일러의 취급 운전에 관한 규정이다.

8) Section Ⅷ. Div.1 압력 용기

Section Ⅷ은 일반적인 압력 용기의 규격인 Div. 1과 사용 재료를 경감하기 위해서 보다 상세한 해석에 따라 설계를 요구하고 있는 Div. 2로 나누어져 있다. 이 중 Div. 1은 ASME 코드 중에서도 제일 널리 채용되고 있는 압력 용기 CODE이다.

Div. 1에 포함되는 압력 용기는 아래의 범위에 들어가는 것을 말한다.

① 안지름, 폭 또는 대각 거리가 6인치를 초과하고, 특히 사용 내압 또는 외압이 15 psi를 초과하는 용기

② 펌프, 콤프렛샤 등 배관 및 스트레이너의 배관 부분은 Div. 1의 범위 외로 한다.

③ 압력 3,000 psi 이하의 것을 기준으로 작성한 CODE이지만 3,000 psi를 초과하는 것에 대해서도 적용해도 좋다(단 이 경우는 고압력에 대한 특별한 고려가 필요하다).

9) Section Ⅸ. 용접절차서 및 용접사 인정 시험

Section Ⅰ, Ⅲ, Ⅳ, Ⅷ 등의 용기 코드에는 반드시 용접이 있고, 각 용기 코드마다 용접부의 설계, 적용해도 좋은 용접 방법, 용접부의 검사 방법과 합부 판정 등이 정해져 있지만, 그 외에 적용하도록 하는 용접 방법이 적절한가, 어떠한가를 먼저 확인하기 위한 용접 시행법 및 용접사의 자격인정 시험이 필요하게 된다. 이 인정 방법을 제시한 것으로 다음 절에서 자세히 설명한다.

10) Section Ⅹ. FRP제 압력 용기

Fiber‒glass Reinforced Plastic의 압력 용기에 대한 규격을 제시하고 있다.

11) Section Ⅺ. 원자력 발전기기의 사용 중 점검기준

원자력 발전소의 발전기기에 대한 사용 중 안전사항 등을 규정하고 있다.

표1 ASME CODE Section별 적용 범위

Section	Subsection	용접 범위
I		발전용 보일러
II	Part A Part B Part C	재료규격 철계 재료 재료규격 비철 재료 재료규격 용접봉, 용접 재료
III	Subsection NA NB NC ND NE NF NG	원자력 발전기기 일반 규격 원자력 발전기기 제1종 기기 원자력 발전기기 제2종 기기 원자력 발전기기 제3종 기기 원자력 발전기기 MC종 기기 원지력 발전기기 기기 지지부 원자력 발전기기 Core 기술 구조물
IV		가열 보일러
V		비파괴 시험
VI		가열 보일러 취급 규격
VII		발전용 보일러 취급 규격
VIII	Division 1 Division 2	압력 용기 압력 용기, Alternative Rules
IX	용접 및 브레이징 인정 시험	
X		
XI		원자력 발전기기의 사용 중 점검에 관한 기준

(4) ASME CODE Section IX

1) Section IX의 구성

Introduction에는 Section IX을 적용하는데 있어서 주의사항과 특징을 설명한 것으로 주요 내용은 다음과 같다.

- ASME Boiler and Pressure Vessel Code의 Section IX은 용접사가 용접이나 브레이징을 하는 데 있어서 기능 인정관계를 규정하고 있다.
- 1974년판 이전의 것은 현재와는 크게 다른 내용으로 편집되어 있으며, 3년마다 발간되어 현재 2001년판까지 발간되었다.
- 용접절차서(welding procedure specification, WPS)나 용접절차 인정시험 기록서(procedure qualification record, PQR)는 적절한 용접법을 정하는 것이 목적이며, 용접사의 기능을 평가하는 것이 아니라고 규정하고 있다.
- welder와 operator를 구분하여 operator는 용접기를 취급하는 방법을 확인하기 위한 인정

시험을 받아야 됨을 지적하고 있다.

• 용접 공정에서 용접 성능에 영향을 미치는 각종 요소를 variable이라 하며, 과거에는 철강과 비철로 구분하여 정하였다.

구성은 용접(QW)과 경납땜(QB)으로 나누어져 있으며, 용접은 4개의 article로 구성되어 있다.

• 용접의 일반 규정
• 용접절차서의 인정 시험
• 용접사 기량인정 시험
• 용접 데이터

① Article Ⅰ : 용접의 일반 규정

여기서는 용접 자세, 허용 기준에 맞는 기계적 시험의 형태, 용접 방법 등 용접 절차와 요구 기량에 대한 일반적인 참고사항과 안내를 하고 있다. Article Ⅳ 용접 데이터의 그림, 테이블, 참고 데이터 등이 제시되고 있다.

② Article Ⅱ : 용접절차서의 인정 시험

각 공정은 essential과 nonessential variable로 되어 있다. 용접을 하는 경우 제조자는 용접절차서(WPS)를 작성하는데, WPS에 essential과 nonessential variable의 용접 조건을 기입한다. essential variable에 변동이 생긴 경우 WPS를 새로 작성하여 인정 시험도 다시 해야 한다.

nonessentisl variable에 변동이 생긴 경우에는 WPS를 당연히 다시 작성해야 되지만, 인장 시험을 다시 할 필요 없이 과거의 기록(PQR)을 그대로 사용할 수가 있다. 즉, WPS에 기입된 용접 조건과 실제 시험을 해서 그 결과를 기록한 PQR의 수치와는 엄밀히 일치하지 않는 것이 통상적이지만, 각각의 조건과 수치 사이에 차이가 어느 정도 있는가를 판단하는 기준 요소를 essentisl variable이라 한다. 또 충격치가 요구되는 재료를 용접하는 경우 판단기준 요소는 supplementary essential variable이라 한다. 또 판정 기준이 되지 않고 참고로 취급하는 것을 nonessentisl variable이라 한다.

충격치를 요구하는 재료는 열처리된 P - N0.11 재료, Section Ⅷ에서 저온에 사용하는 재료, Section Ⅲ의 재료 등이며, 충격 허용 기준은 각 코드에 규정되어 있다. 내식성이나 경질 재료의 피막과 같은 특수 공정이나 여러 가지 용접 공정에 대한 것도 정해져 있다.

③ Article Ⅲ : 용접사 기량인정 시험

용접사 기량인정 시험에 대한 essential variabl을 규정하고 있다. 시험의 합부판정은 굽힘 시험이 주로 이용되며, 방사선 투과 시험도 이용된다.

자동용접사(operator)는 시험편을 만들지 않고 생산 용접을 하여 그 용접부를 방사선 투과 시험을 하기도 한다. 그러나 자동용접사의 기량인정 시험에는 essential variable이 적용되지 않는다.

④ Article Ⅳ : 용접 데이터

용접이음부, 모재, 용가재, 용접 자세, 예열, 후열 처리, 가스, 전류 특성, 기술 등이 여기에 포함되어 있다.

여기에서는 ASME CODE에 독특한 P‒NO., F‒NO. 및 A‒NO.라는 것을 사용하여 WPS와 PQR의 수를 줄이고자 하고 있다.

어떠한 모재가 다른 종류의 모재로 바뀌는 경우 용접 조건도 당연히 변하게 되는 것이 essential variable이다. 그러나 어느 정도의 재질 변경이 있을 때 essential variable이 되는가 하는 기준 설정을 위해서 모재의 용접성, 화학 성분, 기계적 성질 등을 기준하여 P‒NO.를 부여하고 있다.

또한 P‒NO.의 세분화된 분류로서 Group‒NO.가 있는데, 이것은 충격치가 규정되어 있는 경우에만 고려되는 구분으로, 충격에 대한 강도를 기본으로 하여 group화되어 있다.

F‒NO.에는 용접봉과 용접재료에 대한 것으로 AWS 용접봉 분류 방식과 같이 group화되어 있다. 또한 용접봉의 분류에는 A‒NO.라는 것이 있는데, 이는 용착 금속의 화학 성분을 기준으로 분류한 것이다.

그 외에 시편에 사용한 두께, 치수 및 자세에 따라 실제 용접에서 허용되는 두께, 치수 및 자세의 범위를 규정하고 있다. 또한 용접절차서(WPS), 절차 인정시험 기록서(Welding Performance Qualification, WPQ)의 양식이 예시되어 있으나 제조자나 주문자가 이를 기본으로 해서 다른 양식을 사용해도 무방하다.

2) Section Ⅸ의 주요 내용

Article Ⅰ ‒ 일반사항

QW.100 : 일반사항
용접사의 자격 인정에 관한 사항을 총괄하고 있다.

QW.100.1 : WPS나 PQR의 목적 설명

QW.100.2 : 수동용접사나 자동용접사의 기능시험 목적

QW.100.3 : WPS나 PQR는 ASME CODE에 따라 최근의 것을 적용

QW.101 : 적용 범위

QW.102 : 용어와 정의

QW.103 : 책임사항

QW.103.1 : 용접에 대한 책임

QW.103.2 : 기록에 대한 책임

QW.110 : 용접 자세

QW.120 : 홈용접의 시험 자세

허용되는 기울기는 기준 수평면과 수직면에서 ±15°, 경사면에서는 ±5°이다.

QW.121 : 평판 용접 자세

QW.121.1 : 아래보기 자세(1G)

QW.121.2 : 수평 자세(2G)

QW.121.3 : 수직 자세(3G)

QW.121.4 : 위보기 자세(4G)

QW.122 : 파이프 용접 자세

QW.122.1 : 아래보기 자세(1G)

QW.122.2 : 수평 자세(2G)

QW.122.3 : 수직 자세(5G)

QW.122.4 : 복합 자세(6G)

QW.123 : 스터드(stud) 용접의 시험 자세

QW.130 : 필릿(Fillet) 용접의 자세

QW.131 : 평판의 필릿 용접시험 자세

QW.132 : 파이프 필릿 용접의 시험 자세

QW.140 : 시험의 목적

기계적 시험, 인장 시험, 굴곡 시험, 필릿 시험, 노치 인성 시험, 스터드 용접 시험 등

QW.142 : 용접사를 위한 방사선 투과 시험

QW.150 ; 인장 시험

시험편, 시험 순서, 허용 기준 등을 나열

인장 시험에 합격하기 위해서 시편의 인장 강도는 아래 항목 중의 어느 하나 값 이상이어야
한다.

(1) 모재의 최소 인장 강도

(2) 인장 강도가 다른 두 재료의 용접에서는 인장 강도가 낮은 재료의 최소 인장 강도

(3) ASME 코드의 어떤 Section에서 상온에서 모재보다도 낮은 강도의 용착 금속을 사용토
    록 지시한 경우에는 그 용착 금속의 최소 인장 강도

(4) 시편이 용접부나 용접부 이외의 모재에서 절단된 경우 그때의 강도가 모재의 최소 인장
    강도의 95% 이상을 합격으로 한다.

QW.160 : 굴곡 시험

시험편(표면, 이면, 측면), 시험 순서, 허용 기준 등 나열

굽힘 시편의 용접부와 열영향부는 시편을 굴곡시킨 부분에 완전히 들어가야 한다. 시편의 굴곡시킨 부분의 표면에 용접부 또는 열영향부의 어떠한 방향으로도 1/8″(3.2 mm)를 초과하는 결함이 있어서는 안 된다.

특히 시편의 각진 부분에 나타나서 이것이 명백히 슬래그 등의 결함에 의해 생긴 것으로 판명되지 않는 한 결함으로 간주하지 않는다. 특히 주의할 것은 결함의 크기만 규정되어 있고, 결함수는 규정되어 있지 않으며, KS에서와는 판정 기준이 다르다.

QW.170 : 노치 인성 시험

V-노치충격 시험 기준, 방법 등 나열

QW.180 : 필릿 용접 시험

시험편, 시험 순서, 파면 시험, 매크로 시험 등을 규정

QW.183 : 매크로 시험 – 필릿용접절차서 인정 시험

절단한 시편의 한 면을 연마하여 적당한 부식제로 부식을 시켜 용착 금속부와 열영향부가 선명히 구분될 수 있도록 한다. 합격 기준으로서 용착 금속부와 열영향부를 육안으로 조사하여 융합이 완전하고 균열이 없어야 하며, 필릿의 양쪽 각장의 차이가 1/8″(3.2 mm) 이내여야 한다.

QW.184 : 매크로 시험 – 필릿용접 기량 시험

시편의 절단 가공 및 부식은 위와 비슷하나 합격 기준으로서는 다음과 같다. 용착 금속부 및 열영향부를 육안으로 조사하여 융합이 완전하고, 균열이 없어야 한다(단 루트부에서는 길이 1/32″(0.8 mm) 이내의 성형 결함은 허용된다. 또한 용접 단면의 요철이 1/16″(1.6 mm) 이내여야 하며, 양쪽 각장 차이는 1/8″(3.2 mm) 이내여야 한다).

QW.190 : 그 외의 시험

QW.191 : 방사선 투과 시험

용접사의 인정 시험에 쓰이는 방사선 투과 시험은 ASME Section V, Article 2에 따른다. 투과도계는 선원 측으로 하고, 단벽법(single wall)에 의해야 한다.

단 바깥지름 3 ½″ 이하의 파이프 원주방향 맞대기 용접에 대해서 투과도계는 필름측으로 하고, 복벽 단상법(double wall single image)에 따라야 한다.

Section V, Article 2의 T.250은 단지 참고이며, 필름상이 좋은가 나쁜가를 최종적으로 결정하는 것은 투과도계이며, 규정된 구멍을 볼 수 있는가 어떤가에 따른다. 방사선 투과 시험의 합격 기준은 아래 사항을 초과하는 결함을 나타내는 경우에 불합격으로 한다.

① 선형 결함

- 균열 또는 융합 불량, 용입 부족부가 있는 것은 불합격

- 아래의 길이를 초과하는 슬래그가 있는 경우

  모재 두께 (t)가 3/8″(9.6 mm) 이하의 경우는 1/8″(3.2 mm), 3/8″ 초과하고 2 ¼″ 이하의 경우는 t/3, 2 ¼″(57 mm)를 초과하는 경우는 3/4″(19 mm).

- 임의의 $12t$ 용접 길이 내에 어떤 1개의 결함 그룹 내의 최대 결함 길이 L의 6배를 초과하는 경우는 동일 그룹으로 간주하지 않는다.

② 원형 결함

- t의 20% 또는 1/8″의 작은 쪽의 치수를 초과하는 원형 결함이 있는 경우는 불합격이다.

- 모재 두께 1/8″ 미만을 용접할 때 용접 길이 6″ 사이에 있는 원형 결함은 12개 이하여야 한다. 6″ 미만의 용접 길이에 대한 허용 결함수는 길이에 비례하여 결정한다.

- 모재 두께 1/8″ 이상의 용접에 대해서는 원형 결함이 군집되어 있는 것(clustered), 대소 결함이 섞여 있는 것(assorted) 및 분산되어 있는 것(dispersed)의 대표적인 합격 기준을 제시하고 있다. 특히 원형 결함의 최대 치수가 1/32″(0.8 mm) 미만인 것은 합부 판정의 고려대상이 되지 않는다.

QW.192 : 스터드 용접 시험

[Article Ⅱ - 용접절차서의 인정 시험]

QW.200 : 일반사항

용접절차서는 용접사가 ASME 코드에 따라 실제 용접을 행하는 경우의 지침이다. WPS의 양식으로 QW.482를 제시하고 있으나, 이는 참고용으로서 피복 아크 용접(SMAW), 잠호 용접(SAW), 미그 용접(GMAW) 및 티그 용접(GTAW)에 대해서 필요한 데이터를 포함하고 있다. 따라서 다른 용접법에 필요한 모든 데이터를 포함하고 있지 않으므로 필요에 따라 추가해 넣어야 한다. 루트부를 GTAW로 용접한 후에 SMAW로 용접하는 경우에 대해서는 미비한 점이 있다.

PQR 양식에는 사용한 용접법에 따라 essential variable 및 시험의 결과를 기입해야 한다. nonessential variable의 기입은 의무 조항이 아니다. 이 PQR에는 variable에 허용되고 있는 전 범위보다도 좁고, 실제로 사용한 범위를 기재해야 한다.

한편 하나의 PQR 데이터를 기준으로 해서 여러 개의 WPS가 작성될 수 있는 경우가 있다. 예컨대, 1G의 평판에 의한 PQR은 다른 essential variable이 같으면 2G, 3F 또는 5G 등의 평판 및 파이프의 WPS를 뒷받침할 수가 있는 PQR로 인정된다.

또한 PQR이 재료 두께 1/16″~3/16″, 다른 PQR이 3/16″~1 ¼″의 범위를 설정하고 있는

경우에, 재료 두께 1/16″~1 ¼″의 범위를 커버하고 있는 1개의 WPS로도 가능하다.

이 조항에서 중요한 것은 용접법과 용접 절차의 조합에 관한 규정으로서 어떤 1개의 용접 이음부에 2개 이상의 용접법 또는 용접 조건에 써도 좋다. 조합 용접법 또는 용접 조건의 경우 각 용접법 또는 용접 조건에 대한 인정 두께를 가산해서 허용 최대 이음부 두께를 결정해야 한다.

QW.201 : 제조자의 책임

QW.202 : 시험편의 형상

QW.210 : 시험 준비

QW.250 : 용접 변수(OFW, SMAW, SAW, GMAW, GTAW, PAW, ESW, EGW, EBW, SW)

QW.280 : 특수 공정

[Article III - 용접사 기량인정 시험]

QW.300 : 일반사항

QW.310 : 인정 시험

QW.320 : 재시험 및 자격갱신

QW.350 : 용접사를 위한 용접 변수

[Article IV. 용접 데이터]

QW.400 : 변수

용접절차서에서 essential variable은 용접부의 기계적 성질에 영향을 주는 용접 조건의 변경을 말하는 것으로, 예컨대 P-NO., 용접법, 용가재, 예열, 후열처리 등이 변경되는 경우를 말한다.

용접사 기량 시험에서 essential variable은 용접사가 건전한 용접을 행하는데 영향을 주는 용접 조건의 변경을 말하는 것으로, 예컨대 용접법의 변경, 배킹을 제거하는 것, 용접봉의 F-NO. 변경 등의 경우를 말한다. supplementary essential variable은 용접 절차에서 용접부의 인성에 영향을 주는 용접 조건의 변경을 말한다.

한편, nonessential variable은 용접절차서에서 용접부의 기계적 성질에 영향을 주지 않는 용접 조건의 변경을 말한다.

QW.415~440

WPS를 작성하기 위한 변수, P-NO. F-NO. A-NO. 규정

QW.450~469

시험편, 용접 자세, 시험편 채취, 시험 지그(jig)

QW.470 : 에칭법(etching)

QW.490 : 용어의 정의

그 외 part QB에는 경납땜에 대한 일반규정이 되어 있으나 여기서는 생략하기로 한다.

(5) ASME CODE Section IX의 적용

Section IX은 용접절차서의 작성, 절차 인정시험 방법, 용접사 인정 시험 등을 규정하고 있다. 먼저 용접절차서를 작성하기 위해 각 용접선에 대하여 각각의 조건을 결정해서 절차서를 작성한다. 여기에는 용접 방법에 따라 요구되는 조건들을 상세히 기재한다.

용접절차서에 기재된 사항이 설계상 요구하는 제반 성질을 만족하는가를 확인하기 위해 기계적 시험, 비파괴 시험, 화학 분석 등을 통해 시험의 결과를 얻는다. 이 시험 가치가 허용 기준에 들어간다면 시편 제작에 적용한 데이터와 시험 결과치를 기록하게 되는데, 이것이 용접절차 인정시험기록서이다. 따라서 PQR이 있어야 WPS는 인정이 된다.

이 기록을 만드는 데 있어서는 용접사의 기량이 공인된 자라야 한다.

A.2 용접절차서와 용접절차 인정서 기재요령

(1) 용접절차서

WPS(welding procedure specification)는 우리말로 시공절차서, 용접 시공요령서, 시공사양서 등으로 번역할 수 있다. 용접을 하기 위해서는 용접 대상물의 건전성(soundness)을 확보하기 위한 목적으로 변수 및 변수의 범위를 지정해 주어야 한다.

예를 들면, 용접 방법을 일정한 group으로 분류하며, WPS가 적용될 수 있는 모재의 범위, 용접 재료, 사용 전류, 전압 및 속도 기타 예열, 후열 gouging 방법 등의 기술적 사항 등을 기술해야 한다.

따라서 용접을 위해서는 설계자, 시공감리자, 현장작업자까지도 내용을 파악하고 있어야 한다. 일반적으로 이러한 변수 및 변수의 범위는 적용되는 용접 관련 CODE 및 RULE에 명시되어 있다.

WPS를 작성하기 위해서는 적절한 품질 수준, 용접의 경제성, 작업의 난이성 등이 복합적으로 고려되어야 함은 물론이다.

(2) 용접절차 인정기록서

PQR은 WPS를 평가하기 위한 평가 시험이며, PQR은 평가 시험의 결과를 기록한 기록서이다.

PQT(procedure qualification test) 시에는 관련 CODE 및 RULE에 따라 일정한 규격의 용접 시험편을 적용하려는 WPS대로 용접하여 그 결과(NDE, 인장, 경도 등의 기계적 시험, 굴곡, 조직 시험 또는 필요에 따라 화학적 시험)를 기준값에 비교 평가해야 한다.

(3) WPS의 작성

용접수행에 필요한 각종 요구사항(즉, 모재, 후열, 개선 형상, 용접 재료, 용접 기법 등)과 용접 조건(전류, 전압, 속도, 전류 극성, 용접봉)을 공사사양서와 적용 RULE, CODE 요구사항에 따라 보통 일정한 양식에 작성한다.

적용 CODE : ASME

(4) WPS 사용법

작업에 임하기 전에 적절한 WPS를 선택한 후 규정된 사항에 따라 필요한 용접장비, 용접 재료의 구비 조건 및 용접자 승인획득을 받아야 하며, 용접자는 각종 용접 조건 요구사항을 숙지하고 준수하면서 용접을 수행해야 한다.

(5) WPS 규정 내용

(1) WPS NO. : WPS의 고유 번호
(2) PQR NO. : 명시된 WPS에 따라 TEST COUP.에 용접을 실시하고, 그 용접성에 대해 OWNER 사양서, 적용 CODE나 RULE의 규정에 따라 시험을 실시한 기록서의 고유 번호로, 일반적으로 WPS를 승인받기 위해 시험을 실시한다.
(3) 용접 방법 : WPS에 적용될 용접 기법(ASME)은 다음과 같다.
　① OFW(산소 용접)
　② SMAW(피복 아크 용접)
　③ SAW(서브머지드 용접)
　④ GMAW(불활성 가스 금속 아크 용접)
　⑤ GTAW(불활성 가스 텅스텐 아크 용접)
　⑥ PAW(플라스마 용접)
　⑦ ESW(일렉트로 슬래그 용접)
　⑧ EBW(일렉트로 빔 용접)
　⑨ STUD(스터드 용접)
　⑩ DFW(확산 용접)

(4) 용접 TYPE : 수동, 자동, 반자동으로 분류한다.

   ① 용접 재료 공급 및 운봉을 수동으로 한다 - 수동

   ② 용접기 조작만으로 자동으로 실시 - 자동

   ③ 용접 재료는 자동으로 공급되고 운봉은 수동 - 반자동

(5) 재질 : WPS가 적용될 수 있는 모재의 종류를 규정하고 일반적으로 표시된 재질보다 낮은 등급에 적용된다.

   ① 재질 SPEC. : 선급 재질 SPEC. 등

   ② P-NO. : 요구되는 procedure qualification test의 수를 줄이기 위하여 ASME CODE 에 모재의 화학 성분, 용접성, 기계적 성질을 비교하여 분류한 번호

   ③ Gr NO. : 철 재료의 P-NO. 내에 충격 시험 요구사항을 분류한 번호

(6) 접합부(joint)

   ① 개선 형상(groove design) : 모재의 두께 및 형상, 작업 조건, 접합부 강도에 따라 개선 형상을 결정하며, 일반적으로 다음과 같은 형상이 주로 사용된다.

   V : single

   X : double vee

   V : single bevel

   I : square groove

   L : fillet

   K : double bevel

   ② 받침 재료 : 몇몇의 접합부에서 받침 재료는 용접부의 용락방지, 고능률, 고품질 달성 을 위해 사용되며, 재료로는 수냉식 동판 플럭스, 강판, 세라믹, 용착 재료 등이 있다.

   ③ 두께 범위 : WPS를 적용할 수 있는 모재의 두께를 선택하며, 이의 설정은 주로 test coupon 두께와 code 규정에 따라 설정한다.

   ④ 바깥지름 범위(O.D. RANGE) : 모재가 파이프나 튜브일 때 규정하며, 통상 규정치 이상에는 적용이 가능하다.

(7) 용접 재료(filler metal) : 모재의 재질, 용접 기법에 따라 용접 재료를 규정

   ① A-NO. : procedure qualification을 위하여 철 용접 재료를 화학 분석에 따라 분류한 번호(ASME CODE)

   ② F-NO. : 주어진 용접 재료로 만족스러운 용접을 위한 용접자의 능력을 근원적으로 결정하는 사용상 특징에 기초를 두어 분류한 번호

   ③ S.F.A. NO. : 용접 재료의 ASME SPEC. 번호

   ④ AWS Class NO. : 용접 재료의 강도, 용제, 용접 재료, 용착 금속 성분 등에 따라

분류한 번호, 피복 아크 용접 재료, 잠호 용접 재료의 분류 예

예) $\underset{1}{\text{E}}\ \underset{2}{\text{70}}\ \underset{3}{\text{1}}\ \underset{4}{\text{6}}\ \underset{5}{\text{-A1}}$ (피복 아크 용접 재료)

1. 전극봉
2. 최저 인장 강도
3. wire 분류(저, 중, 고 Mn)
4. 용착금속 화학 성분
5. 원자력용

(8) 예열(preheat) : 최소 예열 온도, 예열 방법 등을 규정하며, 예열 온도는 모재의 두께나 재질에 따라 변하므로 WPS의 예열 온도를 확인해야 한다. 탄소강의 일반적인 예열조건은 다음과 같다.

두께	19 mm 이하	19 < t < 38	38 < t < 64	64 이상
예열 온도	요구 없음	10℃	66℃	107℃

※ 단 모재의 온도가 0℃ 이하일 때는 21℃ 이상 예열 그리고 예열 방법은 LPG flame과 전기 heating이 주로 사용된다.

(9) 후열(PWHT) : 후열은 재질, 두께 정도에 따라 사양서의 요구나 code의 요구가 있을 경우 적용되며, 유지 온도, 유지 시간, 가열 속도, 냉각 속도는 후열처리 사양서에 따라야 한다. 후열처리 방법은 노내 열처리 방법과 국부 열처리 방법이 주로 사용된다.

(10) 기술(Tech.)

① 청결 방법 : 층간 또는 개선부의 이물질 제거 방법으로 그라인딩과 브러싱이 있다.

② 가우징 방법 : 양면 용접에서 이면 용접을 위한 루트부 결함제거 방법으로, 그라인딩과 탄소 아크 가우징 등이 사용된다.

③ 단 또는 다전극 : 용접 전극수를 의미하며, 자동 용접에서는 2전극 이상을 사용하며, 용접 능률을 올리는 tandem 기법이 있다.

(11) 이음 상세(joint detail) : 개선 형상과 용접 순서 등을 나타내며, 이것에 따라 개선 준비 및 용접을 진행해야 한다.

(가) 홈(groove) 판(plate) 용접 자세

① 아래보기(1G) 자세

② 수평(2G) 자세

③ 수직(3G) 자세

④ 위보기(4G) 자세

(나) groove pipe 용접 자세

① 아래보기 자세(1G) : 테스트 파이프는 수평으로 놓고 회전시키며, 위쪽에서 용접한다.

② 수평 자세(2G) : 테스트 파이프를 수직으로 놓고 고정시키며, 몸을 수평으로 회전하며 용접

③ 5G 자세 : 테스트 파이프를 수평으로 놓고 고정시키며, 몸을 수직으로 회전하며 용접

④ 6G 자세 : 테스트 파이프를 수평에서 45° 세워 고정시키고, 몸을 회전하며 용접

⑤ 6GR 자세(joint의 완전 용입을 위한 test) : 6G 자세와 같으며 추가적으로 제한 링을 설치

(다) 판 필릿 용접 자세

① 1 F : 아래보기 자세

② 2 F : 수평보기 자세

③ 3 F : 수직 자세(수직하향과 상향 자세)

④ 4F : 위보기 자세

(12) 보호 가스(shielding gas)

① 종류 : 활성 가스(N_2, CO_2)

② 성분 : 가스가 혼입될 때 가스의 순도를 나타낸다.

③ 유속 : 가스의 유량을 나타내며, 풍속에 따라서 유속을 변화시켜 용접한다.

(13) 용접 조건

① 용접 방법 : 적용 용접 기법

② 봉 크기 : 용접봉의 심선이나 wire의 diameter

③ 극성 : AC, DC로 구별되며, DC전류에서는 DCSP와 DCRP로 구별된다.
DCSP는 용접봉이 (−), 모재는 (+)이다.
DCRP는 용접봉이 (+), 모재는 (−)이다.

④ 전류 : 적용용접 전류 범위

⑤ 전압 : 적용용접 전압 범위

⑥ 용접 속도 : 용접 진행속도

⑦ 입열(heat input) : 용접 중 용접부에서 발생하는 열량을 의미하며, 이의 산출은

$$kJ/cm = \frac{A(전류) \times V(전압) \times 60}{Scm/min(용접 \ 속도)}$$

로 표시된다.

A.3 WPS와 PQR의 작성 예

(1) SCOPE

THIS SPECIFICATION COVERS THE WELDING PROCEDURE INCLUDING WELDING REPAIR FOR SHOP FABRICATION HEAT EXCHANGERS.

(2) APPLICABLE CODE AND SPECIFICATION

ASME SEC- VIII DIV- 1 1996 EDITION
ASME SEC- IX   1996 EDITION

(3) WELDING PROCESS

THE WELDING SHALL BE ACCOMPLISHED BY FOLLOWING PROCESSES OR THEIR COMBINATIONS.
(1) SHIELD METAL - ARC WELDING(SMAW)
(2) GAS TUNGSTEN - ARC WELDING(GTAW)

(4) FILLER METAL

THE FILLER METALS USED FOR FABRICATION ARE SHOWN ON TABLE 1.
TABLE 1 BRAND NAME AND DESIGNATION OF FILLER METALS.

(5) WELDING JOINT PREPARATION AND TOLERANCE OF GROOVE

(1) 1 THE JOINT BEVELS SHALL BE PREPARATION BY MACHINING OR GAS CUTTING FOLLOWED BY GRINDING.
(2) TOLERANCE OF WELD JOINT GROOVE ARC SHOWN ON TABLE 2.

TABLE 1

WELDING PROCESS	TYPE	FILLER METAL BRAND NAME	AWS CLASS	MANUFACTURER
SMAW	COVERED ELECTROD	LC.300 ZNOX 309MO INOX 309CR INOX 318 INOX 347 INOX 316L INOX 308	E 7016 E 309MO.16 E 309CB.16 E 318.16 E 347.16 E 316L.16 E 308.16	
GTAW	FILLER	TGC.50 TGC.316L TGC.347 SMO.T.308 SMP.T.318 SMP.T.347	ER 70S.G ER 36L ER 347 ER 308 ER 318 ER 347	

(6) CLEANING

(1) ALL SURFACES TO WELDED SHALL BE CLEAN AND FREE FROM PAINT, OIL DIRTS, SCALES AND OTHER FOREIGN MATERIALS DISTRIMENTAL TO THE WELDING FOR A DISTANCE OF AT LEAST 13 mm FROM THE WELDING JOINT PREPARATION.

(2) ALL SLAG OR FLUX REMAINING ON ANY BEADS OF WELDING SHALL BE REMOVED BEFORE DEPOSITING THE SUCCESSIVE PASS.

(7) PREHEATING

(1) PREHEAT AND INTERPASS TEMPERATURE SPECIFIED IN WPS SHALL BE MAINTAINED DURING THE WELDING.

(2) PREHEATING SHALL BE CARRIED OUT WITH GAS BURNER OR ELECTRICAL METHOD.

(3) THE TEMPERATURE SHALL BE CHECKED WITH THERMOCRAYON OR PYROMETER.

(4) WHEN PREHEAT MAINTENANCE IS SPECIFIED IN APPLICABLE WPS, POSTHEATING SHALL BE PERFORMED AFTER WELDING AND ANYTIME

PREHEATING IS INTERRUPTED ACCORDING TO WPS.

(8) POST - WELD HEAT TREATMENT (PWHT)

(1) THE PWHT SHALL BE CARRIED OUT IN ENCLOSED FURNACE USING BUNKER "A".

(2) THE PWHT SHALL BE SATISFIED THE REQUIREMENT OF WITH UW - 40 AND UCS - 56 OF ASME SEC. VIII DIV. 1.

(9) DRYING

PRIOR TO USE, ROD ELECTRODES WITH MAINLY BASIC SHEATHS, WHICH ARE USED FOR WELDING OF NONALLOYED AND LOW - ALLOYED STEEL, SHALL BE DRIED ACCORDING TO THE SPECIFICATION OF THE MANUFACTURER. BUT FOR AT LEAST 2 HOURS AT 250℃ AND TO BE TEMPORARILY STORED AT 100~ 150℃.

THE ELECTRODES SHALL BE TAKEN OFF DRYING OVEN IN SMALL QUANTITIES AND KEPT IN A HEATED OVER AT 100~150℃ UNTIL USING.

THIS WELDING APPLIES ALSO TO WELDING RODS OF HIGHER ALLOYED AUSTENITE AND NICKEL - BASED MATERIALS WITH RUTILE - BEARING SHEATHS. THE DRYING TEMPERATURE AND PERIOD SHALL CORRESPOND TO THE SPECIFICATION OF MANUFACTURER.

(10) TACK WELDING

TACK WELDS NEED NOT BE REMOVED PRIOR TO WELDING IF THE START AND END CRATERS ARC GROUND AND THE TACKS TOTALLY FUSED DURING WELDING.

(11) WELDING REPAIR

(1) UNDERCUTTING, OVERLAPPING, OR SURFACE IMPERFECTIONS SUCH AS CHIP MARKES, BLEMISHES OR OTHER IRREGULARITIES ON WELDS OR BASE METALS SHALL BE REPAIRED BY GRINDING OR MACHINING PROVIDED THE REQUIRED BASE METAL THICKNESS BY DESIGN IS NOT

REDUCED.

(2) OTHERWISE, REPAIR WELDING SHALL BE DONE IN ACCORDANCE WITH THIS SPECIFICATIONS.

(3) FOR MAJOUR REPAIR THE DEFECT SUCH AS FOLLOWING. THE REPAIR WORK SHALL BE INFORMED TO CUSTOMER / INSPECTOR PRIOR TO START OF THE REPAIR.

① A REPAIR REQUIRING REMOVAL OF 20 PERCENT OR GREATER OF THE METAL THICKNESS, OR 10 mm, WHICHEVER LESS.

② OR THE SURFACE AREA IS GREATER THAN 65 SQUARE CENTIMETERS.

③ OR THE LENGTH GREATER THAN MILLIMETERS.

(4) REPAIRE PROCEDURE

① CONFIRMATION OF THE AREA OF TO BE REPAIRED

WHEN THE DEFECT WAS DEFECTED BY NON-DESTRUCTIVE EXAMINATION OR OTHER METHODS, THE AREA OF SHALL BE CONFIRMED BY SUITABLE NON-DESTRUCTIVE EXAMINATION SUCH AS ULTRASONIC TESTING.

② REMOVAL OF DEFECT

ⓐ DEFECTS SHALL BE REMOVED TO SOUND METAL BY GRINDING, CHIPPING, MACHINING AND/OR ARC AIR GOUGING

WHEN ARC AIR GOUGING IS USED, GRINDING OR CHIPPING SHALL BE CARRIED OUT TO REMOVE CARBON AND SCALE.

ⓑ THE EXCAVATED GROOVE SHALL BE WIDENED BY GRINDING TO FACILITATE THE WELDING.

③ CONFIRMATION AFTER REMOVAL OF DEFECT

THE AREA FROM WHICH DEFECTS HAVE BEEN REMOVED, SHALL BE EXAMINED BY EITHER MAGNETIC PARTICLE EXAMINATION OR LIQUID PENETRANT EXAMINATION TO INSURE COMPLETE REMOVAL OF DEFECT.

④ REPAIR BY WELDING

ⓐ FOR THE REPAIR OF DEFECTS IN WELD METAL, THE WELDING PROCEDURE SHALL BE APPLIED TO THE SAME PROCESS AS THE ONE USED FOR THE JOINT PRINCIPLE. FOR REPAIR OF DEFECTS IN SAW JOINT, SMAW OR GTAW PROCESS MAY BE USED WITH FILLER METAL OF EQUIVALENT CHEMICAL

COMPOSITION AND MECHANICAL PROPERTIES.

ⓑ FOR THE DEFECTS IN BASE MATERIAL, REPAIR SHALL BE DONE BY SMAW OR GTAW WITH THE FILLER METAL OF EQUIVALENT CHEMICAL COMPOSITION TO THE BASE MATERIAL.

TABLE 2

APPLICABLE WELDING PROCESS	FIGURE	TOLERANCE			
		ANGLE θ°	ROOT OPENING a mm	ROOT FACE b mm	ALIGNMENT OF FACE
SMAW (V – TYPE)		±5	±2	±1	*1
GTAW (V – TYPE) (U – TYPE)		±5	±1	±1	*1

NOTE : *1 THE ALIGNMENT SHOULD NOT EXCEED THE VALUE IN FOLLOWING TABLE.

SECTION THICKNESS (mm)	JOINT CATEGORIES	
	A	B C
t ≤ 4.5	1.0 mm	1.0 mm
4.5 < t ≤ 6.0	1.5 mm	1.5 mm
6.0 < t ≤ 20.0	3.0 mm	t × 0.25 mm
20 < t ≤ 38.0	3.0 mm	5.0 mm
38 < t	3.0 mm	t × 0.25 mm (MAX – 6 mm)

ⓒ REPAIR WELDING SHALL BE CARRIED OUT ACCORDANCE WITH APPROVED WPS AND QUALIFIED WELDERS/OPERATORS.

ⓓ REPAIR AREA OF BASE MATERIAL SHALL BE BLENDED SMOOTHLY INTO

ADJACENT SURFACE.

⑤ EXAMINATION FOR REPAIR

ⓐ THE REPAIRED AREA SHALL BE REEXAMINED BY METHOD OF THE EXAMINATION BY WHICH THE DEFECT WAS DEFECTED ORIGINALLY.

ⓑ THE AREA REPAIRED BY WELDING SHALL BE EXAMINED BY RADIOGRAPHY OR BY ULTRASONIC EXAMINATION AND MAGNETIC PARTICLE OR LIQUID PENETRANT FOR MAJOR REPAIR.

ⓒ FOR MINOR REPAIR WELDS SUCH TEMPORARY REMOVAL SHALL BE EXAMINED BY THE METHODS OF MAGNETIC PARTICLE OR LIQUID PENETRANT.

A3.12. APPLICATION ITEM A3.13. WELD MAP

WPS APPLICATION TABLE

PART	JOINT NO.	WPS NO.	PAGE
SHELL	LW-1,5	SM-P1.1-01	16,17,18
	LW-2,3,4,6	SM-P8.8-01	27,28
CHANNEL	CW-1,6,2,5	SM-P1.1-01	16,17,18
	CW-3,4	SM-P8.8-01	27,28
NOZZLE	A1	SM-P8.8-01	27,28
	A2, A6	GT,SM-P8.8-02	31,32
	A3	GT,SM-P1.1-01	21,22
	A4	GT-P8.8-04	35,36
ACCY	A5	GT-P8.8-TT-01	43,44
	F1	SM-P8.8-01	27,28

LEGEND
A: ATTACHMENT WELD
B: BUTT. WELD
C: CIRCUM JOINT
F: FILLET WELD
L: LONGI. JOINT
N: NOZZLE MARK
M: MANHOLE MARK

MATERIAL
SHELL: A240-321
CHANNEL: A516-70
CHANNEL HEAD: A506-70
EX. JOINT: A260-321
NOZZLE NECK: A312TP321
A106-B
FLANGE: A182F321
A105
TUBE SHEET: A182F321
TUBE: A312TP321
GIRTH FLANGE: A105

Weld map drawing labels: 75° B.C, LW-1~0 CW-1.3.4.6, B.C CW-2.5, A3, A2, C B, A6, SHELL+T/S, 1ST LAYER GTAW, 75°, A5, TUBE+-15, A1, A2, F1, A4, CW-6, CW-5, LW-6, LW-5, LW-4, CW-4, LW-3, CH-3, LW-2, LW-1, CW-3, F1

REQ'N NO.	JOB NO.	ITEM NO.	NAME	REV.NO.	DRAWN
WELD MAP			CONDENSER		

용접작업표준번호 WPS NO.	WP-TS-1.1-3304	일 자 DATE	15. Feb. 2015			
개정번호 REV. NO.	0	충격시험				
권련시험번호 SUPPORTING PQR NO(S).	PQ-TS-1.1-3304	IMPACT TLST	YLS	■ (-29	NO	□
용접방법 WELDING PROCESS(ES)	GTAW + SMAW	형 대 TYPE(S)	MANUAL + MANUAL			

이음 설계 JOINT DESIGN [QW-402]

이음형태 Type of Joint	GROOVE, FILLET			
백킹유무 Backing	YES X(SM,FILLET)	NO	X(GT)	
백킹재질(형태) Backing Mat'l(Type)	GT : NONE, SM : WELD MATAL FILLET : BASE METAL			
리데이너 Retainers	YES	NO	X	

모 재 BASE METAL [QW-403]

P-No 1 G-No 1&2 TO P-No 1 G-No 1&2		
혹은 시양 or Spec. and Grade	(※1)	
To	(※1)	
누께 범위 Qualified Th'k Range		
모재 Base Metal	FILLET : UNLIMITED GROOVE : 16 ~ 200mm	
용착금속 Weld Metal	GT : MAX. 16mm SM : MAX. 200mm	
패스당최대두께시한 Max. Pass Th'k Limit	GT : 5mm, SM : 10mm	
기타 Others	NONE	

용 가 재 FILLER METAL(S) [QW-404]

와이어 플럭스 사양 Wire Flux Class	N/A
플럭스 상표명 Flux Trade Name	N/A
소모성 인서트 Consumable Insert	N/A
기타 Others	BRAND : GT : TGC-50S(CHOSUN) or EQ SM : S-7018.1H(HYUNDAI) or EQ FILLER METAL FOR GTAW : SOLID(BARE) * Other Variables Are Shown On Next Page.

자 세 POSITION(S) [QW-405]

그루브 자세 Position of Groove	ALL
필렛 자세 Position of Fillet	All
진행 방향 Progression	UP X DOWN

예 열 PREHEAT [QW-406]

최저 예열 온도 Min. Preheat Temp.	T > 25mm : 100°C 10°C(※2)
최대 패스간 온도 Max. Interpass Temp.	222°C
예열 유지 Preheat Maintenance	NONE

이음 상세 JOINT DETAIL (Unit : mm)

1. Unless otherwise specified, Root Face : Max.2mm
2. Tolerance of groove degrees shall be within the range of ±5° of drawing speciified.
3. See applicable drawing for joint details.

후열 처리 POSTWELD HEAT TREATMENT [QW-407]

후열 처리 온도 PWHT Temp.	620 ± 20°C
후열 처리 시간 Holding Time	1Hr./In(Min. 30Min.)(※3)
기타 Others	NONE

가 스 GAS(ES) [QW-408]

	GTAW	SMAW
Shielding Gas(es) 가스종류	Ar	N/A
Percent Composition(Mix.) 혼합가스조정비율	SINGLE GAS	N/A
Flow Rate 유량	10~20L/Min.	N/A
Gas Backing 가스백킹	NONE	N/A
Trailing Gas 트레이링가스	NONE	N/A

전기특성 ELECTRICAL CHARACTERISTIC(S) [QW-409]

선극봉 형태 Tungsten Electrode Type	EWTH-2 : GTAW
진극봉 크기 Tungsten Electrode Size	Ø2.4, Ø3.2 : GTAW
용융금속 전이형태 Mode of Metal Transfer For FCAW	N/A
기 타 Others	NO PULSING CURRENT : GTAW

Form 9.6A(Rev.0)

A4 (210mm × 297mm)

		PAGE	OF

정호(주)	WELDING PROCEDURE SPECIFICATION (WPS) 용접 절차 사양서	Sheet No.	
		2 OF 2	

용접작업표준번호 WPS NO.	WP-TS-1.1-3304	개정번호 REV. NO.	0

용접기법 WELDING TECHNIQUE(S) [QW-410]

비드 형태 Stringer or Weave Bead	BOTH	가우싱 방법 Method of Back Gouging	NONE
가스컵 크기 Orifice or Gas Cup Size	GT : 3/8~5/8" SM : N/A	단층 혹은 다층 Single or Multiple Pass(Per Side)	MULTIPLE
초층 및 층간 청결 방법 Initial or Interpass Cleaning	GRINDING AND/OR BRUSHING	진동 Oscillation	NONE
콘택트듀브와 용접물간 거리 Contact Tube To Work Dist.	N A	단극 혹은 다극 Single or Multiple Electrode	SINGLE
용기내 용접 Closed to out chamber	NONE	피이닝 Peening	NONE
극성 간격 Electrode Spacing	NONF	열 공정 사용 Useotthermalprocess	NONE
		기타 Other	NONE

LAYER NO.	W/D PROCESS (ES)	MAX. W/M THK (mm)	F NO.	A No.	SFA No.	FILLER METAL(S) AWS CLASS (OR BRAND)	DIA. (mm)	CURRENT TYPE POLA.	AMPERES RANGE (A)	VOLTS RANGE (V)	TRAVE- SPEED RANGE (Cm/Min.)	OTHERS (MAX. Heat Input)
ROOT&FILL	GTAW	16	6	1	5.18	ER70S-6	2.4	DCEN	140~220	10~16	10~18	GT : 21.3KJ/Cm
FILL	SMAW	200	4	1	5.1	E7018-1	4.0	AC	140~220	25~32	10~25	SM : 57.4KJ/Cm
						이하여백						

SPECIAL INSTRUCTIONS (특기 사항)

※1. Applicable materials are P NO.1 Gr.1&2 of QW/QB-422 in ASME Section IX.

※2. When the base metal temp. is below 5℃, both sides of the weld preparation shall be preheated
to a temp. of approximately 50℃.

※3. In case base metal Th's is 2" over. Min. holding time shall be 2Hrs. Plus is 15 Min. per additional
inch over 2".

3				
2				
1				
0	K.H.JUNG	JUNG KHO	B.S.KANG	
Rev. No.	PREPARED BY	REVIEWED BY	APPROVED BY	REVIEWED BY

Form 9.6b(Rev.0)

A4 (210mm × 297mm)

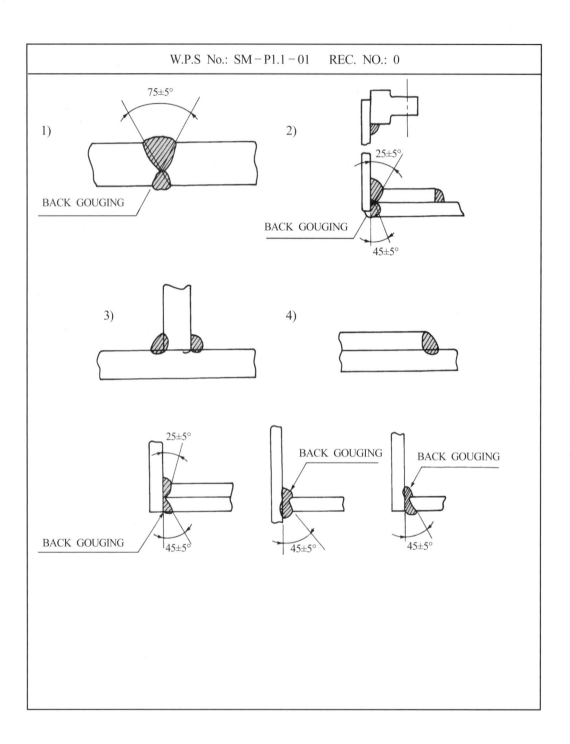

			PAGE		OF	
징호(주)	PROCEDURE QUALIFICATION RECORD (PQR) 용접 절차 인정서		Sheet No.			
			1	OF	2	

PROCEDURE QUALIFICATION RECORD NO.	PQ-TS-1.1-3304	DATA	15. Feb. 2015

WELDING PROCESS(ES)	GTAW + SMAW	TYPE(ES)	MANUAL – MANUALTYPE(ES)

JOINTS (QW 402)	BEAD No.	PROCESS	ELECTRODE	SIZE (Ø mm)	AMPS (A)	VOLT (V)	SPEED (Cm/Min)
	1	GTAW	ER70S-6	Ø2.4	118~121	10~12	5.7
	2~3	GTAW	ER70S-6	Ø2.4	176~196	10~15	11.9~12.7
	4~5	GTAW	ER70S-6	Ø2.4	228~268	14~16	11.9~12.2
	6	SMAW	E7018-1	Ø4.0	137~141	23~26	5.7
	7~8	SMAW	E7018-1	Ø4.0	159~166	24~28	4.9~5.5
	9~16	SMAW	E7018-1	Ø4.0	151~189	23~29	6.0~8.4
	17~18	SMAW	E7018-1	Ø4.0	180~189	23~26	6.6~6.7
			이하여백				

53°
42t
70+3.5

ROOT GAP : 1mm
ROOT FACE : –
UNIT : mm   MAX. HEAT INPUT : GT : 20.3 KJ/Cm, SM : 57.4KJ/Cm

BASE METALS (QW 403)

MATERIAL SPEC.	SA516	TO	SA516
TYPE OR GRADE	60N	TO	70N
P NO.	1	Gr. NO.	1	TO
P NO.	1	Gr. NO.	2
THICKNESS	42mm	TO	70mm
DIAMETER	N/A		
MAX. THICKNESS PER PASS	GT : 3mm, SM : 7mm		
OTHER	NONEOTHER		

FILLER METALS (QW 404)

	GTAW	SMAW
SFA SPECIFICATION	5.18	5.1
AWS CLASS	ER70S-6	E7018-1
FILLER METAL F NO.	6	4
WELD METAL ANALYSIS A NO.	1	1
SIZE OF FILLER METAL	2.4	4.0
DEPOSITED WELD METAL THICKNESS	GT : 8mm	SM : 34mm
OTHER	BRAND : GT : TGC-50S(CHOSUN)	
	SM : S-7018.1H(HYUNDAI)	
	FILLER METAL : SOLID(BARE) : GTAW	

POSITION (QW 405)

POSITION	3G
WELD PROGRESSION	UP-HILL
OTHER	NONE

PREHEAT (QW 406)

PRE-HEAT TEMP.	31°C
INTERPASS TEMP.	167°C
OTHER	NONE

POSTWELD HEAT TREATMENT (QW 407)

TEMPERATURE	610 ~ 620 °C
HOLDING TIME	10 Hr 35 Min
OTHER	NONE

GAS(ES) (QW 408)

	GTAW	SMAW
SHIELDING GAS(ES)	Ar	N/A
COMPOSITION (MIXTURE)	SINGLE GAS	N/A
S/G FLOW RATE	20L/MIN.	N/A
BACKING GAS	NONE	N/A
B/G FLOW RATE	NONE	N/A
TRAILING GAS	NONE	N/A
T/G FLOW RATE	NONE	N/A
OTHER	NONE	NONE

ELECTRICAL CHARACTERISTICS (QW 409)

CURRENT	GT : DC, SM : AC
POLARITY	GT : EN, SM : NONE
TUNGSTEN ELECTRODE TYPE	GT : EWTh-2
TUNGSTEN ELECTRODE SIZE	GT : Ø3.2
OTHER	NONE

TECHNIQUE (QW 410)

STRING OR WEAVE BEAD	BOTH
OSCILLATION	N/A
SINGLE OR MULTIPLE PASS (PER SIDE)	MULTIPLE
SINGLE OR MULTIPLE ELECTRODE	SINGLE
USE OF THERMAL PROCESSES	N/A
CLOSED TO OUT CHAMBER	N/A

Form 9.7(Rev.0)   A4 (210mm × 297mm)

징호(주)	PROCEDURE QUALIFICATION RECORD (PQR) 용접 절차 인정서		

PROCEDURE QUALIFICATION RECORD NO. _____ PQ-TS-1.1-3304

TENSILE TEST (QW 150)

SPECIMEN NO.	SIZE (mm) THICK.	SIZE (mm) WIDTH	AREA (mm²)	ULTIMATE TOTAL LOAD (N)	ULTIMATE UNIT STRESS(N/mm²)	TYPE OF FAILURE & LOCATION
3-A	41.30	19.14	790.48	363621.72	460.00	B.M DUCTILE
3-B	41.51	41.51	1723.08	766770.64	445.00	B.M DUCTILE
			이하여백			

GUIDED BEND TEST (QW 160)

TYPE AND FIGURE NO.	RESULT	TYPE AND FIGURE NO.	RESULT
SIDE-1 SIDE BEND(QW-462.2)	SATISFACTORY	SIDE-3/SIDE BEND(QW-462.2)	SATISFACTORY
SIDE-2/SIDE BEND(QW-462.2)	SATISFACTORY	SIDE-4/SIDE BEND(QW-462.2)	SATISFACTORY

TOUGHNESS TEST (QW 170)   SPECIMEN SIZE : 10 × 10 × 55mm

SPECIMEN NO.	NOTCH LOCATION	NOTCH TYPE	TEST TEMP.(°C)	IMPACT VALUES (J) 1	2	3	AVG.	LATERAL EXPANSION (mm) 1	2	3	AVG.	REMARKS
1	WELD(FACE)	V	-29°C	98	32	29	53					
2	HAZ(FACE)	V	-29°C	181	198	196	192					SA516-60
3	HAZ(FACE)	V	-29°C	43	25	35	34					SA516-70
4	WELD(ROOT)	V	-29°C	37	35	39	37					
5	HAZ(ROOT)	V	-29°C	42	35	26	34					SA516-60
6	HAZ(ROOT)	V	-29°C	82	140	117	146					SA516-70
7	WELD(3/4T)	V	-29°C	31	64	48	48					

FILLET-WELD TEST (QW 180)   [N/A]

RESULT-SATISFACTROY   YES _____ NO _____   PENETRATIONINTOPARENTMETAL: YES _____ NO _____

MACRO - RESULTS _____   MACRO - RESULTS _____

OTHER TESTS

VISUAL EXAMINATION _____ ACCEPT(SGT-MTR-1101-24-03)

RADIOGRAPHIC EXAMINATION _____ ACCEPT(SGT-WPQT-RT-001)

ULTRASONIC EXAMINATION _____ ACCEPT(SGT-PQ/ILST-UT-002)

MAGNETIC PARTICLE EXAMINATION _____ ACCEPT(SGT-PQ/ILST-MT-002,003)

MACRO TEST _____ ACCEPT(AU-000960)

MICRO TEST _____ ACCEPT(AU-000960)

HARDNESS TEST   Report No. : SGT-MTR-1101-24-03   SPECIFIEDTYPEOFTEST : HV10

	1	2	3	4	5	6-1	6-2	6-3	7	8	9
T-1	156	159	160	162	165	169	175	171	176	181	183
T-2	157	162	166	1781	176	173	176	169	181	189	198
T-3	158	160	164	169	171	169	175	172	—	172	171
	10	11	12-1	12-2	12-3	13	14	15	16	17	—
T-1	180	180	185	178	176	171	169	164	161	159	—
T-2	193	196	179	174	174	172	171	166	165	162	—
T-3	177	—	172	183	181	175	172	167	164	160	—

OTHER _____ NONEOTHER

WELDER'S NAME ____ J.W.PARK ____   WELDER'S I.D NO. ____ 38-0019

TEST CONDUCTED BY ____ H.C.JUNG ____   LABORATORY TEST NO. ____ SGT-MTR-1101-24-03LABORATORY TEST NO.

WE CERTIFY THAT THE STATEMENTS THIS RECORD ARE CORRECT AND THAT THE TEST WELDS WERE PREPARED, WELDED
AND TESTED IN ACCORDANCE WITH THE REQUIREMENTS OF SECTIONIX OF THE ASME CODE&CONTRACTSPECIFICATION.

PREPARED BY	REVIEWED BY	CERTIFIED BY	REVIEWED BY
K-H.JUNG	JUNG-HO	B.S.KANG	

Form 9.7(Rev.0)   A4 (210mm × 297mm)

B 용접 기호 KSB0052

이 규격은 1992년에 제3판으로 발행된 ISO 2553, Welded, brazed and soldered joints-Symbolic representation on drawings를 기초로, 기술적 내용 및 대응국제표준의 구성을 변경하지 않고 작성한 한국산업규격으로 KS B0052:2002를 개정한 것이다.

B.1 적용범위

이 규격은 도면에서 용접, 브레이징 및 솔더링 접합부(이하 접합부라 한다.)에 표시할 기호에 대하여 규정한다.

B.2 인용 규격

다음에 나타내는 규격은 이 규격에 인용됨으로써 이 규격의 규정 일부를 구성한다. 이러한 인용규격은 그 최신판을 적용한다.

ISO 128 : 1982, Technical drawings – General principles of presentation

ISO 544 : 1989, Filler materials for manual welding – ize requirements

ISO 1302 : 1978, Technical drawings – Method of indicating surface texture on drawings

ISO 2560 : 1973, Covered electrodes for manual arc welding of mild steel and low alloy steel – Code of symbols for identification

ISO 3098 – 1 : 1974, Technical drawings – Lettering – Part 1 : Currently used characters

ISO 3581 : 1976, Covered electrodes for manual arc welding of stainless and other similar high alloy steels – Code of symbols for identification

ISO 4063 : 1990, Welding, brazing, soldering and braze welding of metals – Nomenclature of processes and reference numbers for symbolic representation on drawings

KS B ISO 5817 : 2002, 강의 아크 용접 이음 – 불완전부의 품질 등급 지침

ISO 6947 : 1990, Welds – Working positions – Definitions of angles of slope and rotation

KS C ISO 8167 : 2001, 저항 용접용 프로젝션

KS B ISO 10042, 알루미늄 및 그 합금의 아크 용접 이음 – 불완전의 품질 등급 지침

B.3 일반

① 접합부는 기술 도면에 대하여 일반적으로 권장하고 있는 사항에 따라 표시될 수 있다. 그러나 간소화하기 위하여 일반적인 접합부에 대해서 이 규격에서 설명하고 있는 기호를 따르도록 한다.

② 기호 표시는 특정한 접합부에 관하여 비고나 추가적으로 보여주는 도면없이 모든 필요한 지시 사항을 분명하게 표시한다.

③ 이 기호 표시는 다음과 같은 사항으로 완성되는 기본 기호를 포함한다.
- 보조 기호
- 치수 표시
- 몇 가지 보조 표시(특별히 가공 도면을 위한)

④ 도면을 가능한 한 간소화하기 위하여 접합부의 도면에 지시 사항을 표시하기보다는 용접, 브레이징 및 솔더링할 단면의 준비 및/혹은 용접, 브레이징 및 솔더링 절차에 대한 세부 사항을 나타내는 특정 지시 사항이나 특수 시방에 대한 참고 사항을 마련하도록 권장한다.

이러한 지시 사항들이 없으면 용접, 브레이징 및 솔더링 할 모서리의 준비나 용접, 브및 솔더링 절차에 관련한 치수는 기호와 가까이 있어야 한다.

B.4 기호

(1) 기본 기호

여러 가지 종류의 접합부는 일반적으로 용접 형상과 비슷한 기호로 구별할 수 있다. 기호로 적용할 공정을 미리 판단할 수 있는 것은 아니다.

기본 기호는 표 1에서 보여주고 있다.

만약 접합부가 지정되지 않고 용접, 브레이징 또는 솔더링 접합부를 나타낸다면 다음과 같은 모양의 기호를 사용하게 된다.

기본기호

번호	명칭	그림	기호
1	돌출된 모서리를 가진 평판 사이의 맞대기 용접1) 에지 플랜지형 용접(미국) / 돌출된 모서리는 완전 용해		
2	평행(I형) 맞대기 용접		
3	V형 맞대기 용접		
4	일면 개선형 맞대기 용접		
5	넓은 루트면이 있는 V형 맞대기 용접		
6	넓은 루트면이 있는 한 면 개선형 맞대기 용접		
7	U형 맞대기 용접(평행 또는 경사면)		
8	J형 맞대기 용접		
9	이면 용접		
10	필릿 용접		
11	플러그 용접 ; 플러그 또는 슬롯 용접(미국)		
12	점 용접		
13	심(seam) 용접		
14	개선 각이 급격한 V형 맞대기 용접		
15	개선 각이 급격한 일면 개선형 맞대기 용접		

(계 속)

번호	명칭	그림	기호
16	가장자리(edge) 용접		|||
17	표면 육성		⌒⌒
18	표면(surface) 접합부		=
19	경사 접합부		∥
20	겹침 접합부		⊇

1) 돌출된 모서리를 가진 평판 맞대기 용접부(번호 1)에서 완전 용입이 안 되면 용입 깊이가 s인 평행 맞대기 용접부(번호 2)로 표시한다 (표 5 참조).

(2) 기본 기호의 조합

필요한 경우 기본 기호를 조합하여 사용할 수 있다.

양면 용접의 경우에는 적당한 기본 기호를 기준선에 대칭되게 조합하여 사용한다. 전형적인 예를 표 2에 보여주고 있으며 응용의 예는 표 A.2에서 보여주고 있다.

표 2 양면 용접부 조합 기호(보기)

명칭	그림	기호
양면 V형 맞대기 용접(X용접)		X
K형 맞대기 용접		K
넓은 루트면이 있는 양면 V형 용접		X
넓은 루트면이 있는 K형 맞대기 용접		K
양면 U형 맞대기 용접		X

비고 표 2는 양면(대칭) 용접에서 기본 기호의 조합 예를 보여주고 있다. 기호 표시에 있어서 기본 기호는 기준선에 대칭되도록 배열한다(표 A.2 참조). 기본 기호 이외의 기호는 기준선을 표시 하지 않고 나타낼 수 있다.

(3) 보조 기호

기본 부호는 용접부 표면의 모양이나 형상의 특징을 나타내는 기호로 보완할 수 있다. 권장하는 몇가지 보조 기호는 표 3에서 보여주고 있다.

보조 기호가 없는 것은 용접부 표면을 자세히 나타낼 필요가 없다는 것을 의미한다. 기본 기호와 보조 기호의 조합 예를 표 4와 표 A.3에 나타내었다. 비고 여러 가지 기호를 함께 사용할 수 있지만, 용접부를 기호로 표시하기가 어려울 때는 별도의 개략도로 나타내는 것이 바람직하다.

표 3 보조 기호

용접부 표면 또는 용접부 형상	기호
a) 평면(동일한 면으로 마감 처리)	▬
b) 볼록형	⌒
c) 오목형	⌣
d) 토우를 매끄럽게 함.	⏝
e) 영구적인 이면 판재(backing strip) 사용	M
f) 제거 가능한 이면 판재 사용	MR

표 4는 보조 기호 적용의 예를 보여주고 있다.

표 4 보조 기호의 적용 보기

명칭	그림	기호
평면 마감 처리한 V형 맞대기 용접		$\triangledown$
볼록 양면 V형 용접		$\bowtie$
오목 필릿 용접		
이면 용접이 있으며 표면 모두 평면 마감 처리한 V형 맞대기 용접		
넓은 루트면이 있고 이면 용접된 V형 맞대기 용접		
평면 마감 처리한 V형 맞대기 용접		[1]
매끄럽게 처리한 필릿 용접		

1) ISO 1302에 따른 기호 ; 이 기호 대신 주 기호 √ 를 사용할 수 있음.

B.5 도면에서 기호의 위치

(1) 일 반

이 규격에서 다루는 기호는 완전한 표시 방법 중의 단지 일부분이다(그림 1 참조).
- 접합부당 하나의 화살표(1)(그림 2와 그림 3참조)
- 두 개의 선, 실선과 점선의 평행선으로 된 이중 기준선(2)(예외는 비고 1. 참조)
- 특정한 숫자의 치수와 통상의 부호

비고 1 ········· ········· 점선은 실선의 위 또는 아래에 있을 수 있다(5.5 및 부속서 B 참조).

대칭 용접의 경우 점선은 불필요하며 생략할 수도 있다.

비고 2 화살표, 기준선, 기호 및 글자의 굵기는 각각 ISO 128과 ISO 3098 – 1에 의거하여 치수를 나타내는 선 굵기에 따른다.

다음 규칙의 목적은 각각의 위치를 명확히 하여 접합부의 위치를 정의하기 위한 것이다.

- 화살표의 위치
- 기준선의 위치
- 기호의 위치

화살표와 기준선에는 참고 사항을 완전하게 구성하고 있다. 용접 방법, 허용 수준, 용접 자세, 용접 재료 및 보조 재료 등과 같은 상세 정보가 주어지면, 기준선 끝에 덧붙인다(7. 참조).

(2) 화살표와 접합부의 관계

그림 2와 그림 3에 보여준 예는 용어의 의미를 설명하고 있다.

- 접합부의 "화살표 쪽"
- 접합부의 "화살표 반대쪽"

비고 1 이 그림에서는 화살표의 위치를 명확하게 표시한다. 일반적으로 접합부의 바로 인접한 곳에 위치한다.

비고 2 그림 2 참조

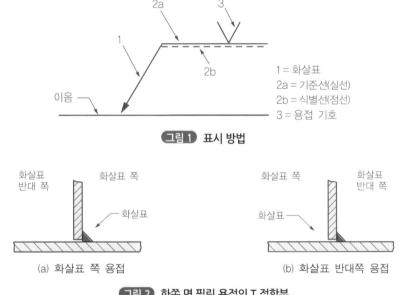

1 = 화살표
2a = 기준선(실선)
2b = 식별선(점선)
3 = 용접 기호

그림 1 표시 방법

(a) 화살표 쪽 용접   (b) 화살표 반대쪽 용접

그림 2 한쪽 면 필릿 용접의 T 접합부

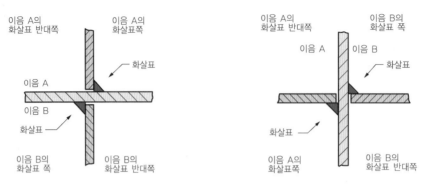

그림 3 양면 필릿 용접의 십자(+)형 접합부

(3) 화살표 위치

일반적으로 용접부에 관한 화살표의 위치는 특별한 의미가 없다(그림 4 (a)와 (b) 참조). 그러나 용접형상이 4, 6, 및 8인 경우(표 1 참조)에는 화살표가 준비된 판 방향으로 표시된다(그림 4 (c)와 (d) 참조).

화살표는

- 기준선이 한쪽 끝에 각을 이루어 연결되며
- 화살 표시가 붙어 완성된다.

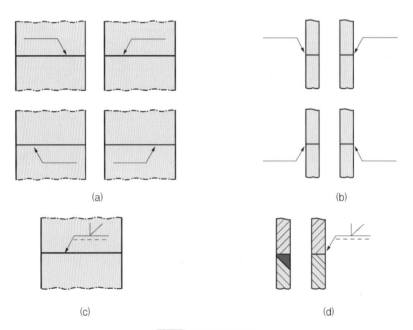

그림 4 화살표의 위치

(4) 기준선의 위치

기준선은 우선적으로 도면 아래 모서리에 평행하도록 표시하거나 또는 그것이 불가능한 경우에는 수직되게 표시한다.

(5) 기준선에 대한 기호 위치

기호는 다음과 같은 규칙에 따라 기준선의 위 또는 아래에 표시하여야 한다.
- 용접부(용접 표면)가 접합부의 화살표 쪽에 있다면 기호는 기준선의 실선 쪽에 표시한다(그림 5 (a) 참조)
- 용접부(용접 표면)가 접합부의 화살표 반대쪽에 있다면 기호는 기준선의 점선 쪽에 표시한다(그림 5 (b) 참조).

비고 프로젝션 용접에 의한 점 용접부의 경우에는 프로젝션 표면을 용접부 외부 표면으로 간주한다.

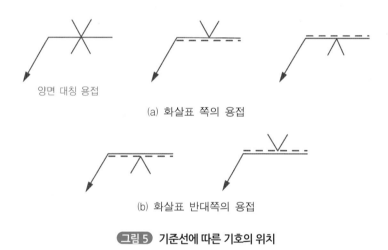

양면 대칭 용접

(a) 화살표 쪽의 용접

(b) 화살표 반대쪽의 용접

그림 5 기준선에 따른 기호의 위치

B.6 용접부 치수 표시

(1) 일반 규칙

각 용접 기호에는 특정한 치수를 덧붙인다. 이 치수는 그림 6에 따라서 다음과 같이 표시한다.

a) 가로 단면에 대한 주요 치수는 기호의 왼편(즉 기호의 앞)에 표시한다.
b) 세로 단면의 치수는 기호의 오른편(즉 기호의 뒤)에 표시한다.

주요 치수를 표시하는 방법은 표 5에서 보여주고 있다. 주요 치수를 표시하는 규칙 역시 이 표에서 볼 수가 있다. 기타 다른 치수도 필요에 따라 표시할 수 있다.

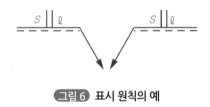

그림 6 표시 원칙의 예

(2) 표시할 주요 치수

판 모서리 용접에서 치수는 도면 외에는 기호로 표시되지 않는다.

a) 기호에 이어서 어떤 표시도 없는 것은 용접 부재의 전체 길이로 연속 용접한다는 의미이다.

b) 별도 표시가 없는 경우는 완전 용입이 되는 맞대기 용접을 나타낸다.

c) 필릿 용접부에서는 치수 표시에 두 가지 방법이 있다(그림 7 참조). 그러므로 문자 a 또는 z는 항상 해당되는 치수의 앞에 다음과 같이 표시한다.

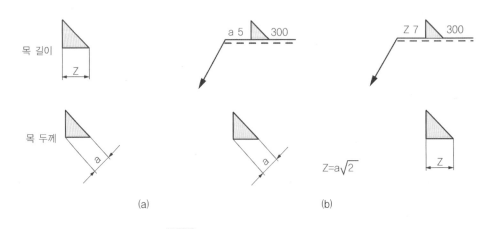

그림 7 필릿 용접부의 치수 표시 방법

필릿 용접부에서 깊은 용입을 나타내는 경우 목두께는 s가 된다(그림 8 참조).

d) 경사면이 있는 플러그 또는 슬롯 용접의 경우에는 해당 구멍의 아래에 치수를 표시한다.

비고 필릿 용접부의 용입 깊이에 대해서는, 예를 들면 s8a6◹와 같이 표시한다.

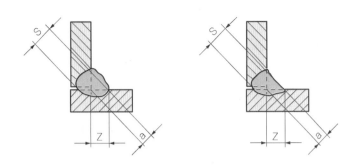

그림 8 필릿 용접의 용입 깊이의 치수 표시 방법

표 5 주요 치수

번호	명칭	그림	정의	표시
1	맞대기 용접		s : 얇은 부재의 두께보다 커질 수 없는 거리로서, 부재의 표면부터 용입의 바닥까지의 최소 거리	∨ 6.2 (a) 및 6.2 (b) 참조 s ‖ 6.2 (a) 및 6.2 (b) 참조 Y s 6.2 (a) 참조
2	플랜지형 c맞대기 용접		s : 용접부 외부 표면부터 용입의 바닥까지의 최소 거리	s ‖ 6.2 (a) 및 표 1의 주 참조
3	연속 필릿 용접		a : 단면에서 표시될 수 있는 최대 이등변삼각형의 높이 z : 단면에서 표시될 수 있는 최대 이등변삼각형의 변	a ◺ z ◺ 6.2 (a) 및 6.2 (c) 참조
4	단속 필릿 용접		ℓ : 용접 길이(크레이터 제외) (e) : 인접한 용접부 간격 n : 용접부 수 a : 3번 참조 z : 3번 참조	a ◺ $n \times ℓ$ (e) z ◺ $n \times ℓ$ (e) 6.2 (c) 참조
5	지그재그 단속 필릿 용접		ℓ : 4번 참조 (e) : 4번 참조 n : 4번 참조 a : 3번 참조 z : 3번 참조	a ◺ $n \times ℓ$ ⌐ (e) a ◺ $n \times ℓ$ (e) z ◺ $n \times ℓ$ ⌐ (e) z ◺ $n \times ℓ$ (e) 6.2 (c) 참조

(계 속)

번호	명칭	그림	정의	표시
6	플러그 또는 슬롯용접		ℓ : 4번 참조 (e) : 4번 참조 n : 4번 참조 c : 슬롯의 너비	$c \boxed{} n\times\ell(e)$ 6.2 (d) 참조
7	심 용접		ℓ : 4번 참조 (e) : 4번 참조 n : 4번 참조 c : 용접부 너비	$c \ominus n\times\ell(e)$
8	플러그 용접		n : 4번 참조 (e) : 간격 d : 구멍의 지름	$d \boxed{} n(e)$
9	점 용접		n : 4번 참조 (e) : 간격 d : 점(용접부)의 지름	$d \bigcirc n(e)$

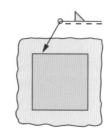

B.7 보조 표시

보조 표시는 용접부의 다른 특징을 나타내기 위해 필요하다. 예를 들면

(1) 일주 용접

용접이 부재의 전체를 둘러서 이루어질 때 기호는 그림 9와 같이 원으로 표시한다.

그림 9 일주 용접의 표시

(2) 현장 용접

현장 용접을 표시할 때는 그림 10과 같이 깃발 기호를 사용한다.

그림 10 현장 용접의 표시

(3) 용접 방법의 표시

용접 방법의 표시가 필요한 경우에는 기준선의 끝에 2개 선 사이에 숫자로 표시한다. 그림 11은 그 예를 보여주고 있다. 각 용접 방법에 대한 숫자 표시는 ISO 4063에 나타나 있다.

그림 11 용접 방법의 표시

(4) 참고 표시의 끝에 있는 정보의 순서

용접부와 치수에 대한 정보는 다음과 같은 순서로 기준선 끝에 더 많은 정보를 보충할 수 있다.

- 용접 방법(예시는 ISO 4063에 의거)
- 허용 수준(예시는 KS B ISO 5817 및 KS B ISO 10042에 의거)
- 용접 자세(예시는 ISO 6947에 의거)
- 용접 재료(예시는 ISO 544, ISO 2560, ISO 3581에 의거)

개별 항목은 " /"으로 구분한다. 그 외에 기준선 끝 상자 안에 특별한 지침(즉 절차서)을 그림 12와 같이 표시할 수 있다.

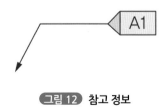

그림 12 참고 정보

보기 KS B ISO 5817에 따른 요구 허용 수준, ISO 6947에 따른 아래보기 자세 PA, 피복
　　용접봉 ISO 2560 - E51 2 RR 22를 사용하여 피복 아크 용접(ISO 4063에 따른 참고
　　번호 111)으로 이면 용접이 있는 V형 맞대기 용접부(그림 13 참조)

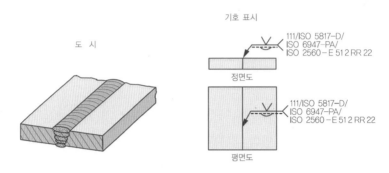

그림 13 이면 용접이 있는 V형 맞대기 용접부

B.8 점 및 심 용접부에 대한 적용의 예

　　점 및 심 접합부(용접, 브레이징 또는 솔더링)의 경우에는 2개의 겹쳐진 부재 계면이나 2개
의 부재 중에서 하나가 용해되어 접합을 이루게 된다(그림 14와 그림 15 참조).

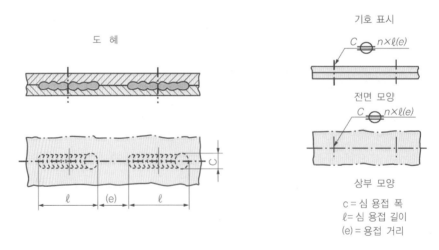

그림 14 단속 저항 심 용접부

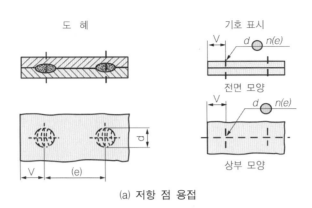

(a) 저항 점 용접

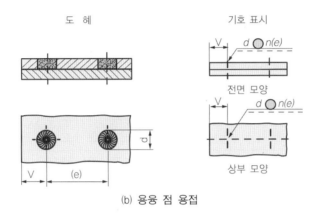

(b) 용융 점 용접

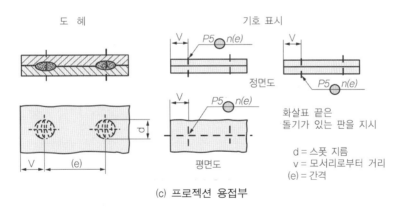

(c) 프로젝션 용접부

그림 15 점 용접부

비고 프로젝션의 지름 $d = 5$ mm, 프로젝션 간격 (e)로 n개의 용접 개수를 가지는 ISO 8167 에 따른 프로젝션 용접의 표시의 보기이다.

*부속서 A (참고) 기호의 사용 예

이 부속서는 ISO 2553 : 1992, Welded, brazed and soldered joints - Symbolic representation on drawings의 Annex A(informative)에 기재되어 있는 기호의 사용 예를 보여주는 것으로 규정의 일부는 아니다.

표 1~4까지 기호 사용의 몇 가지 예를 보여주고 있다. 표시한 그림은 설명을 쉽게 하기 위한 것이다.

표 1 기본 기호 사용 보기

번호	명칭 기호	그림	표시	기호 (a)	기호 (b)
	(숫자는 표 1의 번호)				
1	플랜지형 맞대기 용접 八 1				
2	I 형 맞대기 용접 ‖ 2				
3					
4					
5	V형 맞대기 용접 ∨ 3				
6					
7	일면 개선형 맞대기 용접 Ⅴ 4				
8					
9					

(계 속)

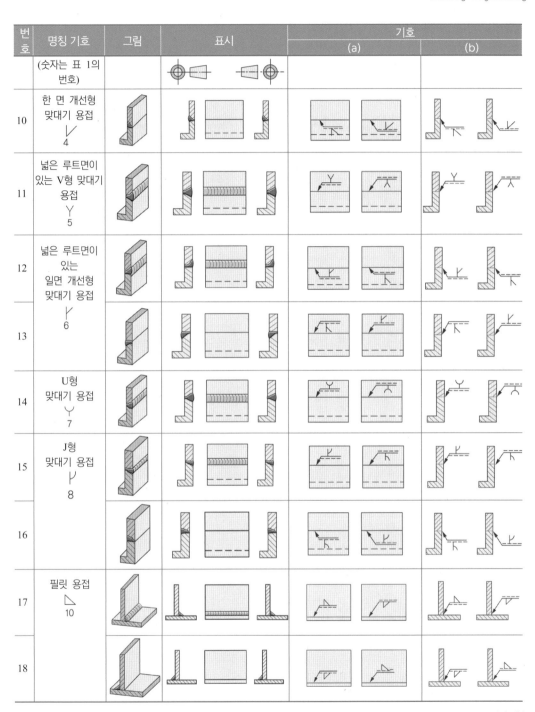

번호	명칭 기호	그림	표시	기호	
				(a)	(b)
	(숫자는 표 1의 번호)				
10	한 면 개선형 맞대기 용접 ∨ 4				
11	넓은 루트면이 있는 V형 맞대기 용접 Y 5				
12	넓은 루트면이 있는 일면 개선형 맞대기 용접				
13	Y 6				
14	U형 맞대기 용접 Y 7				
15	J형 맞대기 용접 Y 8				
16					
17	필릿 용접 ◺ 10				
18					

(계 속)

번호	명칭 기호	그림	표시	기호	
				(a)	(b)
	(숫자는 표 1의 번호)				
19	필릿 용접 △ 10				
20					
21					
22	플러그 용접 ⊓ 11				
23					
24	점 용접 ○ 12				
25					
26	심 용접 ⊖ 13				
27					

표 2 기본 기호 조합 보기

번호	명칭 기호	그림	표시	기호 (a)	(b)
	(숫자는 표 1의 번호)				
1	플랜지형 맞대기 용접 ⋀1 이면 용접 ⌣9 1-9				
2	I형 맞대기 용접 ‖2 양면 용접 2-2				
3	V형 용접 ∨3				
4	이면 용접 ⌣9 3-9				
5	양면 V형 맞대기 용접 ∨3 (X형 용접) 3-3				
6	K형 맞대기 용접 V4				
7	(K형 용접) 4-4				
8	넓은 루트면이 있는 양면 V형 맞대기 용접 Y5 5-5				

(계 속)

번호	명칭 기호 (숫자는 표 1의 번호)	그림	표시	기호 (a)	(b)
9	넓은 루트면이 있는 K형 맞대기 용접 ⵏ6 6-6				
10	양면 U형 맞대기 용접 Ⲩ7 7-7				
11	양면 J형 맞대기 용접 ⵏ8 8-8				
12	일면 V형 맞대기 용접 ⴸ3 일면 U형 맞대기 용접 Ⲩ7 3-7				
13	필릿 용접 △10				
14	필릿 용접 △10 10-10				

표 3 기본 기호와 보조 기호 조합 보기

번호	기호	그림	표시	기호	
				(a)	(b)
1					
2					
3					
4					
5					
6					
7					
8	MR				

표 4 예외 사례

번호	그림	표시	기호		
			(a)	(b)	잘못된 표시
1			-		
2					
3			-		
4					
5			권장하지 않음		
6			권장하지 않음		
7			권장하지 않음		
8					

평가문제 해답

1장 평가문제 해답

1-1. (1) 언더컷: 모재와 용융 금속의 경계면에 용접선 방향으로 용융 금속이 채워지지 않는 홈을 말한다. 언더컷이 발생된 부분에서는 단면적의 감소와 응력이 집중될 가능성이 높기 때문에 구조물의 강도를 저하시키며, 특히 반복 응력을 받는 부위에서는 언더컷이 발생되지 않도록 주의해야 한다.

(2) 오버랩: 용접부 형상불량의 일종으로, 용착 금속이 토우 부분에서 모재 또는 용착 금속에 융합되지 않고 겹쳐진 부분을 말한다. 맞대기 용접보다 필릿 용접부에서 발생하기 쉽고, 응력집중과 부식이 촉진되는 원인이 된다. 용접봉의 운봉법, 용접 전류, 용접 속도 등을 적정하게 선택하면 방지할 수 있다.

(3) 용융지: 용접 시 용융 금속이 액체 상태로 존재하는 곳을 말한다. 용융지의 형상이나 깊이는 용접공정의 주요한 제어변수가 된다.

1-2. (2), (4), (7), (9), (10), (11), (12)

1-3. (2), (5), (6), (9)

1-4. (1), (3), (5), (6), (9), (10)

2장 평가문제

2-1.

재 해	주요 발생원인	대 책
1. 전격	① 급전부가 노출된 홀더 사용 ② 용접봉의 심선에 손 접촉 ③ 용접기 단자부와 케이블의 용접부가 노출되어 있어 그것에 접촉 ④ 케이블, 케이블커넥터 손상	① KS 규격에 적합한 홀더 사용 ② 무부하 전압이 높은 용접기를 사용하지 않고 절연안전화 및 장갑 사용 또한 젖은 손으로 용접봉 접촉 금지 ③ 절연테이프를 단자 접속부에 감아 노출부가 없도록 함 ④ 새제품과 교환 및 손상 부위를 완전히 절연테이프로 보수하여 사용
2. 안구상해	① 불량한 렌즈의 사용 ② 아크광의 피폭 ③ 아크 스타트 시의 아크광의 피폭	① 용접 전류에 적합한 KS 규격품을 사용 ② 차광막이나 칸막이 사용 및 보호안경 착용 ③ 차광 보호안경 사용
3. 화상	① 스패터에 의한 것 ② 적열된 모재에 접촉	① 내열보호의 착용 ② 정리정돈 및 모재에 준비없이 접촉하지 않도록 함
4. 피부상해	① 피부가 직접 아크광에 노출	① 피부가 노출되지 않게 함
5. 화재	① 스패터의 비산 ② 과전류 사용	① 아크작업장소 부근에 가연성 물질을 두지 않음 ② 최대 전류에 적합한 굵은 케이블을 사용
6. 폭발	① 가솔린의 빈 드럼통 용접 ② 스패터의 비산	① 용접하기 전 위험한 내용물이 없는가를 확인 ② 작업장소 부근에 폭발물 등이 없는가를 확인
7. 중독	① 흄, 발생가스, 쉴드가스	① 환기에 주의하며 보호마스크 사용 ② 모재, 사용 용접봉, 플럭스에 주의하여 적합한 환기장치 적용

2-2. (1) 아크에서의 자외선이 강하기 때문에 적절한 차광보호구, 차광도 번호의 선택 및 차광칸막이 등을 사용한다.

(2) 오존을 발생시키므로 환기 및 활성탄필터 부착 방진마스크를 사용한다.

(3) 좁은 장소에서의 작업에서는 아르곤 가스의 축척에 의한 산소 결핍의 위험이 있으므로 환기를 충분히 한다.

(4) 통풍에 의해 발생하는 공기의 교란이 용접부에 악영향을 미치지 않도록 주의한다.

2-3. (1) 전격방지장치: 감전방지

(2) 절연형 홀더: 감전방지

(3) 차광면: 급성안염예방

(4) 방진마스크: 진폐, 금속열 및 중독증 예방

(5) 용접용 가죽장갑: 화상 및 감전 방지

(6) 차광안경: 급성안염예방

(7) 국소배기장치 또는 전체배기장치: 진폐, 금속열 및 중독증 예방

2-4. 1. 아연도금강판의 아크 용접

① 해: 유독 흄의 발생

② 대책: 도금의 제거, 방진 및 방독마스크의 사용, 환기

2. 좁은 공간에서의 현장 아크 용접

① 해: 감전 및 고농도 흄 가스 흡입

② 대책

- 안전한 복장 및 보호구의 사용

- 홀더, 케이블 및 케이블커넥터의 절연 확인

- 전격방지장치의 사용

- 2인조 작업

- 방진마스크의 사용 및 작업공간 전체 환기

3. 저장조의 현장 아크 용접

① 해: 추락 및 물체낙하, 폭발

② 대책

- 폭발가스의 확인 및 조치

- 적절한 작업발판, 안전난간, 안전망의 사용

- 전격방지장치의 사용

- 공구, 재료, 용접봉 등의 절단편 낙하방지

2-5. 1. 기온, 습도, 바람, 비, 눈 등의 기상 조건과 그 대책

① 고온, 다습 시에는 감전사고방지를 위해 보호구 착용

② 전격방지장치의 사용

③ 홀더, 케이블, 케이블커넥터 등의 절연 유무 및 상태 확인

2. 탱크류와 같이 작업장소가 좁거나 도전체에 둘러싸인 장소에서의 대책

① 감전사고방지를 위해 보호구 착용

② 전격방지장치의 사용

③ 홀더, 케이블, 케이블커넥터 등의 절연 유무 및 상태 확인

④ 방독마스크 착용과 통풍을 할 수 있는 환기시설을 설치

3. 높은 장소의 용접 작업에 있어서 추락, 낙하물에 의한 사고방지대책

① 작업발판, 안전난간, 안전망 설치 및 개인보호구 착용

② 전격방지장치의 사용 및 승강설비의 정비

③ 용접 시 스패터의 비산을 방지하는 불꽃받이, 재료의 절단편, 용접봉 등 낙하물 방지망 설치

2-6. 1. 작업발판 및 난간 등: 견고하며 오르내림이 쉽도록 한다. 작업 발판의 폭은 40 cm 이상으로 하며, 간격은 3 cm를 넘지 않도록 한다. 추락방지를 위해 적절한 안전난간을 설치한다.

2. 추락방지: 안전난간 외에 안전망을 설치하고 안전대를 착용한다.

3. 전격방지: 안전한 복장과 보호구 착용 및 용접봉 홀더, 케이블 및 케이블커넥터의 절연방지장치를 사용한다.

4. 낙하방지: 재료, 공구, 용접봉 등을 떨어뜨리지 않도록 적절한 용기의 준비, 정리정돈, 작업절차 방법 준수 등

2-7. 1. 피로방지: 과로하지 않도록 충분한 수면 및 휴양을 취하고, 수분 및 염분을 섭취한다.

2. 감전방지: 의복과 피부가 땀으로 젖어 감전되기 쉬우므로 보호구의 품질에 유의하며, 젖은 장갑이나 의복은 교환하여 착용한다. 또한 폐쇄된 공간이나 좁은 장소에서는 특히 주의가 필요하다.

3. 환경대책: 환기 및 냉방을 하며 그 외에 혹서기와 같은 특별한 작업 조건에 대해서는 작업시간의 단축 또는 작업의 중단 등을 한다.

4. 작업 후 작업장소의 청소 및 정리정돈을 실시한다.

2-8. (2), (4), (5)

2-9. (2), (3), (5)

2-10. (1), (3), (4), (5)

2-11. (1) 라 (2) 가 (3) 차 (4) 아 (5) 바 (6) 나 (7) 다 (8) 자 (9) 사 (10) 마

2-12. (1), (2), (4), (6), (7)

2-13. a. 가 b. 나 c. 가

2-14. 1-b, 2-d, 3-a, 4-c

2-15. 차광도 번호 9, 10, 11

차광도 번호에 따른 작업별 사용기준

차광도 번호	아크 용접·절단작업(암페어)			가스용접 절단작업				고열작업		기타 작업
				용접 및 납땜(1)		산소 절단(2)	플라즈마 제트절단 (암페어)			
	피복아크용접	가스실드아크용접	아크에어가우징	중금속 용접 및 납땜	방사플럭스에 따른(3) 용접 (경금속)					
1.2	산란광 또는 측사광을 받는 작업			산란광 또는 측사광을 받는 작업					−	눈, 도로, 지붕 또는 모래 등으로부터 반사광을 받는 작업, 적외선 등 또는 살균 등을 사용하는 작업
1.4										
1.7										
2								고로강철 가열로조괴 등의작업		
2.5										
3										
4	30 이하			70 이하	70 이하(4d)			전로 또는 평로 등의 작업	−	−
5				7~200	7~200 (5d)	900~2000				
6				200~800 (6d)	200~800	2000~4000		전기로의 작업		
7	35~75			800 이상	800 이상(7d)	4000~8000				
8										
9	75~200	100 이하	125~255							
10 (4)										
11		100~300					150 이하			
12	200~400		255~350	−	−	−	15~250		−	
13		300~500					250~400			
14	400 이상		350 이상							
15		350 이상								
16										

주: (1) 1시간당 아세틸렌 사용량(L)

(2) 1시간당 산소 사용량(L)

(3) 가스 용접 및 납땜할 때 플럭스를 사용하는 경우 589 nm의 강한 광이 방사된다. 이 파장을 선택적으로 흡수하는 필터(d라 한다)를 조합해서 사용한다(보기: 4d라 함은 차광도 4에 d필터를 겹친 것).

비고: 차광도 번호가 큰 필터(대략 10 이상)를 사용하는 작업에서는 필요한 차광도 번호보다 작은 번호의 것을 2매 조합해서 그것에 맞추어서 사용하는 것이 좋다. 1매의 필터를 2매로 하는 경우의 환산은 다음 식에 따른다.

$$N = (n_1 + n_2) - 1$$

여기서 N : 1매인 경우의 차광도 번호

n_1, n_2 : 2매의 각각의 차광도 번호

보기: 10의 차광도 번호의 것을 2매로 하는 경우

$10 = (8+3)-1$, $10 = (7+4)-1$ 등

해설: 1. 국내에서는 산업안전보건법 중 보호구의 사용 및 관리기준에 작업유형별 착용기준이 법으로 정해져 있으며, 보호구의 종류 및 정의에 대해서는 보호구 성능검정 규정에 자세히 나타나 있다.

2. 용접 작업 시 눈의 보호를 위해 준비하는 필터플레이트는 KS P 8141로 정해져 있다. 같은 규격 참고표1에 차광도 번호에 대한 필터렌즈 및 필터플레이트의 사용 구분 표준이 나와있다. 이 표에 의하면 아크 용접, 용단의 작업에서 75~200 A의 아크작업에서는 차광도 번호 9, 10 및 11의 필터렌즈 또는 필터플레이터가 적당하다고 되어 있다. 단 필터 2매를 조합할 때는 각각의 필터 차광도 번호를 더한 값에서 1을 뺀 것이 1매의 필터에 적용된 차광도 번호가 되도록 한다. 즉, 1매로 차광도 번호 10으로 해야 할 경우, 2매일 경우는 차광도 번호 7과 4, 또는 8과 3으로 조합하여 사용한다. 보호안경에 필터렌즈를 사용하는 경우 그 필터렌즈의 차광도 번호와 필터플레이트의 차광도 번호의 합에서 1을 뺀 것이 문제의 조건에서는 9, 10 또는 11이 되면 된다.

2-16. $N = (n_1 + n_2) - 1$(N: 1매의 차광도 번호, n_1, n_2 : 합한 차광도 번호)에서

$10 = (8+3)-1$ 또는 $10 = (7+4)-1$

따라서 n_1, n_2를 8, 3 또는 7, 4로 선택한다.

2-17. (1) 아 (2) 마 (3) 바 (4) 다 (5) 가

2-18. (1), (2), (3)

2-19. (1) 마 (2) 나 (3) 사 (4) 나 (5) 사 (6) 다 (7) 마

2-20. 1. 탄산가스 아크 용접으로 안전위생상 중요한 것은 탄산가스 및 흄의 대책이다.

2. 탄산가스 대책으로는 적절한 환기를 실시한다.

3. 흄에 의해 작업자가 피해를 받지 않도록 환기하고 방진마스크의 착용 등 필요한 대책을 강구한다.

4. 위와 같은 대책 시 탄산가스의 쉴드 효과가 없어지지 않도록 주의한다.

해설: 1. 탄산가스는 쉴드 가스로서 용접 중 항상 공급되므로 가장 중요하다. 탄산가스의 분해생성물인 일산화탄소는 아크 주변에서 상당한 양이 되나 대부분은 다시 산화하여 탄산가스가 되어 잔류량이 작아진다. 흄은 솔릿와이어에 비해 플럭스 코어드 와이어가 많다.

2. 탄산가스는 상온에서는 공기보다 무거우나 아크에서 가열한 고온의 가스는 역으로 가벼우므로, 위쪽에서 모인 고온의 가스와 아래쪽에서 모인 상온의 가스 쌍방에 주의할 필요가 있다. 환기의 계획과 실시는 이것을 염두해 두고 실시해야 한다.

3. 흄은 솔릿와이어를 이용하는 경우 산화철이 주성분이나, 이것에는 일반적인 아크 용접과 같은 대책을 강구한다.

4. 환기를 실시할 경우 탄산가스에 의한 아크 쉴드가 파괴되어 용접 불량이 발생하는 일이 없도록 주의한다. 가스, 흄을 제거하는 것은 작업자의 안면에 대해서이며, 아크에 대해서는 가스 쉴드를 확보하지 않으면 안 된다.

2-21. 금속흄을 다량으로 흡입할 경우 발열, 전신피로, 관절 통증, 한기, 호흡이나 맥박의 증가, 구토, 두통, 기침, 흑색담, 발한 등의 증상이 보이며, 통상적으로 수시간 후에 회복한다.
아연 프라이머를 도장한 강판이나 아연도금강판을 용접한 경우 특히 발생하기 쉽다.

2-22. 1 흄의 장해: 급성장해로서 금속열 증상이 만성 장해로 진폐를 유발한다.
 2 방지대책:
 가. 방진마스크의 사용
 나. 작업장 전체의 환기
 다. 흄의 흡입 제거
 라. 진폐 건강진단
 마. 용접법, 용접 조건, 용접 재료의 선택에 의해 흄의 발생량을 감소시킨다.
 바. 용접을 자동화하여 작업자를 흄 발생원에서 멀어지게 한다.
 사. 작업자 자신이 고농도의 흄을 흡입하지 않도록 유의하고 바람의 방향, 작업 위치 등을 고려한다.

2-23. 1. 방진마스크(호흡용 보호구)의 착용(용접흄 흡입방지)
 2. 마스크의 사용(일산화탄소, 산소결핍방지)
 3. 저흄 용접봉의 사용
 4. 국소배기장치의 설치
 5. 공장의 전체 환기 및 공기청정설비의 설치
 6. 작업의 자동화에 의한 작업자를 흄 발생원에서 멀어지게 함.

2-24. 1. 국소배기법: 흄 발생점에 있어서 이것을 흡입하여 회수하는 방법
 2. 전체환기법: 신선한 공기를 외부에서 실내로 공급하여 흄을 포함한 오염된 공기를 실외로 배출시킨다.

2-25. (1) 아크 용접, (2) 국소배기장치, (3) 호흡용보호구(방진마스크)

2-26. (1) 다 (2) 바 (3) 사 (4) 나

2-27. (2), (3), (6)

2-28. (1) 나 (2) 다 (3) 다 (4) 라 (5) 사 (6) 차

2-29. (1) 자 (2) 바 (3) 다 (4) 라 (5) 가

2-30. (4)

2-31. (3)

해설: 600°C → 500°C

2-32. (4)

2-33. (3)

3장 평가문제 해답

3-1. (3)

해설: 가. 아크 발생을 용이하게 한다.

나. 아크를 안정적으로 한다.

다. 가스를 발생시켜 대기의 침입을 방지한다.

라. 용접 작업을 용이하게 한다.

마. 슬래그를 형성시켜 용접 금속을 확보하고 비드 형상을 좋게 한다.

바. 용접 금속의 기계적 성질을 향상시킨다.

사. 용융 금속의 탈산 청결화를 실시한다.

아. 합금 원소를 첨가한다.

3-2. (2)

해설: (1) 산소: 대기 중의 산소, 피복제 중의 산화물, 모재 표면의 산화물

(2) 질소: 대부분이 대기 중의 질소

(3) 수소: 피복제 중의 유기물, 결정수, 습기, 개선 표면의 습기 및 기름, 대기 중의 수분 등

3-3. (3)

해설: 용접 금속 중의 산소에 의한 결함을 막고 산화물이 비금속 개재물이 되어 다량으로 용접 금속 중에 남기지 않기 위해 피복제 중에는 산소와 결합하기 쉬운 Mn, Si, Al 등의 탈산제가 적당량 함유되어 있다. 이들 탈산제는 아래와 같은 반응식에 의해 산소를 강제적으로 제거하여 슬래그성분으로 분리 부상시켜 용접 금속을 청결화한다.

$$FeO + Mn \rightarrow MnO + Fe$$
$$2FeO + Si \rightarrow SiO_2 + 2Fe$$
$$3FeO + 2Al \rightarrow Al_2O_3 + 3Fe$$

3-4. (1)

3-5. (3)

3-6. (2)

3-7. (1) 용착 효율: 용접봉의 소모 질량에 대한 용착 금속의 질량비

    (2) 용융 속도: 단위 시간에 용접 재료(용접봉, 와이어 등)가 녹는 속도(g/min)

    (3) 용착 속도: 단위 시간에 주어지는 용착 금속의 질량(g/min)

    (4) 용접 속도: 용접 비드를 주는 속도(cm/min)

3-8. (3)

3-9. (2)

3-10. (1)

3-11. (2)

    해설:

(1) 일미나이트계	E4301	가장 널리 사용되고 있다. 큰 용접 이음에 적합하다.
(2) 저수소계	E4316	기계적 성질은 최고이다. 작업성이 약간 떨어지나 후판이나 구속이 큰 용접이음에 적합하다.
(3) 고산화티탄계	E4313	용접 외관이 좋고 용입이 얇으며, 아크가 안정되어 있어 박판 용접에 이용된다.
(4) 라임티타니아계	E4303	작업성이 좋고, 용착 금속의 기계적 성질, 고산화티탄계의 균열감수성을 개선시킨 것이다.
(5) 철분산화철계	E4327	작업성, 능률면에서 우수하다.

3-12. (1) 산화티탄, (2) 스패터, (3) 박리성, (4) 비드, (5) 언더컷, (6) 하진, (7) 얕고, (8) 박판, (9) 균열인성

3-13. 다층 용접에서는 전층이 다음 층의 용접열에 재가열되므로, 전층의 금속 조직이 미세한 조직이 된다. 그러므로 다층 용접의 경우 용접 금속의 두께를 3 mm 정도로 두면 전층의 대부분이 미세화되어 신율, 충격치가 현저하게 개선된다.

3-14. (3)

3-15. (4)

3-16. 일반적으로 고장력강용 용접봉의 피복제 중에서 흡습량은 0.1% 이하가 바람직하며, 때문에 약 300~400°C로 30~60분 건조 후 사용하는 때는 약 100~150°C 정도로 보관용기에 보관해 두는 것이 필요하다.

    고장력강용 저수소계 용접봉은 대기 중의 습도나 온도의 조건이 나쁜 경우에는 방치시간 2~4시

간 정도에서 현저하게 흡습하는 수가 있다. 흡습한 저수소계 용접봉을 사용하는 경우 사용 전에는 다시 지정된 온도 시간에서 재건조를 실시해야 한다.

3-17. (1) 사용 전에는 지정된 온도에서 건소를 실시

(2) 용접의 스타트부에 있어서의 기공 발생을 막기 위해 후퇴법 등을 사용한다.

(3) 블로우홀 등의 발생을 방지하기 위해 아크 길이를 되도록 짧게 유지한다.

(4) 기계적 성질 저하나 블로우홀 발생의 원인이 되지 않도록 위빙의 폭을 제한한다.

(5) 용접 개시 전에 개선면을 잘 청소해서 용접 금속 중의 수소량을 증가시키지 않도록 한다.

(6) 판두께, 구속, 기타 과도한 작업 조건 등에서는 예열을 실시한다.

3-18. (1) 고장력강은 강도, 특히 항복점(내력)이 높아 구조물 설계의 기준이 되어 있으므로, 용접 금속은 모재와 동등한 인장 강도 및 항복점을 가지고 신율이 큰 것이 바람직하다.

(2) 고장력강을 사용한 용접 구조물은 용접 결함, 이음의 형상적 불연속 등에 의한 응력 집중, 잔류 응력 등에 민감해서 저온에서 취성파괴를 일으킬 위험성이 있으므로, 용접 금속에는 양호한 노치인성이 요구된다.

(3) 고장력강의 용접에서는 루트 균열, 끝단 균열, 가로 균열 등의 수소에 의한 저온 균열이 발생하기 쉬우므로, 용접 재료에서 용접 금속에 들어가는 수소량이 작아 균열 감수성이 양호한 것이 필요하다.

(4) 고장력강은 결함에 의한 응력 집중에 민감하므로, 용접 재료는 용접 작업성이 양호하며 기공, 슬래그 혼입, 언더컷 등의 용접 결함이 발생하기 어렵고, 건전한 용접 이음이 얻어지는 것이 필요하다.

3-19. (4)

3-20. (1)

3-21. (1) 300~400, (2) 30~60, (3) 70~100, (4) 30~60, (5) 100~150, (6) 2~4, (7) 8

3-22. (1) 취급, (2) 흡습 , (3) 건조, (4) 70~100 , (5) 300~400, (6) 30~60,
(7) 100~150

3-23. (3)

3-24. (1) 슬래그, (2) 피복재, (3) 심선, (4) 용융지, (5) 모재

3-25. 50 Hz용을 60 Hz 지역에서 사용하면 트랜스의 인피던스가 약 20% 증가하므로, 최대 사용 전류가 약 20% 감소하나 사용해도 소손되는 일은 없다. 단 콘덴서 내장형 용접기의 경우에는 콘덴서 코일의 전류가 20% 증가하여 소손할 우려가 있다. 60 Hz용을 50 Hz 지역에서 사용하면 트랜스의 철심의 자속 밀도가 높게 되어 무부하 전류(여자전류)가 현저하게 증대하여 코일을 소손하는 우

려가 있다. 또 철심도 과열되어 절연물의 온도 상승 허용한도를 넘을 우려가 있어 사용불가하다.

3-26. 정격 2차 전류 I_r, 정격 사용률 α의 용접기를 전류 I로 사용하는 경우, 용접 변압기의 평균 발열이 정격치에서 사용되는 경우와 같아질 때까지 사용할 수 있기 때문에 허용사용률 β는 다음식에서 얻어진다.

$$\beta = \frac{I_r^2}{I^2} \times \alpha$$

따라서 이 경우에는 $\beta = \frac{300^2}{200^2} \times 30 = 67.5(\%)$로 산출된다. 즉, 200 A에서는 67.5%의 사용률까지 사용가능하므로, 이것보다 높은 70%의 사용률에서는 소손의 위험이 발생한다.

3-27. (4)

해설: 전류변동률 → 전압변동률

3-28. 정격 일차 전압 = 정격 일차 입력(kVA) ×1000/정격 일차 전압(V)× $\sqrt{3}$

$= 17000/200 \times \sqrt{3} ≒ 49$ A

3-29. a 나, b 나, c 가, d 나, e 가

3-30. (1) 크게, (2) 낮게, (3) 작게, (4) 높게

3-31. (1) −b, (2) −a, (3) −e, (4) −d, (5) −c

3-32. (1) 작게, (2) 높게

3-33. (1) 라, (2) 차, (3) 나, (4) 마, (5) 사

3-34. (2), (3)

3-35. (1) 자, (2) 나, (3) 카, (4) 사, (5) 더, (6) 거, (7) 바, (8) 파

4장 평가문제 해답

4-1. (1) 가, (2) 라, (3) 사, (4) 자, (5) 라, (6) 차, (7) 타, (8) 타

4-2. (1) 다, (2) 자, (3) 바, (4) 나, (5) 마

5장 평가문제 해답

5-1. 장점 (1) 크고, 능률적

(2) 크고

(3) 작아도

(4) 가능

(5) 미려(우수)

(6) 필요없다.

단점　(1) 복잡

(2) 부적합하다.

(3) 하향 및 수평

(4) 필요

(5) 녹, 수분, 도료

(6) 낮다.

5-2. (2), (3), (5)

해설: 티그 용접법은 텅스텐 전극을 이용하여 아르곤 등의 불활성 가스 기체상에서 아크를 발생시키는 용접법이다. 용착 금속을 필요로 하는 경우에는 용접봉 또는 와이어를 수동 또는 자동으로 공급한다. 따라서 이 용접법은 입열과 용착량이 독립적으로 제어된다. 직류 및 교류와 함께 선택 가능하며, 모재가 마이너스의 경우(봉(+)극, 교류)에서는 클리닝 작용이 있고, 모재에 비해 훨씬 높은 용접을 가지는 산화물로 덮여있는 알루미늄 합금의 용접에는 좋다. 또 봉(−)극에서는 다른 극성에 비해 훨씬 큰 전류가 흐른다.

5-3. 수하 특성: 대부분의 전기기기는 공급 전압이 올라가면 그 기기의 전류도 함께 상승하여 기기가 더 큰 출력을 내게 된다. 하지만 전기 용접을 할 때처럼 어떤 일정한 출력이 요구되는 전기기기의 경우 부하 전류가 증가하면 단자 전압을 저하시켜 그 기계의 출력은 같도록 만들 필요가 있다. 이렇게 전류가 커지면 전압을 낮추어 기기의 출력을 일정하게 하는 것.

(a) 교류 피복 아크 용접법: 교류 아크 용접기를 이용하여 용가재인 피복재를 도포한 용접봉과 피용접물과의 사이에 아크를 발생시켜 그 아크열을 이용하여 수동 용접하는 방법

(b) 직류 피복 아크 용접법: 직류 아크 용접기를 이용하여 용가재인 피복재를 바른 용접봉과 피용접물 사이에 아크를 발생시켜 그 아크열을 이용하여 수동 용접하는 방법

(c) 교류서브머지드 아크 용접법: 교류 아크 용접기를 이용하여 이음표면에 미리 입상의 플럭스를 부풀려 두고, 그 안에 용가재인 전극 와이어를 송급해서 피용접물 사이에 대전류 아크를 발생시켜 그 아크열을 이용하여 자동 용접하는 방법으로, 와이어 송급은 아크 전압이 일정하도록 피드백 제어한다.

(d) 티그 용접법: 아르곤, 헬륨 등의 불활성 가스(inert gas) 분위기로 텅스텐 전극과 피용접물과의 사이에 아크를 발생시켜 그 아크열을 이용해서 용접하는 방법으로, 용접봉을 사용하는 경우에는 그것을 아크 공간에 삽입하여 용융시킨다. 직류 및 교류와 함께 사용되나, 교류에서는 상시 고주파 방전의 중첩이 필요하다.

(e) 교류 셀프 쉴드 아크 용접법: 교류아크 용접기를 이용하여 용극인 플럭스 코어드 와이어를 송급시켜 피용접물 사이에 아크를 발생시키고, 그 아크열을 이용하여 자동 용접하는 방법으

로, 와이어송급은 아크 전압의 피드백 방식을 취한다.

5-4. 정전압 특성: 부하 전류가 증가해도 단자 전압이 일정하게 유지되는 특성

    (a) 미그 용접법: 아르곤, 헬륨 등의 불활성 가스(inert gas) 분위기에서 용극인 와이어를 연속적으로 정속 송급하면서 피용접물 사이에 대전류 밀도의 직류 아크를 발생시켜 실시하는 자동 용접법이다.

    (b) 탄산가스 아크 용접법: 탄산가스 분위기에서 용극인 와이어를 연속적으로 정속송급하면서 피용접물 사이에 직류 아크를 발생시켜 그 아크열을 이용하여 실시하는 자동 용접법이다.

    (c) 매그 용접법: 미그 용접에 있어서의 쉴드 가스의 불활성 가스(inert gas) 대신에 불활성 가스와 탄산가스(또는 산소)의 혼합 가스를 이용하는 방법으로, 탄산가스 등의 산화성 가스가 10% 정도 이상 혼합되어 있는 경우를 말한다. 아크의 발생 기구 등은 미그 용접과 같다. 통상 아르곤 80% + 탄산가스 20% 전후의 혼합 가스가 채용되어 강용접에 이용된다.

5-5. (1) 일렉트로슬래그 용접법: 아크열이 아닌 와이어(solid or flux-cored electrode)와 용제(溶劑; flux) 사이에 전기 저항열($Q = 0.24 \cdot E \cdot I$ cal/sec)을 이용하여 모재의 접합부와 용가재(熔加材; filler metal)인 전극 와이어를 용융시키고, 수냉동판(水冷銅板)을 위쪽으로 이동시키면서 연속 주조 방식에 의해 단층상진용접(單層上進熔接)하는 것을 일렉트로슬래그 용접이라 한다. 용제 속에서 와이어로 된 전극과 모재의 하부 사이에서 아크가 발생하고, 이 열이 용제를 용해한 후 저항이 큰 슬래그가 형성되면서 아크는 사라지고 전기 저항열에 의하여 용접이 진행된다. 모재의 두께에 따라 와이어의 수를 정하고, 용제가 내재된 와이어 전극(flux-cored electrode)이 사용되는 경우도 있다. 전류는 600 A 정도, 전압은 40~50 V, 용접 속도는 0.2~0.6 mm/sec 정도이다. 주로 저탄소강의 용접에 사용되나 중탄소강 및 고장력강을 비롯한 스테인리스강 등 광범위에 걸쳐 적용되며, 50 ~ 90 mm 두께 정도의 용접이 가능하다.

    (2) 전자빔 용접(electron beam welding): 고진공($10^{-4} \sim 10^{-6}$ mmHg)실 내에서 적열(赤熱)된 필라멘트로부터 방출된 전자가 용접부에 빛의 1/2의 속도로 충돌될 때의 운동 에너지에서 발생하는 열을 이용하는 것이다. 이 용접기는 진공실 밖에서 제어할 수 있으며, 창을 통하여 용접 진행 상황을 관찰할 수 있다. 10^{-3} mmHg보다 높은 기압에서는 공간이 전리(電離)되어 방전(放電)현상이 일어난다. 용접 속도는 200 mm/sec 정도로 크며, 150 mm 정도의 두께까지 용접할 수 있다.

5-6. 서브머지드 아크 용접법은 용가재로서 공급되는 나선(裸線) 또는 동피복선(銅被覆線)이 입상(粒狀)의 용제(溶劑; flux) 속에서 모재와의 사이에 아크를 발생하여 아크가 보이지 않은 상태에서 진행하는 용접을 서브머지드 아크 용접이라 한다. 아크 경로 전방에 공급되는 용제가 아크열에 의하여 용융되어 소결된 슬래그는 용접부를 공기의 접촉으로부터 차단하고 비드를 덮어 보온한다. 전류로는 직류 및 교류가 모두 채용되며, 비교적 두꺼운 판도 I형 용접을 할 수 있고, 수동에 의한 피복 아크 용접에 비하여 수 배의 전류를 사용하므로 용가재인 와이어의 용융 속도가 매우 크다.

유니언 멜트 용접과 링컨 용접 등은 서브머지드 아크 용접의 상품명이다. 서브머지드 아크 용접에

서 용가재인 와이어가 동시에 수 개 사용될 수 있다.

이 용접법은 탄소강, 합금강 및 스테인리스강 등의 두꺼운 판의 용접에 주로 이용하며, 비철 금속의 용접에는 많이 사용되지 않는다.

5-7. (3)

5-8. (1) c, (2) a, (3) e, (4) b, (5) d

5-9. (1) 강판의 끝부분에서 모재의 넓은 쪽에 아크가 쏠린다(참고 그림 1).

(2) 강판용 접선의 가로로 강한 플러그가 있으면 그 부근에 아크는 강한 플러그에 빨려 들어가듯이 흔들린다(참고 그림 2).

(3) 재질에는 관계없이 어스 끝의 위치가 모재용 접선에 가까운 1개소에 설치되어 있으면 용접 전류패스를 확대하도록 아크는 흔들린다(참고그림 3).

위의 아크 자기불림은 용접 전류에 의해 발생하는 자장이 아크 기둥에 대해 비대칭으로 형성되므로 발생한다. 즉, 상기 (1) 및 (2)의 자기불림은 강자성체인 강의 부피가 큰 쪽에 자력선이 빨려 들어가는 현상이므로, 아크기둥에 대해 비대칭인 자장이 형성되어 이것에 동반하여 자기불림을 발생하는 것이다. (3)은 용접 전류가 감기코일 안을 흘러가도록 한 결과, 그 루프 바깥쪽의 자장은 안쪽에 비해 약하게 되어 이것이 자기불기를 발생하는 이유이다.

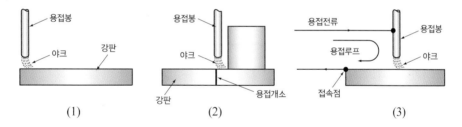

5-10. (1) 나, (2) 가, (3) 다, (4) 마, (5)사, (6) 차

5-11. (1) 용접 속도를 어느 값 이상으로 빠르게 하면(오답)

→ 용접 전류를 어느 값 이상으로 크게 하면(정답)

해설: 용적 이행이 입상 이행(globular transfer)에서 스프레이 이행으로 바뀌는 것은 아크 전류의 전자력에 의한 것으로, 전류가 어느 값 이상으로 크게 되면 스프레이화한다. 이 입상에서 스프레이로의 임계 전류는 와이어 직경이 굵을수록 큰 값이 된다. 또한 아르곤과 탄산가스의 혼합비가 증가할수록 스프레이화가 곤란해진다. 예를 들면, 1.2 mm φ의 강 와이어에서는 탄산가스 혼합비가 30% 정도 이상이 되면 실용적으로는 스프레이화되지 않는다.

(2) 비드폭은 넓고 용입도 깊어지나, 스패터가 발생하기 쉽다(오답). → 비드폭은 넓고 용입은 얕아지나, 스패터가 발생하기 어렵다(정답).

해설: 아르곤계 쉴드 가스 분위기의 아크는 탄산가스 분위기의 경우에 비해 아크가 넓게 발생하므로 비드폭은 넓게 되기 쉬운 경향을 가지는 반면, 아크 집중의 저하에 기인하여 용입은 얕게

된다. 아크가 넓게 발생하기 때문에 와이어 끝 용적의 이탈은 상대적으로 용이하게 된다. 특히 임계 전류를 넘어서는 스프레이화역에서는 아주 용이하게 되어 스패터가 격감한다.

5-12. A. (1) 깊, (2) 얕

해설: 서브머지드 아크 용접 등 비교적 고속도에서 실시되는 자동 아크 용접에 있어서는 오름판에서 용접하면 중력 때문에 용융지는 후퇴해서 그 표면이 오목하게 되므로, 모재 깊이까지 열이 침투하게 된다(그림 1 참조). 반대로 내림판 용접에서는 용융지가 전방으로 진출한 형이 되므로, 표면 가열의 정도가 높아지고 폭이 넓으며 얕은 용입의 비드가 된다(그림 2 참조).

B. (3) 크, (4) 얕

해설: 강, 알루미늄 합금 등의 미그 용접에서 음극 발열은 양극 발열에 비해 꽤 크다. 때문에 와이어(−극)에서는 와이어의 발열이 상대적으로 증가하여 동일 전류에서의 와이어 용접 속도는 꽤 증대하는 결과가 된다. 한편 모재 쪽(+극)의 발열은 상대적으로 저하되므로, 모재의 용융량, 다시 말해 용입 깊이는 감소한다. 이때 용접 속도도 동일하다고 생각되므로, 용착량이 증가해서 아크에 의한 표면 가열의 경향이 강해져 이것도 용입의 억제 효과로 작용한다.

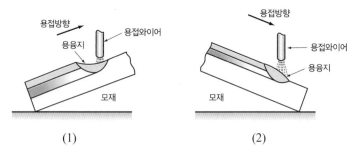

(1)　　　　　　　　　　　　　　(2)

5-13. (a) 스프레이 이행, (b) 입적 이행, (c) 단락 이행

5-14. (1) 긴축,　　(2) 하단부,　(3) 억제,
　　　(4) 큰 입자,　(5) 스패터,　(6) 증대,
　　　(7) 감소,　　(8) 넓어,　　(9) 얕게

5-15. (1), (3), (4)

5-16. (1) 가, (2) 다, (3) 나, (4) 아

5-17. (1), (3)

5-18. (1) 키 홀, (2) 용접, (3) 높게, (4) 좁, (5) 적고, (6) 좁다

5-19. 수하 특성 전압의 동작점 부근은 거의 정전류 특성이 나타나 아크 길이가 변해도 용접 전류, 즉 와이어 용융 속도는 거의 변화하지 않는다.

　　　그러나 용접 중 아크 길이를 일정하게 유지하기 위해서는 와이어의 용융속도와 송급 전동기에 의한 송급 속도는 같지 않으면 안 된다.

때문에 수하 특성 전원의 자동 용접에서는 아크 전압을 피드백해서 송급 전동기의 속도를 컨트롤하고 있다. 예를 들면, 아크 길이가 늘어져 아크 전압이 높게 되면 그 전압이 송급 전동기에 전해져 와이어 송급 속도가 빨라진다. 역으로 아크 길이가 짧아지면 함께 과잉 송급 속도가 저하되어 자동적으로 아크 길이는 일정하게 유지되어 양호한 용접을 실시할 수 있다.

5-20. (1) L_1, (2) L_2, (3) Q_1, (4) Q_2, (5) I_1, (6) I_2, (7) I_3

5-21.

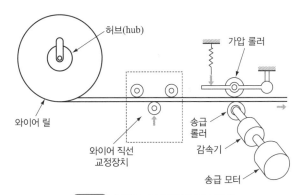

그림 1 와이어 송급창치의 기본 구성

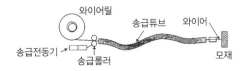

(a) 푸쉬방식

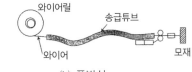

(b) 풀방식

(c) 푸쉬-풀방식

(d) 더블 푸쉬방식

그림 2 와이어 송급방식의 종류

와이어 송급장치는 와이어를 스풀(spool) 또는 릴(reel)에서 뽑아 토치 케이블을 통해 용접부까지 정속도로 공급하는 장치이다. 와이어 송급장치는 그림 1과 같이 직류전동기, 감속장치, 송급기구, 송급속도 제어장치로 구성되어 있다.

1) 푸쉬(push) 방식

   푸쉬 방식은 와이어 스풀 바로 앞에 송급장치를 부착하여 송급 튜브를 통해서 와이어가 용접 토치에 송급되도록 하는 방식으로, 용접 토치가 가볍게 되기 때문에 반자동 용접에 적합하다.

2) 풀(pull) 방식

   송급장치를 용접 토치에 직접 연결시켜 토치와 송급장치가 하나로 되어 있어 송급 시 마찰 저항을 작게 하여 와이어 송급을 원활하게 한 방식으로, 주로 지름이 작고 재질이 연한 와이어 (Al 등)에 이 방식이 사용된다.

3) 푸쉬-풀(push-pull) 방식

   와이어 스풀과 토치의 양측에 송급장치를 부착하는 방식으로, 송급튜브가 길고 재질이 연한 재료에 사용된다. 이 방식은 송급성은 양호하지만 토치에 송급장치가 부착되어 있어 조작이 불편하다.

4) 더블 푸쉬(double push) 방식

   이 방식은 푸쉬식 송급장치와 용접 토치와의 중간에 또 하나의 푸쉬 송급장치(보조 송급장치) 를 장착시켜 2대의 푸쉬 전동기에 의해 송급하는 방식으로, 송급튜브가 매우 긴 경우에 사용된 다. 용접 토치는 푸쉬 방식의 것을 사용할 수 있어 조작이 간편하다.

5-22. 와이어가 고속 송급이 되는 경우에는 송급 전동기의 관성상, 그 속도제어가 곤란하게 된다. 그러 나 정전압 특성의 용접 전원을 이용하면 전원의 자기 제어 특성(아크 길이가 짧게 되면 용접 전 류가 크게 되어 와이어의 소모 속도가 늘고, 와이어 송급속도와 평형을 유지하게 된다)을 이용할 수 있기 때문에 와이어를 정속 송급해도 아크의 안정이 유지된다.

5-23. 서브머지드 아크 용접에는 수하 특성의 전원을 사용, 큰 구경 와이어를 비교적 저속도로 송급하 고 있다. 와이어의 송급은 아크 전압이 일정하게 되도록 피드백 제어로 되어 있지만, 아크 길이가 급변하는 경우에는 저속 송급을 위해 바로는 응답하지 않는다. 아크 길이에 대응하는 아크 전압 을 나타내는 것이 된다. 이처럼 아크 길이가 변화해도 수하 특성의 전원을 이용하기 때문에 전류 의 변화는 소폭에 그친다. 한편 미그 또는 탄산가스 아크 용접의 경우에는 정전압 직류 전원을 사용, 와이어는 정속 송급된다. 아크 길이가 급변한 경우 아크의 동작점은 전원 특성 곡선의 위를 이동하게 되지만, 정전압에 가까운 특성의 전원이기 때문에 아크 전압은 거의 변하지 않고 전류 만 대폭으로 변동하게 된다.

5-24. 일반적으로 와이어 돌출길이가 길게 되면 동일 용접 전류에 대하여 와이어 용융 속도가 증가하 고 녹는 것이 감소한다. 이것이 적정치를 넘으면 아크가 불안정하게 되기 쉽고, 양호한 비드가 얻어지기 어렵게 된다. 더욱이 와이어 돌출길이가 길게 되면 아크 스타트의 실패할 확률이 높고, 반대로 너무 짧으면 콘텍트 팁에 와이어의 burn back 현상을 일으키기 쉽게 된다.

또한 와이어 송급 속도가 일정한 경우 돌출 길이가 길게 되면 전류, 녹는 것, 비드 높이가 감소하고, 비드 폭이 넓게 된다.

5-25. (6) 용접 전류가 너무 높을 때(오답) → 용접 전류가 너무 낮을 때(정답)

5-26.

A 용접법	B 용접용 전원 특성	C 용접 와이어의 송급방식
피복 아크 용접	(가) 수하 특성	
티그 용접	(가) 수하 특성	
솔리드 와이어의 탄산가스 아크 용접	(나) 정전압 특성	(1) 정속 송급방식
미그 용접	(나) 정전압 특성	(1) 정속 송급방식

5-27. ① 가, ② 가, ③ 나, ④ 가, ⑤가, 다, ⑥ 나, ⑦ 가, ⑧ 나, ⑨가

5-28. (1)

5-29. 1. 솔리드 와이어에 비해 슬래그를 생성하고 아름다운 외관의 비드를 만든다.
　　2. 종래 탄산가스 아크 용접의 결점 중 하나인 스패터도 비교적 적다.
　　3. 특히 굵은 와이어에서는 교류 수하 특성의 전원이 사용 가능하다.

5-30. Si, Mn
　　탄산가스는 아크의 고온에서 분해하여 산소가 생긴다. 이 산소가 원인으로 블로우홀이 발생한다. 거기서 와이어 중에 실리콘과 망간을 비교적 다량으로 함유시켜 이 원소들에 의해 탈산 반응을 촉진시켜, 탈산 생성물을 비드 표면에 부상분리시켜 청정한 용접 금속을 얻을 수 있도록 한다.

5-31. 용융 타입
　　장점 (1) 흡습의 우려가 없다.
　　　　 (2) 플럭스 분말이 부서지기 어렵다.
　　　　 (3) 플럭스 조성이 균일하다.
　　단점 (1) 용접 금속의 산소 함유량이 높아지므로 인성이 약화되기 쉽다.
　　　　 (2) 플럭스 소비량이 많다.
　　본드 타입
　　장점 (1) 합금제나 탈산제를 용이하게 첨가하는 것이 가능하다.
　　　　 (2) 용접 금속의 산소 함유량을 낮출 수 있으므로 높은 인성을 얻기 쉽다.
　　단점 (1) 흡습이 쉽다.
　　　　 (2) 반복 사용 시 부서지기 쉽다.
　　　　 (3) 조성의 균일성이 용융 타입보다 떨어진다.

5-32. (1) 흡습의 우려가 있으면 다시 건조한다.

(2) 이물질(녹, 기름기 등)이 혼입되지 않도록 주의한다.

(3) 슬래그화한 양, 비산한 양을 새로운 플럭스에서 보충하면서 사용한다.

(4) 변색, 입도의 변화가 현저한 것은 폐기한다.

5-33. (1) 탄산가스, (2) 탄산가스＋산소, (3) 탄산가스＋아르곤, (4) 아르곤가스＋산소

5-34. (1)

5-35. (1) 용융 속도, (2) 용착 효율, (3) 용착 속도, (4) 바람, (5) 2 m/s

5-36. (1) 용융 플럭스

(2) 용융 플럭스

(3) 본드 플럭스

(4) 본드 플럭스

(5) 용융 플럭스

5-37. (4)

5-38. (3)

6장 평가문제 해답

6-1. (153쪽 참조)

6-2. (154쪽 참조)

6-3. 드릴샹크, 농기구, 크랭크샤후트, 동력전달장치 등

6-4. 재결정 온도를 구분하며 상온에서의 용접을 냉간 압접으로 구분하기도 한다.

6-5. (175쪽 참조)

7장 평가문제 해답

7-1. 가스 절단면은 표면이 현저하게 경화되어 있다. 또 자동 가스 절단기에서 시공해도 0.05~0.1 mm 정도의 요철이 있어 절단 작업을 중도에 중지하게 되면 깊이 0.5~2 mm 정도의 노치가 발생하는 경우가 있다.

이것들은 피로 강도를 어느 정도 저하시키는 수가 있다. 따라서 가스 절단면을 그대로 구조물의 일부로 사용하는 때에는 그 구조물에 허용되는 값에 따라 가스 절단면의 품질을 확보하지 않으면

안 되다. 그러기 위해서는 가스 절단기의 정밀도의 관리, 절단 홈폭의 표준 치수와 정밀도 기준, 절단면의 미려함, 거침의 기준, 가스 절단 조건, 결함발생방지와 그라인더에 의한 보수 등의 관리가 필요하다.

7-2. (1) 파우더, (2) 플라스마, (3) 파우더, (4) 미립철분, (5) 플라스마 아크, (6) 플라스마 제트

7-3. 스트레이트 팁: 절단 산소 분류는 음속을 넘지 않는다. 이 때문에 고속절단에는 적당하지 않지만 보수, 관리, 취급이 용이하기에 수동 절단에 넓게 채용되고 있다.
다이버젠트 팁: 노즐의 형태가 다이버젠트로 고안되어 있어서 절단 산소 분류는 초음속이 된다. 이 때문에 고속 절단이 가능하고, 자동 절단에 많이 이용되고 있다. 노즐 형태에 의해 사용 산소 압력이 결정되기 때문에 사용할 때에는 노즐의 선택과 절단 산소 압력이 중요하다.

7-4. (1) 스트레이트, (2) 다이버젠트, (3) 음속, (4) 산소, (5) 높다

7-5. (1) 아세틸렌 가스 압력, (2) 분리, (3) 동심(2와 3은 반대여도 좋다),
(4) 팁, (5) 토치(4와 5는 반대여도 좋다)

7-6. (1) 느리면, (2) 낮으면, (3) 빠르면, (4) 높으면

7-7. (1) 절단 속도가 너무 빠른 경우: 드래그(drag)가 크게 되고, 상하 테두리가 둥글게 된다. 특히 윗테두리의 바로 밑이 먹어 들어간다.
(2) 절단 속도가 너무 느린 경우: 표면이 과열되어 윗테두리는 둥글게 되고, 하부는 울퉁불퉁하게 된다. 슬래그가 단단하게 부착된다.

7-8. (2)
해설: 절단선 대칭부의 냉각 → 가열

7-9. 아크 기둥의 주변을 냉각하면 열적 핀치 효과에 의해 그 중심 온도는 상승하지만, 아크 기둥은 조여들고 그 전위 밀도는 증대한다. 플라스마 아크 절단에는 아크 기둥의 주변을 좁은 구경의 수냉 노즐로 구속하고, 또 작동 가스로서 아르곤 외에 수소, 질소, 공기 등의 2원자 분자를 사용하기 때문에 냉각 효과가 현저하며, 아크 전압은 티그 아크 등에 비해 높다. 이 때문에 전원의 2차 무부하 전압을 높게 할 필요가 있다.

7-10. (3)

7-11. (1) 아, (2) 바, (3) 가, (4) 라

8장 평가문제 해답

8-1. (199쪽 참조)

8-2. (201쪽 참조)

8-3. (211쪽 참조)

8-4. (226쪽 참조)

8-5. (241쪽 참조)

9장 평가문제 해답

9-1. (1) 실제 목길이
  (2) 이론 목길이
  (3) 이론 목두께
  (4) 실제 목길이, 이론 목길이

9-2. (1) t_1, (2) 0.707 t_1, (3) $t_1 + t_2 + t_3$

9-3. (a) 겹치기 이음
  (b) 맞대기 이음(V형 개선 용접)
  (c) 각 이음(L형 개선 용접)
  (d) T 이음(양측 필렛 용접)
  (e) 덮개판 이음(양면 필렛 용접)
  (f) 플래어 용접 이음

9-4. ① 화살표, ② 현장 용접, ③ 전체 둘레 용접, ④ 용입 깊이(용접부의 단면 치수와 강도),
  ⑤ 루트간, ⑥ 개선 각도, ⑦ 특별 지시사항
  이음의 종류 - V형 개선 용접, 용접부의 위치 - 용접하는 쪽이 화살표 쪽

9-5. (1) 현장 용접 (2) 목길이 9 mm의 전체둘레 필릿 용접(화살표의 앞쪽), (3) 화살표 쪽 목길이 9 mm, 화살표 반대쪽 목길이 6 mm의 양쪽 연속 필릿용접, (4) V형 개선 용접(화살표 방향)

9-6. 목길이 5 mm의 연속 필렛 용접에서 두께 8 mm의 판과 두께 12 mm의 판의 겹침 이음을 만든다. 전체 둘레 현장 용접에서 시공한다. 그림 중에서 점선의 부분도 목길이 5 mm의 필릿 용접이다.

9−7.

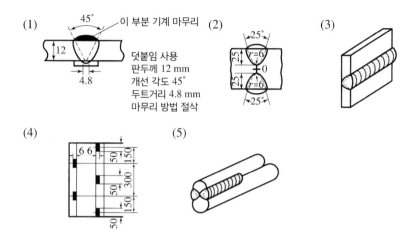

(1) 45° / 이 부분 기계 마무리 / 12 / 4.8 / 덧붙임 사용 / 판두께 12 mm / 개선 각도 45° / 두트거리 4.8 mm / 마무리 방법 절삭

(2) 25° / 25 / r=6 / 0 / 25 / r=6 / 25°

(3)

(4) 6 6 / 50 / 150 / 50 / 300 / 150 / 50

(5)

9−8. (1) 관의 현장 전주 V형 개선 맞대기 용접, (2) 외면에서 용접, (3) 루트 간격 1 mm, (4) 개선 각도 60도, (5) 전길이 방사선 투과 시험, (6) 내부선원 촬영 방법

9−9.

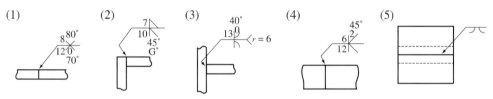

(1) 8 80° / 120 / 70°

(2) 7 / 10 / 45° / G°

(3) 40° / 13 9 / r = 6

(4) 45° / 6 2 / 12

(5)

9−10. 1. 용접부의 표면 형상, (a) 편평, (b) 볼록, (c) 오목

2. 용접부의 사상 방법, (d) 치핑, (e) 연삭, (f) 절삭, (g) 무지시

3. 현장 용접

4. 전체 둘레 용접

5. 전체 둘레 현장 용접

9−11. (1)

9−12. 71 mm(72 mm)

해설: $\tau = \dfrac{P}{\sum a \cdot l}$ 또는 $P = \tau \cdot \sum a \cdot l$

단, P: 이음에 작용하는 하중(N)

τ: 전단 응력(MPa)

a: 용접부의 목두께(m)

l: 각용접부의 유효 길이(m)

문제의 조건에서 $P = 12\,t = 120\,kN$, $\tau = 80\,MPa$,

$$\cos 45° = \frac{a}{Z}$$

$$a = Z \cdot \cos 45°$$

$$\therefore a = \frac{Z}{\sqrt{2}} = \frac{15}{\sqrt{2}} \fallingdotseq 1.06\,mm$$

$$\tau = \frac{P}{A} = \frac{P}{a \cdot 2L}$$

$$\therefore L = \frac{P}{2 \cdot \tau \cdot a} = \frac{120 \times 10^3}{2 \times 80 \times 10^6 \times 10.6 \times 10^{-3}} \fallingdotseq 72 \times 10^{-3}\,m \fallingdotseq 72\,mm$$

9-13. 162 mm(163 mm, 161 mm)

해설: $\tau = \dfrac{P}{\sum a \cdot l}$

단, P: 이음에 작용하는 하중(N)

τ: 전단 응력(MPa)

a: 용접부의 목두께(m)

l: 각용접부의 유효 길이(m)

문제의 조건에서 $P = 200\,kN$, $\tau = 110\,MPa$,

$$\cos 45° = \frac{a}{Z}$$

$$\therefore a = Z \cdot \cos 45°$$

$$= \frac{Z}{\sqrt{2}} = \frac{4}{\sqrt{2}} \fallingdotseq 2.8 \times 10^{-3}\,m$$

$$\therefore L = \frac{P}{2 \cdot \tau \cdot a} = \frac{200 \times 10^3}{2 \times 110 \times 10^6 \times 2.8 \times 10^{-3}} \fallingdotseq 161 \times 10^{-3}\,m \fallingdotseq 161\,mm$$

9-14. 16 t

9-15. 2.93

해설: $P_a = 140 \times 10^6 \times 25 \times 10^{-3} \times 400 \times 10^{-3} = 1.4\,MN = 1400\,kN$

허용 인장 하중은 1400 kN이다.

안전율 $(S) = \dfrac{\sigma_u}{\sigma_a} = \dfrac{410\,MPa}{140\,MPa} \fallingdotseq 2.93$

9-16. 1. 용접 이음부 형상 선택 시 고려 사항

(1) 각종 이음의 특성

(2) 하중의 종류 및 크기

(3) 용접 방법, 판두께, 구조물의 종류, 형상, 재질

(4) 변형 및 용접성

(5) 이음의 준비 및 실제 용접에 소요되는 비용

2. 용접 이음부 형상별 특성

(1) I형(square groove): 홈 가공이 쉽고, root 간격을 좁게 하면 용착량이 적어져서 경제적인 면에서 유리하다. 그러나 판두께가 두꺼워지면 완전 용입을 얻을 수 없으며, 이 홈은 수동 용접에서는 판두께 6 mm 이하인 경우에 사용하며 반복 하중에 의한 피로 강도를 요구하는 부재에는 사용하지 않는다.

(2) V형(vee groove): V형 홈은 한쪽 면에서 완전 용입을 얻으려고 할 때 사용되며, 판두께가 두꺼워지면 용착량이 증대하고, 각변형이 생기기 쉬워 후판에 사용하는 것이 비경제적이다. 보통 6~20 mm 두께에 사용된다.

(3) U형(U groove): U형 홈은 후판을 한쪽 면에서 용접을 행하여 충분한 용입을 얻고자 할 때 사용되며, 후판의 용접에서는 비드의 나비가 좁고, 용착량도 줄일 수 있으나 groove의 가공이 어려운 단점이 있다.

(4) ㅣ/ 형(bevel groove): ㅣ/ 형은 제품의 주(主)부재에 부(副)부재를 붙이는 경우에 주로 사용하며, 즉 T형 이음에서 충분한 용입을 얻기 위해 사용하며, 개선면의 가공이 용이하나 맞대기 용접의 경우에는 수평 용접에만 사용된다.

(5) J형(J groove): ㅣ/ 형이나 K형보다 두꺼운 판에 사용되며, 용착량 및 변형을 감소시키기 위해 사용하나 가공이 어렵다.

(6) X형(double vee groove): X형 홈은 완전 용입을 얻는 데 적합하며, V형에 비해 각변형도 적고 용착량도 적어지므로 후판의 용접에 적합하다. 용접 변형을 방지하기 위해서 6 : 4 또는 7 : 3의 비대칭 X형이 많이 사용된다.

(7) H형(double U groove): 매우 두꺼운 판용접에 가장 적합하다. root 간격의 최댓값은 사용 용접봉 지름을 한도로 한다.

(8) K형(double bevel groove): ㅣ/ 형과 마찬가지로 주(主)부재에 부(副)부재를 붙이는 경우에 사용하며, 밑면 따내기가 매우 곤란하지만, V형에 비하여 용접 변형이 적은 이점이 있다.

9-17. ① 용접선의 집중에 의해 잔류 응력장의 중첩, 과대한 열변형 사이클의 생성 등이 일어나지 않도록 한다.

② 강도 부재에서는 주로 잔류 응력의 경감을 고려하고, 종속적인 부재는 변형방지를 고려한다.

③ 압축부에 대해서는 좌굴 변형방지를 고려하는 것이 당연하나, 초기 휨이 악영향을 끼치지 않도록 변형방지에 유의한다.

④ 박판 구조에서는 용접 잔류 응력에 의해 좌굴되는 위험이 있기 때문에 잔류 응력 경감에 유의하고 과대한 용착량을 피하도록 이음설계를 한다.

⑤ 취성 파괴에 유의하는 부재에 대해서는 잔류 응력, 변형의 발생을 피하고 그것을 감소시킴과 동시에 인성이 뛰어난 재료를 선정한다.

⑥ 응력 부식 균열을 고려할 경우는 잔류 응력을 경감시킨다.

9-18. ① 구조물의 사용 조건(습도, 정적 및 동적 응력, 환경, 수명)

② 견뎌야 하는 한계 균열 치수와 온도, 응력

③ 사용 조건하에서 허용되는 균열치수

④ 취성 파괴 발생방지, 전파정지 중 어느 것을 설정하는가의 구분

⑤ 정기점검의 유무 및 그 방법

10장 평가문제 해답

10-1. (1) 방사선 투과 시험, 이중벽 촬영 방법

(2) 초음파 탐상 시험, 수직 탐상

(3) 초음파 탐상 시험, 경사각 탐상

(4) 형광자분탐상 시험

(5) 염색 침투 탐상 시험

10-2. 1-방사선 투과 시험, 2-초음파 탐상 시험, 3-자분 탐상 시험,

4-침투 탐상 시험, 5-육안 검사, 6-누수시험

10-3. (1) 블로우홀 (2) 슬래그 섞임 (3) 융합 불량 (4) 용입 불량 (5) 균열

10-4. (1) 개선의 오염 방지

(2) 용재의 흡습 및 오손의 방지

(3) 적정한 아크 길이의 유지

(4) 적정 전류치의 사용

(5) 적정한 쉴드 가스의 유량

해설: 블로우홀은 용융 금속 안에 녹아들어 간 탄산가스, 수소 등의 가스가 완전히 빠져나가기 전에 응고하여 내부에 남은 것이다. 그 방지대책으로는 가스 성분이 되는 것을 용용 금속 안에 함입하지 않도록 주의해야 한다. 따라서 개선면 및 주변의 녹, 습기, 유지, 도료 등은 용접 전에 제거한다. 용재는 흡습되거나 오염된 것은 사용하지 않는 것이 필수이며, 그러기 위해서는 용재의 보관, 건조, 취급의 관리 기준을 정해 실시해야 한다. 대기 중에서 산소나 질소의 침입을 방지하기 위해서는 적정한 아크 길이를 유지하여 과대 전류를 사용하지 않도록 해야 한다.

10-5. 1-언더컷, 2-오버랩, 3-블로우홀, 4-용입 불량, 5-세로균열

10-6. (1) 가, 나 (2) 나, 다 (3) 가, 라 (4) 가, 마 (5) 가, 마

10-7. (1), (3), (5)

10-8. (1) 나, (2) 카, (3) 다, (4) 차, (5) 자, (6) 아, (7) 바, (8) 사, (9) 라, (10) 가, (11) 마

10-9. A-시험, B-검사

10-10. A 용접 전의 시험, 검사
　　　1. 용접 시공 방법 확인 시험: 용접 시공요령서에 규정된 용접 시공 방법이 요구된 품질성능을 소유하는 용접부를 만들어 낼 수 있는가를 확인하기 위한 시험
　　　2. 재료 시험: 통상은 재료메이커 시트의 확인 및 재료와의 조합
　　　3. 용접 전의 가공 검사: 형상, Bevel의 상태 등의 검사
　　　4. 용접 준비 검사: 개선의 형상치수, 오염, 개선면의 상태, 판독 오류, 각변형 등의 검사
　　B. 용접 중의 시험, 검사
　　　1. 초층 검사: 초층의 형상, 용입 등. 가용접이 제거되지 않는 경우에는 그것을 포함한다. 예열의 확인.
　　　2. 중간 패스의 검사: 슬래그를 제거하여 비드형상, 융합 상태 등을 검사, 확인한다. 수축 및 각변형에도 주의한다.
　　　3. 가우징 검사: 가우징 작업 중의 감시와 가우징 작업 후의 육안검사. 필요한 경우 자분 또는 침투 탐상 시험을 병용한다.
　　　4. 최종층의 외관 검사: 비드 표면의 상태 확인, 끝단의 형상 및 언더컷에 주의
　　C. 용접 후의 시험, 검사
　　　1. 외관 검사: 육안 및 게이지, 스케일 등을 사용하여 외관, 형상치수, 언더컷, 다리 길이, 각변형 등을 검사한다.
　　　2. 표면 결함의 비파괴 검사: 육안 검사와 필요에 따라 자분 또는 침투 탐상 시험을 실시한다.
　　　3. 내부 결함의 비파괴 검사: 방사선 투과 시험 또는 초음파 탐상 시험에 의한다.
　　　4. 내압, 누수시험: 압력시험, 배관 등에서는 내압시험 및 누수시험(검사)를 실시한다.

10-11. (1) c, (2) e, (3) e, (4) c, (5) g

10-12. (1) c, (2) f, (3) b, (4) b, d (5) d, (6) e, (7) f, (8) e, (9) f, (10) a

10-13. (1), (3), (9)
　　　해설: 용접 열영향부의 경화(경도 시험)
　　　　　　용접 금속 내부의 블로우홀(방사선 투과 시험)
　　　　　　피트(육안 검사)

10-14. (a) 다, (b) 바, (c) 너, (d) 마, (e) 러, (f) 차, (g) 자, (h) 서, (i) 어, (j) 처

10-15. 1-a, 2-a, 3-b, 4-a, 5-b,c, 6-e,d, 7-c, 8-b

10-16. (3)
　　　해설: 내부의 기공은 방사선 투과 시험이 적절하다.

10-17. (4)

10-18. (3)

해설: (1) 볼록을 오목으로, 오목을 볼록으로 바꿈
(2) 볼록틀이 아니라 오목틀
(4) 고를 수 없으므로가 아니라 고를 수 있으므로가 맞음

10-19. (4)

해설: 인장 시험이 아니라 경도 시험

10-20. (2)

해설: 크리프 강도가 아니라 연성이 되어야 맞음

10-21. (3)

해설: 용접 ⇒ 흡수

10-22. (4)

해설: 용제 → 결함

10-23.

항목	방사선 투과 시험	초음파 탐상 시험
결함의 검출 특성	블로우홀, 슬래그 함입 등 입체상 결함의 검출에 우수하다.	균열, 용입 불량 등 평면상 결함의 검출에 우수하다.
경제성	필름의 재료비, 현상처리비 등이 비싸다.	재료비 등 소모품은 원칙적으로 필요없다.
안전성	방사선 장해에 주의를 해야 한다.	안전성상의 문제는 적다.

10-24.

용접 내부 결함	가장 적합한 비파괴 검사
블로우홀	방사선 투과 시험
슬래그 함입	방사선 투과 시험
용입 불량	초음파 탐상 시험(또는 방사선 투과 시험)
균열	초음파 탐상 시험(또는 방사선 투과 시험)

10-25.

제1종 결함	블로우홀, 슬래그 함입 등 둥그스름해진 결함으로, 주로 결함에 의한 단면적의 감소가 기계적 강도를 저하시킨다고 여겨지는 결함이다.
제2종 결함	가늘고 긴 슬래그 함입 및 그와 비슷한 결함으로 응력 집중이 기계적 강도를 저하시키는 것. 그 외에 파이프, 융합 불량, 용입 불량 등이 포함된다. 결함 길이에 의해 산정하여 1급에서 4급까지 4등급으로 분류된다.
제3종 결함	각종의 균열 및 이와 비슷한 결함에서 응력 집중이 아주 커서 기계적 강도를 현저하게 저하시킨다고 여겨지는 결함이다. 용접 불량 중 균열에 가까운 것이 제3종에 포함된다. 제3종의 결함은 길이에 관계없이 4급이 된다.

10-26. 피로 강도에 대해 KS B 0845의 2급 정도의 내부 결함은 강도 저하에는 그다지 영향을 주지 않는다. 한편 언더컷이나 덧댐형상의 부정은 피로 강도의 저하를 일으킨다. 때문에 덧댐 형상이 나쁜 곳이나 모재와의 접합부을 매끈하게 그라인더로 마무리하고, 언더컷은 전부 삭제해서 매끈하게 마무리할 필요가 있다.

10-27. 보통급은 일반적인 방사선의 촬영 방법에 의해 얻어진다. 특급 결함은 검출 감도가 특히 높아지게 되는 촬영 방법에 의해 얻어진다. 이것들의 적용 구분과 요구 항목은 아래와 같다.
　　1. 특급 적용은 원자로용 압력 용기 등 극히 중요한 구조물에서 원칙적으로 덧살을 제거한 용접부에 요구된다. 일반적인 구조물에는 B급이 적용된다.
　　2. 투과도계 식별도 보통급에서는 2.0% 이하, 특급에서는 1.5% 이하(판두께 100 mm 이하의 경우)
　　3. 계조계의 농도차
　　4. 촬영배치 방사선의 입사각 제한

10-28. (1) 블루우홀, (2) 슬래그 함입, (3) 융합 불량, (4) 용입 불량, (5) 균열

10-29. 결함이 내부 용입 불량의 경우 탠덤 탐상법이 좋다.

10-30. 1. 초음파 탐상법이 최적: 수직판의 끝에서 수직 탐상법, 수평판의 우측에서 경사각 탐상법 중 어떤 것도 좋다.
　　2. 방사선 검사도 가능: 이 경우는 필름은 용접부 겉면의 뒤에 두고 내부에 방사선원을 둔다.

10-31. 자력선은 자화 전류에 대해 직각 방면으로 발생하므로, 흠집의 개구부가 자력선을 자르는 것(그림 A)이 많은 누설 자력선을 생성하여 검출하기 쉽다.

10-32. 프로드법에 의해 자화할 경우 대전류를 흘리는데, 그때 전극과 강판의 사이에 아크를 내지 않는 방법을 강구해야 한다.

10-33. 고장력강에서는 표면 및 바로 밑에 미세한 균열이 발생하는 수가 있다.
　　이 균열은 일반적으로 지연 균열이라 하는 것으로, 용접선 방향의 직각으로 발생하는 횡균열이

나 열영향부에 발생하는 끝단 균열 등이 있다.

이런 균열은 외관시험이나 방사선 투과 시험으로는 발견하는 것이 힘들기 때문에, 자분 탐상 시험 또는 침투 탐상 시험을 병용할 필요가 있다.

10-34. (3)

10-35. (2)

해설: 내부 결함 검출을 위한 비파괴 검사에는 방사선 투과 시험과 초음파 탐상 시험이 있다. 방사선 투과 시험은 방사선의 방향에 숨어있는 결함의 검출에 우수하다. 또 결함의 종류, 형상의 판정에서 특히 우수하다. 그러나 밀집된 균열이나 경사가 있는 균열 등에 대해서는 검출되기 어렵다.

초음파 탐상 시험은 균열 등의 면상 결함의 검출 능력이 방사선 투과 시험보다는 우수하다. 그러나 그러기 위해서는 균열면에 초음파가 수직이 되도록 탐상 조건의 선정에 주의할 필요가 있다.

표층부의 결함 검출을 위한 비파괴 시험에는 자분 탐상 시험, 침투 탐상 시험, 전자 유도 시험 등이 있다.

자분 탐상 시험은 표면 및 표면 바로 밑의 결함 검출이 가능하나 강자성체의 재료에 적용된다.

침투 탐상 시험은 표면에 생긴 결함이 아니면 검출되지 않으나 강자성체, 상자성체 어느 것에도 적용된다.

전자 유도 시험은 도체 내의 회오리 전류를 이용하여 결함을 검출하는 것으로, 특히 흠집의 검출을 목적으로 한 것을 와류 탐상 시험이라고 한다.

10-36. (1)

해설: 방사선 투과 시험은 원리적으로는 전자파(X-선 또는 γ선) 투과법으로 건전부와 결함부의 투과선량의 차이를 x-선 필름의 사진농도 차로서 잡는 것에 의해 결함을 검출하는 것이다. 초음파 탐상 시험은 원리적으로는 탄성파 펄스 반사법이 많이 사용되고 있다. 건전부에서 반사파는 생기지 않으나 결함부에서는 반사파가 생긴다. 이 반사파를 브라운관의 에코 높이로 결함을 검출하는 것이다. 방사선 탐상 시험은 적용재 두께는 강재의 경우에 수백 mm 정도이나 초음파 탐상 시험에서는 초음파의 감쇠가 적은 강재에서는 수 m의 것에 대해서도 탐상이 가능하다.

10-42. (1) a. 블로우홀, c. 슬래그 혼입, d. 균열

(2) g. 투과사진의 상질

10-43. (1) 나, 마

(2) 사, 자, 차

10-44. (1) 다, (2) 나, (3) 가, (4) 라, (5) 차

10-45. (1) b, (2) c, (3) a

10-46. (2)

10-47. (1)

해설: 음은 입자의 진동이나 음의 주파수가 높게 되어 약 20 kHz 이상 높은 주파수가 되면 인간의 귀로는 들을 수 없게 된다. 이런 음을 초음파라고 한다. 그중에 금속 재료의 초음파 탐상 시험에서 이용되는 것은 주파수가 0.5~10 MHz의 범위의 것으로, 일반적으로는 2~5 MHz의 범위의 것이 많다. 보통의 음파는 음원에서 사방팔방으로 전해진다. 초음파는 자동차의 헤드라이드처럼 윤곽이 뚜렷한 음속(音束; 초음파빔이라고 함)이 되어 제한된 범위의 방향만 전해지는 성질이 있다. 또 초음파는 물체의 단면이나 물체 중의 이물질(예를 들어, 결함)과의 경계면에서 잘 반사하는 성질이 있다.

10-48. (3)

해설: 초음파가 결함, 즉 이물질 또는 공동에 도달하면 거기서 반사, 산란된다. 결함 치수는 파장의 1/2보다 클수록 초음파는 잘 반사되나, 결함의 형상이나 방향에 의해 반사의 형태가 다르다. 평면상의 반사원, 예를 들어 균열면에 수직인 초음파가 입사되면 반사된 초음파 중 탐촉자에 수신된 초음파의 비율이 커져 브라운관상의 결함 에코의 높이가 높아진다. 그러나 구형의 결함, 예를 들어 블로우홀에서는 입사한 초음파가 여러 가지 방향으로 반사되어 극히 일부만 탐촉자에 수신되므로, 브라운관상의 결함에코의 높이는 낮아진다. 또 평면상의 반사원에서도 기울어져 있으면 반사되는 초음파는 거의 탐촉자로 돌아오지 않는다.

10-49. (2)

10-50. (3)

10-51. (3)

해설: 탐상기의 조정 및 성능 측정에는 시험편을 사용한다. 이 시험편은 KS B 0831 등에 규정되어 있고, 검정된 표준시험편(STB; Standard Test Block)이 있다. 종류와 용도, 특징은 다음 표와 같다.

표준시험편의 명칭	용도 및 특징
STB-A1	수직 탐상, 사각 탐상의 측정 범위 조정 수직 탐촉자, 사각 탐촉자의 성능 점검
STB-A2 및 STB-A21	사각 탐상에서 탐상 감도의 조정 거리진폭 특성 곡선의 작성 사각 탐촉자 감도의 성능 점검 비교적 얇은 판재(40 mm 이하)의 사각 탐상의 탐상 감도 조정을 목적으로 제작 두꺼운 판재에서는 RB-4의 사용이 적당
STB-A3	사각 탐상에서 측정 범위 및 탐상 감도의 조정 사각 탐촉자의 성능 점검 STB-A1과 STB-A2의 기능 조합, 용접부 탐상의 현장 작업에 적합한 소형 경량의 시험편5 주파수 5 MHz, 진동자 치수 10×10 mm의 사각 탐촉자로 측정 범위가 250 mm 이하에 한정
STB-G	수직 탐상에서 탐상 감도의 조정 수직 탐촉자의 성능 점검

10-52. (4)

10-53. (1)

해설: 탐촉자와 시험체 사이는 밀착되어 있어도 그 사이에 기공층이 있기 때문에 초음파는 시험체 안에 거의 전해지지 않는다. 그 공접촉 매질이라 극을 액체로 채워 초음파를 효율 있게 전달시키는 목적으로 사용하는 액체의 매질을 접촉 매질이라한다. 접촉 매질에는 물, 머신 오일, 글리세린, 규산 나트륨, 페이스트(CMC) 등이 있다.

10-54. (1)

10-55. (3)

10-57. (1)

10-58. (3)

10-59. (3)

10-60. (2), (3)

10-61. (4)

10-62. (1)

10-63. (1)

10-64. (3)

10-65. (2)

10-66. 1(연강)

A-아. 상항복점, A'-라. 내력, B-나. 하항복점, C,C'-가. 인장 강도(최대하중점)

D,D'-나. 파단점, G,G'-사. 신율, H-차. 진응력

해설: 연강모재의 인장 시험에서는 일반적으로 항복 현상이 명료하게 나타난다. A를 상항복점,
B를 하항복점이라 하고, 통상 상항복점을 재료의 항복점으로 한다. 고장력강, 특히 고급
고장력강에서 이런 명료한 항복현상이 나타나지 않는 경우가 많으므로 영구 변형이 0.2%
가 되는 하중을 시험편의 원단면적으로 나눈 값을 내력(구체적으로 0.2% 내력)이라 하고,
항복점 대신에 재료 특성으로 이용된다.

하중이 증가하면 시험편의 변형도 증가하며, 특히 부분적으로 줄어드는 현상이 발생하므
로 하중은 최댓점에 달한 뒤로 내려가기 시작한다. 이 최대 하중을 나타내는 점을 최대
하중점이라 하고, 이 하중을 시험편의 원단면적으로 나눈 값을 인장 강도라 한다. 하중을
시험편의 최소 단면적으로 나눈 값을 진응력이라 하고, 그림의 점선처럼 파단까지 상승
을 계속한다. 시험편의 파단 시 하중과 변형을 나타내는 점을 파단점이라고 하나, 그 하
중 또는 응력은 중요하지 않다. 그러나 파단 시의 소성신율(변형 $\epsilon = \Delta l / l_0$)은 재료의 연
성을 나타내는 중요한 성질이다.

10-67. 파면은 모재의 표면에 거의 직각으로, 판두께의 감소는 거의 없고 은백색의 광택이 난다. 취성
균열의 전파 속도는 극히 고속으로 최대 2,000 m/s 정도에 달한다.

취성 파괴가 일어나기 위한 조건은 다음과 같다.

(1) 노치(응력 집중부)의 존재

(2) 인장 응력의 존재

(3) 노치인성의 부족(재료가 부적당 또는 저온)

해설: 전형적인 취성 파괴에서 파면은 판면에 직각으로 판두께의 감소가 거의 없이 결정이 그
벽개면에서 분리되는 형의 파괴가 발생하는 결정립이 다수 존재하기 때문에 은백색의 광
택을 나타내며, 또 쉐브론 모양이 된다. 파면은 취성 파면 또는 결정상 파면이라 하고, 단면
의 수축이 큰 연성 파면(선단면 파면, 섬유상 파면)으로 구별된다. 판표면에 가까운 곳에서
는 연성 파괴된 선단부가 존재하는 일도 있다. 취성 균열은 2,000 m/s 정도까지 고속으로
구조물이나 그 부분이 순식간에 파단된다. 취성 파괴의 발생에는 다음과 같은 조건이 필요
하다.

(1) 노치의 존재: 균열, 용입 불량 등의 용접 결함, 용접 결함에서 성장한 피로 균열 등
형상적인 응력 집중부에 노치가 있으면 특히 영향이 크다

(2) 인장 응력의 존재: 이것에 용접 잔류 응력이 중첩되며, 노치가 있으면 취성 파괴의 위

험이 현저하게 증대한다.

(3) 노치인성의 부족: 이미 상온 또는 사용 온도에서 노치인성이 떨어지는 재료를 사용한 것이 취성 파괴 발생의 큰 원인 중 하나이다. 요즘도 상온 또는 고온용의 재료를 저온에서 사용하는 일은 위험하다. 또 고온에서 사용되는 압력 용기 등을 상온에서 내압 시험을 하는 경우에는 취성 파괴에 대한 배려가 필요하다. 저온에서 사용되는 구조물에는 저온에서의 노치인성이 요구된다. 모재뿐 아니라 용접 금속, 열영향부, 본드부에 대해서도 취성 파괴 방지의 배려는 필요하다.

10-68. 강의 취성 파괴에 대한 저항력을 나타내는 지표를 인성이라 하나, 일반적으로 인성은 동일 재료일 경우 저온이 될수록 저하한다. 너무 저온이나 고온이어도 그 값은 포화하는 경향이 있다. 따라서 어떤 온도 또는 온도 범위에서 급격히 그 변화가 일어나는 일이 많고 이런 현상을 천이 현상이라 하며, 이것이 발생하는 대략의 온도를 나타내는 지표로서 천이 온도가 이용된다.

10-69. 최종 파단까지 변형 또는 에너지의 흡수가 거의 없어 급속하게 일어나는 파괴를 말한다. 거시적인 파괴 형식에서 보면 인장 파괴(tensile fracture)가 이에 속한다. 일반적으로 금속은 어느 정도의 연성을 나타내고 소성 변형의 결과로 파괴가 일어나지만, 온도 저하와 함께 연성-취성 천이(ductile-to-brittle transition)가 생겨 파단면이 하중의 방향과 직각방향으로 분리되는 벽개 파괴를 하게 된다. 이러한 벽개 파괴(cleavage fracture)를 협의의 취성 파괴라고도 한다. 취성 파괴에 의해 나타나는 파면을 취성 파면(brittle fracture surface)이라고 하며, 파면은 벽개 파면(cleavage fracture surface)으로서 리버패턴(river pattern)을 나타낸다.

10-70. ① 인성이 뛰어난 재료의 사용: 사용 온도, 사용 조건 등을 고려해서 노치인성이 충분한 것을 선택한다.

② 용접이 쉬운 재료의 사용: 용접 구조물로서는 용접부의 성능이 좋고 용접 결함이 생기기 어려운 것이 중요하며, 용접성이 뛰어난 재료를 사용한다.

③ 응력 집중을 피하는 설계: 구조 요소의 형상(열린 구멍, 구석각부분 등)에 의한 응력 집중은 물론이고, 용접선의 집중, 형상적 불연속 등을 피하는 설계를 실시한다.

④ 용접 결함의 배제와 관리: 비파괴 검사의 적용에 의해 용접 결함을 되도록 배제함과 동시에 어느 정도의 결함이 존재할 수 있는가를 명확한 전제로 한 관리를 실시한다.

⑤ 용접 시공 조건의 정비와 관리: 용접부의 인성을 확보하기 위한 시공 조건을 정비한다.

⑥ 용접 변형의 감소: 특히 각변형, 판독 오류 등 취성 파괴의 영향 인자가 커지지 않도록 변형 방지를 꾀한다.

⑦ 필요에 따라 잔류 응력 제거를 실시한다. 단 용접 후 열처리는 경우에 따라 재료의 인성 약화를 가져오므로 주의해야 한다.

⑧ 부재 조립시에 가용접, 지그 용접 등에서 이상경화부를 남기지 않도록 한다.

11장 평가문제 해답

11-1. (1) 입열이 작은 용접 방법을 선정한다.

(2) 적절한 용접 순서, 용착법에서 용접을 실시한다.

(3) 용접 금속량을 적게 한다.

(4) 지그, 스트롱백 등으로 구속한다.

(5) 구조부재 치수 정밀도를 향상시켜 과대개선을 방지한다.

(6) 역변형을 가한다.

(7) 정반, 지그 등의 이용으로 부재의 초기휨, 변형을 방지한다.

(8) 대칭인 구조, 용접 이음, 개선을 선정한다.

11-2. (1) 입열량 또는 용착 금속량을 최소한으로 한다(용착 금속량의 감소는 수축량의 감소로 이어지므로 적정한 용접량과 개선형상에 주의한다).

(2) 용접 순서에 유의한다(입열의 밸런스를 고려해서 대칭적으로 용접을 진행하는 방법이나 입열을 분산시키는 비석법이 변형방지에 효과가 있다).

(3) 역변형법을 준비한다(용접에 의해 발생하는 변형과 역방향으로 변형을 미리 주어 용접 변형과 상쇄하는 방식이다).

(4) 지그를 이용하여 구속한다(판의 주변을 정반에 고정해두어 지그나 보강재를 부착해 기계적으로 구속하는 방식이다).

(5) 피닝을 실시한다(용접 비드를 둔 직후에 유압 해머 등을 이용하여 용접부를 때려 수축량을 감소시키는 방식이다. 초층의 피닝은 균열이 발생하기 쉬우므로 시공 시에는 주의를 요한다).

11-3. (2), (3), (4)

11-4. 봉이 구속받지 않고 신축이 자유로울 때에는 온도차 t°C만으로 $\Delta l = \alpha \cdot t \cdot l$ 의 길이만큼 늘어난다. 봉이 구속받을 때는 원래 $l + \Delta l$ 의 길이에서 l로 줄어든 것이므로, 압축 뒤틀림은 $\epsilon = \Delta l / (l + \Delta l) ≒ \Delta l / l = \alpha t$가 되고, 압축 응력은 $\sigma = E \cdot \epsilon = E \cdot \alpha \cdot t$가 된다. σ가 400 MPa에 도달하기까지는 $400 \times 10^6 = 210 \times 10^9 \times 1 \times 10^{-5} \times t$

따라서 $t = (400 \times 10^6) / (210 \times 10^9 \times 1 \times 10^{-5}) ≒ 190$ °C 이다.

11-5. (b)

해설: 웹은 후렌지의 중앙이 아니라 A쪽에 가깝다. 필렛 용접이 냉각 시 수축하는 것은 그림과 같이 후렌지의 A쪽에 가까운 것이 B쪽보다 상대적으로 수축량이 크므로 점선이 나타내듯이 A쪽으로 휜다.

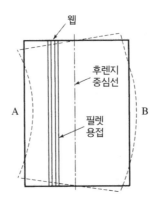

11-6. 그림과 같음.

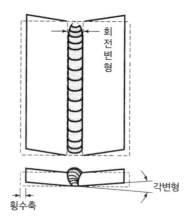

해설: 용융 금속의 응고 냉각, 용접열에 의한 모재의 가열 냉각에 동반되어 용접선에 직각 방향
으로 횡수축, 용접의 진행 방향으로 개선이 닫히는 방향(피복 아크 용접이므로)으로의 회
전 변형 및 개선 표면에의 휨이 되는 각변형이 발생한다.

11-7. 그림과 같음.

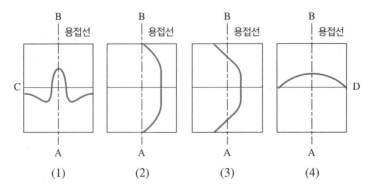

11-8. 그림과 같음.

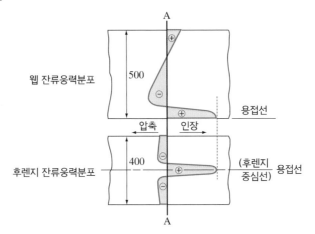

11-9. (1) 비교적 판의 두께가 크고(6 mm 이상), 정적 강도만을 고려하는 경우 단속 용접의 경우가 뒤틀림이 적고 보기가 좋다.

(2) 동적 하중이 걸리는 경우는 단속용접에서는 각 용접부의 양끝에 응력 집중이 발생하므로 불리하고, 연속 용접이 좋다.

(3) 용접 뒤틀림은 연속 용접의 경우가 크지만 이 경우 변형된 판면은 단조로운 곡선이 되므로 뒤틀림의 교정이 용이하다.

(4) 3 mm 이하의 박판에는 주름 형상의 면변형이 복잡하게 분포되기 때문에 뒤틀림의 교정은 연속 용접보다 오히려 어려워진다.

11-10. (1) 용접 후 열처리(PWHT) – 강재의 변태 온도 이하의 온도(연강에서는 약 600℃)에서 두께 25 mm당 1시간 유지 후 서냉한다.

(2) 용접 후 열처리(PWHT) – 고온에 있어서의 항복점의 저하와 온도 유지 중의 크리프 현상에 의해 잔류 응력이 현저하게 감소한다.

(3) 기계적 응력 제거 – 압력 용기에 내압을 가하는 경우처럼 이음부 방향에 인장 응력을 가한 후 하중을 제하면 거의 더해진 응력으로 잔류 응력이 감소한다.

(4) 피닝 용접부를 피닝용 해머로 연속적으로 타격하여 비드의 표면을 늘여 인장 잔류 응력을 감소시킨다.

11-11. (1) AB: 온도 상승, 탄성 압축 응력 발생, 약 200℃에서 항복한다(온도 상승은 중앙 부재의 열팽창을 가져온다).

(2) BC: 온도 상승에 동반되는 항복점 저하에 의해 압축 응력이 감소한다(열팽창이 계속되므로 압축뒤틀림은 증가한다).

(3) CD: 온도 저하, 중앙부재는 열수축하기 때문에 압축 응력 레벨이 감소해 그림의 경우는 약 520℃ 정도에서 인장 탄성 응력이 나타난다. 약 400℃에서 항복한다(인장방향).

(4) DE: 온도 하강에 의한 항복점의 상승, 수축이 항복 뒤틀림보다 크기 때문에 항복점에 따라 인장 응력이 상승해서 상온까지 계속된다(상온에서 인장 잔류 응력이 존재한다.).

11-12. (3)

해설: 각변형을 감소시킨다 → 각변형이 증대

11-13. (1)

해설: 용접 입열을 되도록 작게 한다.

11-14. 1. 기계적 방법

① 인장 응력을 부하시키는 방법: 인장 응력을 부하시키면 인장 잔류 응력과 중첩해서 항복점 이상의 응력이 걸려 소성 변형이 발생하므로 그 결과 잔류 응력이 저하한다.

② 피닝: 용접부를 해머로 적당한 힘을 주어 피닝하면 피닝된 표면이 늘어나 인장 잔류 응력이 저하한다.

2. 열적 방법

금속은 고온이 되면 현저하게 항복점이 저하한다. 전류 응력이 있는 용접부에서는 인장 응력 부분과 압축 응력 부분이 있어 서로 균형을 이루고 있으므로, 이것을 적당한 고온으로 유지하면 잔류 응력이 거의 소실된다. 일반적으로 연강에서는 600℃ 이상에서 두께 25 mm당 1시간 경과 후 서냉한다.

11-15. (3), (4), (5)

해설: 용접 잔류 응력이 있는 이음을 인장하면 취성 파괴가 발생하지 않는 한 잔류 응력의 인장 측 부분은 인장 하중의 증가와 함께 빨리 항복하지만, 그 부분은 다른 부분이 항복역에 들어가기까지 응력 레벨은 변하지 않는다. 전체가 항복하면 잔류 응력은 사라지므로, 그 후 파단까지의 거동은 금속 조직 본래의 성능에 따르게 되어 파단 하중으로의 영향은 거의 나타나지 않는다. 피로 강도에 대해서는 용접 결함이 있으면 국부적인 응력 집중이 발생해서 잔류 응력이 그것을 증폭하는 효과를 주므로, 이것은 피로에 있어서의 평균 응력의 효과를 가지고 용접 결함이 없는 경우에 비해 낮은 겉보기 응력 레벨에서의 피로 균열 발생을 가져오는 역효과가 난다.

취성 파괴 발생에 대해서도 잔류 응력은 응력 집중도를 조장하는 요인으로서 영향을 끼치므로 노치 등의 존재와의 중첩이 일어나지 않도록 유의해야 한다.

좌굴은 압축 응력에서 발생하는 현상으로 잔류 응력의 압축 측 부분은 압축 하중과 중첩해서 좌굴 하중을 낮추는 데 효과가 있다. 단, 인장 잔류 응력은 역효과를 가진다.

응력 부식 균열에서는 인장측의 잔류 응력부 분이 균열 발생 요인으로 영향을 끼친다.

11-16. (1), (4), (5)

해설:

1. 응력 부식 균열은 그 명칭이 나타내듯이 응력에 관계가 있으므로 잔류 응력에 크게 영향을

끼친다.

2. 잔류 응력이 있어도 연성 파괴에 의해 파단되는 경우 인장 하중에 있어 항복점에 달하는 부분은 소성 변형을 일으켜 응력은 그 이상이 되지 않고, 전단면이 항복 상태가 되어 버리므로 파단 강도에는 그다지 영향을 주지 않는다.

3. 용접 열영향부의 조직은 최고 도달 온도와 냉각 속도에 의해 주로 지배되므로 잔류 응력과 직접적인 관계는 없다.

4. 잔류 응력과 변형은 어느 쪽이든 용접열에 의한 팽창과 수축의 불균일에 의해 발생하므로, 관계가 깊다. 변형을 방지하기 위해 강하게 구속하면 잔류 응력의 값은 크게 된다.

5. 취성 파괴의 발생에는 응력 집중부의 존재, 인장 응력 및 노치인성의 부족이 원인이 된다. 인장 잔류 응력이 있으면 평균 응력이 작아도 용접부 부근의 응력이 높게 되어, 항복점에 달하는 영역이 발생하므로 사용 조건이나 시험 조건에서의 취성 파괴가 발생하기 쉽다.

12장 평가문제 해답

12-1. 용접 구조용 압연 강재의 형상, 용도는 일반 구조용강과 거의 동일하나 특히 용접성을 고려한 열간 압연 강재인 SM재(Steel Marine)는 조선용 강재와 동일급 고급품의 압연 강재이다. SM재는 세미킬드강 또는 킬드강을 열간 압연에 의해 강판, 강대, 형강, 평강 등으로 가공한 것으로 용접부의 취성과 저온 취성이 문제될 수 있는 건축, 교량, 선박, 차량, 석유저장 탱크 등의 용접 조립용 일반 구조 용재로 널리 사용된다.

12-2. 중요한 용접 구조물에는 SM재를 사용해야만 한다. 용접 구조물에서는 취성 파괴나 피로 균열 등이 발생하면 구조가 용접에 의해 일체가 되기 때문에, 전체로 전파되어 중대한 파괴 사고로 진전될 수 있다. SM재는 용접 구조용 강재로 규정되어 있어 구조물의 안전성을 위해 특히 용접성과 노치인성을 고려해서 C 함유량을 낮게 억제하고, Si, Mn의 성분량을 규정해서 P, S의 상한치도 SS재에 비해 낮게 규정하고 있다. C량의 증가는 용접에 의한 경화를 현저하게 조장해서 저온 균열 감수성을 높여 더욱 연성이나 노치인성을 저하시키므로, 용접용 강재로서는 되도록 낮은 것이 바람직하다. 또, S나 P 등 불순물은 고온 균열이나 라멜라 균열의 감수성을 높여 노치인성을 훼손하므로, 낮은 것이 바람직하다.

12-3. SS41의 화학 성분은 P와 S의 함유량만을 제한해서 C, Mn 및 Si의 함유량의 규정이 없으므로 용접균열을 발생시키거나, 노치인성도 일반적으로 떨어진다. SM41은 A, B, C 세 종류가 있어 강도의 규격치는 SS41과 같으나, 화학 성분은 C, Si, Mn에 대해서도 규정되어 있다. 노치인성도 SM41A 이외에는 충격치가 규정되어 있어 용접성과 노치인성을 중요시하여 대형 용접 구조물에 사용되는 것을 고려한 강재이다.

12-4. (1) 용접 입열을 작게 한다.
(2) 최저 입열 온도를 사용하여 냉각 속도가 느려지지 않게 한다.

(3) 강재의 선택에 유의한다.

(4) 용접 본드부의 결정립 조대화를 막기 위해서는 탄소 당량이 어느 정도 낮고, Ni 함량이 많으며, Ti 등의 희토류 원소가 가미된 재료를 선정한다.

(5) 용접 중에 용접열을 이용하여 본드부를 재가열(reheat)하여 조직을 개선한다.

(6) 용접 후 용접 본드부를 후열처리한다.

12-5.

구 분	조질강	비조질강
장 점	1. 비교적 적은 합금 원소로 강도를 높이는 일이 가능하다. 2. 동일 강도 레벨의 비조질형강에 비해 일반적으로 용접성 및 노치인성이 우수하다.	1. 각종 형상치수의 강재의 제조가 간단하다. 2. 열간 가공이 가능하다.
단 점	1. 열간 휨가공이 제약된다. 2. 용접 변형의 가열 교정에 주의를 요한다. 3. 후열처리온도는 강재제조시의 뜨임(tempering) 온도 이하에서 실시할 필요가 있다. 4. 대입열 자동 용접의 경우 입열 제한이 필요하다.	1. 고강도 후판이 됨에 따라 인장 강도, 노치인성 및 용접성의 확보가 제어압연강 이외는 일반적으로 곤란하다.

(1) 조질강: 담금질-뜨임 열처리를 실시한 것

(2) 비조질강: 압연 그대로 제어 압연 또는 노멀라이징 등 담금질-뜨임 이외의 열처리를 실시한 것

12-6. (1) HT50: HT50은 Si-Mn계의 Al킬드강으로 인장 강도는 50 kgf/mm^2 이상의 고장력강이다. 보통 압연한 그대로 사용한다.

(2) HT60: HT60에 속하는 강재는 조질강으로 인장 강도 60 kgf/mm^2 이상의 것이다. Si-Mn계의 HT50 또는 여기에 소량의 Ni, Cr, V 등을 첨가한 강을 조절하여 강도와 연성을 높인 고장력강이다. 주로 교량, 압력용기, 석유저장탱크, 고층 구조물 등에 사용된다.

(3) HT80: HT80은 C가 0.18% 이하로 Mn, Si, Ni, Cr, Mo, V, B 등을 소량 함유한 조질강이다. 용도로는 HT60과 거의 같으나 특히 도시 가스와 LPG의 구형 또는 원통형 탱크에 쓰인다.

(4) HT100: HT100은 HT80에 비해 Ni과 Cr의 함유량은 약간 많으나 뜨임 온도를 약간 낮게 하여 강도를 높인 고장력강이다.

12-7. (1) -10℃ 이하의 사용 환경에 적절한 강재이다.

(2) 알루미늄킬드강, 2.5% Ni 강, 3.5% Ni 강, 9% Ni 강, 저온용 고장력강으로 분류된다. 알루미늄강은 항복점 24 kgf/mm^2, 33 kgf/mm^2, 37 kgf/mm^{2}의 것이 있어, 저강도재는 뜨임(tempering)처리, 고강도재는 담금질-뜨임처리로 제조된다. 최저 사용 온도는 강도, 열처리에 의해 -30℃, -45℃, -60℃의 3단계가 있다.

(3) 2.5% Ni 강, 3.5% Ni 강은 모두 노멀라이징(불림)처리로 제조되어 최저 사용 온도는 전자가 −60℃, 후자가 −101℃이다. 9% Ni 강에는 2중불림−뜨임형과 담금질−뜨임형이 있으나, 어느 것도 최저 사용 온도는 −196℃이다.

(4) 저온용 강은 저온에서 사용 성능, 특히 취성 파괴에 대한 저항이 우수한 것이 필수 조건이다. 구조적으로 조립 단계에서 각종의 가공(냉간, 열간, 온간)이 더해지나, 이것들의 가공에 의한 재질 변화가 작은 것이 바람직하다. 또 용접성이 양호한 것이 중요한 조건이다.

12−8. 보통 주철은 2.5~4.5%의 탄소를 함유하고, 탄소는 시멘타이트 또는 흑연으로 존재한다. 시멘타이트를 함유하는 것을 백선이라고 하며 극히 깨지기 쉬우므로 용접은 거의 불가능하다. 흑연을 많이 함유한 것은 용접에 의해 냉각되면 흑연이 시멘타이트가 되어 수축이 커지므로 균열이 생기기 쉽다. 이런 이유로 주철의 용접은 크게 주조 시의 결함이나 비중요부재의 손상부 등의 보수 용접에 제한하고 있다.

용접법으로는 550 ~ 700℃ 정도의 예열을 실시하는 고온 예열법과 예열 없이 1회 용착 길이를 30~50 mm씩 하여 용착 직후의 고온으로 강한 피닝을 실시하면서 용접하나, Ni 함유 등의 특수봉을 사용하는 저온 용접법도 있다.

그것에 비해 주강은 대부분이 저중탄소강이므로, 예열을 실시하여 저수소계 용접봉을 이용하여 용접 후 열처리를 실시하는 등 주의깊은 시공이 필요하나, 용접이 일반적으로 실시되고 있다. 또 KS에는 C, P, S 등의 함유 및 탄소 당량을 낮춘 용접 구조용 주강품의 규정도 있고, 이것들은 일반적으로 우수한 용접성을 가진다. 그러므로 주철품의 편이 훨씬 용접이 곤란하다. 일반적으로 주철은 극히 다량의 탄소를 함유하기 때문에 예열이나 저수소계 용접봉을 이용하는 등 같은 정도의 탄소량의 압연강재보다 약간 주의하면 일반적으로 용접이 가능하다.

12−9. 1−나, 2−사, 3−사, 4−바, 5−라

12−10. (1)−1, (2)−4, (3)−3

12−11. (2)

12−12. (2)

해설: 담금질−뜨임형 알루미늄−조질처리에 의한 세립화

12−13. C−나, Mn−마, Al−가 Ni−다, Cr−라

12−14. (1) 조립역: 모재의 용융점 가까이에 가열된 영역에서 결정립이 조대화되어 마르텐사이트 등의 경화 조직이 되기 쉽고, 저온 균열이 발생하기 쉽다. 또 인성이 현저하게 저하하는 경우도 있다.

(2) 세립역: 900 ~ 1100℃에서 가열된 영역에서 결정립은 A1변태에 의해 세밀화되고, 인성이 우수하다.

(3) 구상 펄라이트역: 750 ~ 900°C에서 가열된 영역이다. 이 온도 영역은 A₁변태 온도와 A₃변태 온도 간의 온도 영역이기 때문에, 펄라이트의 일부가 오스테나이트에서 변태하여 미변태의 펄라이트 중의 시멘타이트는 구상화한다.

12-15. 예열 온도, 용접 조건(용접 입열), 후판 및 이음 형상

12-16. 1-사, 2-가, 3-마, 4-다, 5-나, 6-라, 7-바

12-17. (1) b, (2) b, (3) a, (4) b, (5) b

12-18. (1) 연속 냉각 변태 선도(CCT diagram): 용접 열영향부(HAZ)의 최고 가열 온도로부터 냉각 속도에 따라 조직과 최고 경도(Hv)가 변화하는 거동을 나타낸 것이 CCT선도이다.

(2) 임계 냉각 속도: 오스테나이트가 변태하여 마르텐사이트 및 펄라이트로 변화할 때의 한계 속도(약 400 ~ 200°C/sec)이다. 즉, 강을 quenching 경화시키는데 필요한 최소한 냉각 속도로 CCT 선도에서 800 ~ 500°C까지의 평균 냉각 속도(°C/sec)를 취한다.

12-19. (1) 블로우홀의 생성 원인

가스의 용해도는 액체 금속에 비해 고체에서는 현저하게 감소하므로, 용접 금속이 응고할 때 용해되는 가스가 방출되거나 액체 금속 내의 반응에 의해 액체 금속에 용해되지 않는 가스가 발생해서 기포를 발생한다. 이것들은 응고 중에 상승을 계속하여 잔류한 것이 기포이다. 예를 들어, 강 용접봉 금속의 수소 또는 질소의 용해도는 액체와 고체에서는 현저한 차이가 있으므로, 응고 시 급격한 가스 방출로 인해 기공이 생긴다. 또한 융용 중의 탄소와 산소의 반응에 의한 CO가스는 용융에 용해되지 않고 기공의 원인이 된다.

(2) 블로우홀의 방지법

(a) 용접 분위기의 쉴드를 안전하게 한다.

(b) 적당한 탈산을 실시한다.

(c) 용접봉, 플럭스를 적절히 건조시킨다.

(d) 적당한 용접 조건에서 입열을 크게 한다. 예열을 실시한다.

(e) 강재에 부착되어 있는 기름, 페인트, 녹 등을 제거하여 개선면을 정결히 한다.

12-20. 조질고장력강을 용접하면 뜨임(tempering) 온도 이상으로 가열되는 열영향부에서는 조질의 효과를 잃어 인성이 저하하는 우려가 있다. 또 이 부분은 모재보다도 다소 연화된다. 특히 박판의 수동 용접이나 입열이 큰 서브머지드 아크 용접 등에서 이 연화역의 폭이 그 영향에 의해 용접 이음의 항복점이나 인장 강도가 저하해서 인성이 저하되는 수도 있다. 이것을 막는 대책으로 용접 입열을 제한할 필요가 있다.

12-21. 저온 용강은 보통, 노멀라이징, 불림-뜨임, 또는 담금질-뜨임 등의 열처리를 실시하면 취화하는 경우가 있다. 특히 담금질-뜨임강은 본드부의 노치인성에 주의가 필요하며, 그 정도와

범위를 제한하여 성능의 저하를 막기 위해 입열제한이 필요하다.

용접 입열은 전류, 전압, 속도에 의해 결정되며, 저온 용강의 경우 15 ~ 35 kJ/cm 정도로 제한할 필요가 있다.

12-22. (1) 용접 입열을 작게 하기 위해 용접 입열 제한을 실시한다.

(2) 용접 균열을 막는 데 필요한 예열 온도를 유지하여 필요 이상으로 예열 온도를 높이지 않는다.

(3) 강재의 성분에 대해 배려한다.

12-23. (1) 나, (2) 마, (3) 가, (4) 다, (5) 라, (6) 아, (7) 자, (8) 차, (9) 사, (10) 바

12-24. (a) 바, (b) 마, (c) 라, (d) 나, (e) 사, (f) 가, (g) 다, (h) 나, (i) 사, (j) 사

12-25. (1) 개선의 오염 방지(녹, 습기, 유지, 도료 등의 부착 방지와 제거)

(2) 용재의 흡습, 과도 건조 및 오손 방지. 그러기 위한 용재의 취급, 건조, 보관관리.

(3) 적정한 아크 길이의 유지(과대한 아크 길이 불가). 적정한 운봉(들려올림 운봉 등 불가)

(4) 적정 전류치의 사용(과대 전류에 특히 주의)

(5) 가스 쉴드 아크 용접에서는 쉴드 가스 부족, 와이어의 오손, 모재의 오손, 전압과대, 팁 - 모재 간 거리과대 등의 방지, 배제

12-26. ① 원리 - 금속은 고온이 되면 항복점이 현저하게 저하되며, 항복점 이하에서도 응력을 건 상태로 방치하면 응력이 감소하는 방향으로 소성변형이 발생한다. 잔류 응력이 있는 용접 조물에서 인장 응력 부분과 압축 응력 부분이 서로 균형을 이루고 있으므로 적당한 고온에서 유지하면 국부적인 소성변형의 결과 잔류 응력은 완화된다.

② 유지 온도와 시간 - 탄소강의 용접 후 열처리의 온도와 시간은 일반적으로 다음과 같다.

▶ 유지 온도: 600℃ 이상(혹은 550℃ 이상)

▶ 유지 시간: $1 \times t/25$(h), t는 판의 두께(mm)

12-27. 1. 가열 온도가 강재의 뜨임(tempering) 온도를 넘지 않도록 한다. 이를 위해 강재의 뜨임 온도(또는 그 이하)를 알아야 한다.

2. 강재 발주 시 용접 후 열처리 실시를 지도한다.

3. 특히 70~80 kgf/mm²급 고장력강에서는 용접부의 취화에 주의한다.

4. 강종에 따라 용접 후 열처리에 의한 재열균열(SR균열)이 발생하는 일이 있으므로 대책을 강구한다.

12-28. (1)

해설: 잔류 응력의 감소

12-29. (1) 사 (2) 마 (3) 나 (4) 너 (5) 더 (6) 타 (7) 다 (8) 아

12-30. (3)

12-31. (2)

> 해설: (1) 유지 시간이 너무 길면 강도 노치인성이 저하된다.
>
> (2) 유지 시간이 너무 짧으면 열 불균등으로 응력 완화, 경화부의 연화, 조직의 불안정 등이 발생한다.
>
> (3) 가열로를 장기간 사용하므로 비경제적이다. 또한 온도가 너무 낮으면 열처리의 효과가 없다.

12-32. (4)

12-33. 5층으로 용접하는 편이 충격값이 높다. 다층 용접에서 전층은 후층에 의해 재가열되어 세립역이 형성되어 연성이 회복되므로, 층수가 많을수록 연성이 개선된 부분이 많아져서 전체적으로 충격치가 높아진다.

13장 평가문제 해답

13-1. (1) 탄소 당량 또는 용접 저온 균열 감수성조성(P_{cm})이 낮은 강재를 사용한다.

(2) 저수소계 용접봉을 사용한다.

(3) 용접봉을 적절히 건조시켜 흡습하지 않도록 취급한다.

(4) 예열을 실시한다.

(5) 용접 입열량을 크게 한다.

(6) 개선을 청결히 한다.

(7) 미그 용접법, 탄산가스 아크 용접법과 같은 용접 금속의 확산성 수소량이 낮은 용접법을 사용한다.

(8) 용접 후 즉시 후열을 실시한다.

(9) 루트 간격이 과대해지지 않도록 한다.

(10) 용접부의 구속을 작게 한다.

13-2. (1) 탄소 당량 또는 용접 저온 균열 감수성 조성이 낮은 강재를 사용한다.

(2) 냉각 시간을 길게(냉각 속도를 느리게) 하도록 입열이 큰 용접을 택하거나 예열을 실시한다.

(3) 용접 금속부의 초기 수소량이 작은 용접봉을 사용한다.

(4) 구속도가 작아지도록 이음의 형상, 치수, 용접 순서를 계획한다.

(5) 용접 직후 후열을 실시하여 수소의 확산을 꾀한다.

13-3. 고장력강의 비드밑 균열은 비드 바로 밑의 열영향부에 발생하는 저온 균열이다. 이 원인은 다음과 같다.

(1) 비드밑의 열영향부의 경화

(2) 용접에 동반되는 변태 응력, 잔류 응력

(3) 수소 원자가 분자가 되기 위해 발생하는 압력

비드 밑 균열의 방지대책은 다음과 같다.

(1) 예열을 실시한다.

(2) 저수소계 용접봉을 이용한다.

(3) 용접 입열을 증가시킨다.

(4) 용접 후 서냉한다.

13-4. (3)

해설: 대입열에서 용접하면 용접 금속의 응고까지의 냉각 시간이 길게 되어 용접 금속이 응고 균열 발생 온도역에 처해지는 시간이 길어지므로, 응고균열이 발생하기 쉽게 된다. 따라서 응고 균열을 방지하기 위해서는 용접 입열이 과대하게 되지 않는 범위에서 용접하는 것이 바람직하다.

13-5. (1) 끝부분의 언더컷을 제거하여 깔끔하게 마무리한다.

(2) 잔류 응력과 응력의 집중을 피한다.

(3) 가열 냉각 중 열응력의 발생을 작게 한다.

(4) 후열 온도는 재열 균열 발생온도 이하로 한다.

13-6. (1) 용접 전류가 너무 높다.

(2) 아크 길이가 너무 길다.

(3) 운봉 속도가 과대

(4) 용접봉의 선택 오류

13-7. (1) 적절한 비파괴 시험 방법을 준비, 제거 대상 결함의 위치와 범위 확인

(2) 이 정보에 의거 그라인더, 아크에어가우징 등의 방법을 이용, 결함을 제거

(3) 균열과 같은 결함에서 결함 제거 작업 중에 결함이 신장할 우려가 있는 경우에는 결함 양단의 외부에 스톱홀을 두고 제거 작업 실시

(4) 결함이 제거된 것을 육안 및 자분 또는 침투 탐상 시험 등에 의해 확인

13-8. (1) 나 (2) 나 (3) 가 (4) 가 (5) 나

13-9. (1) a. 낮다 (2) a. 작다 (3) a. 작다 (4) a. 낮다 (5) b. 높다

(6) b. 크다 (7) b. 높다 (8) b. 크다 (9) a. 낮다 (10) a. 실시

13-10. (1) b (2) a (3) b (4) b (5) a (6) a (7) a (8) b (9) a (10) b

13-11. (1)-d, (2)-c, (3)-b, (4)-a

13-12. 용접 열영향부의 최고 경도는 합금 원소의 함유량에 거의 정비례해서 증가한다. 특히 탄소 함량의 영향이 가장 현저하다. 그리고 탄소에 의한 경도 증가를 기본으로 탄소 이외의 원소에 의한 경도증가의 효과를 편의상 탄소로 환산한 값을 구해 이것들의 전수치를 합한 값을 말한다. 경화성 이외에도 인장 강도, 용접부의 연성, 균열, 기타에 대해서도 탄소 당량이 구해지고 있다.

13-13. 다-가-나

해설: 용접 열영향부의 경화성을 탄소 당량 Ceq=C+Si/24+Mn/6으로 평가하면 가 = 0.37, 나 = 0.35, 다 = 0.39가 된다.

13-14. (1) 고온 균열 - 유황 균열, 배모양 균열, 크레이터 균열(종단 균열)

　　　　　　 - 응고 냉각 과정에 있어서의 열응력

　　　　　　 - 연성을 저하시키는 성분이나 입계의 저용점 불순물

　　　　　　 - 용입 형상

　　　　　　 - 이음의 구속력

　　 (2) 저온 균열 - 끝단 균열, 비드 밑 균열, 루트 균열

　　　　　　 - 용접 열영향부의 조직

　　　　　　 - 용접부의 확산성 수소

　　　　　　 - 변태 응력

　　　　　　 - 이음의 구속력

13-15. 저온 균열은 용접부에 침입한 수소와 저온에서 발생하는 수축 응력이나 노치부의 응력 집중 등과 용접 금속 또는 열영향부의 경화와 연성저하 등에 의해 일어난다. 지연 균열은 수소가 주원인 경향을 띤다. 이 균열은 구속 응력 등의 부하가 있는 시간을 경과한 후에 최초로 발생하므로, 이 시간을 지연 시간이라 한다. 이것은 확산성 수소가 갈라진 부분에 어느 정도만 모이는 데 필요한 시간으로 여겨진다. 열영향부의 저온 균형, 특히 지연 균열 발생의 주원인은 모재의 화학 성분, 수소량 및 구속 응력이다.

13-16. 재열균열(SR균열)은

　　 (1) 용접부의 응력 제거 등을 위해 500~700℃에서 가열하거나,

　　 (2) 강재가 Cr, Mo, T, Nb, Cu 등의 이차 경도 원소를 함유하고 있거나,

　　 (3) 비드 교정과 같은 응력 집중 부분이 있거나,

　　 (4) 용접부의 잔류 응력이 높을 때 생긴다.

해설: 80킬로급 고장력강 또는 Cr - Mo - V계 저합금강 등의 용접 열영향부에 용접 후 열처리나 열처리 과정에서 생기는 균열로, SR균열이라 한다. 다른 조건이 정확하면 예를 들어, 500℃보다 낮은 온도에서도 발생할 수 있다. 이 균열은 결정의 입계를 전달하면서 성장한다. 단 강재의 Cr 함유량은 2% 정도 이상인 것처럼 다량의 Cr을 함유하는 강종에서는 열영향부의 SR균열은 발생하기 어렵다. SR균열의 방지법으로는 SR균열 감수성을 높이

는 합금 원소의 함유량이 낮은 강재를 사용한다. 또는 비드의 끝단을 용접 후 곱게 마무리
하는 등의 방법이 적당하다.

13-17. $80\ kgf/mm^2$급 이상의 고장력강이나 Cr－Mo－V강 등의 후판 필렛용접 이음이나 구속이 큰 이
음을 용접 후 변태점 이하의 500~700°C에서 용접 후 열처리를 실시하면, 서서히 용접부에서
열영향부의 본드부에 균열이 발생하는 수가 있다. 이것을 재열균열(SR균열)이라고 한다. 재열
균열은 500°C 이상, 특히 600°C 근방에서 발생하기 쉽고, 용접부의 잔류 응력, 응력 집중 등이
중요한 원인이 되고 있다. 균열 발생에는 가열 중에 발생하는 석출물이 V, Nb, Ti 등의 첨가에
의해 균열감수성이 높아진다.

13-18. (1) 강재 및 용접 재료의 P, S 등 유해 원소를 최소화한다.
    (2) 합금 원소를 조정한다. 예를 들면, C, Ni, Si 등은 고온 균열을 조장하며, Mn은 S의 악영향
       을 방지한다.
    (3) 용접 금속의 탈산, 탈질, 탈황, 탈인을 충분히 해서 용접 금속의 연화 저하를 막는다.

13-19. a. 용접 금속의 조직
    b. 용접 재료와 모재의 화학 성분
    c. 용접 기법
    d. 이음 형상
    e. 구속 상태

13-20. 1. 저온 균열의 발생 원인
    (1) 모재의 탄소 당량 또는 용접 저온 균열 감수성 조성이 크다.
    (2) 이음의 구속이 크다.
    (3) 용접봉이 흡습하고 있다.
    (4) 용접부가 급냉된다.
    2. 방지 대책
    (1) 탄소 당량 또는 용접 저온 균열 감수성 조성이 낮은 재료를 선택한다.
    (2) 확산성 수소량이 낮은 용접법 및 용접 재료를 선택(저수소계 용접봉의 사용 등)한다.
    (3) 적정한 예열방법 및 조건을 선택한다.
    (4) 용접 시공 순서를 적절히 선택하고, 되도록 구속을 작게 한다.
    (5) 용접봉의 건조를 적정하게 실시한다.
    (6) 필요에 의해 수소 방출을 위한 후열을 실시한다.

13-21. 저합금강 용접 열영향부(HAZ)의 저온 균열은
    (1) HAZ의 조직에 마르텐사이트 조직이 발생하거나,
    (2) 용접 금속의 수소가 많을 때,
    (3) 인장 잔류 응력이 클 때 발생한다.

이 방지법으로는

(1) 탄소 당량 또는 용접 저온 균열 감수성 조성이 낮은 강재를 사용한다.

(2) 저수소계 용접봉을 잘 건조시켜 사용한다. 건조 후의 보관에서도 흡습하지 않도록 주의할 필요가 있다.

(3) 적절한 온도 및 가열 방법에 의해 예열을 실시한다. 또 필요에 따라 용접 직후에 후열을 실시한다.

(4) 용접부의 구속이 되지 않도록 시공 조건을 준비한다.

13-22. (a)다, (b)마, (c)라, (d)아, (e)차, (f)거, (g)카, (h)나, (i)자, (j)바, (k)사, (l)가

13-23. (a) 경화, (b) 수소, (c) 응력, (d) 성분(조성), (e) 탄소 당량,
(f) (확산성)수소, (g) 용접입열, (h) 응력, (i) 구속응력, (j) 구속응력

13-24. (1) sulphur crack
원인: sulphur crack은 강 중의 유황 편석이 층상으로 존재하는 소위 sulphur band가 심한 모재를 잠호 용접(SAW)을 하는 경우에 흔히 볼 수 있는 고온 균열로 수소와 관계가 있다.
대책: 황(S)의 영향을 덜 받는 와이어와 플럭스를 선택한다. SAW 대신에 저수소계 용접봉으로 수동 용접(SMAW)을 행한다. 근본적으로 세미킬드강이나 킬드강을 사용하는 것이 효과적이다.

(2) crater crack
원인: 아크 중단 시 crater 중심부의 불순물 석출로 편석이 생기고, 아울러 불균일한 냉각 속도로 생긴 잔류 응력으로 인하여 발생하기 쉬우며, 고장력강이나 합금 원소가 많은 강종에서 자주 발견된다.
대책: 아크를 중단시킬 때 crater 처리 방법에 주의한다. back hand welding법이 효과적이다.

(3) 라미네이션 균열
원인: 주상 결정의 화합선에 저융점 불순물이 편석되어 균열을 일으키며, SAW와 같이 용입이 깊은 용접법을 택하였을 때 잘 나타난다. 또한 이 균열은 입열이 큰 이음의 끝부분에서 생기는 강판의 회전 변형에 기인하는 균열과 복합적으로 발생하기 쉽다.
대책: 비드 단면이 편평한 모양이 되도록 관리한다. 용접 종점에의 앤드 탭을 붙여서 회전 변형을 구속해 준다.

13-25. (1)-e, (2)-c, (3)-d, (4)-f, (5)-b, (6)-a

13-26. (1) b, (2) b, (3) a, (4) b, (5) b, (6) b, (7) a, (8) b

13-27. (1) a, (2) a, (3) a, (4) a, (5) b, (6) b, (7) b, (8) b, (9) a, (10) a

13-28. (a)

해설: 원통에 내압이 걸릴 때 원주 방향의 응력 σ_h 및 축방향의 응력 σ_a는 각각 $\sigma_h = \dfrac{P \cdot D}{2t}$, $\sigma_a = \dfrac{P \cdot D}{4t}$ 이다. 여기서 P는 내압, D는 원통의 지름, t는 원통의 두께이다. 이처럼 σ_h 는 σ_a의 두 배가 되므로, 균열의 길이가 같으면 원주 방향의 응력을 받는 (a)쪽이 보다 위험하다.

13-29. 저사이클 피로(고응력 피로, 소성 피로라고도 한다)란 반복수가 105회 정도 이하에서 파괴되는 경우의 피로 현상이다. 이처럼 적은 횟수로 피로가 생기는 응력은 항복점을 넘어 변형은 소성 영역에 들어간다. 저사이클피로는 일반적인 압력용기, 배관, 선박, 항공기 등이나 반복되는 열 부하가 큰 구조물에 있어서는 설계상 중요한 문제점이다.

13-30. 피로 한계 또는 내구 한계라고도 하며, 재료에 하중을 무한번 반복해도 파괴되지 않는다고 여겨지는 최대의 응력을 말한다. 이것은 피로 시험에 의해 구해지며, 강재에 있어서는 일반적으로 2×10^6회의 반복수에 의해 구해진다.

13-31. 1-다, 2-라, 3-바, 4-사, 5-차, 6-타

13-32. $K_{IC} = \sigma \sqrt{\pi C} = 1/2 \sigma_y \sqrt{\pi C},\;\; K_{IC}^2 = \dfrac{\sigma_y^2}{4} \pi C,\;\; C = \dfrac{4K_{IC}^2}{\pi \sigma_y^2}\;\;\;\therefore 2C = \dfrac{8K_{IC}^2}{\pi \sigma_y^2}$

   (1) $\sigma_y = 36 \;\mathrm{kgf/mm}^2$인 경우 $2C = \dfrac{8 \times 150^2}{\pi \times 36^2} = 44.209\;\;\;\therefore 44.2 \;\mathrm{mm}$

   (2) $\sigma_y = 50 \;\mathrm{kgf/mm}^2$인 경우 $2C = \dfrac{8 \times 150^2}{\pi \times 50^2} = 22.918\;\;\;\therefore 22.9 \;\mathrm{mm}$

13-33. K : 응력 확대 계수라고 하는 역학적 파라미터로서 균열 선단 근방의 응력 분포의 응력 집중도를 규정한다.

   K_c : 재료에 고유의 특성치인 '파괴 인성치' 중 하나이다. 어느 재료에 어느 길이의 균열이 존재하며, 부하 조건이 정해진 경우 취성 파괴가 발생하는가는 균열 선단에서 정해지는 K에 대해 판단하는데 $K < K_c$ 미발생, $K = K_c$에서 발생된다.

13-34. (1) c, (2) b, (3) a, (4) b

13-35. (1) b, (2) a, (3) a, (4) b, (5) a, (6) a

14장 평가문제 해답

14-1. 30 cm/min

$$H = \frac{60EI}{v} \ (\text{J/cm})$$

14-2. (1) 용접 금속 및 열영향부의 저온 균열을 막는 것을 목적으로 한다. 용접부의 냉각 시간을 보다 길게 해서 확산성 수소의 방출을 꾀한다.

(2) 급냉에 의한 용접부의 현저한 경화를 막는다.

14-3. (1) 입열량이 너무 높거나 낮으면 충격값이 저하된다. 그 이유는 입열량이 너무 높으면 용접부 조직이 오스테나이트 결정립 조대화 및 상부 베이나이트 조직 생성으로 결정립이 조대화되어 인성이 저하되며, 반면 입열량이 너무 낮으면 급랭에 의한 마르텐사이트화될 뿐만 아니라 탈산효과 감소로 잔존 산소에 의해서 인성저하 현상이 생긴다.

(2) 동일 입열량이라도 pass 수가 적어지면 인성이 저하하므로, 인성 확보 측면에서 다층 용접 (multi pass)이 유리하다.

(3) 입열량이 증가하면 용접 속도를 증가시키거나 전류를 감소시켜 낮출 수 있다.

14-4. 강의 용접 비드 단면의 경도 분포는 본드 근방의 조립역에서 경도의 최고치를 나타내며, 이것이 최고 경도이다. 최고 경도는 강의 용접 열영향부의 경화의 대소를 수량적으로 나타낸 것을 강의 조성 외에 용접부의 냉각속도에 영향을 주는 용접 조건(판두께, 이음 형상, 용접 입열, 예열)에 좌우된다. 한편 강의 용접 열영향부의 저온 균열이나 연성 저하는 주로 조립역에서 일어나며, 일반적으로 최고 경도치의 정도와 밀접한 관계가 있다. 따라서 최고 경도를 조사하는 것에 의해 균열감수성 등의 용접성 평가가 가능하다. 특히 고장력강에서 최고 경도치는 중요하며, 강판규격 등에도 자주 인용된다. 또한 50 kgf/mm^{2}급 고장력강에서는 최고 경도가 Hv350 이하이면 용접성은 일반적으로 양호하다고 말한다.

14-5. (1) 마, (2) 아, (3) 라, (4) 다, (5) 바, (6) 사, (7) 가, (8) 나

14-6. 강재 성분은 열영향부의 경화능에 관계하여 탄소 당량이 높을수록 마르텐사이트가 발생하기 쉽고 갈라지기 쉽다. 수소의 영향은 가장 크고, 용접 시에 침입한 확산성 수소가 열영향부에 모여 일종의 수소취화를 일으키리라고 여겨진다. 구속이 크면 용접부에 인장 구속 응력이 크게 발생해서 균열 발생 경향을 높인다.

14-7. 고장력강 용접 열영향부에 발생하는 지연 균열은 용접 후 바로 갈라지는 일은 거의 없고, 부하 하중이 생기는 시간은 부하 하중에 의해 정해지며, 이것을 잠복 시간이라고 한다. 균열 발생 한계 응력 이하의 응력에서 균열 발생 한계 응력 및 잠복 시간은 용접부의 수소 함량, 예열 온도 등에 의해 달라지며, 일반적으로 낮은 수소 함량, 높은 예열 온도는 균열 발생 한계 응력이 높기 때문에 잠복 시간을 길게 할 수 있다.

14-8. 예열의 목적을 크게 나누면 다음의 세 가지이다.

(1) 용접 금속 및 열영향부의 저온 균열을 막는다.

(2) 용접 금속 및 열영향부의 연성 및 노치인성을 개선한다.

(3) 열전도가 좋은 재료나 열용량이 큰 재료의 용접을 용이하게 한다.

예열은 저온 균열의 원인인 수소의 방산을 촉진시켜 용접부의 수소량을 줄인다. 급냉에 의해 용접부가 경화하여 연성이나 노치인성이 저하되는 재료에 대해서는 예열과 냉각 속도를 느리게 하여 이것들의 성질 저하를 막는다. 동이나 알루미늄 같이 열전도가 큰 재료나 아주 두꺼운 재료 등에서는 예열로서 열을 보충한다.

14-9. 라-다-마-가-나-사-바

해설:

(1) 용융 금속(1500°C 이상): 용융 온도 이상으로 가열될 때 용가재와 모재가 용융하여 재응고한 부분으로 주조 조직 또는 수지상 조직을 나타낸다.

(2) 조립역(1250°C 이상): 결정립이 조대화되어 마텐자이트 등의 경화조직이 되기 쉽고, 저온 균열이 발생될 가능성이 크다.

(3) 혼립역(1250~1100°C): 조립과 세립의 중간으로 성질도 중간 정도이다.

(4) 세립역(1100~900°C): 결정립이 A_3변태(재결정)에 의해 미세화되어 인성 등 기계적 성질이 양호하다.

(5) 구상 펄라이트역(900~750°C): 펄라이트만 변태하거나 구상화하며, 서냉 시에는 인성이 양호하나 급랭 시에는 마르텐사이트화하여 인성이 저하한다.

(6) 취화역(750~300°C): 열응력 또는 석출 현상에 의해 취화되는 경우가 많다. 현미경 조직으로는 변화가 없다. 정적 연성은 변화가 없지만 충격 특성은 열화.

(7) 모재 원질부(300~실온): 열영향을 받지 않는 모재 부분.

15장 평가문제 해답

15-1. (1) 재료의 선택(강재, 용접재 등)

(2) 용접에 의한 재질 변화의 검토

(3) 변형의 방지

(4) 시공법의 선정

(5) 용접작업자의 기량, 성격

15-2. (1) 재료관리, (2) 용제관리, (3) 용접기기 및 전원관리, (4) 절단, (5) 소성가공, (6) 조립, (7) 열처리, (8) 가우징, (9) 보수, (10) 비파괴 검사

15-3. (1) 용접 재료: 기준에 적합한 용접 재료 사용

(2) 모재: 규격에 적합한 모재 사용

(3) 개선: 적정한 개선 형상의 채용 및 개선 정밀도

(4) 열처리: 예열 후열 등 필요한 열처리의 완전 실시

(5) 용접 조건: 기준에 의한 바른 용접조건의 채용

(6) 기량: 확실한 기량관리체제와 그것을 바탕으로 한 인적관리에 의해 작업이 필요한 기량을 가진 작업자의 배치

(7) 용접 기기: 작업이 필요한 기기가 잘 정비된 상태에서의 사용

(8) 용접 전원: 용량적으로 충분히 여유를 가진 전원 설비

(9) 작업 환경: 양호한 작업 환경의 확보

(10) 작업자의 도덕성: 부단한 교육으로 품질에 관한 책임감을 유지, 향상

(11) 검사: 작업 완료 후의 외관 검사, 비파괴 검사에 의한 품질의 확인과 그 통계적 처리

(12) 변형 방지: 각종의 용접 변형 방지책의 시공기준에 따른 실시

(13) 작업 기준: 작업 기준의 설정과 그 교육 및 실시 흐름도

(14) 기록: 각종 작업 기록의 기입과 그 정리 내용의 실시

15-4. (1) 도면 및 사양서 (2) 재료의 성질 (3) 이음의 위치 (4) 개선 형상 (5) 용접 방법 (6) 용접봉 (7) 용접 조건 (8) 용접 작업자의 기량과 인력 배치 (9) 변형방지대책

15-5. (1) 도면, 사양서의 확인

(2) 용접법, 용접 기기의 선정과 정비

(3) 강재 및 용접 재료의 확인

(4) 용접시공요령서의 계획, 작성

(5) 용접 및 관련 작업자의 작업 능력의 확인

(6) 시험 검사 항목과 판정기준의 설정

(7) 작업 환경의 정비와 용접안전위생대책

15-6. (1) E4301 → E5816(or E6216), 200 ~ 250°C → 300 ~ 400°C

(2) 50°C → 100°C, 접속선의 바로 위에서 → 용접선에서 약 100 mm 떨어진 곳에서

(3) 10 ~ 20 mm → 40 ~ 50 mm

15-7. (1) 기온이 −10°C 이하에서는 용접 작업을 중지하거나 적절한 온도에서 예열한다.

(2) 습도가 높으면 용접부에 침투하는 수소량이 늘어나 용접 균열이나 기공의 원인이 되기 쉽다. 습도가 90% 이상인 경우는 작업을 중지하는 것이 좋다.

(3) 바람이 강하면 쉴드가 부족하게 되어 결함이 발생하기 쉬우므로, 작업을 중지하거나 충분히 차폐하는 등의 조치가 필요하다.

(4) 비나 눈에 대해서는 방호장치가 없는 한 작업은 중지되어야 한다.

15-8. (1) 용착 속도가 크다.

(2) 용착 효율이 높다.

(3) 용입이 깊다.

(4) 개선 각도가 작아도 좋다.

　　　(5) 용착량이 작아도 된다.

　　　(6) 아크 타임률이 높다.

15-9. 용접봉비: (1) 용접 길이, (2) 용접봉 소요량(소요 용착 금속량)

　　　용접작업비: (1) 용접 길이, (2) 용접소요시간(아크타임), (3) 용접작업시간

　　　용접소비전력비: (1) 용접 길이, (2) 용접소비전력량

15-10. (1) 사용 조건, (2) 시공, (3) 제조공정, (4) 계획설계, (5) 도면,

　　　(6)설계, (7) 품질확보, (8) 품질, (9) 시공

15-11. (1) 취급 (2) 건조 (3) 보관 (4) 70 (5) 100 (6) 300 (7) 400 (8) 30~60 (9) 120 (10) 150

15-12. (1), (3), (4), (6)

15-13. (4), (5), (7), (8)

15-14. 1 - b,d,　2 - a,d,f,　3 - c,e,f

15-15. 1. 조립, 용접 작업의 안전성을 생각한 구조이다.

　　　2. 용접 중의 변형은 방지되나 부재에 과도한 구속을 주지 않는다.

　　　3. 가용접(태크 용접)이 용이하다.

　　　4. 부재의 반전 및 이동이 용이하다.

　　　5. 조립 작업 및 조립 정밀도의 확보가 용이하다.

15-16.

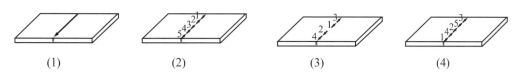

　　　(1)　　　　　　　　(2)　　　　　　　　(3)　　　　　　　　(4)

15-17. 일반적으로 용접의 시단에는 용입 불량이나 블로우홀 등을 발생시키는 가능성이 높다. 종단에
　　　도 크레이터 처리가 불량일 경우 크레이터 균열 등의 결함이 발생하기 쉽다. 이런 결함의 발생
　　　을 용접 이음에서 피하기 위해 아크의 개시점 및 종료점에는 이음과 같은 형상의 앤드 탭을
　　　붙혀 처리하는 방법이 효과적이다.

15-18. (1) 인장 강도 50 kgf/mm² 이상의 강재에서

　　　용접 저온 균열 감수성 조성(P_{cm})값이 높기 때문에 균열 감수성이 낮은 저수소계 용접봉을
　　　사용한다.

(2) 두께 25 mm 이상의 강재에서는

태크 용접은 입열량이 작으므로 후판이 될수록 경화되기 쉽고, 용접의 진행과 함께 가접부에 큰 인장 응력이 가해져 균열 발생의 우려가 있으므로 연성, 인성, 균열 감수성의 점에서 우수한 저수소계 용접봉을 사용한다.

15-19. (1) 태크 용접의 길이가 너무 짧으면 급냉 효과가 커지며, 그 경화의 정도는 비드 길이가 짧을수록, 판두께가 클수록 현저해지므로 저온 균열이 발생하기 쉽다. 때문에 판두께에 대해 가접 비드 길이를 길게 한다.

(2) 손용접에 비해 서브머지드 용접의 경우 일반적으로 용접 입열이 크고, 용접에 의한 변형 응력도 크게 되므로, 후자의 경우가 가접 비드 길이를 길게 하지 않으면 안 된다.

15-20. (3), (6)

해설: 두꺼운 페인트는 아크열 등으로 분해되면 수소와 탄소를 발생시켜 용접부에 균열, 블로우홀 등의 결함을 발생시키므로, (3)의 방법에 의해 충분히 제거할 필요가 있다. 그러나 막 두께가 얇은 페인트에서는 이런 경향이 적으므로 그대로 용접할 수 있다.

15-21. 아크 스트라이크는 그 부분의 냉각 속도가 아주 빠르므로, 국부적으로 경화부가 발생되어 균열 발생의 기점이 되는 수가 있다. 아크 스트라이크의 방지에는 시공 시의 점호는 용접하는 부분 또는 개선 내부에서 실시하거나, 모재 이외의 작은 철편을 이용하여 실시하는 등의 조치를 강구한다.

15-22. 가. 2¼ Cr-Mo 강의 용접부는 두께가 얇아도 일반적으로 용접 후 열처리가 필요하며, 탄소강에서는 판두께 25 mm 이하라면 반드시 용접 후 열처리를 할 필요는 없다.

나. 2¼ Cr-Mo 강은 용접 균열의 잠복 기간이 길므로, 용접물에 휨가공이나 수압 시험을 실시하기 전에 반드시 결함 검사를 실시해야 한다.

15-23. (1) 모재에 흠집을 내지 않도록 가스 절단 또는 가우징 등의 방법으로 조심해서 제거한다.

(2) 제거한 후에는 그라인더 등으로 마무리한다. 깔끔하게 할 필요가 없을 경우에는 지시에 따라 마무리한다.

(3) 60 kgf/mm² 이상의 고장력강 등에서는 그라인더 등에 의한 마무리 후 자분 탐상 시험(또는 침투 탐상 시험)에 의해 결함이 없는 것을 확인한다.

(4) 만일 모재에 흠집이 난 경우에는 그라인더 등으로 마무리하든지, 깊이에 따라서는 신중하게 보수 용접하여 깔끔하게 마무리한다.

15-24. (1)

15-25. (a) 용접 순서 (b) 형상 유지 (c) 구속 응력 (d) 용착법 (e) 용접 변형 (f) 용접 균열
(g) 스트링 비드법 (h) 위빙 비드 (i) 용접 입열량 (j) 저수소계 용접봉

15-26. (1) 태크 용접 시의 균열은 응력집중의 원인이 되어 본용접부로 진전시키는 수가 있으므로, 태크 용접의 균열은 있어서는 안 된다. 때문에 태크 용접이라 해도 용접봉의 건조, 부재의 예열 등을 주의해야 한다.

(2) 태크 용접을 아크 수동 용접에서 실시하는 경우 규격치에서 인장 강도 50 kgf/mm² 이상의 강재에서는 저수소계 용접봉을 사용해야 한다고 알려져 있으나, 태크 용접에 사용하는 용접봉 또는 와이어에 대해서도 모재의 종류에 적합한 것을 사용해야만 한다.

(3) 태크 용접은 본용접의 일부가 되기 때문에 용접부의 균열 등의 결함이 있어서는 안 된다. 따라서 균열 등의 결함이 발생한 경우는 적당한 처치로 비드를 완전히 제거해 균열이 발생한 원인을 명백하게 하여 그 대책을 강구한 후 재용접해야만 한다.

15-27. (1) 가, (2) 나, (3) 가, (4) 가, (5) 나, (6) 가, (7) 나, (8) 가, (9) 가, (10) 나

해설: 용접 전류가 높게 되면 용접봉의 용융 속도가 빨라지고 아크력도 강해진다. 용접 전류가 과대해지면 용접 입열이 과대해져 용접부는 과도한 열영향을 받아 일반적으로 취화한다. 또 용융지는 불안정해져 블로우홀의 원인이 되는 가스성분 등을 함입하기 쉽고, 봉끝의 폭발이나 아크력 과대에 의한 그 흡입력의 작용에 의해 스패터의 발생이 현저해진다. 그 밖에 피복의 저항 발열에 의해 용접봉의 과열, 플럭스의 발생이 현저하게 된다. 그 외에 피복의 저항 발열에 의해 용접봉의 과열, 플럭스의 박리, 탈락이나 휘어지는 등의 현상이 생긴다. 역으로, 용접 전류가 적정치보다 낮아지면 입열 부족에 의한 용입 부족이 발생하기 쉽고, 모재와 용착 금속의 완전한 융합이 곤란해져 비드의 부풀어오르는 현상이나 오버랩이 발생한다. 또 입열 부족과 비드 형상에서 슬래그 함입이 발생하기 쉽다.

15-28. (2), (3)

해설: 태크 용접은 그 명칭에서 경시되기 쉬우나 용접 길이가 짧고 냉각 속도가 크게 되므로 본용접 때보다 20~30°C 높게 가열하는 것이 원칙이다. 가능하면 가접 후 즉시 본용접을 실시하면 예열도 1회만으로 충분하다. 일시적인 부착물의 부착 용접의 예열도 태크 용접에 준한다. 예열 온도의 확인은 표면 온도계 또는 온도 체크를 준비하여 이음에서 50~100 mm 정도 떨어진 부분에서 실시하는 것이 보통이다. 전기 저항 가열법은 Thermostat에 의해 정확하게 예열 온도를 제어할 수 있다. 조질고장력강에서는 예열 온도가 너무 높으면 냉각 속도가 저하되어 조질에 의해 얻어진 강재의 강도나 우수한 인성을 잃게 되는 수가 있으므로 주의가 필요하다. 예열 온도 계측 시기와 아크 발생 시기의 시간차에 의해 온도가 저하되는 일이 있으므로, 미리 온도 저하분만큼 예열 온도를 높이거나 온도 계측 후 즉시 아크를 발생시킬 필요가 있다. 따라서 예열은 가열 범위를 되도록 서서히 가열하고, 아크는 예열 온도 계측 후 일정한 시간 내에 발생시키는 관리가 필요하다.

15-29. (1) 경화, (2) 저온 균열, (3) 150°C, (4) 저온 균열, (5) 연화

15-30. <예상되는 변형의 종류>

1. 횡수축

　① 수축량을 예측한다.

　② 용접 후에 바른 치수로 절단한다.

　③ 용착량을 작게 한다.

　④ 루트 간격을 되도록 작게 한다.

2. 회전 변형

　① 태크 용접에 의한 구속(용접의 시종단 근방을 가접 고정한다.)

　② 대칭법, 후퇴법 등의 용착법을 채용한다.

　③ 회전 변형의 상황을 보고 용접 방향을 선택한다.

3. 각변형(횡휨 변형)

　① 개선 각도를 되도록 작게 한다.

　② 안과 겉의 용접량의 밸런스를 고려한다.

　③ 정반 등에 구속고정한다.

　④ 역뒤틀림을 잡는다.

해설: 이 이음은 후판에서 용접선이 짧고, 용접 후의 제품은 꽤 길고 가는 형이 되는 특징을 가진다. 이 경우 용접선 방향의 종수축은 미량으로, 종휨 변형 및 좌굴 변형은 강성이 크기 때문에 거의 생기지 않으므로 문제는 없다고 생각된다. 후판을 다층 용접할 경우 문제가 되는 변형은 횡수축과 각변형이다. 또한 길고 가는 제품이므로, 회전 변형은 그 양이 미량이라 해도 판이 길므로 판의 양판부에서는 큰 값이 되어 고려해야 할 변형이다.

15-31. (1) 전류가 너무 낮을 경우: 용입 불량, 융합 불량이 발생하기 쉽다.

　(2) 전류가 너무 높을 경우: 현저한 스패터, 언더컷, 블로우홀 등이 발생한다.

　(3) 이종 금속의 용접: 이종 금속의 용접에는 용접 전류를 과대하게 되어 균열이 발생하는 일이 있으므로 특히 주의할 필요가 있다.

15-32. (1) 각층 및 각패스의 슬래그를 충분히 제거한다.

　(2) 슬래그의 선행을 방지한다.

　(3) 적정한 운봉을 실시한다.

　(4) 다음의 층 또는 다음의 패스를 용접하기 전에 필요에 따라 비드의 형상을 수정한다. 특히, 비드와 개선면 사이의 예리하고 깊은 골을 없앤다.

15-33. (1) 용접 입열을 충분히 크게 하여 용입을 확보한다. – 비드 표면의 스케일 제거

　(2) 용접면을 청결하고 깔끔하게 한다. – 과대한 위빙의 제한

　(3) 다음의 층 또는 다음의 패스를 용접하기 전의 비드 형상을 수정한다. 특히, 비드 간 또는 비드와 개선면 사이의 예리하고 깊은 골을 없앤다. – 개선 각도의 적정화

　(4) 가스 쉴드 아크 용접에서는 팁 – 모재거리에 주의한다. – 와이어 목표 위치의 적정화

15-34. (1) 적정한 용접 전류를 채용한다.(과대한 용접 전류를 사용하지 않는다.)

   (2) 용접봉의 목표 위치, 각도 및 아크 길이를 적정하게 한다.

   (3) 용접 속도를 적정하게 한다.

   (4) 용접 봉종 및 봉경을 용접 자세에 따라 선정한다.

   (5) 위빙폭, 위빙중 정지시간 등 위빙 조건을 적정하게 한다.

   (6) 포지셔너를 채용하여 언더컷 발생이 어려운 자세로 용접한다.

15-35. (1) 비드폭이 너무 가늘거나, 형상 불량, 용입 불량, 블로우홀

   (2) 비드 형상 불량, 균열

   (3) 용락, 비드폭의 과대, 언더컷, 블로우홀

   (4) 용입 불량, 비드폭의 협소, 블로우홀

   (5) 용접 비드의 산화, 기공

15-36. (1) 결함을 그라인더, 가우징 등에 의해 완전히 제거하여 육안 및 자분 또는 침투 탐상 시험에 의해 확인한다. 제거 후 홈의 형상은 용접이 적절히 실시될 수 있도록 필요에 따라 정형하고, 홈이 너무 작은 경우는 적절하게 넓힌다. 균열이 있는 경우에는 미리 끝부분에 스톱홀을 두는 것이 바람직하다.

   (2) 적절한 조건으로 예열을 실시한다. 예열은 보수 용접부 주위의 충분히 넓은 범위에 대해 실시한다.

   (3) 자격이 있는 용접작업자에 의해 충분히 건조한 용접봉을 이용하여 정해진 보수 용접 시공 조건으로 용접한다.

   (4) 필요에 따라 후열을 실시한다. 이때 국부적으로 과열되지 않도록 주의한다.

   (5) 표면을 그라인더 등으로 정형한다. 모재를 보수하는 경우는 평평하게 마무리한다.

   (6) 보수 용접부가 냉각 후 자분 또는 침투 탐상 시험을 실시하여 결함이 없는가를 확인한다. 또한 지연 균열의 발생을 고려해서 적당한 시간(24~48시간) 경과 후 방사선 투과 시험 및 자분 탐상 시험 또는 침투 탐상 시험 등에 의해 비파괴 검사를 실시하여 이것에 합격하는 것이 필요하다.

15-37. (1) 적절한 비파괴 검사법(내부에 있어서는 RT 또는 UT, 표면에 있어서는 MT 또는 PT)에 의해 균열의 위치를 확인한다.

   (2) 균열의 제거 작업 중에 균열이 신장하는 우려가 있는 경우는 균열의 양단에 스톱홀을 둔다.

   (3) 그라인더, 아크 에어 가우징, 피칭 등의 방법을 이용하여 균열을 제거한다.

   (4) 균열의 제거는 육안 및 MT 또는 PT로 확인하여, 홈을 마무리한다.

   (5) 본용접보다 조금 높은 온도에서 예열한다.

   (6) 본용접에서 사용한 동등 클래스의 저수소계 용접봉을 사용해 보수 용접한다.

   (7) 후열한다.

   (8) 지연 균열을 고려하여 24~48시간 경과 후에 적절한 비파괴 검사를 실시한다.

15-38. (4)가 가장 좋다. (3)도 괜찮다.

　　　해설: 얕은 표면 홈집을 제거해서 매끈하게 한 정도는 강도상 문제는 없고, 홈집에 의한 응력 집중이 없으면 좋다. (2)의 경우는 이상적이나, 너무 얕아서 전체를 용접 후 열처리하는 것은 너무 낭비이다. (3)의 경우는 일단 용접 균열도 방지된다. 단 응력 부식 환경에서 사용된 용기의 내면에 있는 표면 홈집의 경우에는 일반적으로 용접 후 열처리가 필요하다.

15-39. (1) 가, 나 (2) 가 (3) 다 (4) 다 (5) 가 (6) 나 (7) 가

15-40. 1-d, 2-c, 3-a, 4-e, 5-b

15-41. 나, 마, 사

　　　해설: (은점의 설명)은점이란 용접 금속 중에서 확산성 수소량이 많은 경우 인장 시험을 실시하는 등 항복점을 넘는 응력을 주면 용접 금속 내에 개재물에 모인 수소의 압력과 아울러 균열이 발생, 이것이 파단면에 물고기 눈모양으로 나타난다. 용접 후 충분히 시간이 경과하여 수소가 방산된 후에는 하중을 더해도 은점은 더 이상 발생하지 않는다.

15-42. (1), (4)

　　　해설: 아크열에 의해 CO, H 등에 해리하는 물질이 용탕 내에 침입하여 기공의 발생원이 되므로, 용접 전에 적당한 처리를 하여 아크 중 탄산가스, 수소 등이 들어가는 것을 막을 필요가 있다. 적당한 처리로는 개선의 오염, 녹, 습기, 유지, 도료 등의 부착물 및 용재에 흡습된 수분의 제거가 있다.

15-43. (1) ,(3) ,(5)

　　　해설: 개선 각도가 부족한 경우 전류를 크게 해도 소정의 용입은 얻어지지 않는 수가 있다. 또 와이어의 목표 위치를 적정하게 유지하여 미리 정해진 위빙폭으로 용접하는 것이 중요하다.

15-44. 나, 라, 마, 사, 자

15-45. (1) 오목한 부분이 발생한 부분은 예열을 실시하고 용접하여 그라인더로 마무리한다. 극히 미소한 것은 그라인더 마무리만 한다.

　　　(2) 그라인더 등으로 제거하거나 아크 에어 가우징으로 결함부를 제거하여 재용접(비드 길이 40 mm 이상)한다.

　　　(3) 결함부를 용접하여 그라인더로 마무리한다. 용접 비드의 길이는 40 mm 이상으로 한다.

　　　(4) 결함부를 완전히 제거하고 발생원인을 규명하여 그것에 따른 용접 방법으로 재용접한다.

　　　(5) 그라인더 마무리 작업을 실시한다.

15-46. 피복 아크 용접

1. 저수소 용접봉을 준비한다.

2. 아크 길이를 짧게 하여 되도록 낮은 열로 용접한다.

서브머지드 아크 용접

1. 적은 열로 다층 용접을 실시한다. 적절한 패스 구간 온도를 채용(통상 150℃ 정도)

2. 니켈 등을 첨가한 노치인성이 우수한 용접 재료를 사용

3. 염기도가 높은 플럭스를 준비. 때문에 본드플럭스의 이용은 염기도 조정에 용이

불활성 가스 메탈 아크 용접

1. 강종에 맞는 용접 와이어를 선택, 탄산가스에 아르곤을 첨가하여 용착 금속의 청정화

2. 용접 조건은 적은 열로 시공하고 결정조대화를 방지하며, 층수를 늘여 다음 패스의 열영향에 의한 결정세립화역을 증가시켜 노치인성이 우수한 용접 금속을 취한다.

15-47. 1. 용접 설계

(1) 용접 품질에 대해 주문자 사양을 명확하게 한다.

(2) 용접설계계획에 대해서는 시공자와 협의한다.

(3) 용접이 용이한 구조를 채용한다.

(4) 적정한 재료를 선정한다.

(5) 관련 법규의 준거를 확실히 해서 특기적인 사항을 명확히한다.

2. 시공계획

(1) 적정한 용접 방법 및 용접 재료의 선정

(2) 적정한 용접 시공 조건의 선정

(3) 용접 작업자의 선정

(4) 품질관리계획의 책정

(5) 용접 공정의 책정

15-48. (1) 용접성이 양호한 재료의 선정

(2) 용착량이나 용접 변형이 적은 이음의 설계

(3) 용접선의 과도한 집중을 피한다.

(4) 필요에 따라 취성 파괴, 피로, 응력 부식 균열 등의 방지를 꾀한다.

(5) 용접 순서, 조립 순서를 고려한다.

(6) 용접 작업 장소를 되도록 실내에 둔다.

(7) 용접 작업이 용이한 이음 형상 및 용접 자세를 정한다.

(8) 용접 검사가 용이한 이음 형상으로 설계한다.

15-49.

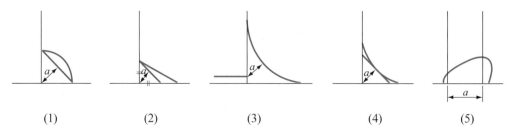

| (1) | (2) | (3) | (4) | (5) |

15-50. 문제의 그림에서 맞대기 용접 AA, BB 및 필렛 용접 AB가 한 점에서 만날 때에는 교점 부분이 응력 집중부가 되며, 이 부분의 용접 및 가우징이 곤란하므로 용접 결함이 발생하기 쉽다. 그러므로 스크랩을 설치하여 용접선끼리 교차하는 것을 피하도록 하며 용접 작업을 쉽도록 한다.

15-51. 그림과 같다.

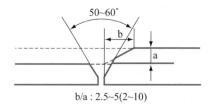

해설: 판두께 차가 큰 경우의 맞대기 용접에서는 이음의 구조상의 불연속을 막기 위해 두꺼운 쪽의 판에 구배를 잡는다. 이 구배(a/b)는 법규, 기준 등에 기초하여 정하나 일반적으로는 1 : 2.5~5(2 또는 10의 예도 있다)이다.

15-52. $t_1 = 10$, $t_2 = 19$이므로 $10 > S \geqq \sqrt{2 \times 19} = \sqrt{38} \doteqdot 6.16(t_1$보다 작다$)$ ∴ $S = 7$ mm

15-53.

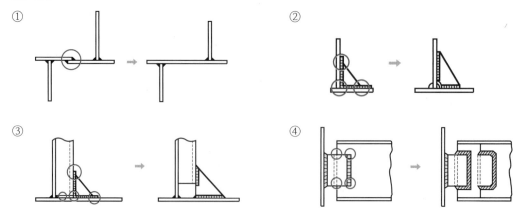

15-54. (2), (5)

해설: 1. 목두께의 정의에서 실제 목두께에서는 덧붙이가 포함되나, 목두께로서 설계 계산에 이

용되는 이론상 목두께에는 맞대기 용접, 필렛 용접과 함께 덧붙이는 포함되지 않으므로 틀리다.

2. T형 용접에서는 신뢰성, 강도의 밸런스, 변형 등을 고려해서 웹의 양측을 용접하는 것이 원칙이므로 옳다.

3. 후판재도 일부 용융해서 용접 금속에 들어가므로, 용접되는 부재에 따라 적절한 재료가 아니면 안 된다. 후판재의 재료가 부적절할 경우 용접부의 성질이 나빠지거나 후판재에서 용접 균열이 일어나는 수가 있다. 따라서 틀리다.

4. 용접 잔류 응력은 구속을 강하게 할수록 커진다. 용접 변형을 억제하는 것은 구속을 증가시키는 일이 되므로 잔류 응력이 크게 된다. 따라서 맞지 않다.

5. 주강은 용접 구조에 널리 이용되어 아크 용접을 하므로 옳다.

6. 용접 잔류 응력은 취성 파괴를 낮은 평균 응력으로 발생시키는 점에서 크게 관련이 있다. 따라서 옳지 않다.

7. 부재에 부가물을 용접하면 그 부분에 구조적인 응력 집중이 발생해서 부재의 피로 강도가 저하된다. 용접부의 형상이 나쁘면 피로 강도 저하가 현저해진다. 따라서 틀리다.

15-55. ①, ②

해설: 스크랩은 상이한 면끼리 만나는 것에 의해 발생하는 용접선끼리의 교차를 피하기 위해 설치되나, 수밀성 또는 기밀성이 요구되는 경우는 스크랩을 설치하지 않는다. 단 그 경우는 응력 집중의 경감을 유도할 수 없으므로 용접 결함을 발생시키지 않도록 신중한 시공이 필요하다.

15-56. (2)

해설: 응력 전달은 이음을 사이에 두고 하나의 부재에서 다른 부재로 실시되나, 이음에 불필요한 응력이 발생되지 않고 응력 전달이 균등하고 스무스하게 되는 것이 필요하다. (2)의 경우 응력의 흐름이 비대칭이 되어 용접부에 과대한 휨응력이 발생해 균열 발생의 위험성이 증가함과 함께 균등한 응력의 흐름이 확보되지 않는 불필요한 변형을 발생시킬 우려가 있다.

15-57. (1) (나)-(다)-(가), (2) (나)-(다)-(가)

해설: $H = 60I \cdot E/v$

15-58. 용접 시공요령서에 규정된 용접 시공법의 내용이 용접 구조물에 요구된 품질 성능을 유지하는 용접부를 만들어낼 수 있는가를 확인하기 위해서 실시

1. 용접 방법: 용접 방법 구분의 변경, 예를 들어 피복 아크 용접에서 탄산 가스 아크 용접으로의 변경

2. 모재의 종류: P넘버 등에 의한 모재의 그룹에서 다른 그룹에의 변경

3. 모재의 두께: 시험재에 따라 정해진 모재의 두께 구분 이외의 두께를 이용시

4. 용재: 용재에는 피복 아크 용접봉, 용접 와이어 및 티그 용접용 용접봉, 플럭스, 쉴드 가스가 있으나, 그 각각에 대해 그룹에 의한 구분 또는 종류, 성분에 의한 구분 변경

5. 뒷댐재, 뒷면에서의 가스보호: 각각에 대해 유무의 구분 간 변경, 뒤댐재를 사용하는 경우에는 그 재료의 종류 구분 변경

6. 예열: 예열을 실시할 것인가 말것인가의 구분 간의 변경 및 예열을 실시하는 경우 온도의 하한선(저온쪽) 변경

7. 열처리: 용접 후 열처리를 실시하는 경우는 유지 온도의 하한선과 최소 유지 시간의 조합 변경, 기타 열처리를 실시하는 경우는 그 조건마다의 구분 변경

8. 전극과 층수: 전극에서는 단극과 다극의 구분간 변경, 층수에서는 다층 용접과 단층 용접의 구분 변경

9. 충격 시험: 충격 시험을 실시하는 경우, 시험 온도의 하한선 변경

15-59. (3)

15-60. (5)

15-61. (4)

15-62. (b)

15-63. (1)

해설: 후판의 맞대기 용접의 경우 (1)의 V개선 다층 육성 용접에서는 용접에 의한 가열과 냉각이 판의 겉면과 안쪽면에서 비대칭이 되어 각변형이 발생하기 쉽다. 이음의 양측이 그림의 상부에 들려 올라가는 각변형이 쌓이므로 각변형은 크게 된다. 판두께가 좀 더 작은 경우에는 V개선에서 가우징 및 밑면 용접을 실시하면 양면 용접과 같이 각변형이 작게 된다. 양면 용접의 경우도 가우징를 실시할 경우에는 밑면 용접의 개선 깊이를 작게 하지 않으면 꽤 큰 각변형이 발생하게 된다. (2)와 (3)에서는 (3)의 경우가 개선 단면적이 작고 단위 길이당 용접량, 입열량이 작게 되므로 일반적으로 (2)에 비해 각변형이 작다. 이 경향은 판의 두께가 클수록 현저해진다.

15-64. (3)

해설: 피복 아크 용접에 의한 맞대기 용접 이음의 각변형은 스트롱백 등에 의한 구속 외에 개선각도, 가우징의 정도, 안겉면 용접의 자세 및 용접 조건 등에 의해 변하므로, 일률적으로 X형 개선의 안과 겉의 비율을 판두께에 따라 선정하는 것이 어렵다. 그러나 많은 실험 결과나 경험상 판두께 10~15 mm에서는 V개선($h_1/h=1$), 판두께 15~30 mm에서는 비대칭 X개선, 판두께 30~40 mm에서는 대칭 X개선이 적절하다. 판두께 19~20 mm에서는 비대칭 X개선 중에서 안과 겉의 개선깊이(h_1과 $h-h_1$)의 비율이 7 : 3~6.3 : 3.5가 적당하며, 이것은 h_1/h가 0.7~0.65가 된다.

찾아보기Index

용접공학

2015년 8월 30일 1판 1쇄 펴냄 | 2021년 2월 28일 1판 2쇄 펴냄
지은이 이철구 · 오병덕 · 원영휘
펴낸이 류원식 | **펴낸곳 교문사**

편집팀장 모은영

주소 (10881) 경기도 파주시 문발로 116(문발동 536-2)
전화 031-955-6111~4 | **팩스** 031-955-0955
등록 1968. 10. 28. 제406-2006-000035호
홈페이지 www.gyomoon.com | E-mail genie@gyomoon.com
ISBN 978-89-6364-242-0 (93550)
값 28,000원